Jürg Schmid

Kleinschmetterlinge der Alpen

Haupt
NATUR

paene de omnibus paene nulla sciuntur

Meiner Frau Ulla
und meinen Kindern
Eric, Marc, Lucas
und Lisa gewidmet

Jürg Schmid

Kleinschmetterlinge der Alpen

Verbreitung
Lebensraum
Biologie

Haupt Verlag

Jürg Schmid, *1957, beschäftigt sich seit seiner Jugendzeit intensiv mit Schmetterlingen. Insbesondere die wissenschaftliche Erforschung der alpinen Kleinschmetterlinge und ihrer Biologie sind seit vielen Jahren sein Hauptinteresse. Schmid ist Mitautor der drei Standardwerke «Schmetterlinge und ihre Lebensräume» sowie Autor zahlreicher wissenschaftlicher Aufsätze in Fachzeitschriften. Er lebt mit seiner Frau und seinen vier Kindern in Ilanz GR.

Der Haupt Verlag wird vom Bundesamt für Kultur mit einem Strukturbeitrag für die Jahre 2016–2020 unterstützt.

Die erste Auflage dieses Buches wurde durch Beiträge folgender Institutionen unterstützt:

Schweizerische Eidgenossenschaft, Bundesamt für Umwelt BAFU
Basler Stiftung für biologische Forschung
SWISSLOS/Kulturförderung, Kanton Graubünden
Dr. Bertold Suhner-Stiftung
Ernst Göhner Stiftung
Graubündner Kantonalbank

1. Auflage 2019

Diese Publikation ist in der Deutschen Nationalbibliografie verzeichnet.
Mehr Informationen dazu finden Sie unter http://dnb.dnb.de.

ISBN 978-3-258-08132-8

Konzept und Bildlayout: Jürg Schmid, Ilanz
Grafik und Druckvorstufe: Marius Hublard, Ilanz
Bildbearbeitung: Scantop AG, Jürg Giger, Zizers

Printed in Germany

Inhalt

Tafel aus HÜBNER J.1806–1818: Geschichte europäischer Schmetterlinge.

Vorwort

«Meine Absicht ist, bloss die Geschichte der Schmetterlinge, durch Beispiele ihrem noch sehr weit entfernten Ziele der Vollkommenheit näher zu bringen. Der gewählte Stoff soll Anlass geben und bewirken, dass über manche noch unbeleuchtete Stellen in dieser Wissenschaft, ein Licht verbreitet werde.» Jacob HÜBNER 1786

Dieses Buch fasst Beobachtungen in Wort und Bild zusammen, die über viele Jahre hinweg im Freiland und bei Laborzuchten gemacht wurden.

Zahlreiche Raupen, Nährpflanzen und Entwicklungszyklen sind dabei erstmals entdeckt und fotografisch dokumentiert worden. Obwohl diese Angaben also immer auf konkreten Beobachtungen beruhen, sollen sie keinesfalls zur Annahme verleiten, auch nur annähernd umfassend zu sein. Unsere Kenntnisse über die Biologie vor allem alpiner Arten stecken immer noch in den Anfängen. Die angeführten Beispiele, eine kleine Auswahl aus einem riesigen Artenspektrum, müssen deshalb für das genommen werden, was sie sind: Einzelbilder und Momentaufnahmen. Und sie sollen unbedingt auch dazu anspornen, durch weitere Untersuchungen unser Wissen zu erweitern.

Vor hundertfünfzig Jahren ist der berühmte britische Naturforscher Alfred Russel WALLACE aufgebrochen, die Insekten- und Vogelwelt Südostasiens während vieler Jahre zu erkunden. Die packenden Schilderungen seiner abenteuerlichen und entbehrungsreichen Reisen durch weitgehend unbekannte tropische Gegenden dokumentieren nicht nur seinen unbezähmbaren Forscherdrang, sondern lassen uns auch teilhaben an seiner grenzenlosen Entzückung und Freude über die Entdeckung neuer Arten, zum Beispiel eines wundervollen Paradiesvogels oder prächtigen Schmetterlings (WALLACE, 1890).

Natürlich leben wir hier und heute in einer sehr viel bequemeren, «zivilisierten» Welt, und die Kleinschmetterlinge der Alpen können es weder in Größe noch in Prunk mit ihren Verwandten in den Tropen aufnehmen. Dennoch: Auch sie leben manchmal sehr versteckt in unzugänglichen Lebensräumen, sind wenig bekannt, und es ist nicht immer einfach, sie aufzuspüren. Die unbändige Freude des Forschers aber über eine Neuentdeckung, sei es Falter, Raupe oder Lebensweise, ist wohl seit den Tagen von WALLACE nicht kleiner geworden! Vielleicht vermag die eine oder andere Bildfolge in diesem Buch etwas von dieser Faszination zu vermitteln.

Juli 2019, Jürg Schmid

Die Alpen

Die Alpen, das mächtigste Gebirge Europas, erstrekken sich über rund 1200 km, etwa von Nizza bis Wien. Bedingt durch die außerordentlich großen Höhenunterschiede auf kleiner Entfernung, den verschiedenartigen geologischen Untergrund und die lokal unterschiedlichen historischen Besiedlungsmöglichkeiten, zeigt sich heute eine Schmetterlingsfauna, die sich durch äußerste Komplexität, aber auch durch einmalige Diversität auf kleinem Raum auszeichnet. Tief eingeschnittene, wärmebegünstigte Täler mit submediterraner Flora sind manchmal nicht weit entfernt von hochaufragenden Berggipfeln mit ewigem Eis. Dazwischen liegen fast unendlich viele, oft kleinflächige Lebensräume, die sich durch ihre eigenen besonderen Faunulae von den Nachbargebieten unterscheiden.

Horizontale Gliederung

In der Literatur über die Alpen, sei es botanische, zoologische oder geografische, findet man immer wieder Begriffe wie West- und Südalpen, Zentralalpen, Nordalpen etc., und ihre Bedeutung ist oftmals unterschiedlich. Die einzige Grenze, auf die man sich international verständigt hat, ist die Trennung von Ost- und Westalpen: sie folgt einer Linie, die ungefähr vom Bodensee über den Splügenpass an den Comersee verläuft (MERTZ, 2008). Die Ostalpen sind breit, aber eher niedrig, mit nur einem Viertausender-Gipfel (Piz Bernina) ganz im Westen; die Westalpen hingegen sind schmal, aber höher, wobei sich die größte Massenerhebung in der Walliser Südalpenkette befindet. Ihr benachbart ragt der höchste Alpengipfel (Mont Blanc) zwischen dem italienischen Aostatal und dem französischen Hochsavoyen 4810 m in den Himmel. Zur Charakterisierung eines Gebirgsabschnittes eignen sich politische Einteilungen kaum; es ist daher heute üblich, die lokalen Namen von Gebirgsgruppen zu verwenden, etwa «Meeralpen», «Bergamasker-Alpen», «Dolomiten», «Berner Alpen» und andere, auch wenn die Grenzen dieser Gebiete meist nicht genau definiert sind.

Vertikale Gliederung

Bereits die ersten Alpenforscher waren fasziniert von den mit zunehmender Höhe sich ändernden Vegetationsbildern, so schrieb Conrad GESSNER schon im Jahre 1555: «*Tanta vero varietas alibi nusquam, quanta in montibus, intra quidem tam breve spatium reperitur: in quibus ut alia iam non dicam, quatuor anni partes, aestatem, autumnum, ver, hyemem, uno die videre ac ingredi licet.*» (Eine so große Mannigfaltigkeit aber wie in den Bergen wird nirgendwo sonst auf so kleinem Raum beisammen wiedergefunden: da ist es möglich, – von anderem nicht zu sprechen –, die vier Jahreszeiten Sommer, Herbst, Frühling und Winter an einem Tage zu sehen und zu

Blick auf den Lago Maggiore (193 m ü. M.) in der Südschweiz mit den Ortschaften Ascona, Ronco und Brissago. Im Hintergrund die Walliser Alpen vom Monte Rosa (links; 4634 m ü. M.) bis Dom (rechts; 4545 m ü. M.). Innerhalb von rund 70 km Luftlinie liegt eine Höhendifferenz von 4441 m. Die mittlere Jahrestemperatur beträgt am oberen Lago Maggiore 11.5 °C, auf der Capanna Margherita im Monte-Rosa-Massiv –12 °C. Die Differenz ist größer als diejenige zwischen Palermo (Sizilien) und Reykjavik (Island).

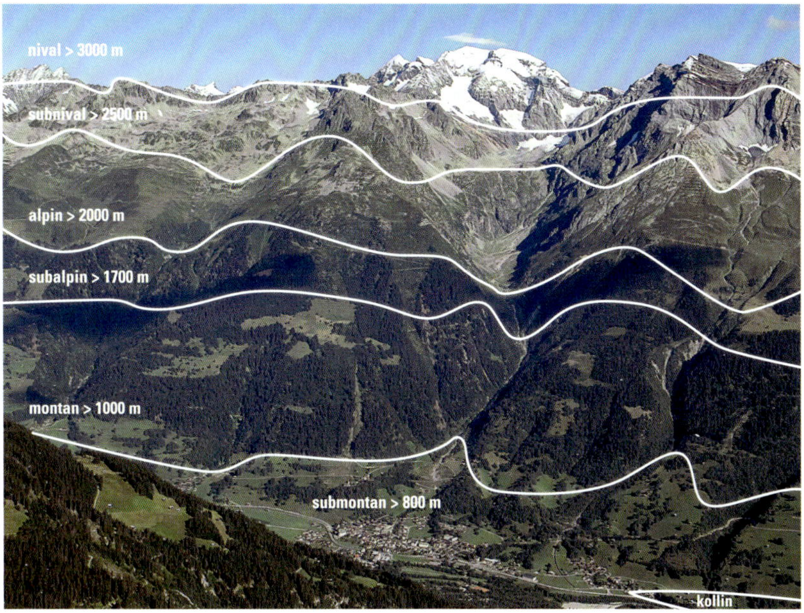

Tief eingeschnittenes, inneralpines Tal in Graubünden. Der Talboden liegt auf 845 m ü. M., der höchste Berggipfel auf 3614 m ü. M.

erfahren) (GESSNER, 1555). Die Einteilung des Geländes in verschiedene Höhenstufen hat zwar eine lange Tradition, aber auch hier verunmöglicht die große Diversität über den ganzen Alpenbogen eine allgemeingültige Definition; fast jeder Autor, der sich dieser Thematik widmet, führt andere Begriffe und Kriterien an (OZENDA, 1988; ELLENBERG, 2010).

Verwirrend kommt hinzu, dass Höhenstufen oft nur als Geländezonen in Metern über Meer angegeben werden, wo es sich doch um thermische Zonen handelt, die je nach Lage und Exposition nur schlecht mit der metrischen Höhenlage korrelieren. Folgende Einteilung erlaubt dennoch, ein grobes Raster über die Landschaft zu legen:

Die kolline Stufe (Hügelstufe) reicht etwa bis 600 m, ausnahmsweise bis 800 m. Sie ist gekennzeichnet durch intensive Landwirtschaftskulturen, Rebbaugebiete, Obst- und Getreideanbau. Sie umfasst in den Alpen hauptsächlich die Talböden, wo auch die meisten Siedlungen liegen, die Hauptverkehrsachsen und die großflächigen Industriezonen. Naturnahe Lebensräume sind in dieser Stufe selten geworden und werden weiterhin stark bedrängt.

Beispiel einer Kleinschmetterlings-Charakterart der kollinen Stufe: *Mirificarma maculatella.*

Die submontane Stufe (Laubwaldstufe) erstreckt sich am Alpennordrand bis etwa 800 m, inneralpin und im Süden bis gegen 1000 m.

Hier findet man Laubmischwälder aus Eiche, Esche, Ahorn, Linde, auch Buche, im Süden Edelkastanie, in den inneralpinen Trockengebieten und in den Ostalpen auch Waldföhrenwälder.

Beispiel einer Kleinschmetterlings-Charakterart der submontanen Stufe: *Oecophora bractella.*

Die montane Stufe (Nadelwaldgürtel) ist je nach Standort charakterisiert durch Fichte, Weißtanne oder Waldföhre, auch Buche und Bergahorn, im Süden Edelkastanie.

Die Obergrenze liegt in den Südalpen ungefähr bei 1700 m.

Beispiel einer Kleinschmetterlings-Charakterart der montanen Stufe: *Assara terebrella.*

Die subalpine Stufe (Waldgrenzengürtel, Kampfzone). In die obersten Fichtenvorkommen mischen sich Lärchen und Arven, die örtlich geschlossene Bestände bilden. Dann dünnt der Wald aus; Zwergstrauchheiden wachsen im Untergrund und in den Waldlichtungen. Die Waldgrenze ist oft als scharfe Begrenzung in der Landschaft weitherum sichtbar. Sie liegt in den Nordalpen um 1700 m, kann aber in den Südalpen bis 2200 m ansteigen.

Beispiel einer Kleinschmetterlings-Charakterart der subalpinen Stufe: *Stictea mygindiana.*

Die alpine Stufe. Hier dominieren geschlossene alpine Rasengesellschaften, an der unteren Höhengrenze wachsen noch Zwergstrauchheiden, Alpenrosenbestände und Legföhren, in geschützten Lagen auch Hochstaudenfluren. Die alpine Stufe reicht bis etwa 2500 m, lokal bis 2800 m.

Beispiel einer Kleinschmetterlings-Charakterart der alpinen Stufe: *Catoptria furcatellus.*

Die subnivale Stufe weist spärlichen Pflanzenbewuchs auf Schutt- und Geröllfeldern auf. Gletschermoränen mit Pioniervegetation und Felsformationen mit einzelnen Polsterpflanzen sind charakteristisch. Diese Stufe reicht bis zur Schneegrenze, also bis etwa 3000 m, lokal bis gegen 3400 m.

Beispiel einer Kleinschmetterlings-Charakterart der subnivalen Stufe: *Orenaia lugubralis.*

Die nivale Stufe. Hier liegen Schnee- und Eisfelder, Blockhalden mit Flechtenbewuchs, es wachsen nur mehr vereinzelte Polsterpflanzen, über 3000 m, ausnahmsweise bis über 4000 m.

Wenige Kleinschmetterlinge erreichen diese Höhenstufe auch noch, so zum Beispiel *Sattleria basistrigella* (Raupe noch auf 3400 m).

Die einzige Schmetterlingsart, die ausschließlich in dieser Stufe vorkommt, ist der Großschmetterling *Psodos wehrlii* (Geometridae).

Kleinschmetterlinge

Definition

Die wissenschaftlich definierte Ordnung der Schmetterlinge oder Schuppenflügler *(Lepidoptera)* wird in der zoologischen Systematik in zahlreiche gleichwertige Familien, Gattungen und Arten unterteilt.

Der Volksmund wiederum fasst verschiedene dieser Familien zu bestimmten Gruppen zusammen. Die «Tagfalter» etwa, die «Nachtfalter» und die «Motten» sind Beispiele hierfür. An der Natur Interessierte wissen zudem, dass es unter den «Nachtfaltern» Spinner, Schwärmer, Eulen und Spanner gibt, Synonyme für bestimmte Familien.

Die Unterscheidung von «Groß-» und «Kleinschmetterlingen» ist weder streng wissenschaftlich begründet noch besonders alt, aber sie hat sich in der Vergangenheit etabliert, und weil sie praktisch ist, hat sie sich bis heute gehalten. Gemeint werden mit «Kleinschmetterlingen» Vertreter zahlreicher Familien, die in den meisten Fällen kleine bis sehr kleine Falter umfassen. Da ihre korrekte Bestimmung bis auf Artebene oft sehr schwierig und ihre Artenzahl beinahe unüberschaubar groß ist, werden sie selbst von begeisterten Schmetterlingskundlern oft übergangen. Das hat leider dazu geführt, dass wir bis heute von vielen dieser Arten nur wenig über ihre Verbreitung, Biologie und Ökologie wissen.

Geschichte des Begriffs

Während die bunten Tagfalter in der breiten Öffentlichkeit als Sympathieträger in Werbung und Naturschutzfragen prominent eingesetzt und wahrgenommen werden, sind die Kleinschmetterlinge heute eine weitgehend unbeachtete Insektengruppe, mit der sich nur wenige Spezialisten beschäftigen. Dies war nicht immer so. Bereits PLINIUS (23–79 n. Chr.) beschreibt in seiner Naturgeschichte detailliert die Raupe einer Kleidermotte (Tineidae), und auch die ersten bebilderten Insektenwerke (zum Beispiel ALDROVANDI 1602, MOUFFET 1634, GOEDART 1662) zeigen vereinzelt Kleinschmetterlinge und manche ihrer Raupenstadien; sie alle kennen die heute übliche Unterscheidung zwischen Groß- und Kleinschmetterlingen noch nicht. Allerdings scheint bereits ALDROVANDI vor über 400 Jahren erahnt zu haben, welche Welt sich da eröffnet, wenn er schreibt: *«Nona tabula vigintiquatuor habet Papiliones exiguos, quorum equidem infinitus est numerus, infinitaque diversitas.»* (Die neunte Tafel zeigt vierundzwanzig kleine Falter, deren Anzahl und Vielfalt allerdings unendlich ist) (ALDROVANDI 1602, P. 248).

Anfangs des 19. Jahrhunderts beginnt eine Blütezeit in der Erforschung der Kleinschmetterlinge und ihrer Raupenstadien. Jacob HÜBNERS Abbildungen von Kleinschmetterlingsraupen auf ihren jeweiligen Raupennährpflanzen sind in Komposition und meisterhafter Kolorierung bis heute unübertroffene Kunstwerke (HÜBNER, 1806–1818). GODART & DUPONCHEL (1821–42) setzen diese Tradition der exakten Abbildung vieler Arten fort; aber auch bei ihnen findet man den Begriff «Kleinschmetterlinge» noch nicht.

Bei SODOFFSKY (1829) heißen die Kleinschmetterlinge lateinisch noch *«Microptera»*, erst FISCHER VON RÖSLERSTAMM nennt die in seinem 1834 herausgegebenen Prachtwerk vorgestellten Arten ausdrücklich «Kleinschmetterlinge *(Microlepidoptera)*». Im gleichen Jahr verwendet auch TREITSCHKE den Begriff *«Microlepidoptera»* in der Vorrede zum zehnten Band des wichtigen Werkes von OCHSENHEIMER & TREITSCHKE.

Der immer wieder totgesagte Begriff hat sich gehalten und wird heute auch in vielen wissenschaftlichen Publikationen ohne Anführungszeichen verwendet (AMSEL, GREGOR & REISSER (Eds.) 1965: *Microlepidoptera Palaearctica*; HUEMER, KARSHOLT & LYNEBORG (Eds.) 1996: *Microlepidoptera of Europe;* PARENTI 2000: *A Guide to the Microlepidoptera of Europe).*

Einzelne Familien (Hepialidae, Psychidae, Limacodidae, Zygaenidae, Sesiidae und Cossidae), die

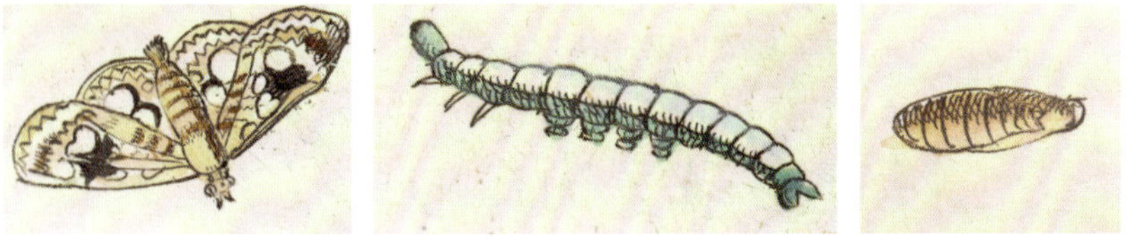

Der Holunderzünsler *(Anania coronata)*, von Johannes GOEDART 1657/58 gezüchtet und 1662 abgebildet.

ihrer anatomischen Merkmale wegen eigentlich in die Verwandtschaft der Kleinschmetterlinge gehören, sind wegen der Größe ihrer Vertreter traditionell als Großschmetterlinge aufgefasst worden und daher in vielen Werken über diese Gruppe auch in neuerer Zeit so abgehandelt worden (zum Beispiel PRO NATURA 1996/2000: *Schmetterlinge und ihre Lebensräume*, Bände 2 und 3; EBERT (Hrsg.) 1994: *Die Schmetterlinge Baden-Württembergs*, Band 3; ROBINEAU (Coord.) 2011: *Guide des papillons de France*, partim).

Im 20. Jahrhundert entstanden zahlreiche wissenschaftlich und technisch hochstehende Bestimmungswerke für Kleinschmetterlinge, beinahe alle stellen die Imago ins Zentrum. Raupenmorphologie, Nährpflanzen und Biotopansprüche sind oftmals kaum bekannt und werden daher, wenn überhaupt, nur knapp erwähnt. Eine Ausnahme hiervon macht SCHÜTZE (1931), der sein fundamentales und bis heute gern konsultiertes Werk den Kleinschmetterlingsbiologien widmet.

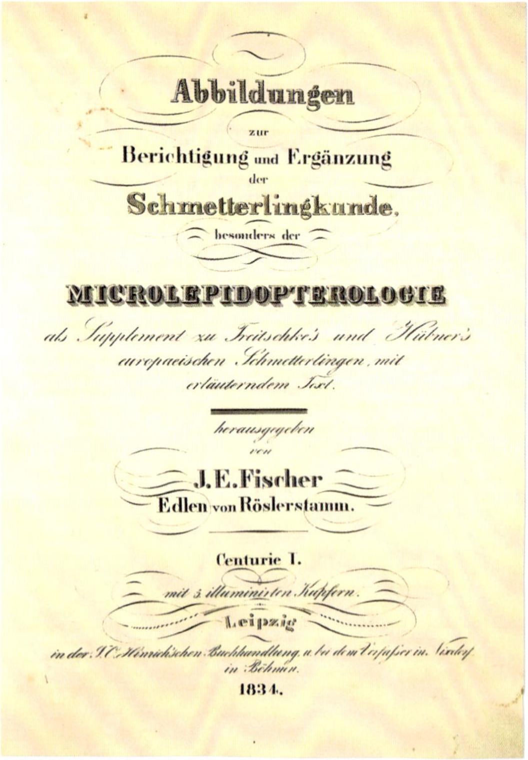

Abbildungen
zur
Berichtigung und Ergänzung
der
Schmetterlingkunde,
besonders der
MICROLEPIDOPTEROLOGIE
als Supplement zu Treitschke's und Hübner's
europaeischen Schmetterlingen, mit
erläuterndem Text.
herausgegeben
von
J. E. Fischer
Edlen von Röslerstamm.
Centurie I.
mit 5 illuminirten Kupfern.
Leipzig
in der: J. C. Hinrichsschen Buchhandlung, u. bei dem Verfasser in Nixdorf
in Böhmen.
1834.

Frontispiz von FISCHER VON RÖSLERSTAMM (1834).

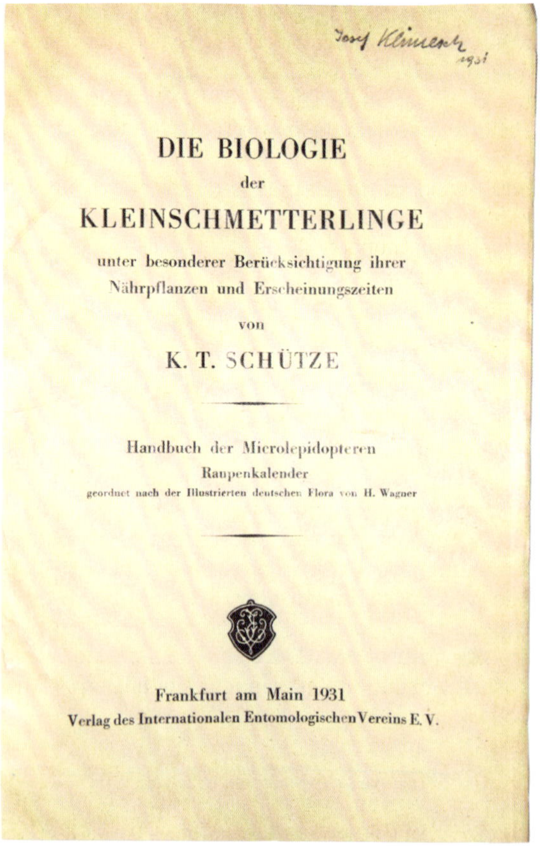

Josef Klimesch
1931

DIE BIOLOGIE
der
KLEINSCHMETTERLINGE
unter besonderer Berücksichtigung ihrer
Nährpflanzen und Erscheinungszeiten
von
K. T. SCHÜTZE

Handbuch der Microlepidopteren
Raupenkalender
geordnet nach der Illustrierten deutschen Flora von H. Wagner

Frankfurt am Main 1931
Verlag des Internationalen Entomologischen Vereins E. V.

Frontispiz von SCHÜTZE (1931).

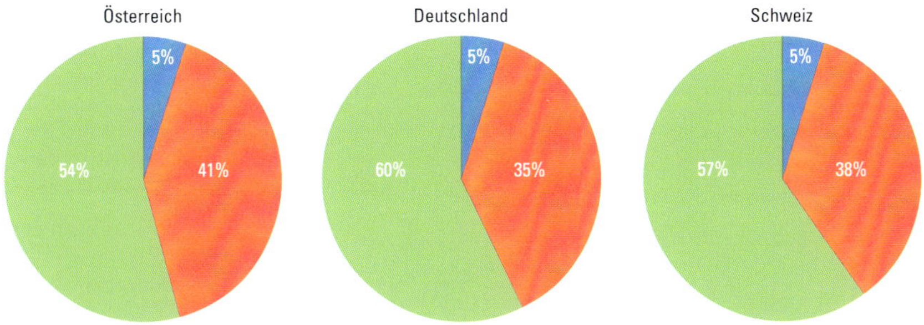

Anteil der verschiedenen Gruppen an der gesamten Schmetterlingsfauna in Österreich, Deutschland und der Schweiz:

- Tagfalter
- Nachtgroßfalter
- Kleinschmetterlinge

Artenzahl

Noch immer fehlen leider aktuelle Faunenlisten für viele Gegenden der Alpen. Dennoch kann die Artenzahl aller in den Alpen heimischer Schmetterlinge auf rund 5000 geschätzt werden. In den gut untersuchten Gebieten entfallen stets etwas mehr als die Hälfte der festgestellten Arten auf die «Kleinschmetterlinge» sodass in den Alpen mit etwa 2800 bis 3000 Kleinschmetterlingsarten gerechnet werden kann. Erstaunlicherweise sind die Anteile der verschiedenen Gruppen in den drei Ländern Österreich, Deutschland und der Schweiz trotz sehr unterschiedlicher Landschaftscharakteristika sehr ähnlich.

Verbreitung

Horizontale Verbreitung: Es gibt kaum Kleinschmetterlingsarten, die im ganzen Alpenbogen und in allen Höhenstufen vorkommen. Vielmehr zeigen fast alle Arten eine Bevorzugung bestimmter Teilareale und gewisser Höhenlagen, manchmal innerhalb enger Grenzen. Diese Verbreitungsmuster sind oft mit den Vorkommen der Raupennährpflanze und/oder klimatischen Gegebenheiten zu erklären. Hinzu kommen manchmal komplizierte faunengeschichtliche Umstände, die es einzelnen Arten erlaubten, sich in gewissen Gebieten zu etablieren (oder auch nicht).

Endemiten

Unter «Endemiten» versteht man Arten, die auf ein klar umgrenztes geografisches Areal beschränkt sind. Es gibt Endemiten, die zwar im ganzen Alpenraum anzutreffen sind, aber nirgendwo außerhalb (Alpenendemiten); viele Endemiten kommen hingegen nur in kleinen Teilregionen der Alpen vor, einige sogar nur in einem einzigen Tal oder auf wenigen Berggipfeln.

Es ist zweifellos wichtig, Endemiten als solche zu erkennen, da sie eines gezielten Schutzes bedürfen, weil ihr kleinräumiges Vorkommen besonders verletzlich sein kann und ein Erlöschen dort einem globalen Aussterben gleichkommen würde. HUEMER (1998) hat eine Übersicht über die damals als Endemiten identifizierten 221 Arten von Schmetterlingen erstellt und ihre geografische Verbreitung untersucht. Dabei stellte sich heraus, dass die östlichen Inneralpen und die Zone des ostalpinen Südalpenabhanges vom Comersee bis nach Slowenien eine sehr bedeutende Artenzahl endemischer Schmetterlinge aufweist. Ebenso beherbergen die westlichen Inneralpen, etwa vom Wallis bis gegen die französischen Meeralpen, sehr viele Endemiten. Die Nord- bzw. Westabdachung der Alpen hingegen ist sehr arm an Endemiten. Diese Befunde decken sich, wenig überraschend, weitgehend mit denjenigen für Pflanzenendemiten (OZENDA, 1988).

Die Anwesenheit von endemischen Arten ist oftmals Hinweis auf die klimageschichtlichen Besonderheiten eines Gebietes. Während der letzten Eiszeiten dürften nur wenige Arten in den Alpen selber ausgeharrt haben; die meisten wurden in klimatisch günstigere Randgebiete abgedrängt und haben sich nacheiszeitlich von dort mehr oder weniger weit in die Alpen hinein zurückverbreitet, wie das ja ebenfalls von vielen Pflanzenarten gut dokumentiert ist.

Bei der Diskussion dieses Themas darf allerdings nie vergessen werden, dass größere Regionen der Alpen, insbesondere die höher gelegenen Gebiete, bis heute gerade in Bezug auf Kleinschmetterlinge nur ungenügend erforscht sind. Außerdem ist taxonomisch vieles im Fluss, wodurch mitunter scheinbar ubiquitäre Arten aufgrund neuer Erkenntnisse in mehrere Taxa aufgespalten werden, mit vielleicht kleinräumiger, endemischer Verbreitung! Endemitenlisten unterliegen also wohl auch in Zukunft starken Fluktuationen.

Artenzahlen und Höhenstufen

Mit zunehmender Höhe nimmt die Artenzahl ab; das gilt für Pflanzen (OZENDA & BOREL, 2003) wie für Schmetterlinge. Untersuchungen zur genauen Bestimmung eines solchen Gradienten fehlen allerdings bisher.

Summarische Höhenangaben zur gesamten Lepidopterenfauna der Schweiz sind in VORBRODT & MÜLLER-RUTZ (1914) zu finden. Dort wird von einem Landesbestand von 3000 Arten ausgegangen; bis

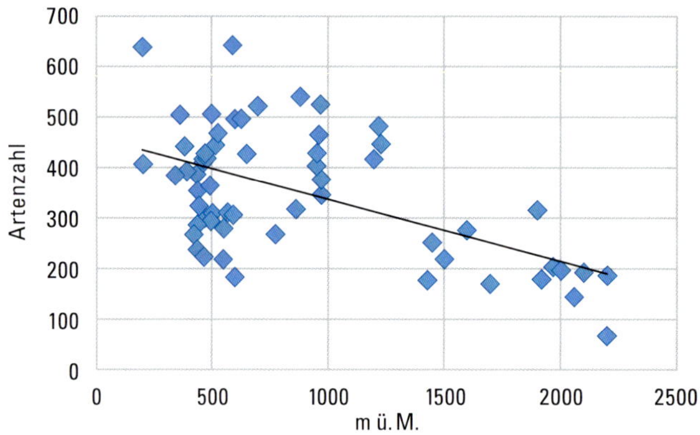

Systematische Aufsammlungen von Nachtgroßfaltern (Macroheterocera) durch REZBANYAI-RESER 1979–2016 (wenig ergänzt), in einzelnen Biotopen in verschiedenen Landesteilen der Schweiz.

500 m leben demnach 2582 Arten, auf 3000 m und darüber noch 43; die Abnahme dazwischen liegt, vereinfacht gesagt, durchschnittlich etwa bei einer Art pro Höhenmeter, wobei nicht feststeht, ob die Artenreduktion mit zunehmender Höhe linear verläuft.

Von größerem Interesse sind aber Daten zur Artenzahl in einzelnen, genau definierten Biotopen. Hier hat REZBANYAI-RESER über 37 Jahre auf dem Gebiet der Schweiz in sehr unterschiedlichen Lebensräumen mittels Lichtfang eingehende qualitative und quantitative faunistische Untersuchungen über Nachtgroßfalter durchgeführt. Seine Daten zeigen zusammengefasst, dass auf 500 m Meereshöhe in durchschnittlichen Biotopen rund 400 Arten festgestellt werden können, auf 2000 m sind es noch etwa die Hälfte. Da die dabei festgestellten Nachtgroßfalter etwa 40% aller Schmetterlinge ausmachen, kann die tatsächliche lepidopterologische Biodiversität extrapoliert werden.

Nach diesen Schätzungen können in einem günstigen Biotop auf 500 m ü. M. in der Schweiz maximal etwa 1600 Lepidoptera-Arten (Groß- und Kleinschmetterlinge) angenommen werden, die dort ihre gesamte Entwicklung durchlaufen, während es hingegen in einem günstigen Biotop über 3000 m ü. M. kaum mehr als ein Dutzend ganzjährig bodenständiger Arten sein dürfte (eigene Beobachtungen). Der bisherige Höhenrekord für bodenständiges Faltervorkommen in den Alpen ist die von EUGEN WEHRLI (1954) beobachtete Eiablage des Spanners *Sciadia tenebraria* auf 3900 m am Matterhorn, während die höchste beobachtete Blütenpflanze, *Saxifraga biflora*, am Dom in den Walliser Alpen sogar auf 4450 m festgestellt wurde (KÖRNER, 2003).

Die Abnahme der Artenzahl mit zunehmender Höhe heißt nun aber nicht, dass das Spektrum der Talarten mit der Höhe einfach ausdünnt, sondern es kommen in einigen Höhenstufen auch neue, «additive» Arten hinzu, die ihrerseits wiederum nur eine bestimmte Höhenlage bewohnen.

Klimawandel

In den vergangenen 600 000 Jahren ist es weltweit immer wieder zu gewaltigen klimatischen Umwälzungen gekommen, was bekanntermaßen im Alpenraum zu vier wesentlichen Eiszeiten geführt hat.

Auch seit dem Ende der letzten Eiszeit (Würm) vor rund 10 000 Jahren sind erhebliche Temperaturschwankungen in den Alpen aufgetreten, welche die Rückwanderung von verdrängten Schmetterlingsarten in ehemals vergletscherte Gebiete begünstigten oder eben behinderten.

Die seit dem letzten Viertel des vergangenen Jahrhunderts messbare starke Erwärmung des Erdklimas hat auch beobachtbare Auswirkungen auf die Pflanzen- und Tierwelt in den Alpen. So konnte gezeigt werden, dass die pflanzliche Artenvielfalt im Gipfelbereich des Piz Linard (3410 m) im Unterengadin, die seit 1835 regelmäßig untersucht wird, seit 1992 beschleunigt größer geworden ist (WIPF et al. 2013). Dieser Trend konnte auch auf insgesamt 302 Berggipfeln, verteilt über den ganzen europäischen Kontinent, nachgewiesen werden (STEINBAUER et al. 2018).

Für alpine Kleinschmetterlinge fehlen Untersuchungen über Änderungen der Artenvielfalt in genau definierten Gebieten bisher, doch ist davon auszugehen, dass Arten mit engen Bindungen an bestimmte Pflanzen diesen in größere Höhen folgen werden, wenn klimatische Änderungen dies nötig machen. So kann schon heute auf Gletschermoränen beobachtet werden, dass der Gletscherrückzug Brachflächen frei macht, die erst von Pionierpflanzen und bald darauf auch von Kleinschmetterlingen besiedelt werden. Denkbar ist aber auch, dass kälte-

Charakteristische Artengruppen und ihre Verteilung im Gebirge. Nur wenige Arten sind «indifferent» in Bezug auf ihre Höhenverbreitung.

subnivale Arten
alpine Arten
subalpine Arten
kollin/submontan/montane Arten
kollin/submonte Arten
indefferente Arten

adaptierte Arten zwar rasch in höhere Regionen ausweichen, dort aber ihre Nährpflanzen noch nicht vorfinden und so ihrer Lebensgrundlage entbehren.

Wenn auch der Schwund der Gletscher in den Alpen für uns Menschen augenfällig ist, dürften die dadurch frei werdenden Flächen für die Verbreitung einer Schmetterlingsart vernachlässigbar sein.

Biologie

Hohe Diversität auf kleinem Raum

Wie eingangs schon erwähnt, zeichnet sich das Gebiet der Alpen durch klimatische Extreme auf kleinem Raum aus: warme, tief eingeschnittene Täler liegen am Fuße von hoch aufragenden, eisbedeckten Bergriesen. Die Schmetterlinge haben sich diesen Gegebenheiten angepasst; ihre Entwicklungszyklen sind abgestimmt auf ihre Raupennahrung, die örtlichen Vegetationsperioden, die Temperaturextreme, aber auch auf ihre Feinde.

Raupennahrung

Kleinschmetterlingsraupen leben an einem breiten Spektrum von Substraten:

- Flechten und Moose
- Blütenpflanzen (Blätter, Nadeln, Blüten, Knospen, Wurzeln, Fruchtstände, Samen, Rinde, Bodenstreu)
- Totholz
- Baumpilze
- tierische Produkte (Federn, Haare, Kot)

Grundsätzlich können drei Kategorien von Raupensituationen sowie alle möglichen Kombinationen davon angetroffen werden:

- ektophag: Die Raupe lebt frei an der Pflanze beziehungsweise am Substrat.
- endophag: Die Raupe lebt im Inneren von Samen, Stängeln, Zweigen, Wurzeln, Zapfen, Pilzen und vielem mehr.
- tutophag: Die Raupe lebt in einer geschützten Umgebung, zum Beispiel unter einem Stein, in einem Blattgehäuse oder einer Gespinströhre, die aber zur Nahrungsaufnahme verlassen wird.

Nur wenige Arten sind wirklich polyphag, viele hingegen hochspezialisiert, nicht nur auf eine einzige Pflanzenart beschränkt, sondern sogar auf ganz bestimmte Teile davon. So kann es vorkommen, dass dieselbe Pflanze in ihren verschiedenen Teilen gleichzeitig verschiedene Kleinschmetterlingsraupen beherbergt (Beispiel: *Leucanthemum vulgare*: in den Blättern lebt die Raupe von *Bucculatrix nigricomella*, in der Blüte jene von *Phycitodes saxicola*, und an der Wurzel frisst diejenige von *Dichrorampha alpinana*).

Im Hochgebirge, an der obersten Vegetationsgrenze, reduziert sich die Artenzahl der Pflanzen auf wenige Dutzend. Für die Schmetterlingsraupen steht nun nicht mehr die Spezialisierung auf Nährpflanzen im Vordergrund, das Überleben ist vielmehr von mikroklimatisch besonders günstigen Kleinsthabitaten abhängig. Die dort vorhandenen Pflanzen dienen dann zwangsläufig als Raupennahrung. Aus diesem Grund sind die meisten Hochgebirgsarten in der subnivalen Stufe polyphag oder mindestens oligophag.

Aquarell
von Hans Conrad ESCHER,
1793.
(ETH-Bibliothek Zürich, Graphische Sammlung/HCE A IX 168 a/Public Domain Mark 1.0)

Fotografie
von Aimé CIVIALE, 1865.
(leicht anderer Standort)

Fotografie 2015.

Cambrena-Gletscher im Bernina-Massiv. Während der Gletscherstand zwischen 1793 und 1865 in etwa gleich geblieben zu sein scheint, ist der Rückgang seither dramatisch.

Entwicklungszyklen und Vegetationsperiode

In den tiefen Lagen der warmen Täler (kolline Stufe) erlaubt es die lange Vegetationszeit den meisten Kleinschmetterlingsarten, zwei Zyklen vom Ei zum Falter, also zwei Generationen im Jahr, zu bilden. In klimatisch sehr günstigen Jahren kann es auch zu drei Jahresgenerationen kommen. In den montanen und subalpinen Stufen hingegen ist es üblich, dass nur eine Generation pro Jahr ausgebildet wird. In der alpinen Stufe hingegen leben sowohl Arten mit einer Jahresgeneration als auch solche, die für ihre Entwicklung zwei Jahre benötigen.

Fast alle Arten der subnivalen Stufe, wo die Vegetationszeit oft nur wenige Wochen im Jahr dauert, benötigen mindestens zwei volle Jahre, gelegentlich auch länger, um ihren Zyklus vom Ei über die Raupe und Puppe zum Falter zu vollenden.

Untersuchungen haben gezeigt, dass in der alpinen und subnivalen Stufe bevorzugt die Raupe das Überwinterungsstadium ist, wenige Arten überwintern aber auch als Puppe (zum Beispiel *Asarta*-Arten, *Xerocnephasia rigana*), ausnahmsweise sogar als Falter (zum Beispiel *Depressaria heydenii*) oder im Eistadium (zum Beispiel *Catharia simplonialis*).

Die Raupenüberwinterer können eingeteilt werden in kryoobligate und kryotolerante Arten. Erstere benötigen während eines bestimmten Raupenstadiums zwingend eine Kaltphase (Überwinterung), letztere können unter Laborbedingungen bis zum Falter durchgezüchtet werden, also ohne eine Kaltphase, obwohl sie in der freien Natur eine solche immer erleben würden. Bei einige Arten ist diese Unterscheidung aber nicht eindeutig; so können unter gleichen äußeren Bedingungen sich die einen Raupen verpuppen und als Falter schlüpfen, während ihre Geschwister unbedingt überwintern wollen. Man kann solche Arten als kryoambig bezeichnen. Auch finden wir Arten (zum Beispiel Adelidae), deren Raupen aus dem gleichen Gelege und unter gleichen Zuchtbedingungen sowohl einjährige als auch zweijährige, ja sogar dreijährige Entwicklungen durchmachen. Zuchtbeobachtungen weisen auch darauf hin, dass nicht nur die Temperaturen darüber bestimmen, ob die Entwicklung fortfährt, sondern auch die Tageslänge. Wie bei Gebirgspflanzen (KÖRNER, 2003), scheint es auch bei gewissen hochalpinen Schmetterlingen einen Mechanismus zu geben, der verhindert, dass bei winterlichen Wärmeeinbrüchen das Frühlingserwachen zur Unzeit eintritt. Hier liegt noch ein weites Forschungsfeld!

Überleben unter Extrembedingungen

In den Hochlagen der Alpen sind die klimatischen Bedingungen auch im Sommer nicht selten extrem: tiefe Nachttemperaturen, starke Sonneneinstrahlung tagsüber, heftige Winde, Wetterstürze, Schnee im Sommer etc. Die Pflanzen dieser Höhenlagen haben sich an diese Bedingungen angepasst. Niederwüchsige Polsterpflanzen können durch ihre Wuchsform Wärme speichern. Der Pflanzenwuchs ist auf jene Bodenflächen beschränkt, die nicht nur wegen ihres Nährstoffgehalts günstig sind, sondern auch in Bezug auf das Mikroklima, das abhängt von Exposition, Hangneigung, Ausgesetztheit, Schneebedekkung und vielem mehr (KÖRNER, 2003).

Die Raupen der hochalpinen Schmetterlingsarten haben ähnliche Strategien zum Überleben entwickelt. Sie leben meist in Polsterpflanzen, in denen manche Arten lange Gespinströhren anlegen, die von der Polsterpflanzenoberfläche ins Wurzelwerk und in den Bodenschutt führen. Eine gewisse Temperaturregulierung kann die Raupe somit dadurch erreichen, dass sie abends von der abkühlenden Pflanzenoberfläche in die wärmeren Bodenschichten oder umgekehrt, morgens vom ausgekühlten Boden an die besonnte Pflanzenoberfläche kriecht. Zudem bevorzugen viele Raupen Pflanzenpolster, die von flachen Steinen bedeckt sind. Hier kann die Wärmespeicherung und -abstrahlung des Steins und die Isolation des Bodens für die Raupe günstige Bedingungen bieten.

Anpassung der Gestalt und Aktivität

Es fällt auf, dass die Weibchen zahlreicher Hochgebirgsarten aus verschiedenen Familien stark reduzierte Flügel aufweisen und dadurch flugunfähig sind. Da dieses Phänomen auch bei einigen Tieflandarten auftritt, die stets in der kalten Jahreszeit anzutreffen sind, wird vermutet, dass das Nichtfliegen-Können in der Kälte viel Energie spart, die dann für die rasche Ablage einer großen Zahl von Eiern genutzt wird. Für diesen Sachverhalt spricht auch die Tatsache, dass diese Weibchen bereits mit dickem Hinterleib voller reifer Eier aus der Puppe schlüpfen und sogleich nach der Paarung innert weniger Tage ihren gesamten Eivorrat ablegen. Dies ist in einer Umgebung, die sehr unstabile Wetterbedingungen aufweist, von großem Vorteil (SATTLER, 1991). Tatsächlich sind auch Weibchen von Hochgebirgsarten mit noch voll ausgebildeten Flügeln wegen ihres Gewichts sehr träge und schlechte Flieger; sie bewegen sich bevorzugt kriechend und hüpfend vorwärts. Eine andere Erklärung meint, dass das unwägbare

Temperaturmessungen auf dem Stein (rot) und unter dem Stein (blau) im Vordergrund (Fund einer Raupe von *Sattleria melaleucella*).

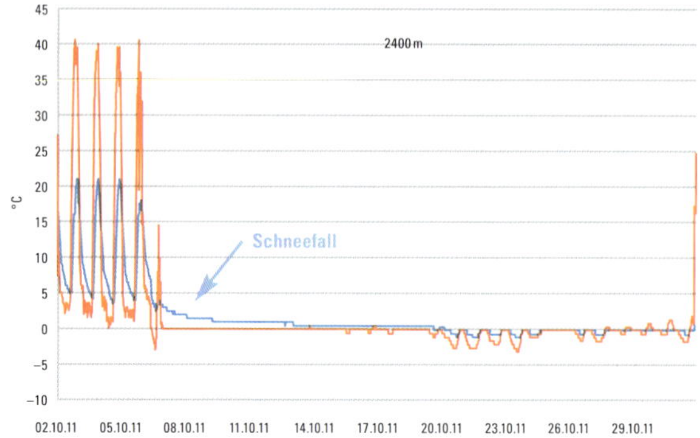

Die Aufwärmung tagsüber ist unter dem Stein stark vermindert, die Abkühlung nachts um etwa 2 °C reduziert. Unter einer Schneedecke sind die Temperaturen etwa ausgeglichen und tendieren gegen 0 °C.

Hochgebirgswetter mit plötzlich aufkommenden starken Winden voll geflügelte Weibchen mit ihrem gesamten Eivorrat auf Schnee- und Eisfelder verfrachten könnte, wo sie zugrunde gehen würden. Kurzflügeligkeit bietet demnach viel weniger Angriffsfläche, begünstigt also die Ortsbeständigkeit, verhindert allerdings auch eine wesentliche Arealerweiterung der Art.

Eine weitere Besonderheit der Hochgebirgsarten besteht darin, dass in dieser Umgebung auch Vertreter der «Nachtfalter» tagsüber aktiv sind; sie meiden also die tiefen Nachttemperaturen und verlegen ihre Hauptaktivität in die warmen Stunden des Tages.

Bei einigen Arten ist auch der Schlupfzeitpunkt genetisch fixiert, wodurch sie eine gewisse zeitliche Isolation ihres Paarungsfensters erreichen. So schlüpfen Falter der Art *Kessleria saxifragae* stets morgens, ihre nahen Verwandten, *Kessleria alpicella*, aber, die zur selben Zeit im gleichen Lebensraum fliegen und dieselbe Nährpflanze belegen, stets abends.

Kessleria saxifragae

Kessleria alpicella

Die Erforschung der Kleinschmetterlinge der Alpen

Die Anfänge

Das Interesse an der Natur in den Alpen und damit einhergehend die Beschreibung ihrer Lebewesen gelangte schon in der Renaissance in den Fokus der Gelehrten (zum Beispiel Conrad GESSNER, 1516–1556), doch sollte noch einige Zeit vergehen, bis eine systematische Ordnung vorgeschlagen wurde, in welche die Ergebnisse konsequent eingefügt werden konnten. Diese schuf Carl von LINNÉ (LINNAEUS), dessen zehnte Ausgabe seines «Systema naturae» (1758) als Startpunkt der modernen Taxonomie festgelegt wurde. Einige der in den Alpen lebenden Kleinschmetterlingsarten wurden bereits von ihm beschrieben, es handelt sich hierbei aber entweder um Arten, die in weiten Teilen Europas einschließlich der tiefen Alpentäler verbreitet sind, oder um solche, die sowohl in den Alpen als auch in Skandinavien vorkommen, so zum Beispiel der Apollofalter (*Parnassius apollo* (LINNAEUS, 1758)).

Die Erforschung jener Kleinschmetterlinge, die bevorzugt oder ausschließlich in den höheren Lagen der Alpen leben, also der eigentlichen alpinen Arten, ist jedoch untrennbar mit der Geschichte des Alpinismus verbunden. Der Genfer Naturforscher Horace-Bénédict DE SAUSSURE, der als Vater der Alpenforschung gilt, bereiste seit 1760 die Berge um Chamonix und berichtete in seinen Veröffentlichungen über verschiedene Insekten, darunter auch Kleinschmetterlinge, die er auf den Gletschern liegend fand. Sogar nahe des Gipfels des Mont Blanc beobachtete er zwei herumfliegende Schmetterlinge, einen Tagfalter und *«...une petite phalène grise»* (einen grauen Kleinschmetterling), von denen er aber zu Recht annahm, dass sie von Winden in diese Höhe verfrachtet worden seien (DE SAUSSURE, 1796). In diese Epoche fallen auch die ersten Verzeichnisse von lokalen Schmetterlingsfaunen im Gebiet der Alpen: Bereits 1761 verfasste Nicolaus PODA eine Schrift über die Grazer Schmetterlinge, 1763 publizierte Johann Anton SCOPOLI eine Liste der Insekten Kärntens, wobei er vermerkte *«... peragravi plurimas alpes»* (... ich habe die meisten Alpen durchwandert). Johannn Caspar FÜSSLIN veröffentlichte 1775 das «Verzeichniss schweizerischer Insekten», in dem auch Schmetterlinge aus den Alpen Graubündens aufgeführt werden, die Johann Georg AMSTEIN dort gefunden hatte. Michael DENIS & Ignaz SCHIFFERMÜLLER (1775) beschrieben in ihrer «Ankündung eines systematischen Werkes von den Schmetterlingen der Wienergegend» etliche Taxa aus jenem Artenspektrum, das sowohl außer- als auch inneralpin verbreitet ist. 1785 berichtete Franz von Paula SCHRANK über die Insekten von Berchtesgaden und nennt auch einige Kleinschmetterlinge, während sich in den italienischen Alpen Leonard DE PRUNNER 1798 mit der Insektenfauna des Piemonts befasste, wobei einige Großschmetterlingsarten beschrieben werden. Im Jahre 1792 erschien dann der Bericht über «Botanische Reisen nach einigen Oberkärntnerischen und benachbarten Alpen» von Josef REINER und Sigmund VON HOHENWART, in welchem auch neue Schmetterlinge beschrieben werden. Schließlich veröffentlichte Louis JURINE 1803 eine Liste der seltenen Insekten aus der Gegend von Chamonix, einschließlich einiger Kleinschmetterlinge (BOURRIT, 1803). Er betonte dabei, dass er nur die Arten der Berge aufzähle (*«... ceux qui appartiennent aux montagnes»*), diejenigen, die überall verbreitet seien, aber nicht. Damit war ein Anfang in der Entdeckung der Alpenfalter gemacht.

Die Blütezeit

Das goldene Zeitalter der wissenschaftlichen Beschäftigung mit und der Abbildung von Kleinschmetterlingen ist in die erste Hälfte des 19. Jahrhunderts zu datieren. Damals entstanden die großen Ikonografien und die ersten systematischen Arbeiten zu den Kleinschmetterlingen, unter welchen auch alpine Arten zu finden sind. In Deutschland brillierten Jacob HÜBNER und seine Nachfolger mit fantastischen Bildtafeln von Groß- und Kleinschmetterlingen (1796–1841). In Frankreich erschien das große Werk von GODART & DUPONCHEL (1821–42), in dem Philogène A. J. DUPONCHEL unter vielen anderen auch einige alpine Kleinschmetterlingsarten beschreibt, die er von Gewährsleuten erhalten hatte, etwa von Louis COULERU aus der Schweiz oder von den Insektenhändlern Ludwig und Josef MANN (unter dem Pseudonym «PARREYSS») aus Wien. Ebenso sind die alpinen Kleinschmetterlinge, die Georg Friedrich TREITSCHKE (1829–34) beschrieb, ihm von befreundeten Sammlern zugetragen worden. Adrian Hardy HAWORTH, der seine Heimat England nie verließ, beschrieb zahlreiche britische Arten, von denen einige auch in den Alpen vorkommen. Philipp Christoph ZELLER publizierte ab 1839 intensiv über Kleinschmetterlinge, 1834 erschien die schön bebilderte Monografie von Josef Emanuel FISCHER VON RÖSLERSTAMM, die aber nur wenige alpine Arten beinhaltet. Schließlich überzeugte Gottlieb August HERRICH-SCHÄFFER (1843–56) mit seinem monumentalen Werk über die Schmetterlinge Europas auch die Liebhaber der Kleinschmetterlinge.

Die systematische alpine Feldforschung setzte hingegen erst ab der Mitte des 19. Jahrhunderts ein, als der aufkommende Tourismus die Infrastruktur bereitstellte, die mehrtägige Sammelexkursionen auch in abgelegene Gebiete der Alpen überhaupt erst ermöglichte. Begünstigt wurde dieses Vorhaben durch den Umstand, dass es damals durchaus zum guten Ton gehörte, sich für Naturalien zu interessieren und beispielsweise eine Schmetterlingssammlung anzulegen, welche dann zum persönlichen gesellschaftlichen Ansehen beitrug. Um aber an prestigeträchtige, neue Arten zu gelangen, musste man abgelegene Gebiete, kaum bewohnte Alpentäler und hochalpine Gegenden aufsuchen. Dort trafen sich dann einerseits die betuchten Sammler, andererseits aber auch die Wissenschaftler. So kam es vor, dass sich in den Sommermonaten im Engadin viele Persönlichkeiten begegneten, die wir heute zu den ganz Großen der europäischen Schmetterlingskunde zählen. Im Jahre 1865 etwa, so schrieb der Engländer Henry Tibbats STAINTON, traf er dort die Herren Professor Herrmann HERING aus Stettin, Otto STAUDINGER aus Dresden, Hermann VON HEINEMANN aus Braunschweig sowie Gottlieb August HERRICH-SCHÄFFER aus Regensburg, während Professor Heinrich FREY aus Zürich eben abgereist war (STAINTON, 1866). Ihre Reise- und Sammelberichte sind auch heute noch mit Gewinn zu lesen, und viele der genannten Fundorte beherbergen noch immer die damals neu entdeckten Arten.

Der wohl bedeutendste Kleinschmetterlings-Wissenschaftler, Philipp Christoph ZELLER, entdeckte und beschrieb unzählige neue Alpenschmetterlinge, zuerst aus Kärnten (ZELLER, 1868), in den Sommern der Jahre 1871, 1873 und 1875 forschte er dann jeweils für mehr als zwei Monate in Bergün in Graubünden und publizierte ausführlich seine Ergebnisse (ZELLER, 1872, 1877). In Bergün fanden in den 1890er-Jahren auch die «Bergüner Conferenzen» statt, an denen zahlreiche Entomologen aus ganz Europa in unterschiedlicher Zusammensetzung teilnahmen (RÜHL, 1890). So wurde das Wissen um die Kleinschmetterlinge der inneren Alpentäler beträchtlich vermehrt.

In den französischen Alpen waren zur gleichen Zeit die Entomologen Achille GUENÉE, Duméril CONSTANT und Pierre MILLIÈRE tätig, die dort viele neue Arten von Kleinschmetterlingen entdeckten und publizierten, unter anderem im «Catalogue raisonné des lépidoptères des Alpes maritimes» (1871–75). MILLIÈRES «Villa des phalènes» in Cannes wurde zum Treffpunkt europäischer Entomologen, die in dieser Gegend auf der Durchreise waren.

Ein weiterer Schub in der Kleinschmetterlingsforschung setzte in der ersten Hälfte des 20. Jahrhunderts ein. Nun ging es nicht mehr nur darum, neue Arten aufzufinden und zu beschreiben, vielmehr rückten Fragen zur Biologie und Faunistik in den Vordergrund: Wie sieht die Raupe aus, an welcher Pflanze lebt sie, in welchem Stadium überwintert die Art, wie ist ihre Höhenverbreitung, in welchen Gebieten kommt sie vor? Um solche Fragen beantworten zu können, waren genaue Beobachtungen in der Natur und Zuchtversuche in Gefangenschaft unabdingbar.

Diese Entwicklung hatten ältere Autoren schon vorgespurt: Jacob HÜBNER, der in seiner «Geschichte europäischer Schmetterlinge» (1793–1842) Kleinschmetterlingsraupen auf ihren Nährpflanzen exakt festhielt, oder Henry Tibbats STAINTON, der in seiner «Geschichte der Tineiden» (1855–73) großen Wert auf die Erforschung und bildliche Darstellung der Entwicklungsstadien legte. Schließlich fasste Karl Traugott SCHÜTZE 1931 in seinem Grundlagenwerk zur «Biologie der Kleinschmetterlinge» ein gewaltiges Wissen zusammen, das zweifellos neue Impulse zur weiteren Erforschung gab. Darauf aufbauend haben in den Alpen wichtige Entomologen, wie Josef KLIMESCH und Karl BURMANN in Österreich sowie Johann MÜLLER-RUTZ, Paul WEBER und Hans THOMANN in der Schweiz, das damalige Wissen um die ersten Stadien der alpinen Kleinschmetterlingsarten durch exaktes Beobachten und fleißiges Züchten wesentlich erweitert.

Im ausgehenden 20. Jahrhundert glaubte man die Kleinschmetterlingsfauna der Alpen in taxonomischer Hinsicht so ziemlich erschöpfend erforscht zu haben; nur noch vereinzelt wurden neue Arten beschrieben, und viele Entomologen wandten sich der Erforschung außeralpiner Gegenden zu. Doch wurde dieses Buch eindeutig zu früh geschlossen.

Die Renaissance

Molekulargenetische Studien

Die neu aufkommende Technologie der molekulargenetischen Analyse zu Beginn des neuen Jahrtausends überraschte mit ihren Ergebnissen, die auf-

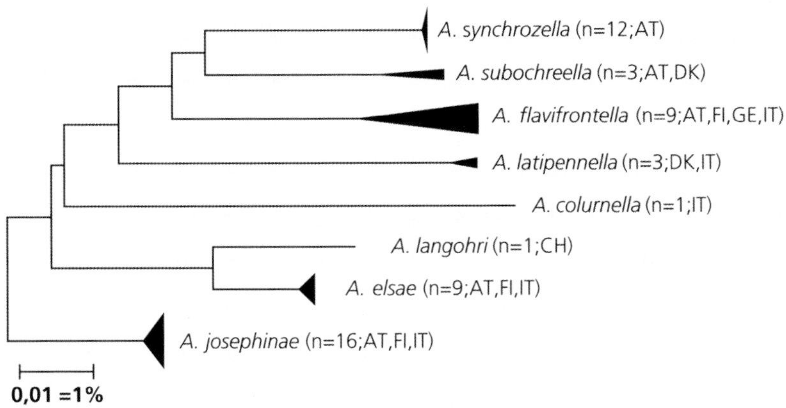

Beispiel eines «Stammbaumes» (Neighbor-Joining Tree) zur Darstellung genetischer Distanzen verschiedener Arten aufgrund ihres Barcodes. (Aus: BOLT, HUEMER & SCHMID, 2018)

zeigten, dass sich unter dem Namen vieler, auch «gewöhnlicher» Arten zwei oder sogar mehr Taxa versteckt hatten, bei denen dann im Nachhinein auch anatomisch-morphologische Unterschiede gefunden werden konnten. Das wichtigste alpine Zentrum dieser Untersuchungen ist das österreichische Landesmuseum Ferdinandeum in Hall bei Innsbruck, an dem Peter HUEMER intensiv über alpine Kleinschmetterlinge forscht und zahlreiche Studien mit genetischen Daten publiziert hat (zum Beispiel HUEMER & HEBERT, 2016; HUEMER & KARSHOLT, 2018).

So ist die Zahl der Kleinschmetterlingsarten im Alpenraum seit der Jahrtausendwende nochmals sprunghaft angestiegen, wobei ein Ende dieser Entwicklung vorerst nicht abzusehen ist. Nebst der Entdeckung neuer Arten ermöglicht die genetische Analyse aber auch Einblicke in die verwandtschaftlichen Beziehungen der Arten untereinander, und sie kann auch hochspannende Hinweise liefern über Wanderungswege einzelner Arten nach der letzten Eiszeit, aus ihren glazialen Refugien am Alpenrand zurück in die Alpen hinein (SCHMITT, 2008).

Ausblick

Wie kaum je zuvor hat der Mensch in den letzten 100 Jahren die Landschaft der Alpen verändert. Viele Talböden sind durch Siedlung, Industrie, Verkehr und Anderes völlig überbaut; und was übrig geblieben ist, ist von intensiver Landwirtschaft biologisch banalisiert worden. Diese Entwicklung macht auch nicht vor höher gelegenen Landschaften halt, wo sich anstelle der Industrie mancherorts die touristische Infrastruktur ausgebreitet hat. Lediglich die hochalpine Zone ist, von punktuellen Eingriffen abgesehen, weitgehend vom Menschen unbehelligt geblieben.

Kleinschmetterlinge sind in ihren Ansprüchen oftmals weit wählerischer als zum Beispiel Tagfalter. Dennoch erscheinen letztere regelmäßig in Landschaftsinventaren, Schutzgebietsbegründungen und Roten Listen. Das mag verständlich sein, sind Tagfalter doch relativ einfach festzustellen, in ihrer Artenzahl überschaubar und in ihrer Biologie meist recht gut bekannt. Es wäre wünschenswert, wenn in Landschafts- und Naturschutzfragen zukünftig vermehrt auch die Kleinschmetterlinge als wertvolle Indikatorarten berücksichtigt würden. Das setzt allerdings voraus, dass über ihre Lebensraumansprüche und ihre Biologie weit mehr Wissen zur Verfügung steht.

Wenn wir heute von fast allen alpinen Kleinschmetterlingen einen Teil ihrer genetischen Identität (Barcode) kennen, aber von sehr vielen Arten keine Ahnung von ihrer Raupe, deren Nährpflanze oder ihrer Entwicklungszyklen haben, zeigt das deutlich, dass etwas in dieser «Natur»-wissenschaft aus dem Gleichgewicht geraten ist.

Es wäre ein echter Fortschritt, wenn in Zukunft jede taxonomische Neubeschreibung wie selbstverständlich mit detaillierten Angaben zur Biologie versehen würde. Das wäre dann das Ende jener heute noch üblichen imagozentrierten Fachbücher, wo ellenlange Beschreibungen der Falter und ihrer Genitalstrukturen abgedruckt sind, und unter dem Stichwort «Biology» es dann oft heißt: «early stages unknown»! Dieses Buch möge eine Ermunterung dazu sein.

Verbreitung und Taxonomie

Die Angaben zur europäischen Verbreitung wurden, falls nicht anders erwähnt, der «Fauna Europaea» entnommen (www.fauna-eu.org), die detaillierten Daten über Vorkommen in Deutschland stammen von GAEDIKE et al. (2017), diejenigen für Österreich aus HUEMER (2013) und für die Schweiz aus SWISSLEP TEAM (2010) sowie vom Autor.

Angaben zu Raupennährsubstraten, die nicht vom Autor stammen, sind mit Quellenhinweis versehen.

Die deutschen und lateinischen Pflanzennamen richten sich nach LAUBER & WAGNER (1996) beziehungsweise nach AESCHIMANN et al. (2004). Die Benennung der Pflanzengesellschaften folgt DELARZE, GONSETH & GALLAND (1999).

Trotz jahrzehntelanger Bemühungen, eine einigermaßen stabile taxonomische Ordnung in die Schmetterlinge zu bringen, sind wir heute weiter von diesem Ziel entfernt denn je. Dieses Malaise betrifft allerdings nicht nur die Entomologie, liest man doch in einem botanischen Werk beispielsweise Folgendes: *«Die Lust der Systematiker, kritische Arten und Gruppen taxonomisch immer feiner aufzuspalten, kennt keine Grenzen.»* (LAUBER & WAGNER, 1996). Während früher mit einer gewissen zeitlichen Regelmäßigkeit vor allem neue Gattungsnamen auftauchten, fand erst kürzlich eine radikale Umgruppierung verschiedener Familien der Kleinschmetterlinge statt (NIEUKERKEN et al. 2011).

Die in diesem Buch verwendete Systematik und Nomenklatur richtet sich nach der Fauna Europaea (www.fauna-eu.org.) sowie nach der Lepiforum-Europaliste (RENNWALD & RODELAND, 2019). Dabei ist sich der Autor durchaus bewusst, dass vielleicht schon beim Erscheinen des Buches da und dort andere Namen «modern» sein werden.

Von den in Mitteleuropa vorkommenden 48 Familien von Kleinschmetterlingen *(sensu classico)* sind in diesem Buch 383 Arten aus 37 Familien vertreten.

Ausgewählte Arten

ERIOCRANIIDAE
Dyseriocrania subpurpurella (Haworth, 1828)
Eriocrania cicatricella (Zetterstedt, 1839)
Eriocrania semipurpurella (Stephens, 1834)

NEPTICULIDAE
Stigmella catharticella (Stainton, 1853)
Stigmella myrtillella (Stainton, 1857)
Stigmella dryadella (O.Hofmann, 1868)
Fomoria weaveri (Stainton, 1855)
Ectoedemia argyropeza (Zeller, 1839)

ADELIDAE
Nemophora metallica (Poda, 1761)
Nemophora cupriacella (Hübner [1819])
Nemophora dumerilella (Duponchel, [1839])
Adela albicinctella Mann, 1852
Cauchas albiantennella (Burmann, 1943)
Cauchas rufimitrella (Scopoli, 1763)

INCURVARIIDAE
Alloclemensia mesospilella (Herrich-Schäffer, [1853])
Incurvaria pectinea Haworth, 1828

PRODOXIDAE
Lampronia standfussiella Zeller, 1852

TISCHERIIDAE
Coptotriche angusticollella (Duponchel, [1843])

MEESSIIDAE
Eudarcia pagenstecherella (Hübner, [1825])

TINEIDAE
Montescardia tessulatellus (Zeller, 1846)
Morophaga choragella ([Denis & Schiffermüller], 1775)
Triaxomera parasitella (Hübner, 1796)
Archinemapogon yildizae Koçak, 1981
Nemaxera betulinella (Paykull, 1785)
Nemapogon cloacella (Haworth, 1828)
Nemapogon granella (Linnaeus, 1758)
Tinea pellionella Linnaeus, 1758

BUCCULATRICIDAE
Bucculatrix clavenae Klimesch, 1950
Bucculatrix cristatella (Zeller, 1839)
Bucculatrix fatigatella von Heyden, 1863
Bucculatrix frangutella (Goeze, 1783)
Bucculatrix nigricomella (Zeller, 1839)

GRACILLARIIDAE
Caloptilia roscipennella (Hübner, 1796)
Caloptilia rufipennella (Hübner, 1796)
Aspilapteryx limosella (Duponchel, [1844])
Euspilapteryx auroguttella Stephens, 1835
Acrocercops brongniardella (Fabricius, 1798)
Callisto coffeella (Zetterstedt, 1839)
Parornix pfaffenzelleri (Frey, 1856)
Parornix alpicola (Wocke, 1877)
Parornix scoticella (Stainton, 1850)
Phyllonorycter alpina (Frey, 1856)
Phyllonorycter blancardella (Fabricius, 1781)
Phyllonorycter comparella (Duponchel, [1843])
Phyllonorycter corylifoliella (Hübner, [1796])
Phyllonorycter hilarella (Zetterstedt, 1839)
Phyllonorycter junoniella (Zeller, 1846)
Phyllonorycter maestingella (Müller, 1764)
Phyllonorycter roboris (Zeller, 1839)
Phyllonorycter sagitella (Bjerkander, 1790)
Phyllonorycter staintoniella (Nicelli, 1853)
Phyllonorycter strigulatella (Zeller, 1846)
Phyllonorycter ulmifoliella (Hübner, [1871])
Triberta helianthemella (Herrich-Schäffer, 1860)
Macrosaccus robiniella (Clemens, 1859)
Phyllocnistis labyrinthella (Bjerkander, 1790)
Phyllocnistis unipunctella (Stephens, 1834)

YPONOMEUTIDAE
Yponomeuta evonymella (Linnaeus, 1758)
Yponomeuta padella (Linnaeus, 1758)
Kessleria alpicella (Stainton, 1851)
Kessleria alternans (Staudinger, 1871)
Kessleria helvetica Huemer & Tarmann, 1992
Kessleria caflischiella (Frey, 1880)
Kessleria saxifragae (Stainton, 1868)

ARGYRESTHIIDAE
Argyresthia goedartella (Linnaeus, 1758)
Argyresthia retinella Zeller, 1839

PLUTELLIDAE
Plutella geniatella Zeller, 1839
Plutella porrectella (Linnaeus, 1758)
Rhigognostis marmorosella (Wocke, 1850)

GLYPHIPTERIGIDAE
Glyphipterix nicaeella Möschler, 1866
Glyphipterix haworthana (Stephens, 1834)
Digitivalva arnicella (Heyden,1863)
Digitivalva granitella (Treitschke, 1833)

YPSOLOPHIDAE
Phraealcia eximiella (Rebel, 1899)
Ypsolopha nemorella (Linnaeus, 1758)
Ypsolopha dentella (Fabricius, 1775)
Ypsolopha falcella ([Denis & Schiffermüller], 1775)
Ypsolopha scabrella (Linnaeus, [1760])

HELIODINIDAE
Heliodines roesella (Linnaeus, 1758)

BEDELLIIDAE
Bedellia somnulentella (Zeller, 1847)

LYONETIDAE
Leucoptera spartifoliella (Hübner [1813])
Lyonetia clerkella (Linnaeus, 1758)
Phyllobrostis hartmanni Staudinger, 1867

DOUGLASIIDAE
Tinagma perdicella Zeller, 1839
Tinagma dryadis Staudinger, 1872

AUTOSTICHIDAE
Symmoca signella (Hübner, 1796)

OECOPHORIDAE
Denisia rhaetica (Frey, 1856)
Goidanichiana jourdheuillella (Ragonot, 1875)
Metalampra italica Baldizzone, 1977
Oecophora bractella (Linnaeus, 1758)
Harpella forficella (Scopoli, 1763)

CHIMABACHIDAE
Diurnea fagella ([Denis & Schiffermüller], 1775)

PELEOPODIDAE
Carcina quercana (Fabricius, 1775)

ELACHISTIDAE
Elachista adscitella Stainton, 1851
Elachista subalbidella Schläger, 1847
Elachista bifasciella Treitschke, 1833
Elachista maculicerusella (Bruand, 1859)
Elachista gleichenella (Fabricius, 1781)
Elachista juliensis Frey, 1870
Levipalpus hepatariella (Lienig & Zeller, 1846)
Exaeretia allisella Stainton, 1849
Agonopterix adspersella (Kollar, 1832)
Agonopterix alpigena (Frey, 1870)
Agonopterix nanatella (Stainton, 1849)
Agonopterix scopariella (Heinemann, 1870)
Agonopterix petasitis (Standfuss, 1851)
Agonopterix ciliella (Stainton, 1849)
Agonopterix arenella ([Denis & Schiffermüller], 1775)
Agonopterix carduella (Hübner [1817])
Agonopterix silerella (Stainton, 1865)
Agonopterix alstromeriana (Clerck, 1759)
Agonopteryx angelicella (Hübner, [1813])
Agonopterix astrantiae (Heinemann, 1870)
Agonopterix senecionis (Nickerl, 1864)
Agonopterix parilella (Treitschke, 1835)
Agonopterix kaekeritziana (Linnaeus, 1767)
Agonopterix liturosa (Haworth, [1811])
Agonopterix nervosa (Haworth, [1811])
Depressaria absynthiella Herrich-Schäffer, 1865
Depressaria artemisiae Nickerl, 1864
Depressaria heydenii Zeller, 1854
Depressaria depressana (Fabricius, 1775)
Depressaria chaerophylli Zeller, 1839
Depressaria pimpinellae Zeller, 1839
Depressaria bupleurella Heinemann, 1870
Depressaria libanotidella Schläger, 1849
Depressaria albipunctella ([Denis & Schiffermüller], 1775)
Depressaria leucocephala Snellen, 1884
Depressaria gallicella Chrétien, 1908
Hypercallia citrinalis (Scopoli, 1763)
Anchinia daphnella ([Denis & Schiffermüller], 1775)
Anchinia grisescens Frey, 1856
Anchinia laureolella Herrich-Schäffer [1854]
Anchinia cristalis (Scopoli, 1763)
Ethmia quadrillella (Goeze, 1783)
Ethmia pusiella (Linnaeus, 1758)
Ethmia chrysopygella (Kolenati, 1846)

STATHMOPODIDAE
Stathmopoda pedella (Linnaeus, [1760])

COLEOPHORIDAE
Coleophora serratella (Linnaeus, [1760])
Coleophora arctostaphyli Meder, 1934
Coleophora vacciniella Herrich-Schäffer, 1861
Coleophora vitisella Gregson, 1856
Coleophora glitzella O.Hofmann, 1869
Coleophora pulmonariella Ragonot, 1874
Coleophora lineolea (Haworth, 1828)
Coleophora colutella (Fabricius, 1794)
Coleophora svenssoni Baldizzone, 1985
Coleophora auricella (Fabricius, 1794)
Coleophora gallipennella (Hübner, 1796)
Coleophora astragalella Zeller, 1849
Coleophora valesianella Zeller, 1849
Coleophora ochrea (Haworth, 1828)
Coleophora laricella (Hübner [1817])
Coleophora burmanni Toll, 1952
Coleophora riffelensis Rebel, 1913
Coleophora kyffhusana Petry, 1898
Coleophora tractella Zeller, 1849
Coleophora trochilella (Duponchel, [1843])
Coleophora follicularis (Vallot, 1802)
Coleophora nubivagella Zeller, 1849
Coleophora paripennella Zeller, 1839
Coleophora niveistrigella Wocke, 1877

MOMPHIDAE
Mompha miscella ([Denis & Schiffermüller], 1775)
Mompha idaei (Zeller, 1839)
Mompha langiella (Hübner, 1796)
Mompha raschkiella (Zeller, 1839)
Mompha conturbatella (Hübner, [1819])

SCYTHRIDIDAE
Scythris amphonycella (Geyer, [1836])
Scythris fuscoaenea (Haworth, 1828)
Scythris speyeri (Heinemann & Wocke, 1877)
Scythris picaepennis (Haworth, 1828)
Scythris subcinctella (Bruand [1851])
Scythris glacialis (Frey, 1870)
Scythris vittella (O.Costa, 1834)
Scythris limbella (Fabricius, 1775)
Scythris ventosella Chrétien, 1907

COSMOPTERIGIDAE
Ascalenia vanella (Frey, 1860)
Pancalia schwarzella (Fabricius, 1798)
Eteobalea albiapicella (Duponchel, [1843])
Cosmopterix zieglerella (Hübner [1810])
Cosmopterix scribaiella Zeller, 1850
Cosmopterix pulchrimella Chambers, 1875

GELECHIIDAE
Aristotelia heliacella (Herrich-Schäffer, [1854])
Monochroa scutatella (Müller-Rutz, 1920)
Exoteleia succinctella (Zeller, 1872)
Neotelphusa sequax (Haworth, 1828)
Carpotelechia fugitivella (Zeller, 1839)
Istrianis myricariella (Frey, 1870)
Teleiopsis laetitiae Schmid, 2011
Gelechia senticetella (Staudinger, 1859)
Mirificarma maculatella (Hübner, 1796)
Mirificarma lentiginosella (Zeller, 1839)
Prolita sexpunctella (Fabricius, 1794)
Athrips mouffetella (Linnaeus, 1758)
Scrobipalpa proclivella (Fuchs, 1886)
Scrobipalpa artemisiella (Treitschke, 1833)
Scrobipalpula ramosella (Müller-Rutz, 1934)
Scrobipalpula diffluella (Frey, 1870)
Cosmardia moritzella (Treitschke, 1835)
Caryocolum vicinella (Douglas, 1851)
Caryocolum oculatella (Thomann, 1930)
Caryocolum petryi (O. Hofmann, 1899)
Caryocolum repentis Huemer & Luquet, 1992
Caryocolum blandulella (Tutt, 1887)
Caryocolum petrophila (Preissecker, 1914)
Tila capsophilella (Chrétien, 1900)
Pogochaetia solitaria (Staudinger, 1879)
Sattleria melaleucella (Constant, 1865)
Sattleria basistrigella Huemer, 1997
Sophronia humerella ([Denis & Schiffermüller], 1775)
Syncopacma patruella (Mann, 1857)
Syncopacma coronillella (Treitschke, 1833)
Syncopacma sangiella (Stainton, 1863)
Syncopacma albifrontella (Heinemann, 1870)
Syncopacma karvoneni (Hackman, 1950)
Aproaerema anthyllidella (Hübner, [1813])
Aproaerema anthyllidella (olim *Schützeia natrixella* Weber, 1945)
Nothris verbascella ([Denis & Schiffermüller], 1775)
Neofaculta ericetella (Geyer, [1832])
Acompsia tripunctella ([Denis & Schiffermüller], 1775)
Thiotricha subocellea (Stephens, 1834)

ALUCITIDAE
Alucita desmodactyla Zeller, 1847

PTEROPHORIDAE
Platyptilia farfarellus (Zeller, 1867)
Platyptilia tesseradactyla (Linnaeus, [1760])
Amplyptilia punctidactyla (Haworth, [1811])
Stenoptilia plagiodactylus (Stainton, 1851)
Stenoptilia annadactyla Sutter, 1988
Stenoptilia islandicus (Staudinger, 1857)
Stenoptilia coprodactylus (Stainton, 1851)
Stenoptilia graphodactyla (Treitschke, 1833)
Marasmarcha oxydactylus (Staudinger, 1859)
Oxyptilus chrysodactyla ([Denis & Schiffermüller], 1775)
Oxyptilus tristis (Zeller, 1841)
Capperia fusca (Hofmann, 1898)
Calyciphora albodactylus (Fabricius, 1794)
Calyciphora nephelodactyla (Eversmann, 1844)
Oidaematophorus rogenhoferi (Mann, 1871)
Hellinsia tephradactyla (Hübner, [1813])
Hellinsia osteodactylus (Zeller, 1841)
Adaina microdactyla (Hübner, [1813])
Emmelina monodactyla (Linnaeus, 1758)

EPERMENIIDAE
Phaulernis fulviguttella (Zeller, 1839)
Epermenia insecurella (Stainton, 1849)
Epermenia strictellus (Wocke, 1867)
Epermenia aequidentellus (E. Hofmann, 1867)
Epermenia chaerophyllella (Goeze, 1783)
Epermenia scurella (Stainton, 1851)
Epermenia devotella (Heyden, 1863)
Ochromolopis ictella (Hübner, [1813])

CHOREUTIDAE
Prochoreutis holotoxa (Meyrick, 1903)
Tebenna bjerkandrella (Thunberg, 1784)
Choreutis nemorana (Hübner, [1799])

TORTRICIDAE
Aethes williana (Brahm, 1791)
Aethes deutschiana (Zetterstedt, 1839)
Aethes ardezana (Müller-Rutz, 1922)
Aethes rutilana (Hübner, [1817])
Aethes aurofasciana (Mann, 1855)
Aethes cnicana (Westwood, 1854)
Falseuncaria ruficiliana (Haworth, [1811])
Aleimma loeflingiana (Linnaeus, 1758)
Acleris schalleriana (Linnaeus, [1760])
Acleris variegana ([Denis & Schiffermüller], 1775)
Xerocnephasia rigana (Sodoffsky, 1829)
Sphaleroptera alpicolana (Frölich, [1830])
Exapate duratella von Heyden, 1864
Eana osseana (Scopoli, 1763)
Eana argentana (Clerck, 1759)
Eana penziana (Thunberg, 1791)
Cnephasia stephensiana (Doubleday, [1841])
Cnephasia alticolana (Herrich-Schäffer, [1851])
Cnephasia asseclana ([Denis & Schiffermüller], 1775)
Cnephasia sedana (Constant, 1884)
Sparganothis pilleriana ([Denis & Schiffermüller], 1775)
Philedone gerningana ([Denis &Schiffermüller], 1775)
Philedonides lunana (Thunberg, 1784)
Choristoneura diversana (Hübner, [1817])
Argyrotaenia ljungiana (Thunberg, 1797)
Lozotaenia forsterana (Fabricius, 1781)
Aphelia viburnana ([Denis & Schiffermüller], 1775)
Clepsis rogana (Guenée, 1845)
Clepsis rurinana (Linnaeus, 1758)
Endothenia oblongana (Haworth, [1811])
Aterpia anderreggana Guenée, 1845
Apotomis sauciana (Frölich, 1828)
Hedya nubiferana (Haworth, [1811])
Celypha rurestrana (Duponchel, [1843])
Celypha cespitana (Hübner, [1817])
Celypha lacunana ([Denis & Schiffermüller], 1775)
Phiaris scoriana (Guenée, 1845)
Argyroploce arbutella (Linnaeus, 1758)
Argyroploce externa (Eversmann, 1844)
Argyroploce roseomaculana (Herrich-Schäffer, [1851])
Stictea mygindiana ([Denis & Schiffermüller], 1775)
Eriopsela quadrana (Hübner, [1813])
Rhopobota ustomaculana (Curtis, 1831)
Spilonota laricana (Heinemann, 1863)
Epinotia nemorivaga (Tengström, 1848)
Epinotia cruciana (Linnaeus, [1760])
Epinotia mercuriana (Frölich, [1830])
Epinotia thapsiana (Zeller, 1847)

Epinotia crenana (Hübner, [1817])
Epinotia tetraquetrana (Haworth, [1811])
Epinotia tedella (Clerck, 1759)
Zeiraphera griseana (Hübner, [1799])
Eucosma monstratana (Rebel, 1907)
Eucosma culmana (Müller-Rutz, 1932)
Eucosma aspidiscana (Hübner, [1817])
Gypsonoma nitidulana (Lienig & Zeller, 1846)
Epiblema scutulana ([Denis & Schiffermüller], 1775)
Epiblema cirsiana (Zeller, 1843)
Epiblema foenella (Linnaeus, 1758)
Pseudococcyx mughiana (Zeller, 1868)
Retinia resinella (Linnaeus, 1758)
Rhyacionia buoliana ([Denis & Schiffermüller], 1775)
Rhyacionia duplana (Hübner [1813])
Enarmonia formosana (Scopoli, 1763)
Ancylis unguicella (Linnaeus, 1758)
Ancylis geminana (Donovan, 1806)
Ancylis myrtillana (Treitschke, 1830)
Ancylis apicella ([Denis & Schiffermüller], 1775)
Grapholita pallifrontana (Lienig & Zeller, 1846)
Grapholita aureolana (Tengström, 1848)
Grapholita nebritana (Treitschke, 1830)
Grapholita funebrana (Treitschke, 1835)
Cydia cytisanthana Burmann & Pröse, 1988
Cydia vallesiaca (Sauter, 1968)
Cydia strobilella (Linnaeus, 1758)
Cydia pactolana (Zeller, 1840)
Cydia grunertiana (Ratzeburg, 1868)
Cydia milleniana (Adamczewski, 1967)
Cydia splendana (Hübner, [1799])
Pammene aurana (Fabricius, 1775)
Pammene regiana (Zeller, 1849)
Dichrorampha rejectana (De la Harpe, 1858)
Dichrorampha plumbana (Scopoli, 1763)
Dichrorampha bugnionana (Duponchel, [1843])
Dichrorampha harpeana Frey, 1870
Dichrorampha chavanneana (De la Harpe, 1858)
Dichrorampha ligulana (Herrich-Schäffer, [1851])
Dichrorampha thomanni Huemer, 1991
Dichrorampha forsteri Obraztsov, 1953
Dichrorampha vancouverana McDunnough, 1935
Dichrorampha alpinana (Treitschke, 1830)
Dichrorampha petiverella (Linnaeus, 1758)

PYRALIDAE
Asartodes monspesulalis (Duponchel, [1834])
Asarta aethiopella (Duponchel, [1837])
Asarta alpicolella (Zeller, 1839)
Laodamia faecella (Zeller, 1839)
Pempelia palumbella ([Denis & Schiffermüller], 1775)
Phycita roborella ([Denis & Schiffermüller], 1775)
Merulempista cingillella (Zeller, 1846)
Dioryctria abietella ([Denis & Schiffermüller], 1775)
Khorassania compositella (Treitschke, 1835)
Cremnophila sedakovella (Eversmann, 1851)
Moitrelia obductella (Zeller, 1839)
Pempeliella ornatella ([Denis & Schiffermüller], 1775)
Acrobasis consociella (Hübner [1813])
Assara terebrella (Zincken, 1818)
Phycitodes saxicola (Vaughan, 1870)

CRAMBIDAE
Eudonia vallesialis (Duponchel, 1833)
Catoptria luctiferella (Hübner, [1813])
Catoptria radiella (Hübner, [1813])
Catoptria furcatellus (Zetterstedt, 1839)
Catoptria petrificella (Hübner, 1796)
Thisanotia chrysonuchella Scopoli, 1763
Cataclysta lemnata (Linnaeus, 1758)
Metaxmeste phrygialis (Hübner, 1796)
Metaxmeste schrankiana (Hochenwarth, 1785)
Orenaia alpestralis (Fabricius, 1787)
Orenaia andereggialis (Herrich-Schäffer, [1855])
Orenaia helveticalis (Herrich-Schäffer, [1855])
Orenaia lugubralis (Lederer, 1857)
Catharia simplonialis (Heydenreich, 1851)
Pyrausta ostrinalis (Hübner, 1796)
Pyrausta cingulata (Linnaeus, 1758)
Pyrausta aerealis (Hübner, 1793)
Anania funebris (Ström, 1768)
Anania crocealis (Hübner 1796)
Anania hortulata (Linnaeus, 1758)
Udea murinalis (Fischer v. Röslerstamm, 1842)
Udea austriacalis (Herrich-Schäffer, [1851])
Udea alpinalis ([Denis & Schiffermüller], 1775)
Diasemia reticularis (Linnaeus, [1760])

Artenporträts

Farbcodierung der Familien

ERIOCRANIIDAE
NEPTICULIDAE
ADELIDAE
INCURVARIIDAE
PRODOXIDAE
TISCHERIIDAE
MEESSIIDAE
TINEIDAE
BUCCULATRICIDAE
GRACILLARIIDAE
YPONOMEUTIDAE
ARGYRESTHIIDAE
PLUTELLIDAE
GLYPHIPTERIGIDAE
YPSOLOPHIDAE
HELIODINIDAE
BEDELLIIDAE
LYONETIDAE
DOUGLASIIDAE
AUTOSTICHIDAE
OECOPHORIDAE
CHIMABACHIDAE
PELEOPODIDAE
ELACHISTIDAE
STATHMOPODIDAE
COLEOPHORIDAE
MOMPHIDAE
SCYTHRIDIDAE
COSMOPTERIGIDAE
GELECHIIDAE
ALUCITIDAE
PTEROPHORIDAE
EPERMENIIDAE
CHOREUTIDAE
TORTRICIDAE
PYRALIDAE
CRAMBIDAE

Familie Eriocraniidae (Trugmotten)

Dyseriocrania subpurpurella

(HAWORTH, 1828)

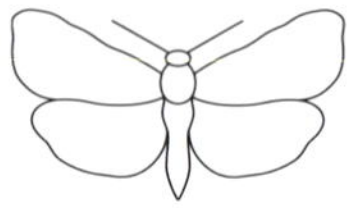

11–14 mm

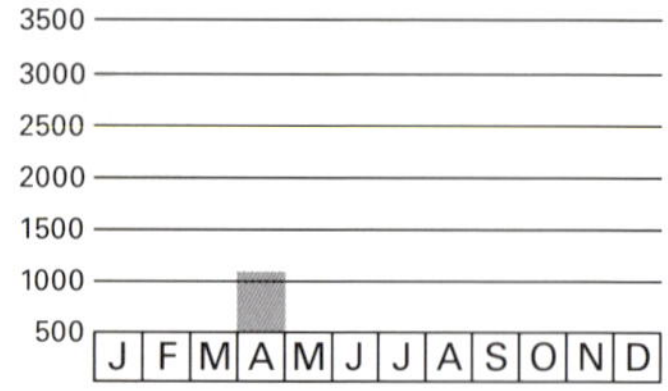

Verbreitung: In fast allen europäischen Ländern nachgewiesen, weit verbreitet.
Lebensraum: Eichenwälder, warme, trockene Mischwälder mit Eichen; in den Bergen kaum über 1100 m ansteigend.
Biologie: Die Raupe miniert in einer Platzmine in den Blättern von Stiel-Eiche *(Quercus robur)*, meist an eher schattigen Stellen jüngerer Bäume (1–3). Erwachsen verlässt sie das Blatt (4) und spinnt am Boden einen festen, fast runden, pergamentenen Kokon, dessen Außenseite mit Bodenmaterial belegt ist (5–7). Darin überwintert die Raupe. Die Verpuppung erfolgt im zeitigen Frühling. Die Falter (8, 9) fliegen am Tag.

1

2

3

4

5

6

7

8

9

Familie Eriocraniidae (Trugmotten)

Eriocrania cicatricella

(ZETTERSTEDT, 1839)

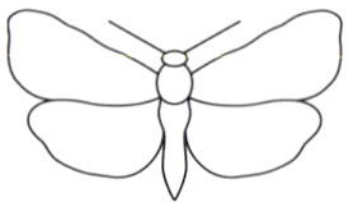

11–13 mm

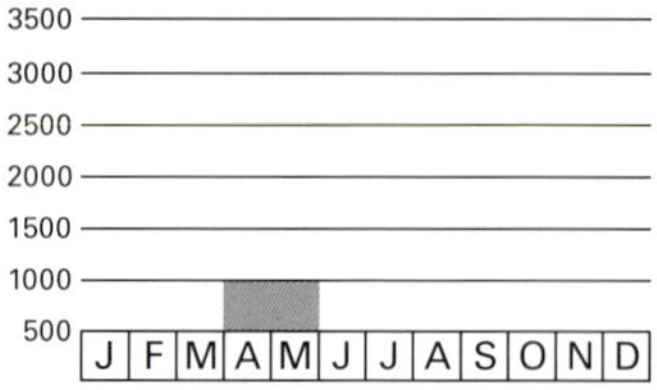

Verbreitung: In weiten Teilen Europas verbreitet. **Lebensraum:** Birkenbestände an luftfeuchten Standorten wie Flussufer, Auenwälder und Feuchtgebiete. **Biologie:** Die Raupe lebt im Frühling in einer Platzmine in den Blättern von Birke *(Betula pendula)*, wobei jede Mine zwei, drei oder vier Raupen beherbergt (1–3). Erwachsen verlässt sie die Mine (4), fällt zu Boden, wo sie sich in der Bodenschicht einen ziemlich dichten, runden Kokon spinnt (5, 6). Darin überwintert sie und verpuppt sich im Frühling. Die Falter (7, 8) schlüpfen bald nach der Schneeschmelze.

3

4

5

6

7

8

Familie Eriocraniidae (Trugmotten)

Eriocrania semipurpurella

(STEPHENS, 1834)

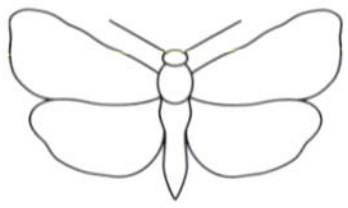

9–16 mm

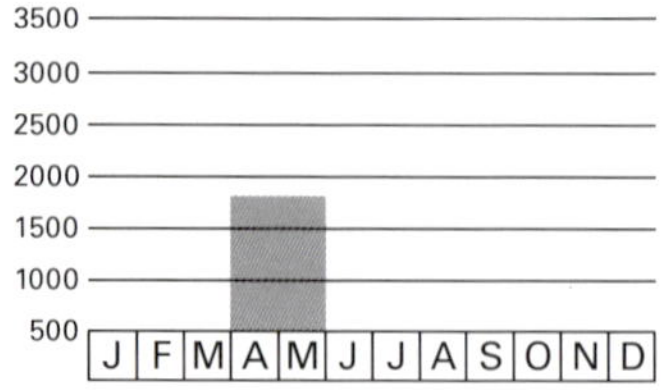

Verbreitung: In weiten Teilen Europas verbreitet und nicht selten.
Lebensraum: Die Art scheint die montane und subalpine Stufe zu bevorzugen, wo sie im lückigen Bergwald niedrige Jungbirken belegt.
Biologie: Die Raupe lebt im Frühjahr in einer Platzmine in den Blättern von Birke *(Betula pendula)* (1, 3). Anfang Sommer ist sie erwachsen und verlässt das Blatt (4). Sie dringt in den Boden ein und fertigt dort einen festen, pergamentartigen, rundlichen Kokon, an dessen Außenseite Umgebungsmaterial angebracht ist (5–8). Darin überwintert sie. Im Frühling erfolgt die Verpuppung und der Schlupf (6).

1

2

3

4

5

6

7

8

9

Familie Nepticulidae (Zwergminiermotten)

Stigmella catharticella

(STAINTON, 1853)

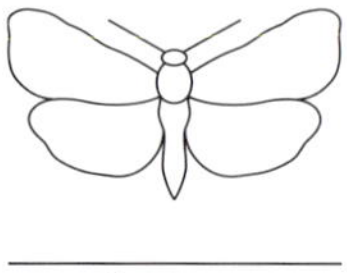

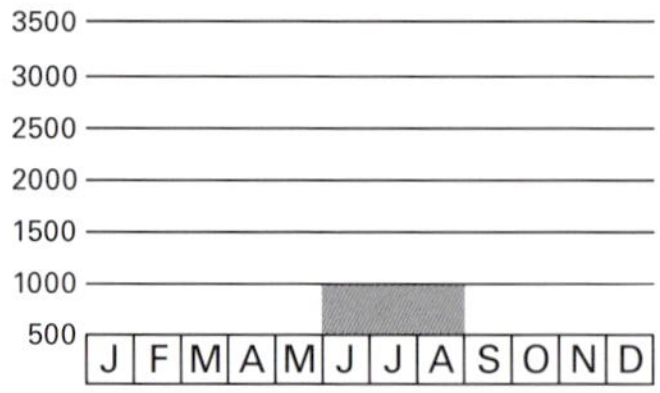

Verbreitung: In ganz Europa verbreitet; in den Alpen nur in den Tallagen.
Lebensraum: Waldränder, Hecken, Strauchgesellschaften, Felsbiotope.
Biologie: Die Raupe miniert in den Blättern von Kreuzdorn *(Rhamnus catharticus)*, aber auch von Felsen-Kreuzdorn *(Rhamnus saxatilis)* (1, 2), hier gezeigt. Erwachsen verlässt sie die Mine und verpuppt sich in der Nähe auf einem anderen Blatt (3–5). Die Art bildet jährlich zwei Generationen aus; es überwintert die Puppe (6).

3

4

5

7

6

8

Familie Nepticulidae (Zwergminiermotten)

Stigmella myrtillella

(STAINTON, 1857)

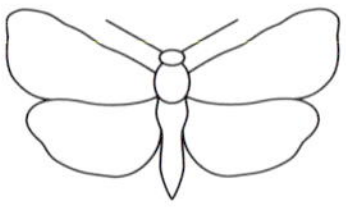

4–5 mm

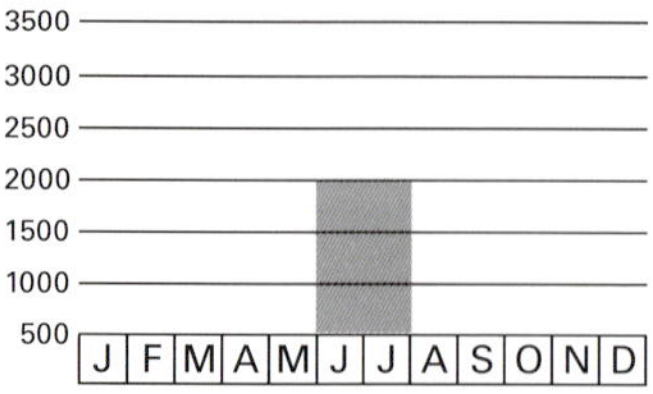

Verbreitung: In fast ganz Europa verbreitet.

Lebensraum: In den Alpen vor allem in der montanen bis alpinen Stufe verbreitet, wo die Heidelbeere oft flächendeckend vorkommt: lichte subalpine Heidelbeer-Fichtenwälder (Vaccinio-Piceion), alpine Zwergstrauchheiden, bis wenig über der Waldgrenze.

Biologie: Die Raupe miniert in den Blättern von Heidelbeere *(Vaccinium myrtillus)* und Rauschbeere *(Vaccinium uliginosum)* (1–4). Erwachsen verlässt sie die Mine (5) und verpuppt sich in einem rundlichen Kokon in der Bodenstreu (6). Die Art bildet zwei Generationen jährlich aus, wobei die Puppe überwintert.

1

2

3

4

5

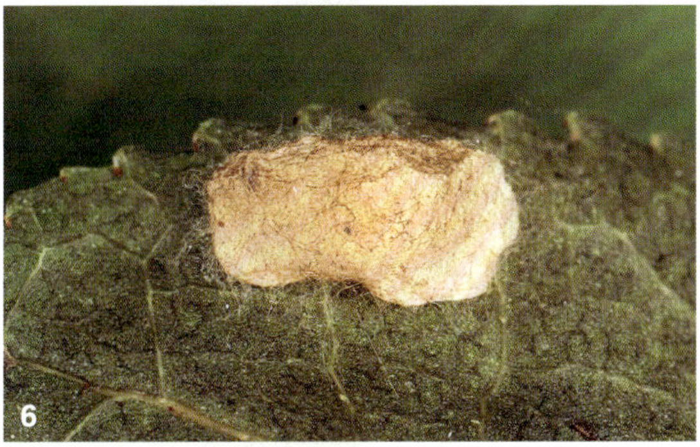
6

7

8

Familie Nepticulidae (Zwergminiermotten)

Stigmella dryadella

(O. HOFMANN, 1868)

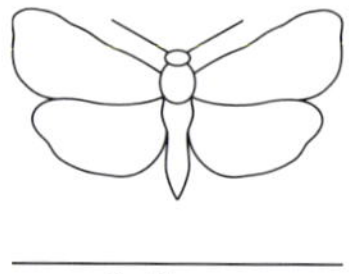

3–5 mm

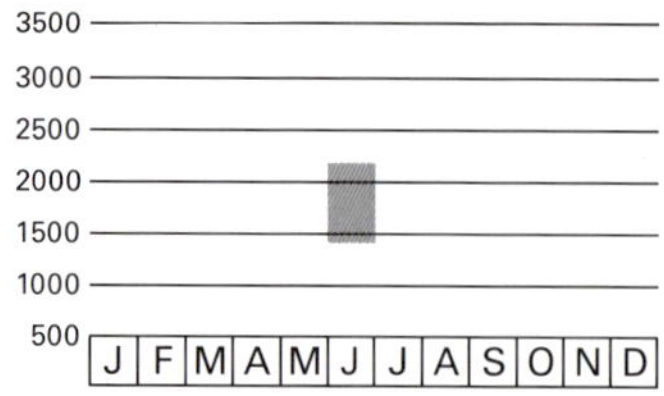

Verbreitung: In den Alpenländern verbreitet, außer in Deutschland, wo nur ein älterer Nachweis aus Bayern vorliegt; auch in den Karpaten und in Skandinavien.

Lebensraum: Bevorzugt auf alpinen Kalkschuttflächen, aber auch in lichten subalpinen Wäldern, ausnahmsweise sogar mit der Raupennährpflanze bis in montane Regionen hinabsteigend.

Biologie: Raupennährpflanze ist die Silberwurz *(Dryas octopetala)*. Das Ei wird auf die Unterseite der Blattspitzenregion abgelegt. Die Mine verläuft zuerst gegen die Blattspitze, um sich dann am Blattrand zur Basis hin zu erweitern (1–3). Zur Verpuppung verlässt die Raupe die Mine (4) und spinnt sich an der Unterseite eines anderen Blattes eine Puppenwiege (5, 6). Die Minen sind einfacher nachzuweisen als die winzigen Falter (7–9). In den höheren Lagen der Alpen wird mit Sicherheit nur eine Generation gebildet.

1

2

3

4

5

6

7

8

8

Familie Nepticulidae (Zwergminiermotten)

Fomoria weaveri

(STAINTON, 1855)

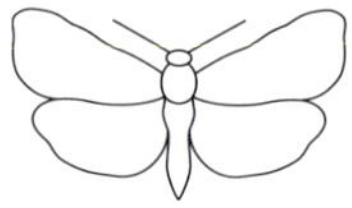

7–8 mm

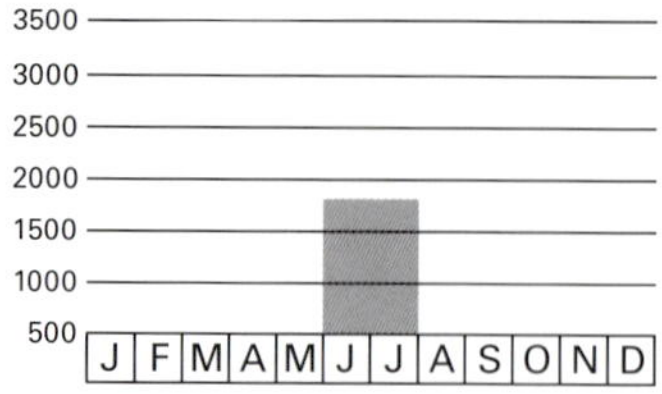

Verbreitung: In Europa weit verbreitet.
Lebensraum: Lichter, subalpiner Nadelwald, bis 1700 m.
Biologie: Raupennährpflanze ist die Preiselbeere *(Vaccinium vitis-idaea)*. Das dunkelbraune Ei wird auf die Blattunterseite abgelegt (5). Die Raupe bohrt sich ins Blatt und fertigt eine Gangmine an, die in charakteristischer Weise zuerst dem Blattrand entlang verläuft, an der Blattbasis dann in einer Schleife wendet und wieder zur Blattmitte hinführt (2–4). Dort fertigt die Raupe (6) eine Platzmine an, die sie stark erweitert. Im Inneren wird ein dicker Ring aus Seidenfäden gesponnen, der das Blatt jetzt wie aufgeblasen erscheinen lässt. In der Ringmitte wird der Puppenkokon angelegt, welcher mit Seidenfäden in der Blattmitte aufgehängt ist (7, 9), an seinem vorderen Teil aber an einer Stelle gegen die Blattepidermis gerichtet ist, wo eine ausgedünnte Blattstelle als Schlupfloch vorbereitet wurde (8). Die Puppe bewegt sich vor dem Schlupf durch die Kokonwand und durch die Blattoberfläche, bevor der Falter schlüpft.

1

2

3

4

5

6

9

7

8

10

11

12

Familie Nepticulidae (Zwergminiermotten)

Ectoedemia argyropeza

(ZELLER, 1839)

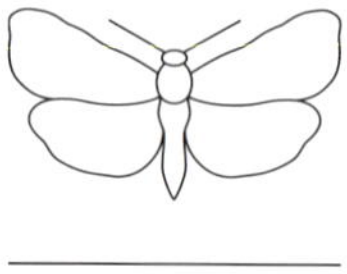

5–6 mm

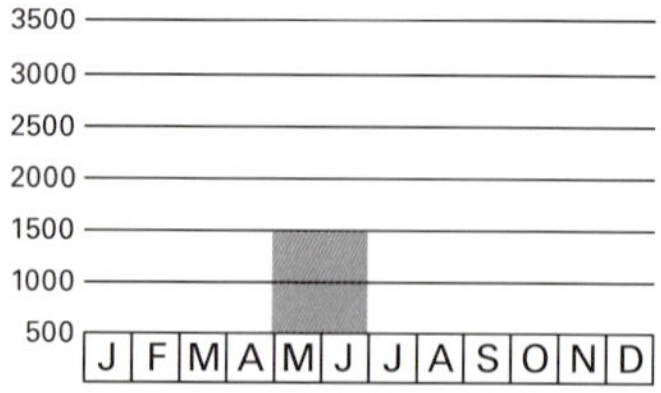

Verbreitung: In fast ganz Europa weit verbreitet.
Lebensraum: Laub- und Mischwälder mit Vorkommen der Raupennährpflanze. In den Bergen bis mindestens 1500 m.
Biologie: Raupennährpflanze ist die Zitterpappel, Espe *(Populus tremula)*. Die Raupe lebt in einer Platzmine am Blattgrund zwischen zwei stärkeren Blattadern. Diese Platzmine geht in eine Gangmine über, die ein Stück weit in den Blattstiel führt und in die sich die Raupe zurückziehen kann (1–4). Im Herbst führt diese Blattschädigung dazu, dass das Blattgrün nicht mehr aus dem Blattsektor vor der Mine in den Espenstamm zurückgeführt werden kann und somit als grüne Insel im Blatt bestehen bleibt und die Anwesenheit der Art deutlich anzeigt. Bevor die zu Boden gefallenen Blätter faulen, verlässt die Raupe (5) das Blatt und spinnt am Boden einen Kokon (7), in dem sie sich im Frühling verpuppt (8, 9).

1

2

3

4

5

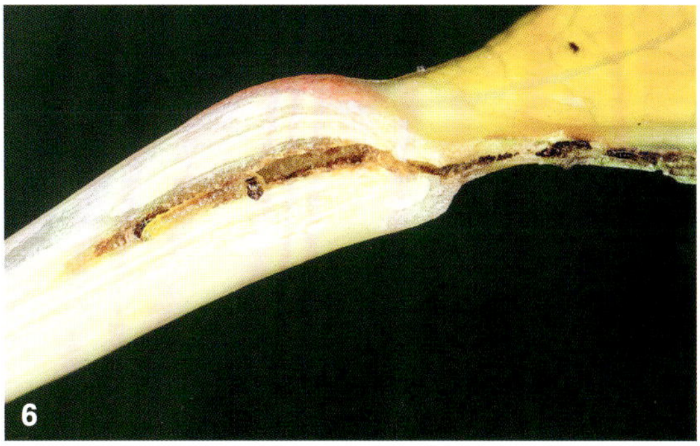

6

7

8

9

10

Familie Adelidae (Langhornmotten)

Nemophora metallica

(PODA, 1761)

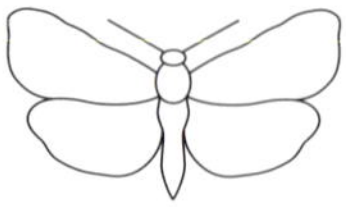

17–20 mm

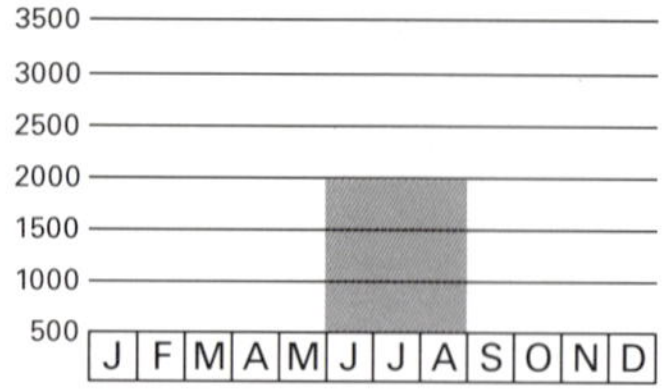

Verbreitung: In weiten Teilen Europas verbreitet und lokal nicht selten.

Lebensraum: Bevorzugt werden montane Waldwiesen, subalpine und alpine Fettwiesen; bis etwa 2000 m steigend.

Biologie: Die Eier werden in die jungen Samenkapseln von Wald-Witwenblume *(Knautia dipsacifolia)* gelegt (1). Die Jungraupen fressen zuerst die Samen. Dabei entfernen sie den oben liegenden Kranz von Kelchblättern und stoßen aus der so entstandenen Öffnung Kot aus. Dann formen sie diese Öffnung zu einer zweilappigen Reuse um: die Öffnung ihres ersten Sackes (2, 3). Nach dem Verwelken der Blüte fallen die Samenkapseln mit den sich darin befindenden Raupen zu Boden. Dort leben die Raupen in der Bodenstreu und erweitern ihren Sack kontinuierlich (4). Nach der Überwinterung wird der Sack mit sichelmondförmigen Blattteilen stark vergrößert, wobei die alte Samenkapsel abgestoßen wird (4, 5). Ein Teil der Raupen verpuppt sich im Frühling (6); ein anderer Teil durchläuft eine zweijährige Entwicklung. Die Männchen (8, 9) sind etwas größer als die Weibchen (10).

1

2

3

4

5

6

7

8

9

10

Familie Adelidae (Langhornmotten)

Nemophora cupriacella

(HÜBNER, [1819])

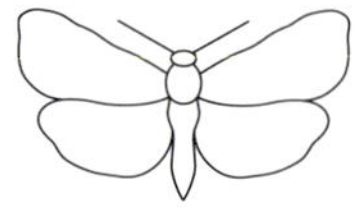

11–15 mm

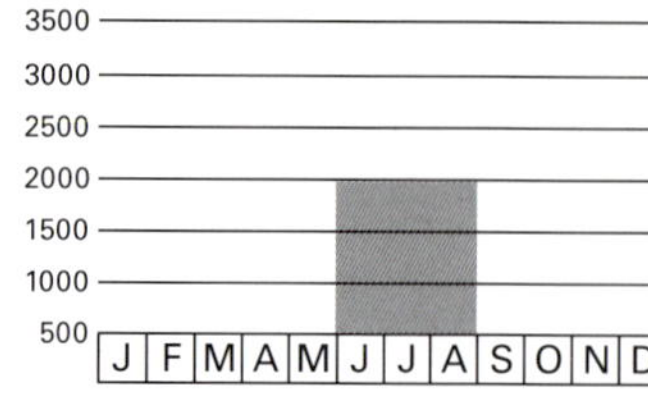

Verbreitung: In Europa weit verbreitet, lokal.
Lebensraum: In den Alpen lebt die Art gerne in der hochmontanen/subalpinen Stufe auf frischen Waldwiesen, aber auch auf trockenen bis mesophilen Bergweiden bis mindestens 2000 m.
Biologie: Die Eier werden in die Blütenköpfe von Skabiose *(Scabiosa columbaria)* und Wald-Witwenblume *(Knautia dipsacifolia)* abgelegt. Die Jungraupe frisst zuerst einige Samen, wobei sie eine Samenkapsel als Behausung benutzt, die dann aber rasch durch einen neu angefertigten Sack abgelöst wird (1–5). Nach der Überwinterung vergrößert die Raupe ihren Sack und verpuppt sich anfangs Sommer darin (6–8). Bei dieser Art sind bisher nur weibliche Falter gefunden worden, was für eine parthenogenetische Fortpflanzung spricht (9,10).

1

2

3

4
5
6
7
8
9
10

Familie Adelidae (Langhornmotten)

Nemophora dumerilella

(DUPONCHEL, [1839])

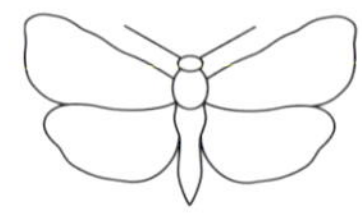

12–14 mm

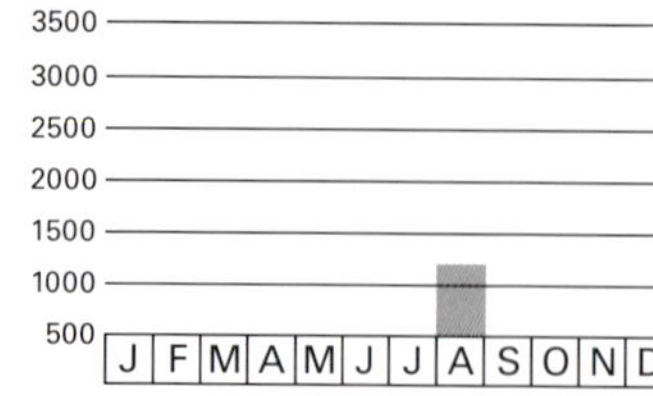

Verbreitung: In weiten Teilen Europas zwar verbreitet, aber doch nur sehr lokal und selten.
Lebensraum: Trockene, sonnige und warme Magerwiesen, bis mindestens 1200 m.
Biologie: Die Eier werden in die Samenkapseln von Ährigem Ehrenpreis *(Veronica spicata)* abgelegt (1). Die Raupe frisst zuerst den Samen (3). Dann beginnt sie, am Boden der Samenkapsel einen Sack zu konstruieren, wobei die inzwischen hohlgefressene Kapsel mit einbezogen wird (4). Erst später wird die Kapselhülle abgeworfen und der Sack ergänzt (5, 6). Nun lebt die Raupe am Boden und überwintert dort. Im Frühling wird der Sack konzentrisch erweitert, und bei einem Teil der Raupen erfolgt darin die Verpuppung (9), während ein anderer Teil eine zweijährige Entwicklung durchläuft. Die Weibchen (1, 7, 8) haben kürzere Fühler als die Männchen (2, 10).

1

2

3

4

5

6

7

8

9

10

Familie Adelidae (Langhornmotten)

Adela albicinctella

MANN, 1852

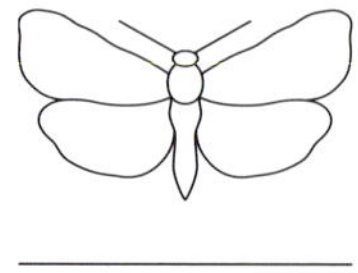

14–16 mm

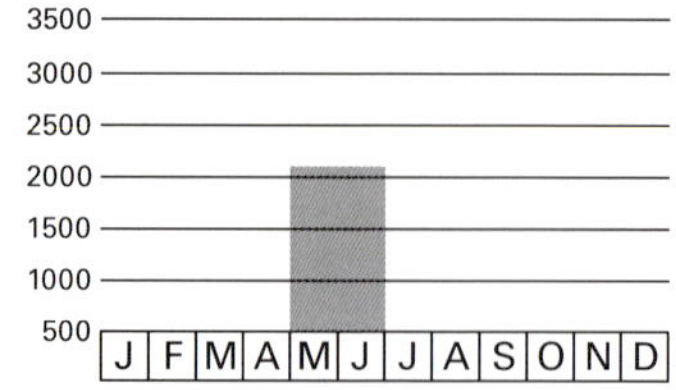

Verbreitung: Nur in den Alpenländern, in Polen und der Slowakei.
Lebensraum: Lokal in subalpinen und alpinen Weidengebüschen, entlang von Bergbächen und in Alluvionen, bis gegen 2200 m; ausnahmsweise auch an kühlen Orten in tiefen Lagen.
Biologie: Die Eier werden in die weiblichen Blüten von alpinen Weiden-Arten abgelegt *(Salix breviserrata, Salix glaucosericea)*. Die Jungraupen fertigen zuerst aus der Samenwolle einen beidseits offenen Sack an (2, 3). Sobald die Weidenkätzchen verblüht sind, verlassen die Raupen diese und fallen zu Boden. Dort erweitern sie ihren Sack an einem Ende mit Ausschnitten aus dürren Weidenblättern und kürzen am anderen Ende den Sackteil aus Samenwolle. Sie leben an den vermodernden Weidenblättern in der Bodenstreu, wo sie überwintern (4, 5). Im Frühling fressen sie erneut, vergrößern ihren Sack nochmals und verpuppen sich bald darin (7, 8). Die langfühlerigen Männchen (6) schwärmen tagsüber um die Weiden, auf denen die Weibchen (9) sitzen. Die Entwicklung dauert manchmal zwei oder mehr Jahre.

1

2

3

4

5

6

7

8

9

Familie Adelidae (Langhornmotten)

Cauchas albiantennella

(BURMANN, 1943)

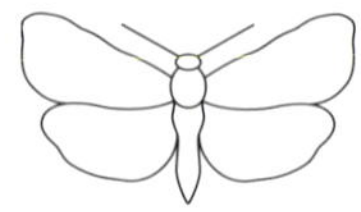

14–16 mm

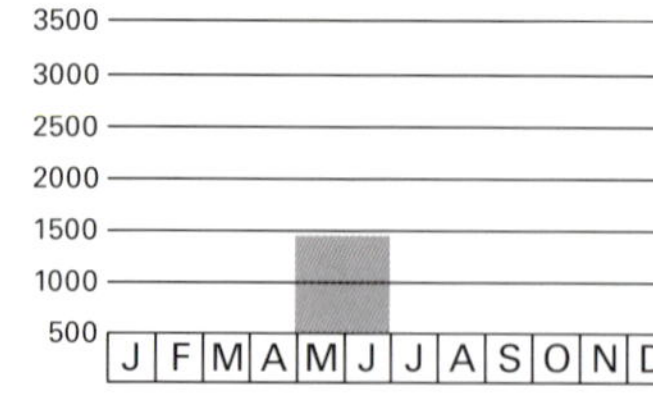

Verbreitung: Äußerst lokal verbreitet, nur wenige Fundorte in Österreich, Italien, der Schweiz und Frankreich sind bis heute bekannt geworden.
Lebensraum: In den Alpen auf montanen Wiesen und Weiden bis mindestens 1500 m.
Biologie: Eiablage- und erste Raupennährpflanze ist die Rauhaarige Gänsekresse *(Arabis hirsuta)* (1) und vermutlich auch das Brillenschötchen *(Biscutella laevigata)*. Die weiblichen Falter stechen mit ihrem Hinterleibsende durch die Wand der unreifen Samenschote (2). Dann legen sie ein elliptisches, glattschaliges Ei ins Schoteninnere in die Nachbarschaft eines Samens (3, 4). Die Raupe schlüpft nach einer Woche und frisst die jungen Samen (5). Nach der ersten Häutung frisst sie ein Loch in die Schotenwand, drückt zusammengesponnene Kotballen heraus und fertigt sich daraus ihren ersten Sack (6). Darin fällt sie zu Boden und erweitert den Sack vorne und hinten (7,8). Die Raupe überwintert fast erwachsen und verpuppt sich im Spätfrühling (11). Bei manchen Raupen ist die Entwicklung zweijährig.

1

2

3

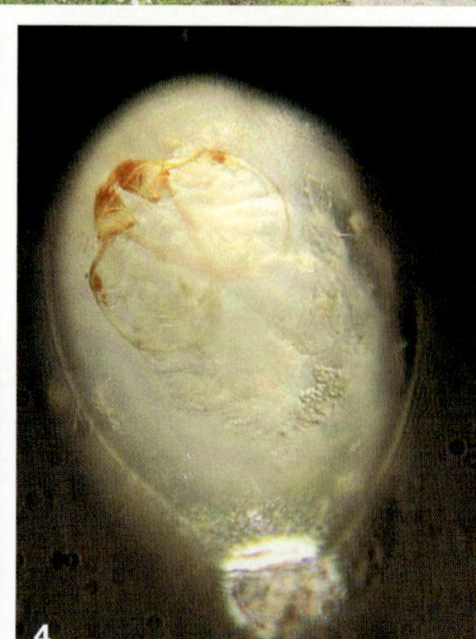

4

5

6

7

8

9

10

11

12

Familie Adelidae (Langhornmotten)

Cauchas rufimitrella

(SCOPOLI, 1763)

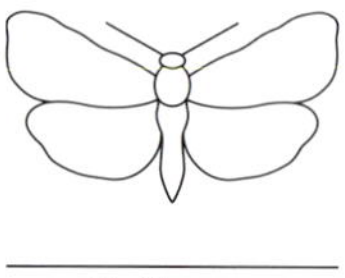

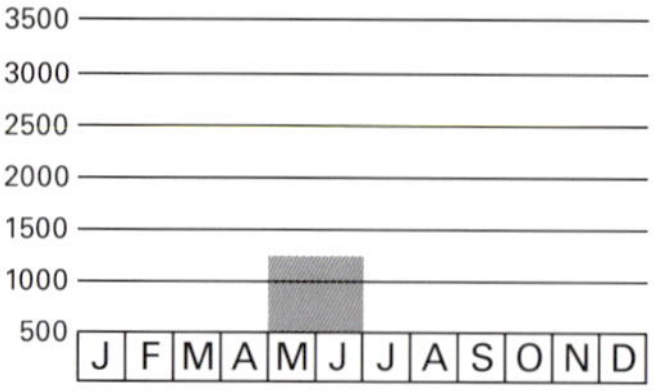

Verbreitung: In fast ganz Europa verbreitet und örtlich häufig.
Lebensraum: Feuchte Waldränder und Wiesen, eher schattige Standorte, bis 1200 m.
Biologie: Raupennährpflanze ist meist Wiesenschaumkraut *(Cardamine pratense)*, aber auch, wie im gezeigten Fall, Wilde Mondviole *(Lunaria rediviva)* (1), wo die Jungraupe in den unreifen Samenschoten an den Erbsen frisst (3,4). Bald fertigt sie sich aus Genagsel und Kot einen Sack an, verbleibt aber noch eine Weile in der Schote (3,7). Erwachsen kriecht sie mit dem Sack aus der Schote und überwintert am Boden; einige Exemplare durchlaufen eine zweijährige Entwicklung. Die Verpuppung im Sack erfolgt erst im Frühling (5,6).

1

2

3

4

5

6

7

8

Familie Incurvariidae (Miniersackmotten)

Alloclemensia mesospilella

(HERRICH-SCHÄFFER, [1853])

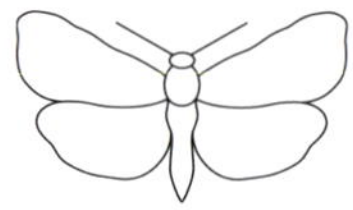

10–13 mm

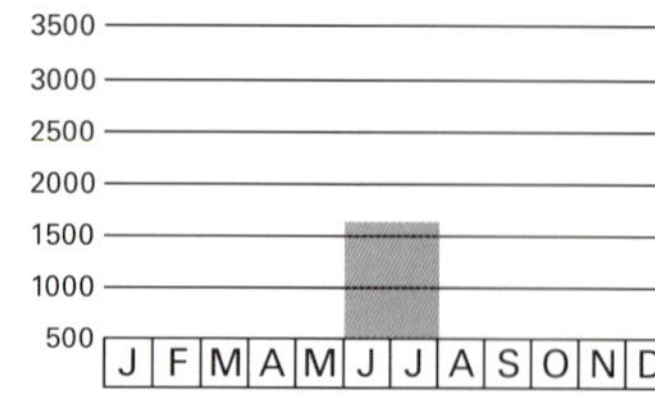

Verbreitung: In Mittel- und Nordeuropa verbreitet aber lokal, weiten Gebieten auch fehlend.
Lebensraum: In den Alpen typischerweise in subalpinen feucht-schattigen Hochstaudenfluren mit Alpendost (*Adenostyles* sp.) (Adenostylion).
Biologie: Die Jungraupe miniert zuerst in den Blättern von Rundblättrigem Steinbrech *(Saxifraga rotundifolia)* (1, 2). Dann frisst sie eine Platzmine, die sie mit der oberen und unteren Blattepidermis kreisrund ausstanzt und als Sack mit sich herumträgt (3). Solche runden Blatttaschen fertigt sie mehrmals an und trägt die alten gestapelt über der aktuellen Behausung (4, 6). Das letzte Blattgehäuse dient im Herbst zur Überwinterung und danach zur Verpuppung (8).

1

2

3

4

5

6

7

8

9

Familie Incurvariidae (Miniersackmotten)

Incurvaria pectinea

HAWORTH, 1828

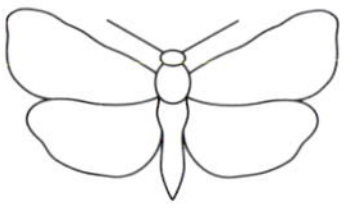

12–15 mm

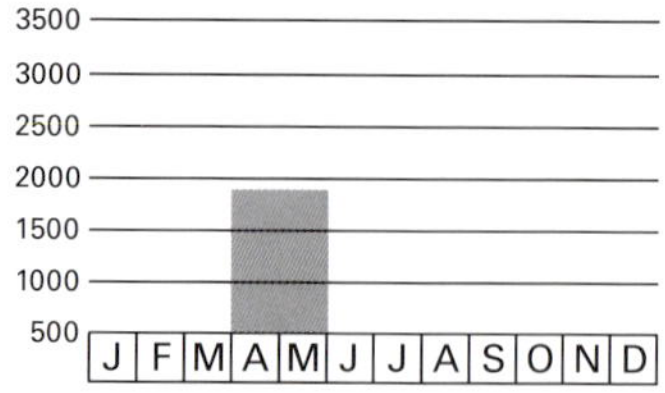

Verbreitung: In beinahe ganz Europa verbreitet und nicht selten.

Lebensraum: Waldränder, lockere Laub- und Mischwälder; in der subalpinen Stufe im Grünerlengürtel.

Biologie: Die Raupe lebt zunächst in einer Platzmine im Birkenblatt (*Betula* sp.), in höheren Lagen an Grünerle *(Alnus viridis)* (1, 2). Die beiden Wände dieser Mine werden rund ausgeschnitten und als Raupensack verwendet. Mit diesem Sack kriecht die Raupe auf ein neues Blatt und schneidet jetzt zwei weitere, etwas größere, runde Blattteile in der ganzen Blattdicke aus, mit denen sie beide Seiten ihres alten Sacks bedeckt und verspinnt (3, 4, 6). Der fertige Sack besteht also aus einer inneren, braunen Hülle aus halber Blattdicke und einer äußeren, grünen aus ganzer Blattdicke (5). Mit dieser Behausung lässt sich die Raupe nun auf den Boden fallen, wo sie sich bis in den Herbst von dürren Pflanzenteilen ernährt (7). Die Verpuppung im Sack erfolgt gelegentlich schon im Spätherbst, meist aber erst im zeitigen Frühling (8). Die Männchen (9) haben kammförmige Fühler, die Weibchen (10) fadenförmige.

1

3

4

5

6

7

8

9

10

Familie Prodoxidae (Rosen-Blattsackmotten)

Lampronia standfussiella

ZELLER, 1852

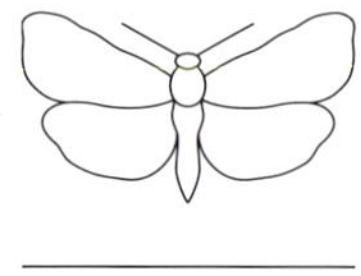

12–13 mm

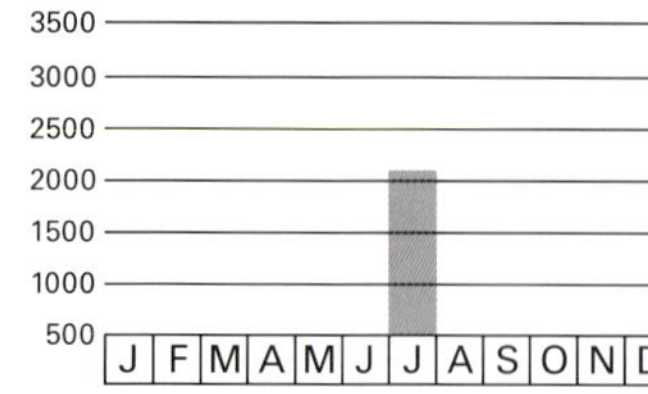

Verbreitung: In den Alpenländern außer Deutschland, auch in der Slowakei und in Polen; einige wenige Fundorte in Schweden, Finnland und Russland. In den Alpen äußerst lokal und selten.
Lebensraum: In der Schweiz auf alpinen Weiden auf Silikat, bis mindestens 2100 m.
Biologie: Raupennährpflanze ist die Alpen-Hagrose *(Rosa pendulina)* (1,2). Höchstwahrscheinlich überwintert das Ei. Nach der Schneeschmelze lebt die Raupe kopfüber in den jungen Triebknospen, die sie nach und nach vollständig ausfrisst. Der Kot wird an der Knospenspitze ausgeschieden (3–6). Erwachsen dreht sich die Raupe um und verfertigt in der nun hohlen Knospe einen losen Seidenkokon mit einem etwas dichteren Deckel. Darin verpuppt sie sich (7,8).

1

2

3

4

5

6

7

8

9

10

11

Familie Tischeriidae (Schopfstirnmotten)

Coptotriche angusticollella

(DUPONCHEL, [1843])

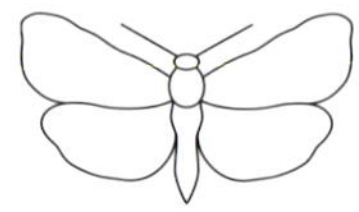

8–9 mm

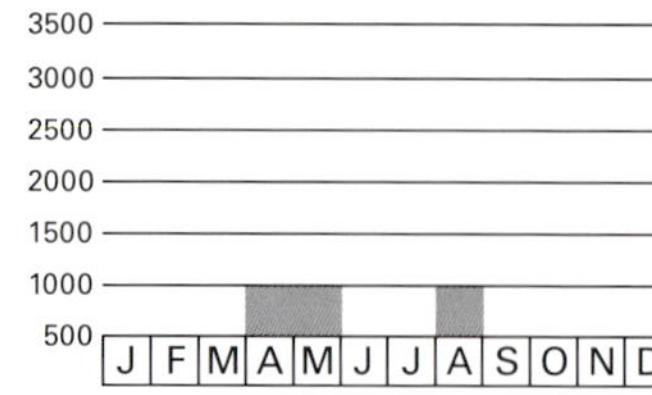

Verbreitung: In fast ganz Europa verbreitet.
Lebensraum: Wegränder, Waldlichtungen der tiefen und mittleren Lagen.
Biologie: Raupennährpflanze ist Rose (*Rosa* sp.). Die Raupen minieren im Rosenblatt in einer Platzmine, die keinen Kot enthält, da dieser durch ein Loch aus der Mine herausbefördert wird (2–4). Die Verpuppung findet erst nach der Überwinterung in der Mine statt (5,6). Die Puppe schiebt sich zur Hälfte vor dem Falterschlupf durch die Minenhaut nach außen. Es werden zwei Generationen pro Jahr ausgebildet

1

2

3

4

5

6

7

8

Familie Meessiidae (Echte Motten, zum Teil)

Eudarcia pagenstecherella

(HÜBNER, [1825])

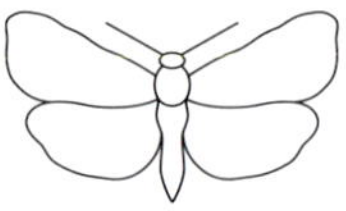

6–9 mm

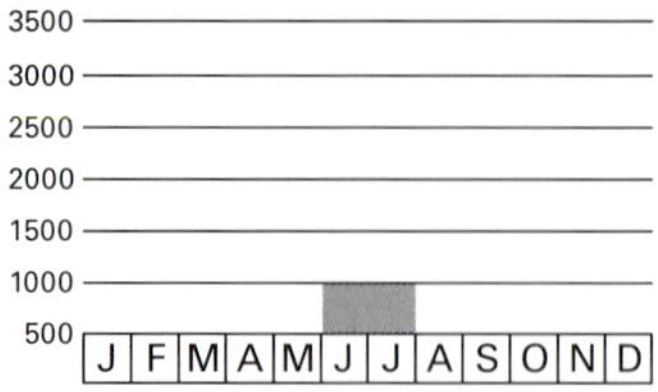

Verbreitung: In Kontinentaleuropa verbreitet; in allen Alpenländern, aber doch eher lokal und nicht häufig.
Lebensraum: Schattige, feuchte Wälder mit moosbewachsenen Felsen oder steinigem Untergrund, in den Bergen kaum über 1000 m.
Biologie: Die Raupe lebt von Moosen und Flechten an Steinblöcken (1). Die Raupensäcke sind gegen außen mit Sandkörnern der Umgebung hervorragend getarnt (2). An beiden Sackenden bestehen oberseits gerundete «Vordächer», unter denen die Raupe geschützt fressen kann (3); sie kann sich auch innerhalb des Sackes drehen, sodass es kein «Vorne» und «Hinten» des Sackes gibt (4). Die Verpuppung erfolgt auch in diesem Sack (5,6). Die frisch geschlüpften Weibchen (8) locken die Männchen (7) mit Pheromonen an.

1

2
3
4
5
6
7
8

Familie Tineidae (Echte Motten)

Montescardia tessulatellus

(ZELLER, 1846)

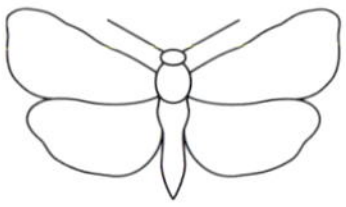

22–31 mm

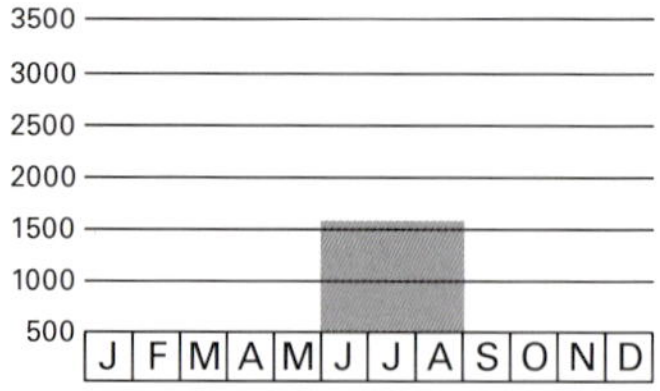

Verbreitung: Fast im ganzen gemäßigten Europa verbreitet und recht häufig.
Lebensraum: Laub- und Laubmischwälder mit Totholz bis mindestens in hochmontane Lagen.
Biologie: Die Raupen leben bevorzugt im Birkenporling *(Piptoporus betulinus)*, aber auch in anderen Baumschwämmen an Fichte, Grauerle und Eiche, z.B. im Eichenwirrling *(Daedalea quercina)*, aber auch in weiteren Pilzen auf Totholz (GAEDIKE, 2015). Die befallenen Pilze zeigen Kotauswurf auf ihrer Unterseite (2). Meist leben mehrere, ja viele Raupen im gleichen Pilz, und ihre Gänge verlaufen von dort auch ins anstehende Totholz (3). Die Verpuppung erfolgt wenig unter der Pilzoberfläche in einer feinen Seidenwiege (5,7). Vor dem Schlüpfen bewegt sich die Puppe etwa zur Hälfte aus der Pilzoberfläche heraus (6), wodurch die Anwesenheit der Art leicht erkennbar ist.

1

2

3

4

5

6

7

8

9

10

11

Familie Tineidae (Echte Motten)

Morophaga choragella

([DENIS & SCHIFFERMÜLLER], 1775)

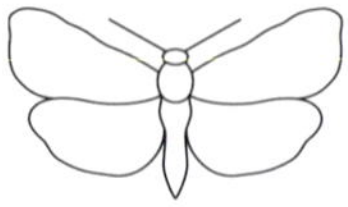

22–25 mm

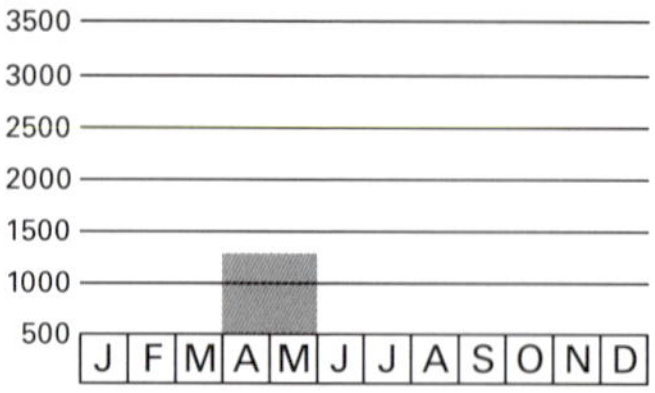

Verbreitung: In fast ganz Europa weit verbreitet und häufig.
Lebensraum: Laub- und Mischwälder, bevorzugt an eher feuchten Lagen; in den Bergen kaum über 1200 m.
Biologie: Die Raupe, die sich durch ihre Kopfzeichnung leicht von ähnlichen Arten unterscheiden lässt (4), lebt in Baumpilzen, zum Beispiel in der Striegeligen Tramete *(Trametes hirsuta)* auf alten Buchenstrünken (1, 2), laut Literatur aber auch in einer Vielzahl anderer Pilze (GAEDIKE, 2015). Dort bohrt sie kurze Gänge, meist in der Basis des Pilzes; wenig Kotauswurf kann beobachtet werden (3). Die Überwinterung erfolgt als erwachsene Raupe (5). Im Frühling findet die Verpuppung nahe der Pilzoberfläche statt (6). Der schlüpfende Falter schiebt die Puppenhülle etwas ins Freie.

1

2

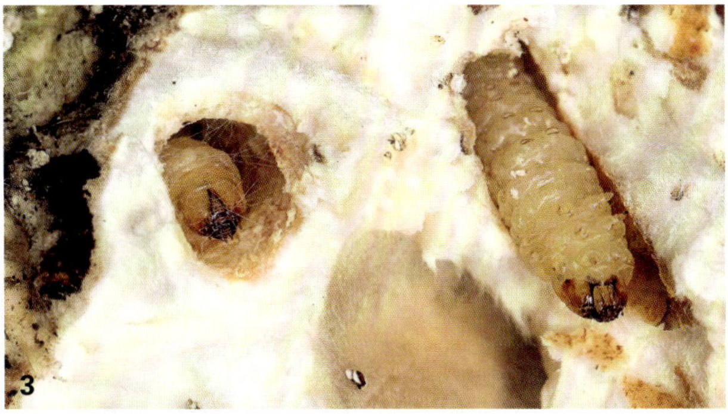

3

4

5

7

6

8

Familie Tineidae (Echte Motten)

Triaxomera parasitella

(HÜBNER, 1796)

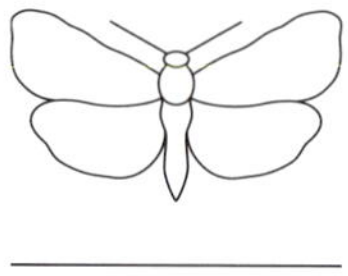

16–19 mm

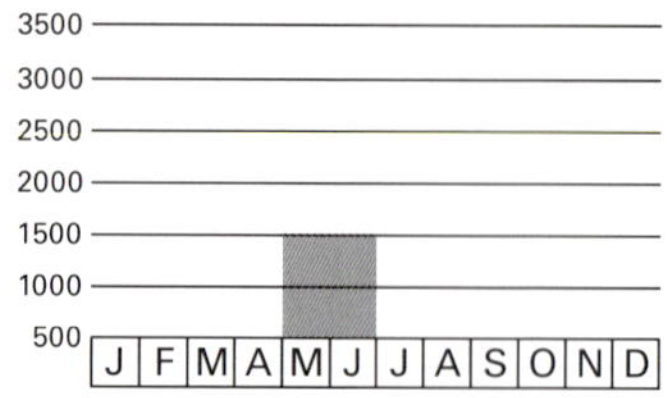

Verbreitung: Im ganzen gemäßigten Europa verbreitet. In allen Alpenländern fast lückenlos vorkommend.
Lebensraum: Nadel- und Mischwälder mit Totholz, eher an feuchten Lagen. In den Bergen kaum über 1500 m.
Biologie: Die Raupe lebt in verschiedenen Baumpilzen, so beispielsweise in der Schmetterlings-Tramete *(Trametes versicolor)* und in der Buckel-Tramete *(Trametes gibbosa)*, wo sie lange Gänge frisst, die auch in das anstehende Totholz verlaufen (1–3). Manchmal verrät sie sich durch etwas Kotauswurf an der Pilzoberfläche (2). Die Puppe (6) liegt in einer feinen Seidenwiege unter der Pilzoberfläche und schiebt sich vor dem Schlupf etwas heraus. Die Falter (7–9) sind auf der Rindenoberfläche gut getarnt.

1

2

3

4

5

6

7

8

9

Familie Tineidae (Echte Motten)

Archinemapogon yildizae

KOÇAK, 1981

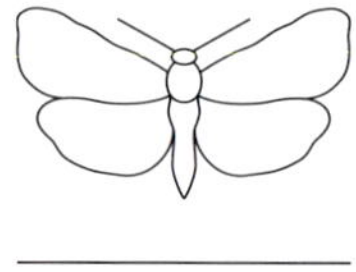

13–23 mm

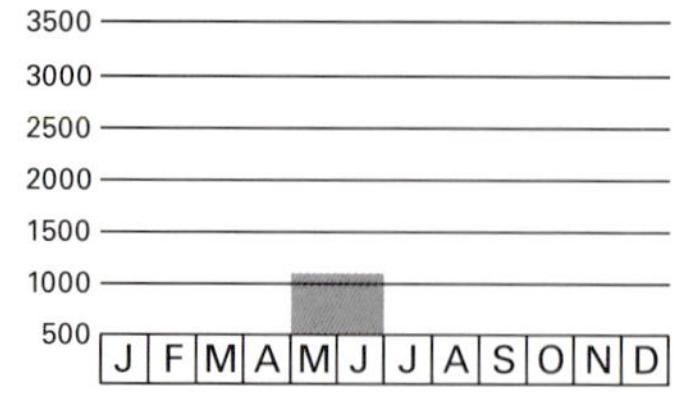

Verbreitung: In Europa weit verbreitet.
Lebensraum: Naturnahe Wälder mit Totholz in Lagen bis mindestens 1100 m.
Biologie: Raupennahrung sind Baumpilze: Rotrandiger Baumschwamm *(Formitopsis pinicola)* an Weißtanne (2) oder Föhre; Birkenporling *(Piptophorus betulinus)*, Angebrannter Rauchporling *(Bjerkandera adusta)* an Kirsche (1) und viele andere Pilze (GAEDIKE, 2015). Die Raupen verraten ihre Anwesenheit durch Kotauswurf an der Unterseite des Schwammes. Sie leben in einem Gangsystem im Pilzkörper und auch im anstehenden Totholz (2–4), wo sie sich nach der Überwinterung auch verpuppen (5). Vor dem Falterschlupf schiebt sich die Puppe etwas aus dem Schwamm heraus (7).

1

2

3

4

5

6

7

8

9

Familie Tineidae (Echte Motten)

Nemaxera betulinella

(PAYKULL, 1785)

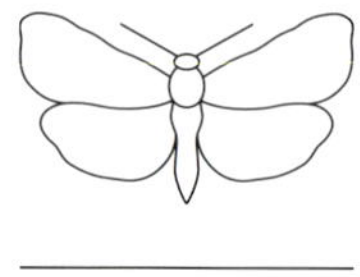

13–18 mm

Verbreitung: Über fast ganz Europa verbreitet, aber doch immer lokal und selten, weiten Gebieten auch fehlend.

Lebensraum: Naturnahe Laub- und Mischwälder in tiefen bis mittleren Lagen (1000 m) mit Totholzbestand.

Biologie: Raupennahrung sind Porlinge (1) wie *Cerrena unicolor* und *Trametes pubescens*, laut Literatur auch *Fomes fomentarius*, *Trametes versicolor*, *Piptoporus betulinus* (BENGTSSON, JOHANNSON & PALMQUIST, 2008) und weitere (GAEDIKE, 2015). Die Raupen (4) leben zuerst zahlreich im gleichen Pilz, wo der Befall durch wenig Kotauswurf festgestellt werden kann. Später dringen sie ins anstehende Totholz ein und fressen darin ausgedehnte Gänge. Die Verpuppung findet im Frühling im Totholz oder aber im Pilz nicht weit unter der Oberfläche statt (6).

1

2

3

4

5

6

7

8

Familie Tineidae (Echte Motten)

Nemapogon cloacella

(HAWORTH, 1828)

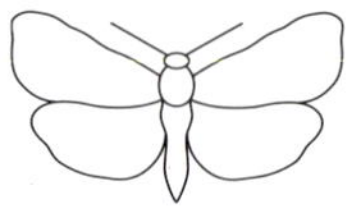

10–14 mm

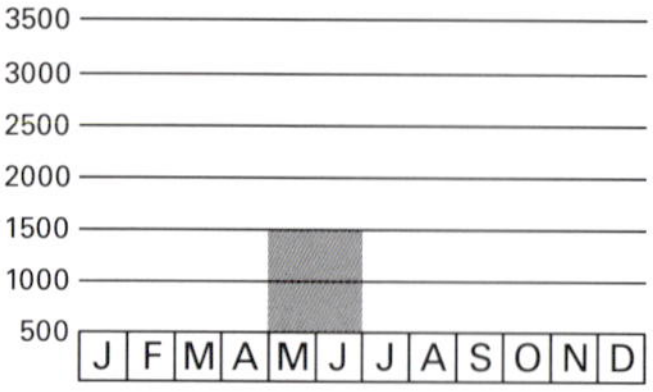

Verbreitung: In ganz Europa weit verbreitet und häufig.
Lebensraum: Wälder mit Totholzanteil, insbesondere Laub- und Mischwälder. In den Bergen steigt die Art kaum über 1500 m.
Biologie: Die Raupe (2–4) lebt primär in morschem Holz und in den daran wachsenden Pilzen (1), so in verschiedenen Porlings-Arten (GAEDIKE, 2015). Sie frisst Gänge ins Substrat, wo sie halberwachsen überwintert. Die Verpuppung findet in einem dünnen Gespinst statt, das unter der Oberfläche angelegt wird (5). Die schlupfbereite Puppe bewegt sich an die Oberfläche, und die leeren Puppenhüllen ragen aus dem Holz heraus (6). Sekundär kann die Art auch als Vorratsschädling auftreten, wenn sie an gelagertem Getreide und an Dörrfrüchten frisst. Die Falter (7–9) sind äußerlich nicht immer sicher von ähnlichen Arten zu unterscheiden.

3

4

5

6

7

8

9

Familie Tineidae (Echte Motten)

Nemapogon granella

(LINNAEUS, 1758)

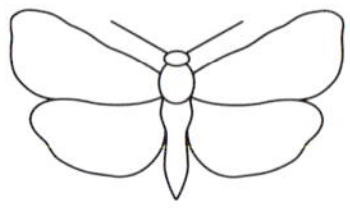

9–14 mm

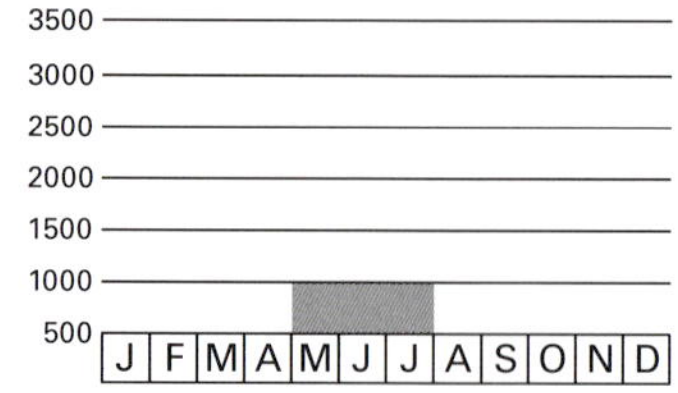

Verbreitung: In beinahe ganz Europa verbreitet und nicht selten.
Lebensraum: In Wäldern mit Totholz, bis mindestens 1000 m festgestellt; dann aber hauptsächlich als Zivilisationsbegleiter in Vorratsspeichern, Lebensmittellagern und Weinkellern.
Biologie: Die Raupe lebt primär in faulem Holz und Baumpilzen. GAEDIKE (2015) nennt eine ganze Reihe Wirtspilze. Heute wird die Art aber auch überall dort gefunden, wo pflanzliche Vorräte aufbewahrt werden: Backwaren, Trockenfrüchte, Nüsse etc. Auch in Weinkellern ist sie zu finden, wo sie in den Korken Gänge nagt und sich auch darin verpuppt (1–4). Ausgestoßener Kot und Puppenhüllen, die aus dem Korken ragen, verraten die Anwesenheit der Art (5). In bewohnten Gebäuden können mehrere Jahresgenerationen gebildet werden.

1

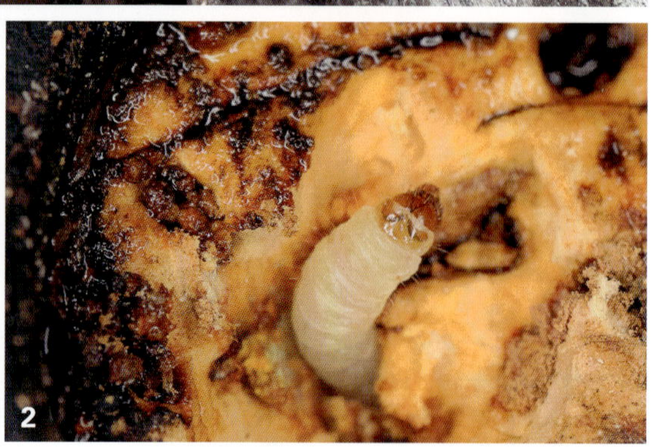

2

3

4

5

6

7

Familie Tineidae (Echte Motten)

Tinea pellionella

LINNAEUS, 1758

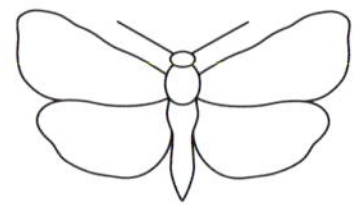

10–14 mm

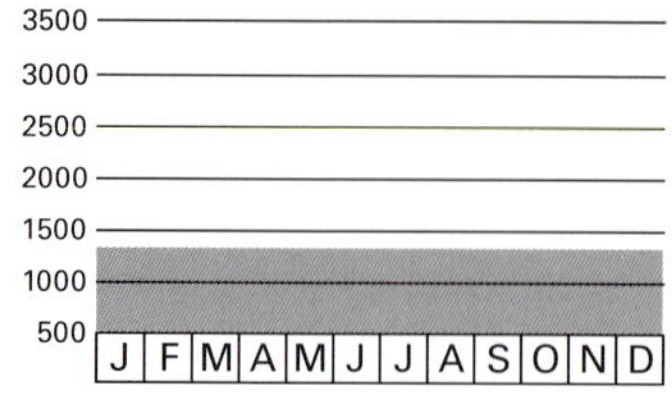

Verbreitung: Ursprünglich europäische Art, heute kosmopolitisch verbreitet.
Lebensraum: Bevorzugt in Häusern, Ställen, Schuppen; im Freiland oft in Vogelnestern gefunden.
Biologie: Die Art ist als «Pelzmotte» ein Haushaltsschädling. Die Eier werden in kleinen Gruppen abgelegt (1). Wie der Name sagt, lebt die Raupe an Haaren (Wolle, Pelz), Federn, aber auch an Reptilienhäuten etc., also grundsätzlich von Keratin; daneben soll sie auch pflanzliche Produkte wie Samen und Gewürze nicht verschmähen (PETERSEN, 1969). Unmittelbar nach dem Schlüpfen fertigt die Raupe einen beidseits offenen, länglichen Sack aus Seide an, in dessen Außenseite sie Haare oder anderes Umgebungsmaterial einspinnt, und mit dem sie sich frei bewegt (2,3,8). Die Verpuppung erfolgt im Sack (9), beim Schlüpfen schiebt sich die Puppe etwas heraus (5). Da die Art oft in geheizten menschlichen Behausungen lebt, kann sie sich das ganze Jahr hindurch entwickeln und bringt so mehrere Generationen hervor.

1

2

3

4

5

6

7

8

9

Familie Bucculatricidae (Zwergwickler)

Bucculatrix clavenae

KLIMESCH, 1950

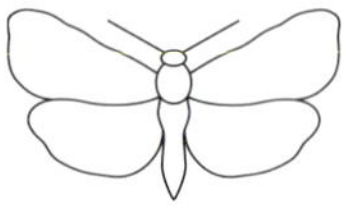

7–8 mm

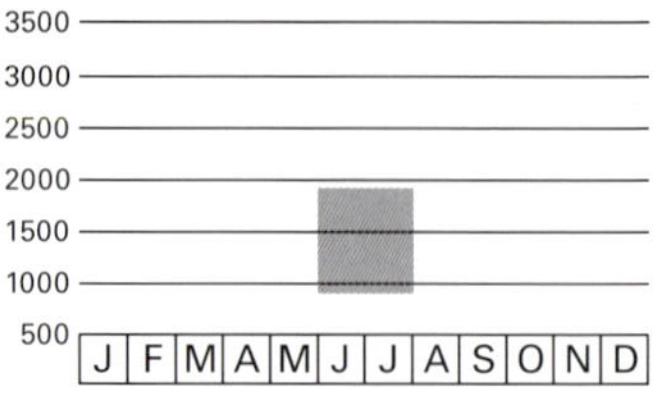

Verbreitung: Die Art ist bisher nur sehr lokal aus den Alpenländern außer Deutschland bekannt geworden.

Lebensraum: Wegränder und Ruderalstellen, in der subalpinen Stufe auf trockenen, gerölldurchsetzten, mageren Weiden, von 900–1900 m.

Biologie: Laut der Urbeschreibung (KLIMESCH, 1950) lebt die Raupe an Wiesen-Schafgarbe *(Achillea millefolium)* und an Clavenas Schafgarbe *(A. clavenae)*. Neu wurde sie nun auch in der subalpinen Stufe an der Moschus-Schafgarbe *(Achillea erba-rotta ssp. moschata)* gefunden (1). Die Eier werden dort einzeln an die Ober- oder Unterseite abgelegt (2). Nach wenigen Tagen schlüpfen die Raupen, die im Blatt minieren und eine feine schwarze Kotlinie hinterlassen (3–5). Bald verlässt die Raupe das Blattinnere und lebt außen am Blatt (6,7). Dort häutet sie sich in einem typischen Gespinst (8). Die erwachsene Raupe verpuppt sich in einem Kokon mit Längsrillen (9,10). Die winzigen Falter (11,12) sind tagaktiv.

1

2

3

4
5
6
7
8
9
10
11
12

Familie Bucculatricidae (Zwergwickler)

Bucculatrix cristatella

(ZELLER, 1839)

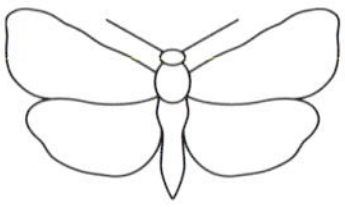

6–7 mm

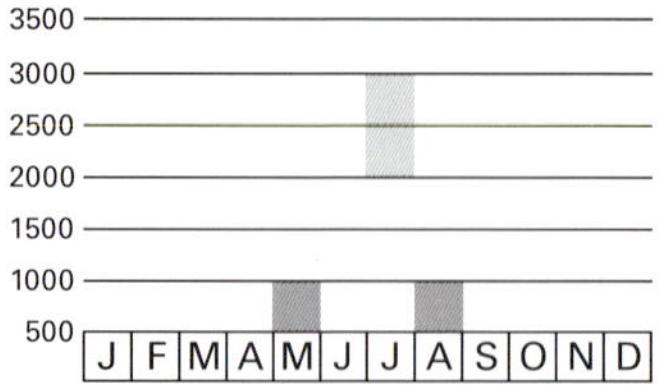

Verbreitung: In ganz Europa weit verbreitet.
Lebensraum: Von den Tieflagen der Alpentäler bis gegen 3000 m, dort sehr lokal an steinigen, trockenen Orten mit reichlichem Vorkommen von Alpenmargerite.
Biologie: In den Tallagen lebt die Raupe an Schafgarbe (*Achillea* sp.), in den Hochlagen an Alpenmargerite *(Leucanthemopsis alpina)*, hier gezeigt (1). Die Jungraupen fertigen im Frühling nach der Schneeschmelze Gangminen in den Blättern an (2). Später leben sie frei auf den Blättern, die sie von der Spitze her befressen (3). Zur Häutung fertigen sie ein Gespinst an (4). Der Puppenkokon zeigt die familientypischen Längsstreifen (5, 6). Die einbrütigen Populationen der Hochalpen (8, 9) wurden als *Bucculatrix jugicola* WOCKE beschrieben. Neuere DNA-Untersuchungen zeigen aber, dass sie mit den zweibrütigen Tieflandtieren wohl artgleich sind (eig. Beob.).

1

2

3 4 5 6 7 8 8

Familie Bucculatricidae (Zwergwickler)

Bucculatrix fatigatella

VON HEYDEN, 1863

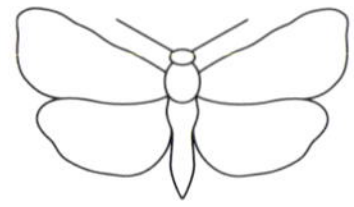

11–14 mm

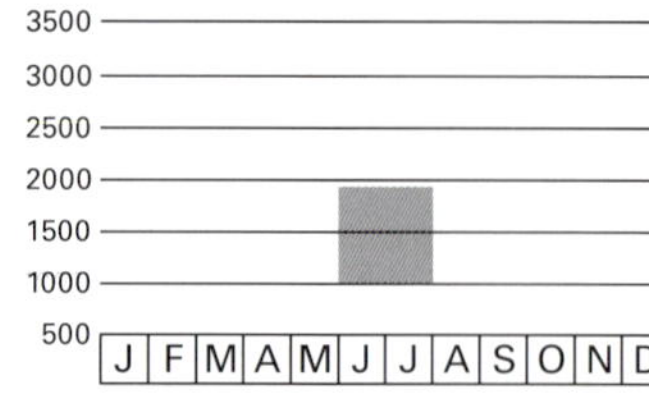

Verbreitung: In den Alpenländern ohne Deutschland, auch in Tschechien.

Lebensraum: Die Art wurde von der Alp Giop bei St. Moritz beschrieben. Der typische Lebensraum im Engadin liegt aber tiefer. Es sind trockene, warme und sonnige Ruderalflächen, Wegböschungen mit lockerer Vegetation sowie flachgründige Felsensteppen. Höhenverbreitung bis 1900 m.

Biologie: Raupennährpflanze ist Feld-Beifuss *(Artemisia campestris)*. Die Jungraupe miniert im Blatt; später frisst sie von außen das Innere des Blattes, lässt aber die Epidermis stehen (3, 4). Die Verpuppung erfolgt an der Pflanze in einem typischen spindelförmigen Kokon mit Längsfalten (5, 6). Befallene Pflanzen sind oft übersät mit solchen Kokons, woran man das Vorkommen der Art auch nach der Flugzeit des Falters leicht nachweisen kann (1, 2). Die Puppe schiebt sich vor dem Falterschlupf etwas aus der Kokonhülle heraus (6).

1

2

3
4
5
6
7
8
9

Familie Bucculatricidae (Zwergwickler)

Bucculatrix frangutella

(GOETZE, 1783)

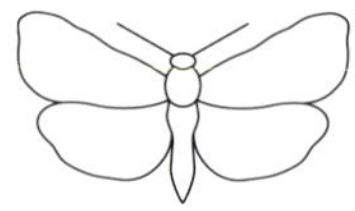

7–8 mm

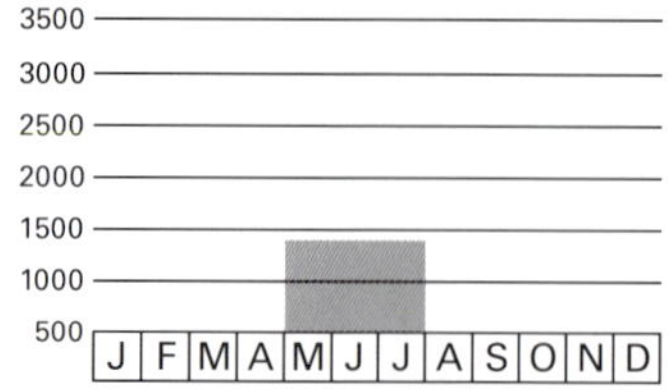

Verbreitung: In Nord- und Mitteleuropa weit verbreitet und lokal sehr häufig.

Lebensraum: Waldlichtungen, Mischwälder, Waldwegböschungen. In den Bergen bis mindestens 1400 m.

Biologie: Die Jungraupe lebt zuerst in einer spiralig angelegten Mine in den Blättern von Faulbaum *(Frangula alnus)* und Kreuzdorn *(Rhamnus cathartica)* (1–3). Später lebt sie frei an der Blattunterseite, wo sie das Blatt zuerst im Fensterfraß, dann im Lochfraß befrisst (5,6). Zur Häutung spinnt sie ein schützendes Gespinst (4). Die erwachsene Raupe fertigt in der Bodenstreu einen spindelförmigen, mit Längsrillen versehenen Kokon an (7,8), in dem sie überwintert und sich im Frühling verpuppt.

4

5

6

7

8

9

10

11

Familie Bucculatricidae (Zwergwickler)

Bucculatrix nigricomella

(ZELLER, 1839)

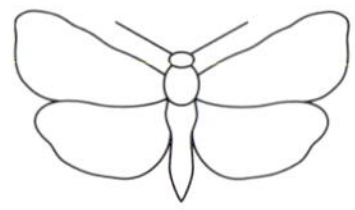

7–9 mm

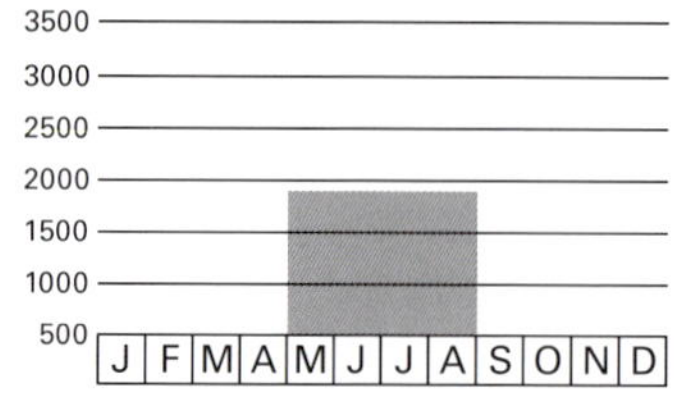

Verbreitung: In ganz Europa weit verbreitet und nicht selten.

Lebensraum: Trockene Wiesen und Weiden, Straßenböschungen, Ruderalstellen. In den Bergen bis mindestens 1900 m.

Biologie: Die Raupe miniert anfangs in den Blättern von Margerite *(Leucanthemum vulgare)* (1,2). Später verlässt sie die Mine und befrisst das Blatt von außen (3,6–8). Die Häutung findet, wie für die Gattung typisch, unter einem feinen Seidengespinst statt (4). Die Verpuppung erfolgt in einem spindelförmigen, recht festen Kokon mit Längsrillen (5). Die Art bildet zwei Jahresgenerationen aus, wobei das Ei überwintert. Von *B. nigricomella* gibt es zwei Farbvarianten: Eine einfarbig dunkelbraune und eine goldgelb gefleckte (9).

1

2

Familie Gracillariidae (Blatttütenmotten)

Caloptilia roscipennella

(HÜBNER, 1796)

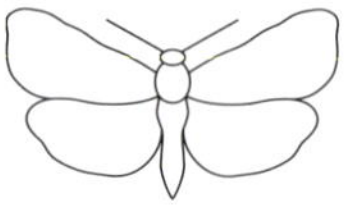

14–16 mm

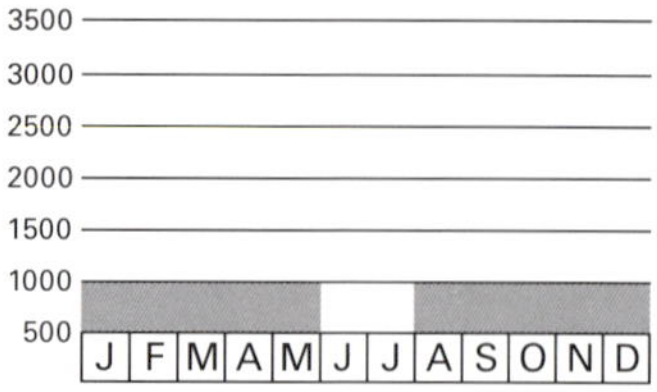

Verbreitung: In fast ganz Europa, mit Ausnahme des hohen Nordens, der Britischen Inseln und des Balkans, weit verbreitet.
Lebensraum: Sonnige, warme und offene Landschaften, Waldränder und Weiden.
Biologie: Einzige Raupennährpflanze ist der Nussbaum *(Juglans regia)*. Die Jungraupe lebt anfänglich in einer feinen Blattmine (2). Später rollt sie das Blattende nach unten und verspinnt es zu einer auffälligen, röhrenförmigen Behausung, in der sie lebt (1, 2). Diese Behausung wird mehrmals gewechselt (3); schließlich verpuppt sich die erwachsene Raupe auch darin unter einer feinen Seidendecke (4, 5). Die Falter (5, 7, 8) überwintern.

1

2

3

4

5

6

7

8

Familie Gracillariidae (Blatttütenmotten)

Caloptilia rufipennella

(HÜBNER, 1796)

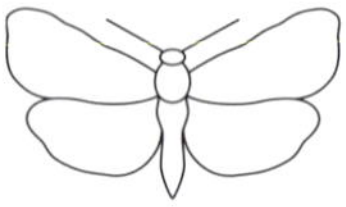

11–13 mm

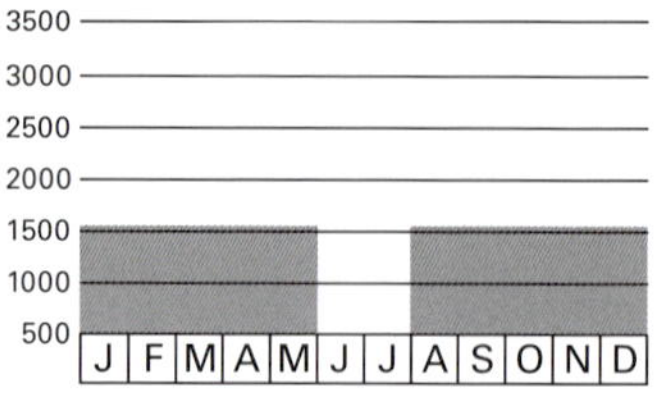

Verbreitung: In Europa außer ganz im Süden weit verbreitet.

Lebensraum: Besonders verbreitet in montanen Lagen, im Randbereich von Fichtenwäldern, in Schluchtwäldern, aber auch in Parkanlagen. Die Art steigt in den Alpen bis mindestens 1600 m.

Biologie: Die Raupe lebt hauptsächlich an Bergahorn *(Acer pseudoplatanus)*, gelegentlich auch an anderen Ahornarten. Die Jungraupe miniert zuerst in einer dreieckigen Mine im Ahornblatt (2,3). Später rollt sie einen Blattzipfel zu einer kegelförmigen Behausung ein (1,4), darin befrisst sie die Blattoberfläche von innen her (6). Die Verpuppung erfolgt unter einer feinen Seidendecke auf einer Blattunterseite (5,7). Die Falter (8,9) überwintern.

1

2

3

4

5

6

7

8

9

Familie Gracillariidae (Blatttütenmotten)

Aspilapteryx limosella

(DUPONCHEL, [1844])

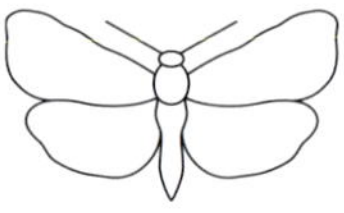

8–10 mm

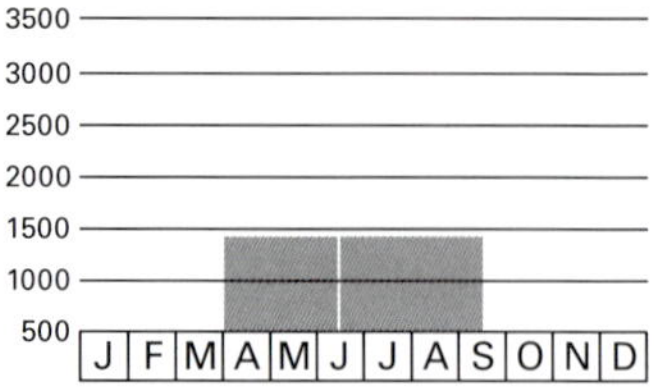

Verbreitung: In ganz Europa, außer in Skandinavien und auf den Britischen Inseln, weit verbreitet, aber doch sehr lokal und keineswegs häufig.
Lebensraum: Warmtrockene, lichte Föhrenwälder (Erico-Pinion sylvestris), Felsenheiden auf Kalk; in den Bergen bis mindestens 1400 m festgestellt.
Biologie: Raupennährpflanze ist Edel-Gamander *(Teucrium chamaedrys)* (1), Angaben in der Literatur weisen auch auf Berg-Gamander *(Teucrium montanum)* hin (www.lepiforum.de). Die Raupe lebt in einer unterseitigen Faltenmine im Blatt, das sie mehrmals wechselt (2–5). Die Verpuppung findet auch unter einem Blattumschlag statt (6). Die Art bildet zwei Generationen jährlich aus, wobei die Puppe überwintert.

1

2

3

4

5

6

7

Familie Gracillariidae (Blatttütenmotten)

Euspilapteryx auroguttella

STEPHENS, 1835

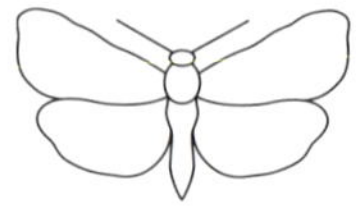

7–9 mm

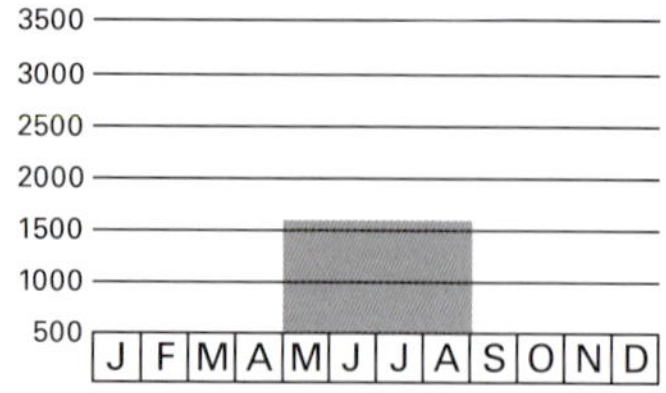

Verbreitung: Aus beinahe allen europäischen Ländern gemeldet.
Lebensraum: Eher warme und trockene Böschungen, Waldränder und Magerwiesen. In den Bergen bis mindestens 1700 m ansteigend.
Biologie: Die Art lebt bevorzugt an Echtem Johanniskraut *(Hypericum perforatum)*, aber auch an anderen *Hypericum*-Arten (www.lepiforum.de). Die Jungraupe miniert zuerst in einem Blatt, wodurch eine unterseitige Faltenmine entsteht (1–3). Später verlässt sie die Mine und spinnt ein anderes Blatt perfekt zu einer kapselförmigen Behausung zusammen, worin sie die Blattepidermis frisst (4,5). Die Verpuppung wiederum erfolgt bei größeren Blättern in einem Blattumschlag (6,7) oder die Raupe spinnt ein kleines Blatt zu einer Röhre zusammen. Die Art bildet (mindestens in den tiefen Lagen) zwei sich überlappende Generationen aus, wobei die Falter der 2. Generation überwintern.

1

2

3

4
5
6
7
8
9
10

Familie Gracillariidae (Blatttütenmotten)

Acrocercops brongniardella

(FABRICIUS, 1798)

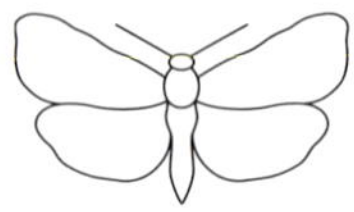

7–10 mm

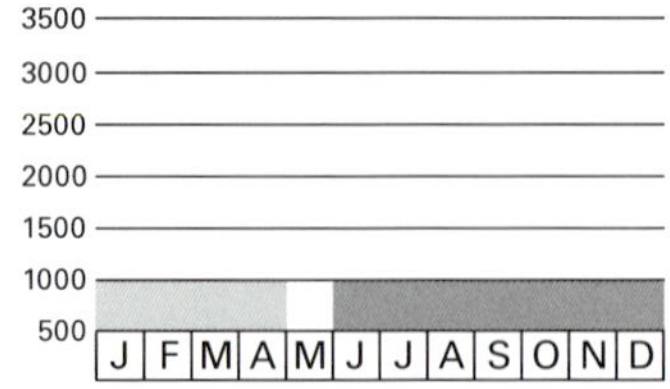

Verbreitung: In fast ganz Europa verbreitet.
Lebensraum: Eichenwälder, bevorzugt Saumgebiete mit Jungwuchs. In den Bergen kaum über 1000 m.
Biologie: Die Raupen minieren gesellig in den Blättern junger Eichenbüsche (*Quercus* sp.), wobei die einzelnen Minen mit einem schmalen, gewundenen Gang beginnen und in einer großen, gemeinsamen Platzmine enden (1–3). Die erwachsene Raupe verfärbt sich rot (5), verlässt die Platzmine und verpuppt sich in der Bodenstreu in einem seidenen Kokon (4,6). Die Falter überwintern und werden daher schon im zeitigen Frühling gefunden

1

2

3

4

5

6

7

8

Familie Gracillariidae (Blatttütenmotten)

Callisto coffeella

(ZETTERSTEDT, 1839)

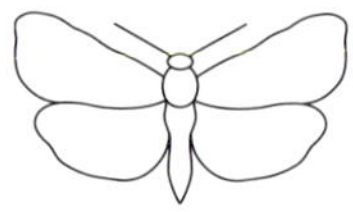

10–12 mm

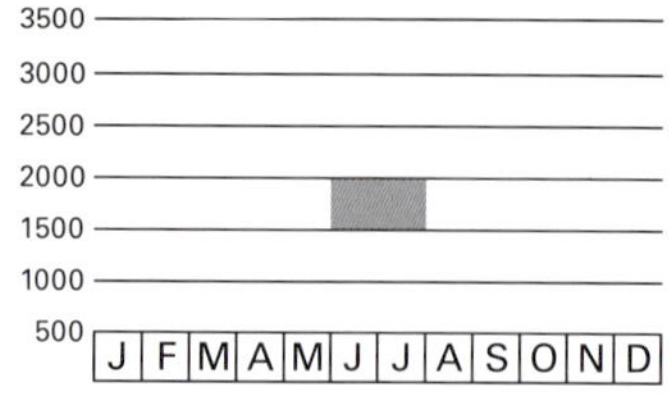

Verbreitung: In den Alpenländern verbreitet, auch in Skandinavien und Osteuropa.
Lebensraum: Hochstaudenfluren, eher feuchte subalpine Waldränder und Gebüschgesellschaften, Weidengebüsche (Salicenion waldsteinianae).
Biologie: Raupennährpflanzen sind alpine Weiden (*Salix* sp.), so die Schwarzwerdende Weide *(Salix myrsinifolia)*. Die Raupe lebt zuerst in einer Gangmine im Blatt, die sie danach zu einer Platzmine erweitert. Später verlässt sie die Mine und fertigt in einem unterseitigen Blattumschlag ein Gehäuse an (1, 2). Die Verpuppung erfolgt im Herbst in einem kleinen, festen Kokon in der Bodenstreu (4). Vor dem Schlupf schiebt sich die Puppe etwas aus dem Kokon (5). Die Falter (6–9) schlüpfen im Frühsommer.

1

2

3

4

5

6

7

8

9

Familie Gracillariidae (Blatttütenmotten)

Parornix pfaffenzelleri

(FREY, 1856)

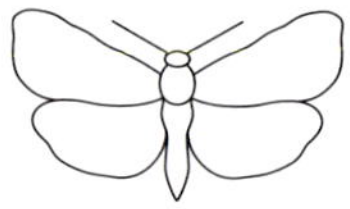

8–9 mm

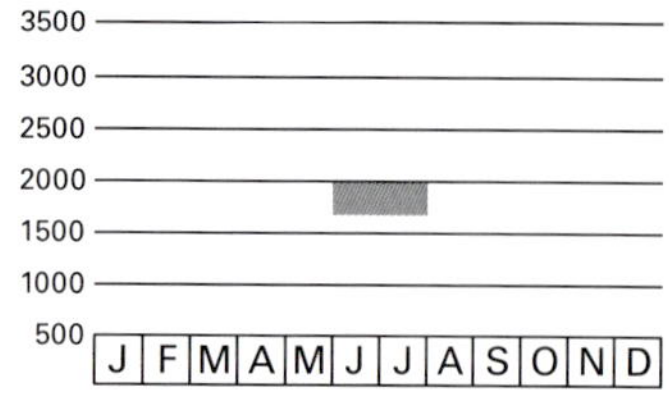

Verbreitung: Nur in den Alpenländern außer Deutschland, lokal und recht selten. In der Schweiz nur in Graubünden und im Wallis, in Österreich nur in Nordtirol, Vorarlberg und Kärnten.

Lebensraum: Subalpine, lichte Waldränder und Blockschutthalden, Waldgrenzenbiotope, 1800 m bis etwa 2000 m.

Biologie: Raupennährpflanze ist die Gewöhnliche Steinmispel *(Cotoneaster integerrimus)* (1). Die Raupe spinnt die Blattkanten gegen oben zu einem Schiffchen zusammen (2). Dort frisst sie die obere Blattepidermis im Fensterfraß (9, 10). Zur Verpuppung spinnt sie in diesem Blattschiffchen einen dichten, pergamentartigen Kokon, oder sie verlässt ihre Wohnung und verpuppt sich in der Bodenstreu (3–5). Die Verpuppung erfolgt noch im Herbst; die Puppe überwintert und die Falter (6–8) schlüpfen im Frühling.

1

2

3

4

5

6

7

8

9

10

Familie Gracillariidae (Blatttütenmotten)

Parornix alpicola

(WOCKE, 1877)

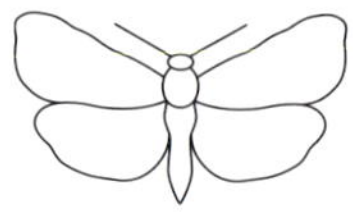

9–11 mm

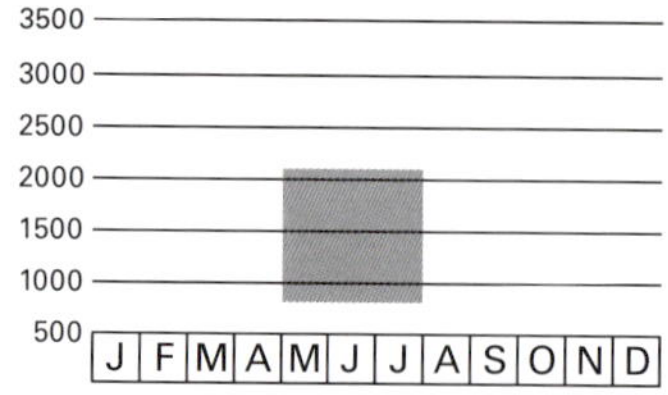

Verbreitung: In den Alpen und in Schottland, nicht aber in Skandinavien vorkommend.
Lebensraum: Lokal auf Kalk im lichten Bergwald, in der alpinen Kalkschuttblockhalde, mit der Futterpflanze aber ausnahmsweise auch bis in tiefe Lagen hinabsteigend. Die Fundorte liegen in schattigen, eher feuchten Lagen.
Biologie: Raupennährpflanze ist Silberwurz *(Dryas octopetala)*. Die Jungraupe miniert vorerst die Unterseite einer Blatthälfte, dann die gesamte Unterseite, wodurch das Blatt gegen unten zusammengezogen wird (1–5). Sie deponiert den Kot an der Blattspitze in der Mine (3). Erwachsen verlässt sie die Mine durch ein Loch am stielnahen Minenende und spinnt an der Unterseite eines anderen Blattes einen zähen, gelbbraunen Kokon (6, 8). Darin verpuppt sie sich noch im Herbst und überwintert, bevor der Falter (7,9) im Frühling schlüpft.

1

2

3

4

5

6

7

8

9

Familie Gracillariidae (Blatttütenmotten)

Parornix scoticella

(STAINTON, 1850)

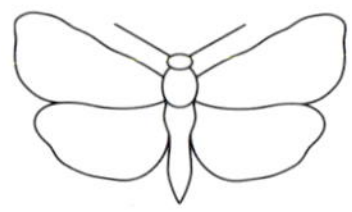

8–10 mm

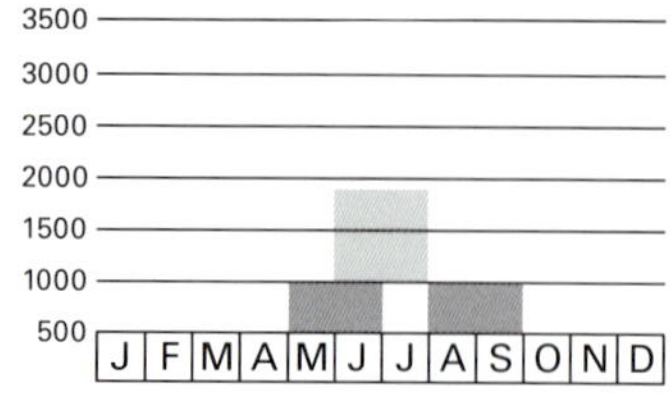

Verbreitung: In ganz Europa verbreitet.
Lebensraum: In den Alpen bis zur Waldgrenze auf Lichtungen oder am Waldrand und in Gebüschgesellschaften.
Biologie: Als Raupennährpflanze wird hier die Gewöhnliche Steinmispel *(Cotoneaster integerrimus)* gezeigt; die Art lebt aber häufig auch an Vogelbeere *(Sorbus aucuparia)* (1) sowie an anderen *Sorbus*-Arten (www.lepiforum.de).

Die Jungraupe miniert an der Unterseite eines Blattes, weitet die Mine bald zur Platzmine aus, wobei sich das Blatt gegen unten zum Schiffchen wölbt (3). Die erwachsene Raupe (6) verlässt die Blattmine im Herbst und verpuppt sich in der Nähe in einem ziemlich festen Kokon (5, 7). Die Puppe überwintert und entlässt den Falter (2, 8, 9) im Frühsommer. In Tieflagen werden zwei Generationen ausgebildet.

3

4

5

6

7

8

9

Familie Gracillariidae (Blatttütenmotten)

Phyllonorycter alpina

(FREY, 1856)

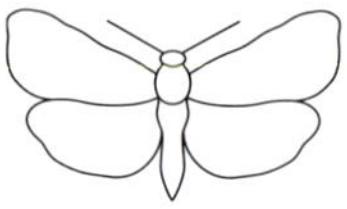

7–9 mm

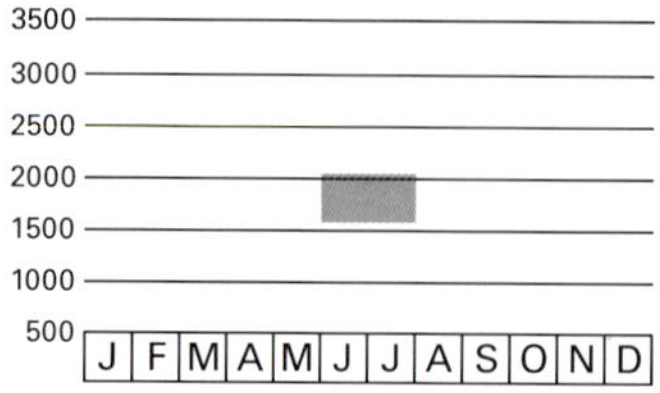

Verbreitung: In den Alpenländern, in Tschechien und in der Ukraine, aber nur lokal; in Deutschland nur in Bayern.
Lebensraum: Subalpine-alpine Stufe, Charakterart des Grünerlengürtels (Alnenion viridis), bis mindestens 2200 m.

Biologie: Die Art lebt ausschließlich an Grünerle *(Alnus viridis)*. Die Raupe miniert an der Unterseite der Blätter in einer Faltenmine (1–3). Innerhalb dieser Mine wird ein kleiner Puppenkokon gesponnen (4). Darin überwintert die Puppe (5). Die Falter (6–9) sind in ihrer Zeichnung variabel. Die Generationenfolge in den höheren Lagen ist unklar.

1

2

3

4

5

7

6

8

9

Familie Gracillariidae (Blatttütenmotten)

Phyllonorycter blancardella

(FABRICIUS, 1781)

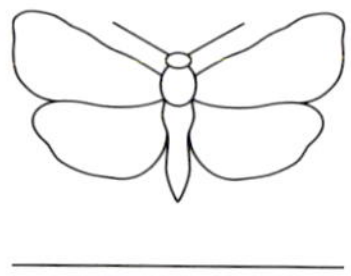

7–9 mm

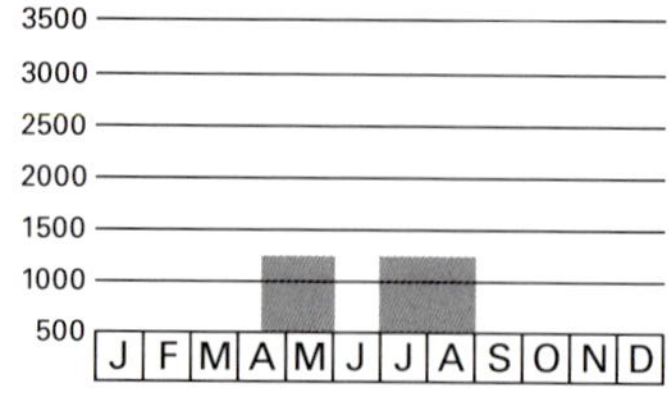

Verbreitung: In fast ganz Europa verbreitet und nicht selten.
Lebensraum: Waldränder, Gärten, Obstkulturen; in den Bergen kaum über 1200 m.
Biologie: Die Raupe lebt in einer unterseitigen Faltenmine (1–4) vorwiegend an Holzapfel *(Malus sylvestris)*, aber auch an Kulturapfel *(Malus domestica)*, an Birnbaum *(Pyrus communis)* sowie an weiteren Rosengewächsen (Rosaceae). Sie verpuppt sich im Herbst in ihrer Mine unter einem feinen Seidenkokon, nachdem sie allen Kot geordnet in einem Häufchen deponiert hat (6, 7). Die Falter (8, 9) schlüpfen im zeitigen Frühling, nachdem die Puppe sich durch die Mine etwas an die Blattoberfläche bewegt hat (5). Im Sommer wird eine zweite Generation gebildet.

1

2

3

4

5

6

8

7

9

Familie Gracillariidae (Blatttütenmotten)

Phyllonorycter comparella

(DUPONCHEL, [1843])

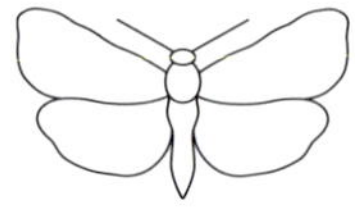

6–9 mm

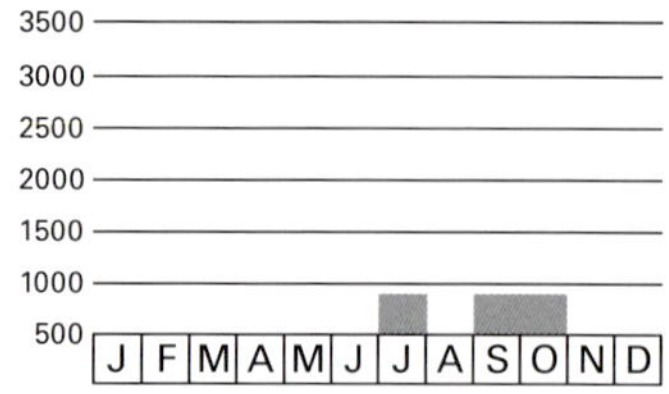

Verbreitung: In weiten Teilen Europas verbreitet, aber lokal und nicht häufig.
Lebensraum: Auenwälder, Steinbrüche, Felsschutthalden der tiefen Lagen; in den Bergen bis mindestens 800 m.

Biologie: Die Raupe miniert in einer unterseitigen Platzmine hauptsächlich an Silberpappel *(Populus alba)*, gelegentlich auch an Schwarzpappel *(Populus nigra)* (1, 2). Erwachsen (3–5) verpuppt sie sich in dieser Mine in einem feinen Gespinst. Es werden zwei Generationen pro Jahr ausgebildet. Die Männchen (5, 8) sind meist heller gezeichnet als die Weibchen (7).

1

2

3

4

5

6

7

8

Familie Gracillariidae (Blatttütenmotten)

Phyllonorycter corylifoliella

(HÜBNER, 1796)

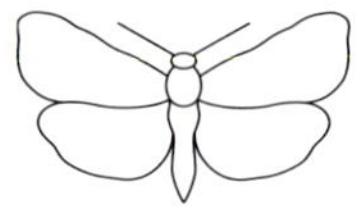

7–10 mm

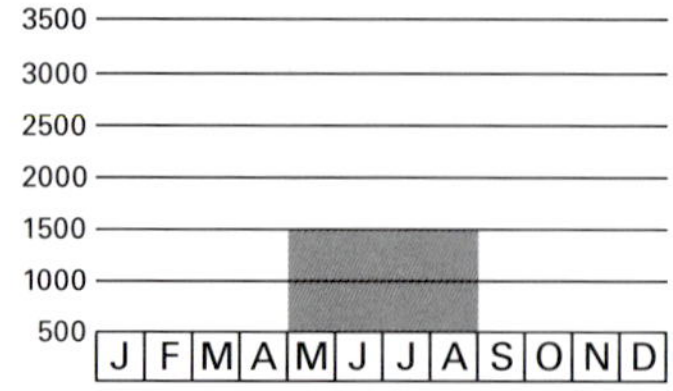

Verbreitung: Über ganz Europa verbreitet.
Lebensraum: Warme, sonnige Biotope, bevorzugt in tiefen Lagen, aber auch bis 1500 m festgestellt.
Biologie: Als Raupennährpflanzen kommen in Frage: Felsenbirne *(Amelanchier ovalis)*, hier gezeigt, Apfel *(Malus domestica)*, Birne *(Pyrus communis)*, laut Literatur auch Schlehe *(Prunus spinosa)*, Eberesche *(Sorbus aucuparia)* u. a. (EMMET, WATKINSON & WILSON, 1985). Die Raupe lebt in einer oberseitigen Platzmine (1, 2), die das Blatt schließlich zu einem Schiffchen verformt (3). Darin findet auch die Verpuppung statt (5). Die Falter fliegen in zwei sich überlappenden Generationen.

1

2

3

4

5

6

7

Familie Gracillariidae (Blatttütenmotten)

Phyllonorycter hilarella

(ZETTERSTEDT, 1839)

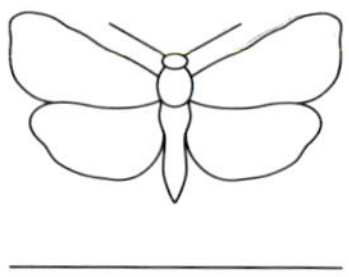
7–10 mm

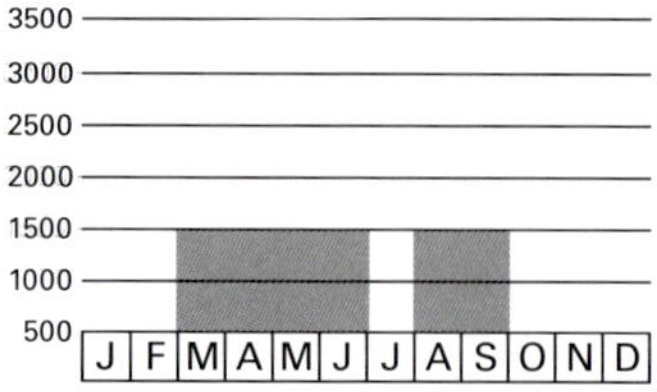

Verbreitung: Im gemäßigten Europa fast überall verbreitet und nicht selten.
Lebensraum: Waldränder, Straßenböschungen, Flussufer. Im Gebirge bis zur Waldgrenze.
Biologie: Raupennährpflanzen sind verschiedene Weiden-Arten (www.lepiforum.de), zum Beispiel die hier gezeigte Sal-Weide *(Salix caprea)* (1). Die Raupe miniert in einer Platzmine an der Blattunterseite (1,3). Oftmals befinden sich viele Raupen in einem einzigen Blatt. Die Verpuppung erfolgt in einem separaten Gespinst innerhalb der Mine (4,6). Vor dem Schlupf bewegt sich die Puppe durch die Kokon- und Minenwand etwas nach außen (8). Die Puppen der 2. Generation (im Tiefland) überwintern, die Generationenfolge im Gebirge ist unklar.

1

2

3
4
5
6
7
8
9
10

Familie Gracillariidae (Blatttütenmotten)

Phyllonorycter junoniella

(ZELLER, 1846)

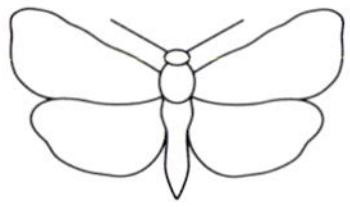

6–8 mm

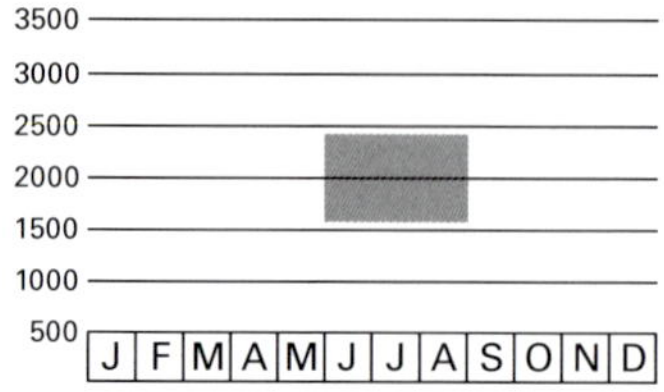

Verbreitung: In ganz Europa verbreitet,
Lebensraum: In den Alpen in lichten Gebirgswäldern (Larici-Pinetum cembrae) ab etwa 1600 m, in eher feuchten und schattigen Lagen, aber auch in der alpinen Stufe bis mindestens 2400 m.

Biologie: Raupennährpflanze ist die Preiselbeere *(Vaccinium vitis-idaea)*. Die Raupe miniert an der Unterseite in einer Platzmine (1–3). Dort findet auch die Verpuppung statt (4, 5). Die Puppe schiebt sich vor dem Falterschlupf durch die Epidermis (6). Überwinterungsstadium ist die Raupe in der Mine.

1

2

3

4

5

6

8

7

9

Familie Gracillariidae (Blatttütenmotten)

Phyllonorycter maestingella

(MÜLLER, 1764)

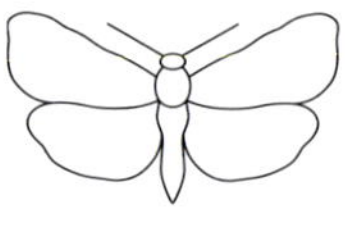

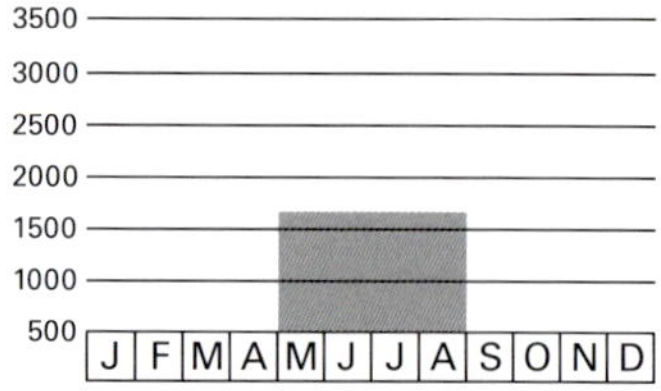

Verbreitung: In Europa, außer ganz im Norden und Süden, weit verbreitet und oft sehr häufig.
Lebensraum: Buchenwälder und Buchenmischwälder; in den Bergen «so hoch wie die Buche geht» (VORBRODT & MÜLLER-RUTZ, 1914), das heißt, bis etwa 1700 m.

Biologie: Die Raupe lebt in einer unterseitigen Faltenmine in den Blättern von Buche *(Fagus sylvatica)* (1, 2). Sie deponiert den Kot fein säuberlich an einem Ende der Mine (3) und verpuppt sich noch im Herbst in dieser Mine in einem dünnen Seidenkokon (7). Die Falter (6, 8, 9) schlüpfen im zeitigen Frühling. In tiefen Lagen wird eine 2. Generation gebildet, für montane Lagen ist das unsicher.

1

2

3

5

4

6

7

8

9

Familie Gracillariidae (Blatttütenmotten)

Phyllonorycter roboris

(ZELLER, 1839)

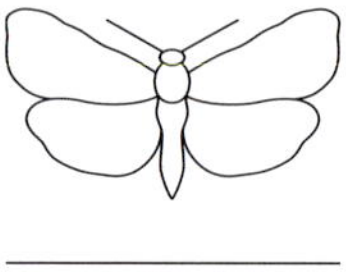

6–8 mm

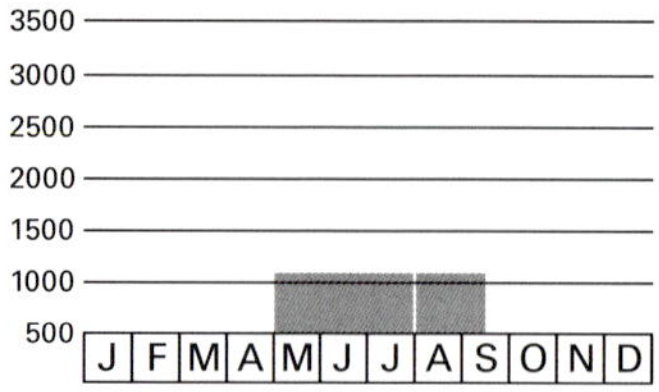

Verbreitung: In beinahe ganz Europa mit der Raupennährpflanze verbreitet.
Lebensraum: Randbereiche von Eichenwäldern und Mischwäldern mit Eichen. In den Alpentälern nicht über 1100 m ansteigend.
Biologie: Die Raupe miniert in einer Faltenmine auf der Unterseite von Stieleiche *(Quercus robur)* und anderen Eichenarten (1–4). In dieser Mine wird vor der Verpuppung ein recht dichter Seidenkokon angefertigt (5). Die Puppe (6) überwintert und der Falter (7–9) schlüpft im Frühling; im Hochsommer fliegen Tiere einer zweiten Generation.

1

2

3

4

5

6

7

8

9

Familie Gracillariidae (Blatttütenmotten)

Phyllonorycter sagitella

(BJERKANDER, 1790)

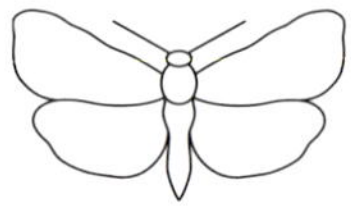

7–8 mm

Verbreitung: In Europa außer ganz im Süden weit verbreitet, aber nur lokal vorkommend.
Lebensraum: Lichte Laub- und Mischwälder, Waldränder. In den Bergen bis etwa 1200 m.
Biologie: Die Raupe miniert unterseits in den Blättern von Zitterpappel *(Populus tremula)* (1, 2). Sie deponiert ihren Kot in einem Häufchen innerhalb der Platzmine (3, 4). Die Verpuppung erfolgt auch in der Platzmine in einem zusätzlichen, dünnen Seidenkokon (5). Vor dem Schlupf schiebt sich die Puppe bis an die Blattoberfläche (6). Jährlich werden zwei Generationen ausgebildet.

1

2

3

4

5

6

7

8

9

Familie Gracillariidae (Blatttütenmotten)

Phyllonorycter staintoniella

(NICELLI, 1853)

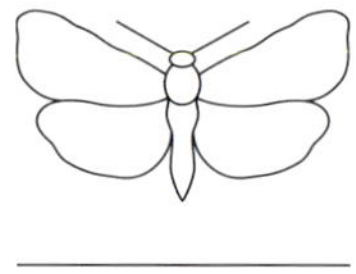

6–8 mm

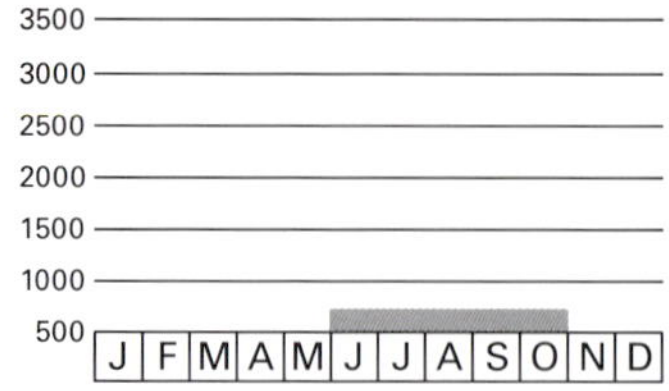

Verbreitung: In allen Alpenländern, aber im Norden nur sehr lokal und selten. In der Schweiz nur ein Fundort in einem Südalpental, in Österreich nur in der östlichen Hälfte.
Lebensraum: Warme, sonnige Gebüsche, Felsbiotope mit der Nährpflanze (Sarothamnion); in den Bergen kaum über 500 m ansteigend.
Biologie: Raupennährpflanze ist der Besenginster *(Cytisus scoparius)*, laut Literatur auch andere Arten der Gattungen *Cytisus* und *Genista* (LAŠTŮVKA & LAŠTŮVKA, 2006). Das Ei wird auf die Blattoberseite abgelegt. Die Jungraupe dringt ins Blatt ein und miniert dieses in einer Platzmine (1). Schließlich wird das ganze Blatt von der Mine eingenommen (2,3). Die Verpuppung findet ebenfalls im Blatt statt. Die Puppe schiebt sich vor dem Schlupf etwas aus der Blattoberfläche heraus (6). Die Art bringt jährlich zwei bis drei Generationen hervor.

1

2

3

4

5

6

Familie Gracillariidae (Blatttütenmotten)

Phyllonorycter strigulatella

(ZELLER, 1846)

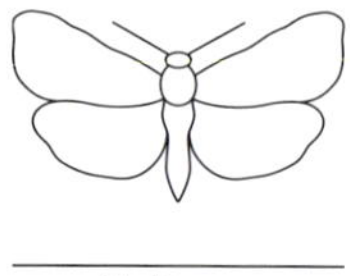

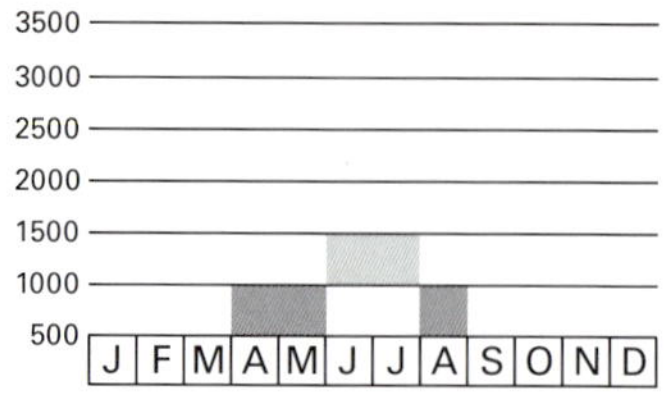

Verbreitung: In ganz Europa, mit Ausnahme des Südens, weit verbreitet und häufig.
Lebensraum: Fluss- und Bachufer, Auenwälder, Saumbereiche von Seen und Mooren. Im Gebirge bis mindestens 1500 m.
Biologie: Die Raupe lebt in unterseitigen Blattminen von Grauerle *(Alnus incana)* (1–3). Oftmals sind mehrere Minen in einem Blatt vorhanden, in manchen Jahren kommt es gar zu einem Massenbefall. Die Blattepidermis über der Mine zeigt oft einen rostfarbenen Fleck und ist dadurch gut von der Mine anderer Arten an Grauerle unterscheidbar (2). Die verpuppungsbereite Raupe verfärbt sich gelb (4); sie verpuppt sich im Herbst (5, 6). Überwinterungsstadium ist die Puppe. Die Falter (7, 8) fliegen in zwei Generationen: im Frühling und Spätsommer; in der montanen Stufe ist die Art wohl nur einbrütig.

1

2

3

4

5

6

7

8

Familie Gracillariidae (Blatttütenmotten)

Phyllonorycter ulmifoliella

(HÜBNER, [1817])

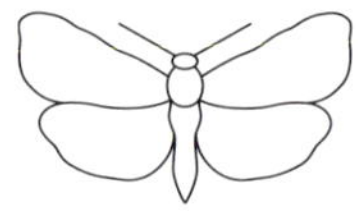

6–8 mm

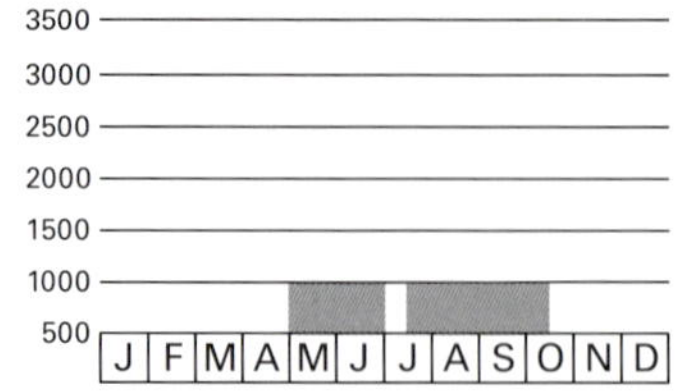

Verbreitung: In beinahe ganz Europa weit verbreitet, aber eher lokal.
Lebensraum: Thermophile Waldränder, lockere Mischwälder, Ruderalstellen; kaum über 1000 m ansteigend.
Biologie: Die Raupe lebt in einer unterseitigen Faltenmine an Birke (*Betula* sp.), bevorzugt an jungen Bäumchen (1, 4). Sie verpuppt sich in dieser Mine (5, 6). Vor dem Falterschlupf perforiert die Puppe mit ihrem spitzen Kopfvorsprung die Minenhaut und schiebt sich etwas aus der Mine heraus (7). Die Falter (8, 9) fliegen in zwei Generationen.

1

2

3

4

5

6

7

8

9

Familie Gracillariidae (Blatttütenmotten)

Triberta helianthemella

(HERRICH-SCHÄFFER, 1860)

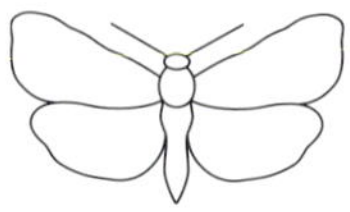

6–7 mm

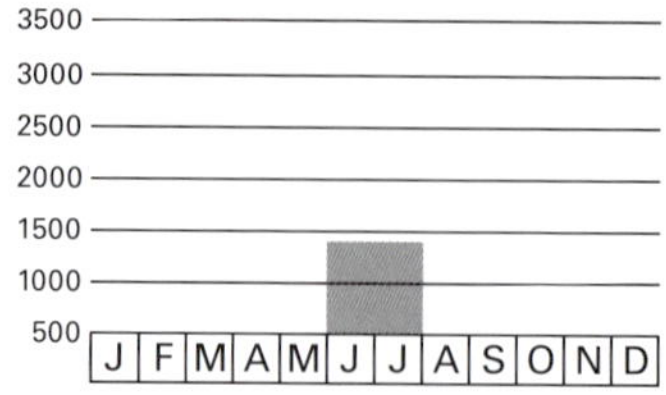

Verbreitung: Im südlichen Europa verbreitet, in den Alpen aber nur äußerst lokal und sehr selten. In Österreich nur in Nordtirol und Niederösterreich, in der Schweiz nur in Graubünden und im Wallis.

Lebensraum: Warme, trockene, steinige Biotope mit lockerer Bodenbedeckung. Bis 1400 m festgestellt.

Biologie: Raupennährpflanze ist das Sonnenröschen *(Helianthemum nummularium)* an sehr trockenen Standorten (1). Die Raupe lebt in einer unterseitigen Blattmine (2, 3). Diese beginnt meist an der Blattspitze oder am Blattrand und umfasst schließlich das ganze Blatt, das dadurch gegen unten zu einem Schiffchen zusammengezogen wird (4, 5). Erwachsen verlässt die Raupe (6) die Mine und verpuppt sich in einem feinen Seidenkokon am Boden (7). Die Puppen der Herbstgeneration überwintern, in montanen Lagen wird möglicherweise nur eine Generation im Juli ausgebildet.

4

5

6

7

8

9

10

Familie Gracillariidae (Blatttütenmotten)

Macrosaccus robiniella

(CLEMENS, 1859)

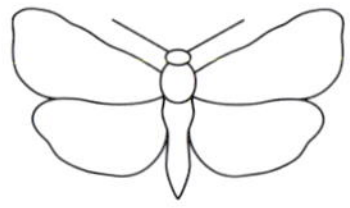

7–8 mm

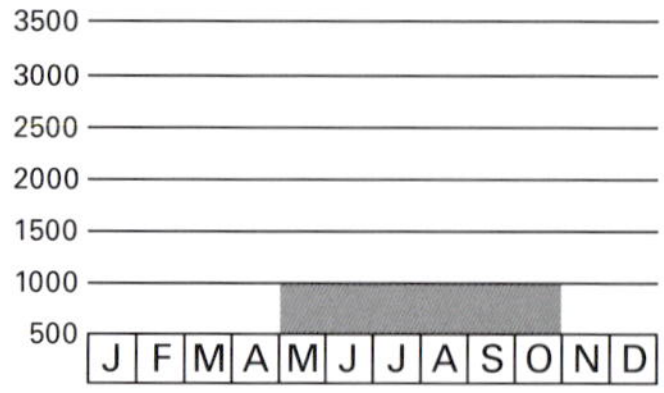

Verbreitung: Die aus Nordamerika eingeschleppte Art wurde erstmals 1983 in Europa festgestellt und hat sich seither rasch beinahe über den ganzen Kontinent ausgebreitet und ist auch in die tiefen Alpentäler vorgedrungen.

Lebensraum: Charakterart des Robinien-Sekundärwaldes (Robinion), Waldränder, Straßenböschungen, bevorzugt warme, sonnige Orte. Die Art steigt in den Bergen nur bis in die montane Stufe.

Biologie: Die Raupen leben meist zu zweit in einer Platzmine an der Unterseite von Robinienblättern *(Robinia pseudoacacia)* (1–3). An geeigneten Stellen ist oftmals ein Massenbefall zu beobachten; dann sind die Raupen auch zu einem hohen Prozentsatz parasitiert. Die erwachsene Raupe fertigt in der Mine einen recht dichten Kokon an, in dem sie sich verpuppt (4, 5). Es werden pro Jahr mehrere Generationen ausgebildet.

4

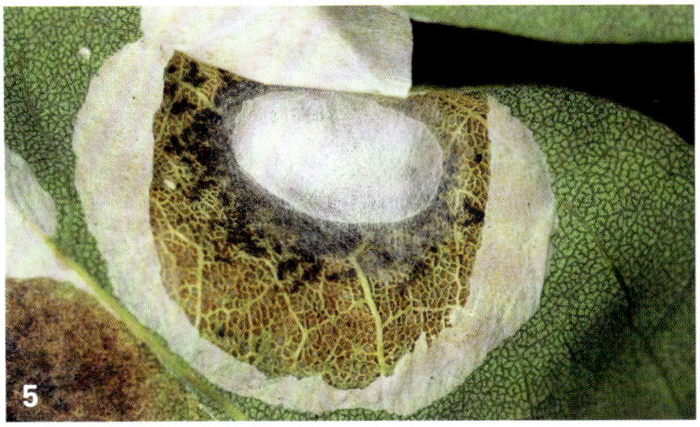
5

6

7

8

9

Familie Gracillariidae (Miniermotten)

Phyllocnistis labyrinthella

(BJERKANDER, 1790)

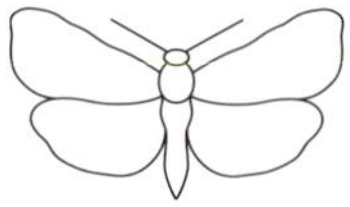

6–8 mm

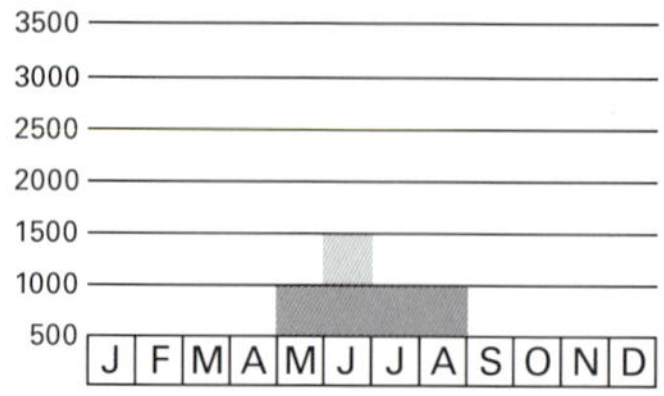

Verbreitung: In den Alpenländern außer Italien; sonst in Europa verbreitet, nicht aber in Großbritannien.

Lebensraum: Waldränder, lichte Mischwälder; in den Bergen bis mindestens 1500 m.

Biologie: Die Raupe lebt in einer charakteristischen Gangmine in den Blättern von Zitterpappel *(Populus tremula)* (1-3), ausnahmsweise ist sie auch in anderen Pappelarten beobachtet worden (www.lepiforum.de). Sie verpuppt sich unter einem meist oberseitigen Blattumschlag (4, 5, 7). In tiefen Lagen werden zwei Generationen ausgebildet, mit überwinternden Faltern, für montane Lagen ist die Generationenfolge unklar.

4

5

6

7

8

9

Familie Gracillariidae (Blatttütenmotten)

Phyllocnistis unipunctella

(STEPHENS, 1834)

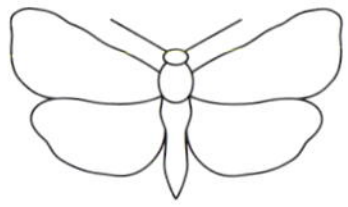

6–7 mm

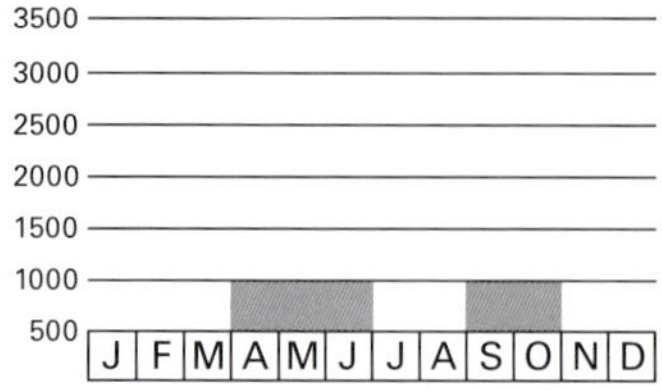

Verbreitung: In fast ganz Europa verbreitet und häufig.
Lebensraum: Gerne an warmen, steinigen, sonnigen Standorten. Im Gebirge kaum über 1000 m.
Biologie: Die Raupe lebt in einer oberseitigen Mine an Schwarzpappel *(Populus nigra)* und ihren Hybriden. Die Mine ist sehr flach, weshalb sie im Durchlicht nicht sichtbar ist, sondern im Auflicht als glänzende «Schleimspur» auffällt (1, 2). Zur Verpuppung wird ein Stück Blattrand umgeschlagen und mit einem zähen Seidengeflecht fixiert (3). Gelegentlich erfolgt die Verpuppung auch auf der Blattfläche, wobei eine Falte entsteht (4–6). Die Art bringt zwei Generationen im Jahr hervor; die Falter (7, 8) der Herbstgeneration überwintern.

1

2

3

4

5

6

7

8

Familie Yponomeutidae (Gespinstmotten)

Yponomeuta evonymella

(LINNAEUS, 1758)

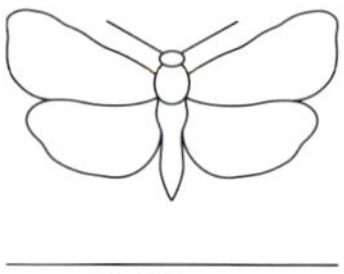

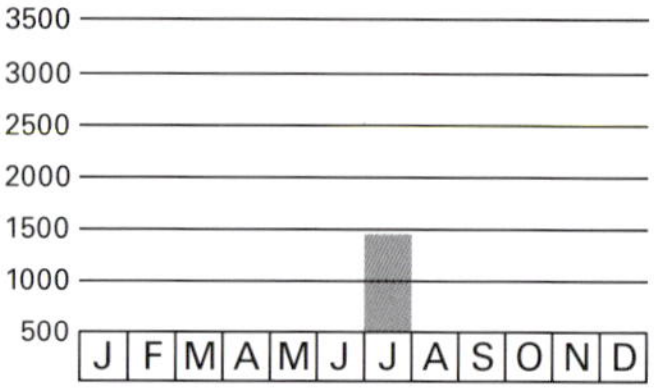

Verbreitung: In Europa weit verbreitet und häufig. **Lebensraum:** Auenwälder, Heckenzeilen, Gebüschbiotope, Waldränder. Im Gebirge bis etwa 1600 m. **Biologie:** Die Raupen leben an Prunus-Arten, in den Alpentälern bevorzugen sie die Traubenkirsche (*Prunus padus*) (1); Regelmässig kommt es zu Massenbefall, wobei alle Traubenkirschen eines Landstrichs mit Seidengespinsten überzogen und kahlgefressen werden, und die Raupen (2,7) dann aus Nahrungsmangel auch auf benachbarte, niedere Pflanzen übergehen. Die Verpuppung erfolgt im Gespinst (3,4) in einem pergamentartigen Kokon oder aber frei im Gemeinschaftsgespinst. Das Eigelege (5) überwintert an einem Zweig, die Jungraupen (6) befressen im Frühling zuerst die Knospen.

1

2

3

4

5

6

7

8

9

10

11

13

12

Familie Yponomeutidae (Gespinstmotten)

Yponomeuta padella

(LINNAEUS, 1758)

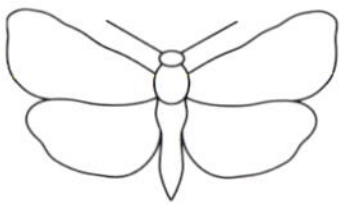

18–26 mm

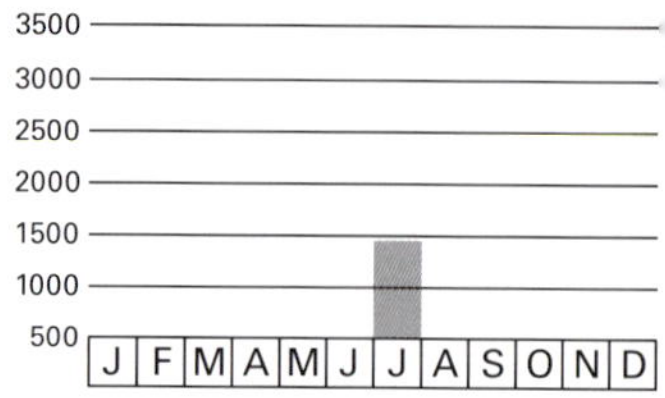

Verbreitung: In beinahe ganz Europa verbreitet und häufig.
Lebensraum: Warme Heckenlandschaften, sonnige Gebüschzeilen, in den Bergen nur in tieferen Lagen.
Biologie: Die Eier werden im Sommer in Spiegeln an die Rinde dünner zweige der Nährpflanzen abgelegt, wo sie überwintern (1). Wenn im Frühling die Knospen austreiben, schlüpfen die Raupen (2). Hauptsächliche Nährpflanzen sind Schwarzdorn *(Prunus spinosa)*, Weißdorn *(Crataegus monogyna)*, aber auch andere Rosaceen sowie Pfaffenhütchen *(Euonymus europaeus)*. Die Raupen leben gesellig in Gespinsten, die jedoch nie so große Dimensionen erreichen wie bei *Y. evonymella* (3,5,6). Sie verpuppen sich entweder ohne Kokon im Gespinst (4) oder aber in einer nur dünnfädigen Gespinsthülle.

1

2

3

4

5

6

7

8

Familie Yponomeutidae (Gespinstmotten)

Kessleria alpicella

(STAINTON, 1875)

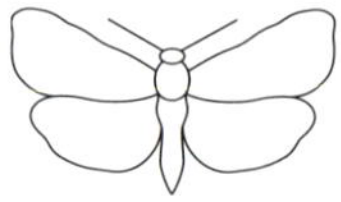

15–17 mm

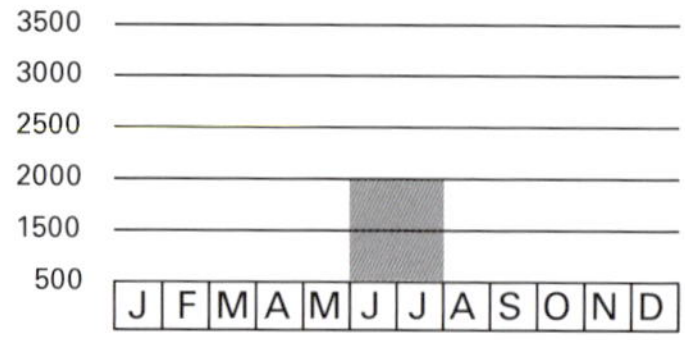

Verbreitung: In den Alpenländern außer Frankreich, in der Hohen Tatra und auf dem Balkan, in Rumänien und Bulgarien verbreitet, aber sehr lokal. In Deutschland nur in Bayern und Baden-Württemberg, in der Schweiz im Wallis und in Graubünden.

Lebensraum: Eher schattig-feuchte Felsen und Mauern in der montanen Stufe. Kaum über 2000 m; im gleichen Lebensraum wird auch *K. saxifragae* gefunden.

Biologie: Die Raupe lebt an Trauben-Steinbrech *(Saxifraga paniculata)*. Die Jungraupe legt in einem basalen Blatt eine kurze Gangmine von der Unterseite her an (1, 2). Später wird zwischen den abgestorbenen, grundständigen Blättern und der Bodenstreu eine Seidenröhre angefertigt, aus der heraus die unteren Blätter meist von der Unterseite her miniert und komplett ausgefressen werden (4–6). Die Verpuppung erfolgt in einem spindelförmigen, dichten, feinfädigen Kokon zwischen den abgestorbenen Basalblättern (9, 10). Die Männchen (3, 8, 11) unterscheiden sich in Größe und Zeichnung kaum von den Weibchen (7). Die Art ist kryotolerant.

4
5
6
7
8
9
10
11

Familie Yponomeutidae (Gespinstmotten)

Kessleria alternans

(STAUDINGER, 1871)

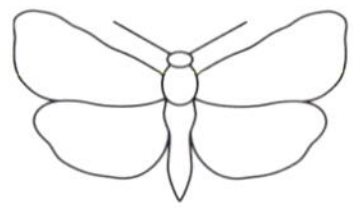

13–17 mm

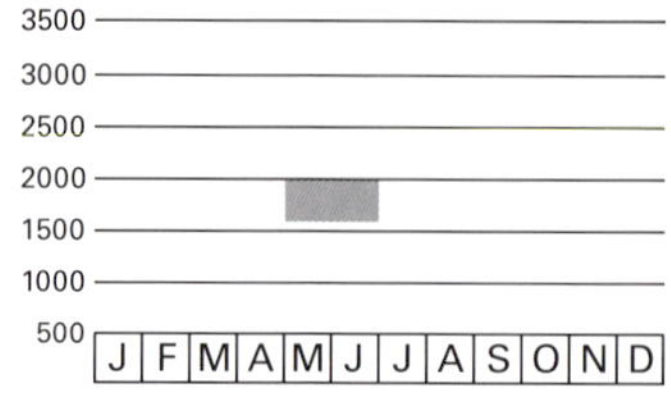

Verbreitung: In den Alpen der Schweiz, Italiens und Frankreichs, lokal.
Lebensraum: Alpine Felsfluren, in Polsterseggenrasen (Caricion firmae) auf Kalk, von 1700 m bis über 2000 m.
Biologie: Die Jungraupen (3) minieren zuerst in den grundständigen Blättern der Rosetten von Trauben-Steinbrech *(Saxifraga paniculata)* (1, 2), laut HUEMER & TARMANN (1991) fressen sie auch Gegenblättrigen Steinbrech *(Saxifraga oppositifolia)*. Später leben sie in längeren Gespinstschläuchen zwischen den dürren Pflanzenteilen an der Unterseite der Rosetten (4, 5). Von da aus befressen sie die grundständigen Blätter. Die Verpuppung findet in einem feinen, spindelförmigen Seidenkokon im Pflanzenpolster statt (6, 8). Die Raupe überwintert halberwachsen; die Falter (7, 9) fliegen im zeitigen Frühling, früher als die im gleichen Lebensraum sich entwickelnden *K. saxifragae*.

3

4

5

6

7

8

9

Familie Yponomeutidae (Gespinstmotten)

Kessleria helvetica

HUEMER & TARMANN, 1992

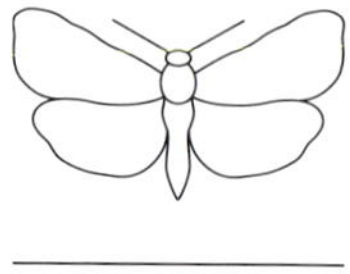

13–17 mm

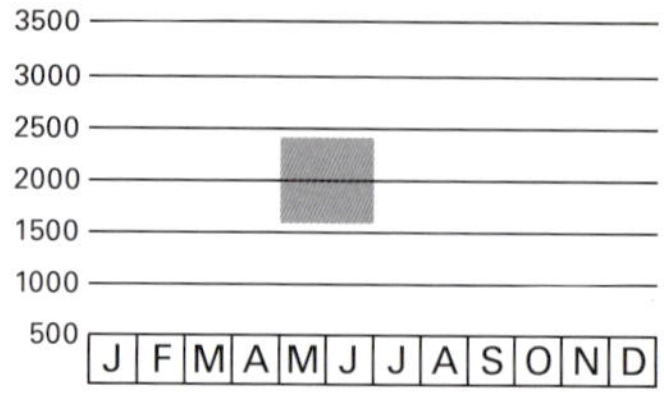

Verbreitung: Bisher wurde die Art nur an einigen Orten im Kanton Wallis, Schweiz, festgestellt.
Lebensraum: Mit Felsen durchsetzte, südexponierte alpine Rasen von 1800–2300 m; auch aus Tallagen gemeldet.
Biologie: Die Raupe lebt an Trauben-Steinbrech *(Saxifraga paniculata)* wo sie die grundständigen Blätter der Blattrosetten von der Basis her miniert und sie vollständig ausfrisst (1,2). Sie bewegt sich in einem gesponnenen Röhrensystem innerhalb des Pflanzenpolsters. Nach der Schneeschmelze im Frühjahr frisst die fast erwachsene Raupe nur mehr wenig (3,5). Die Verpuppung erfolgt in einem feinen, aber sehr zähen Gespinst in der Tiefe des Polsters (4). In den gleichen Pflanzenpolstern lebt auch *Kessleria saxifragae*, eine sehr ähnliche Art, die aber später im Jahr fliegt.

3

4

5

6

7

Familie Yponomeutidae (Gespinstmotten)

Kessleria caflischiella

(FREY, 1880)

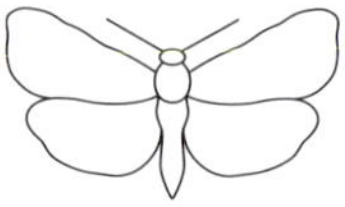

12–16 mm

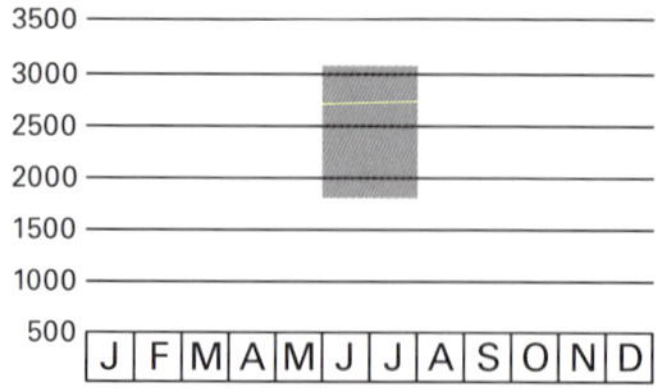

Verbreitung: Nur in den Zentralalpen der Schweiz, Österreichs und Italiens.
Lebensraum: Felsbänder an oder oberhalb der Waldgrenze an feuchten, schattigen Lagen; alpine Felsen und Geröllbiotope. Höhenverbreitung von 1700 m bis 3100 m.
Biologie: Raupennährpflanzen sind: Gegenblättriger Steinbrech *(Saxifraga oppositifolia)* (1,2) Moosartiger Steinbrech *(Saxifraga bryoides)* (3), Rauer Steinbrech *(Saxifraga aspera)* laut Literatur auch Moschus-Steinbrech *(Saxifraga exarata moschata)* (HUEMER & TARMANN, 1991). Die Raupen leben in Gespinströhren, die in die unteren, dürren Teile des Pflanzenpolsters führen aber auch oberflächliche Pflanzenteile verbinden (2–4). Die fast erwachsene Raupe überwintert. Die Verpuppung erfolgt im Pflanzenpolster in einem feinen Kokon (6,7). Die Weibchen (5,8) sind kurzflügeliger als die Männchen (9).

1

2

3

4

5

6

7

8

9

Familie Yponomeutidae (Gespinstmotten)

Kessleria saxifragae

(STAINTON, 1868)

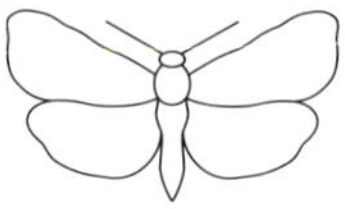

12–17 mm

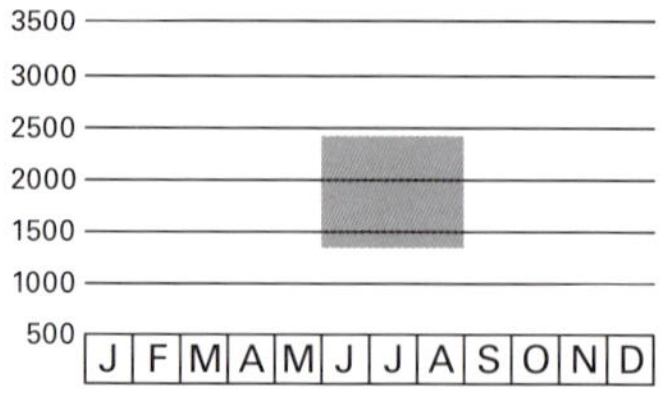

Verbreitung: In Europa verbreitet, aber lokal. In Deutschland nur in Baden-Württemberg. Fehlt in Skandinavien. In den Alpen ist *K. saxifragae* die häufigste *Kessleria*-Art.

Lebensraum: In den Alpen in felsigen oder steinigen, trockenen Biotopen; Mauern und Straßenböschungen von 1200 m bis 2400 m, ausnahmsweise auch schon auf 600 m.

Biologie: Als Raupennährpflanzen in den Alpen wurden beobachtet: Trauben-Steinbrech *(Saxifraga paniculata)*, seltener Strauß-Steinbrech *(Saxifraga cotyledon)* und Gegenblättriger Steinbrech *(Saxifraga oppositifolia)*. An Trauben-Steinbrech wird das Ei einzeln auf die Oberseite der Herzblätter gelegt (1). Die Raupe lebt in der Steinbrechrosette, deren Herz sie mit einem charakteristischen, feinen Seidengespinst überzieht (2, 3). Die Jungraupe miniert in den Blättern, die dadurch durchsichtig erscheinen. Erwachsen frisst sie die ganzen Blätter (4, 5). Die Verpuppung findet tief in der Pflanze zwischen den grundständigen Blättern in einem spindelförmigen, recht dichten Gespinst statt (6). Die Falter schlüpfen morgens; dann locken die etwas kurzflügeligeren, helleren Weibchen (7, 9) die Männchen (8) an. Die Kopula (10) dauert nur etwa eine halbe Stunde. Die Jungraupe überwintert, die Art ist kryotolerant.

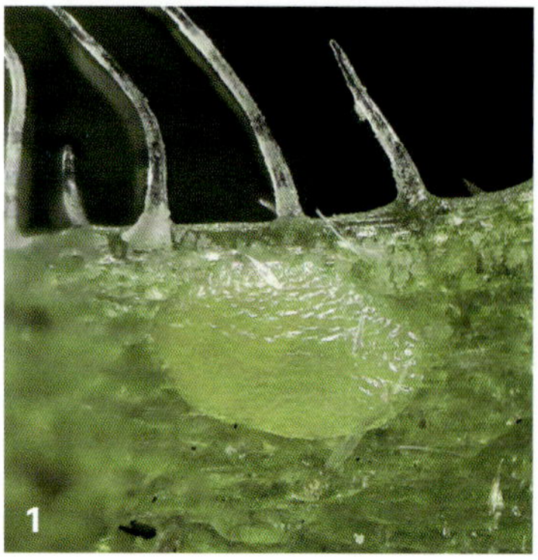

1

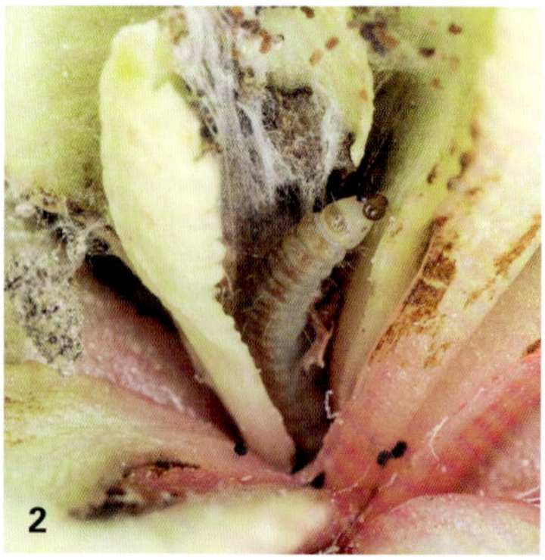

2

3

4
5
6
7
8
9
10

Familie Argyresthiidae (Knospenmotten)

Argyresthia goedartella

(LINNAEUS, 1758)

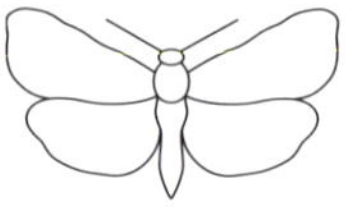

8–12 mm

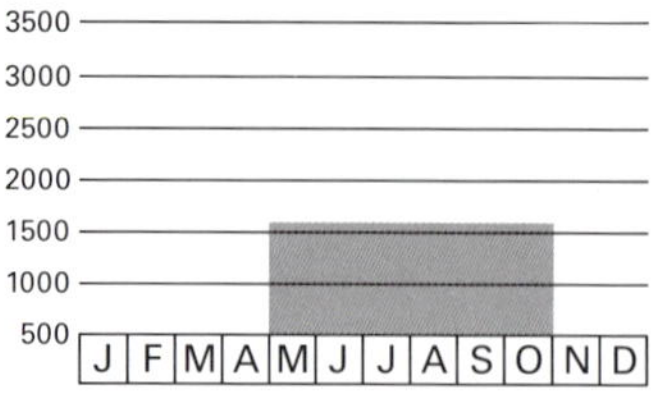

Verbreitung: In ganz Europa weit verbreitet und nicht selten.
Lebensraum: Auenwälder mit Erlen, aber vor allem Birkenbestände in der montanen und subalpinen Zone, bis mindestens 1700 m nachgewiesen.
Biologie: Die Raupe lebt vom Herbst an in den sich entwickelnden männlichen Kätzchen von Birke *(Betula pendula)*, aber auch von Erle (*Alnus* sp.). Im Frühling kann man den Befall an den etwas verbogenen Kätzchen erkennen; ein kleines Loch ist sichtbar, und manchmal wird etwas Kot ausgestoßen (1–4). Die erwachsene Raupe verlässt entweder das Kätzchen und verpuppt sich unter einer Rindenschuppe (5) oder aber spinnt eine kleine Puppenwiege im Kätzchen selber (6,7). Die Flugzeit ist auffallend lang, von Mai bis Oktober.

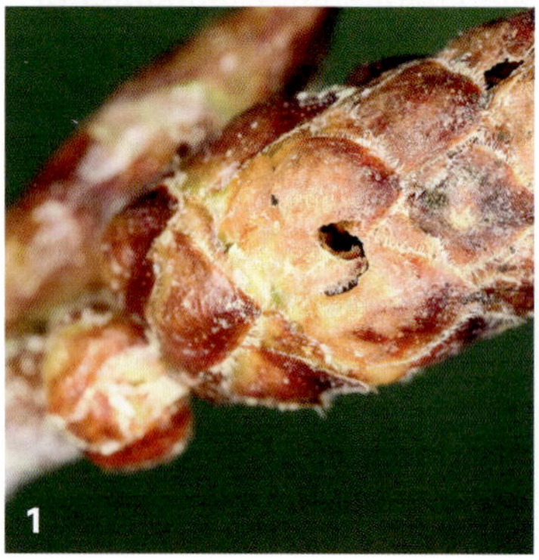

1

2

3

4
5
6
7
8
9

Familie Argyresthiidae (Knospenmotten)

Argyresthia retinella

ZELLER, 1839

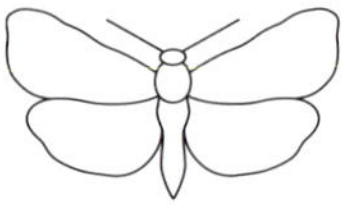

9–11 mm

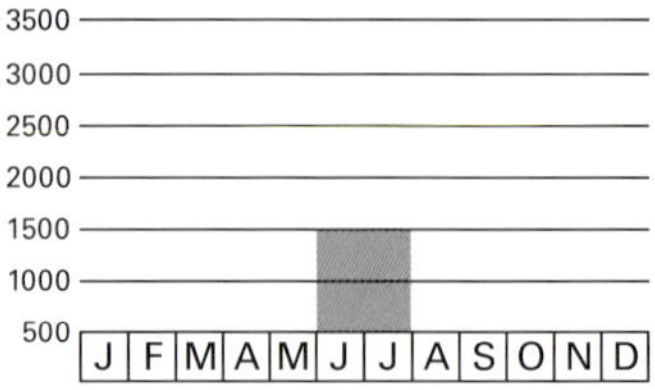

Verbreitung: In fast ganz Europa weit verbreitet und stellenweise sehr häufig.
Lebensraum: Birkenbestände, von der Ebene bis mindestens 1500 m.
Biologie: Die Eier überwintern an den Zweigspitzen; die Raupen leben im Frühling in den Knospen von Birke *(Betula pendula)*, die durch diesen Befall absterben und durch verdorrte Jungblätter auffallen (1–5). Die Verpuppung erfolgt in einem netzartigen Seidenkokon entweder an der Knospe selber oder aber in der Umgebung (7,8). Die Falter (6,9) sind lokal manchmal zahlreich anzutreffen.

1

2

Familie Plutellidae (Schleiermotten)

Plutella geniatella

ZELLER, 1839

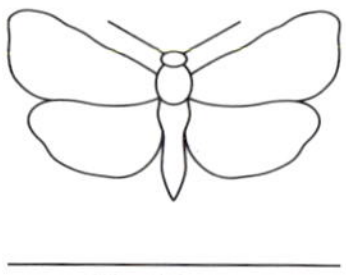

12–15 mm

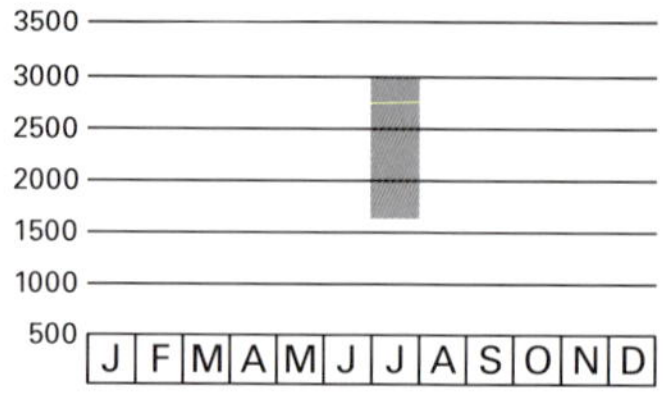

Verbreitung: In Europa nur in den Alpenländern und Rumänien.

Lebensraum: Alpine Weiden und Rasen, Schuttfluren, bevorzugt auf kalkiger Unterlage, von etwa 1800 m bis gegen 3000 m.

Biologie: Als Raupennährpflanzen wurden festgestellt: Alpen-Gänsekresse *(Arabis alpina)*(1), Hoppes Hungerblümchen *(Draba hoppeana)*, auch Moosartiger Steinbrech *(Saxifraga bryoides)*. Die Jungraupe (3, 4) lebt in einem dichten Gespinst in den Knospen oder zwischen den Blättern der Pflanze. Später spinnt sie ein Geflecht von feinen Seidenröhren um die tiefer gelegenen Pflanzenteile. Sie frisst vorwiegend nachts und versteckt sich tagsüber unter den bodennahen Blättern (5, 6). Die erwachsene Raupe verlässt im Frühling ihre Fraßpflanze und fertigt an der Unterseite von in der Nähe gelegenen Steinen oder in der Vegetation eine charakteristische gitterartige Kokonhülle an, worin die Verpuppung stattfindet (7–9). Die Falter (2, 10, 11) können tagsüber aus der Vegetation aufgescheucht werden; sie fliegen in der Abenddämmerung.

3
4
5
6
7
8
9
10
11

Familie Plutellidae (Schleiermotten)

Plutella porrectella

(LINNAEUS, 1758)

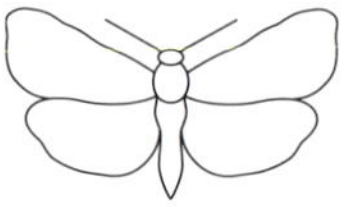

15–17 mm

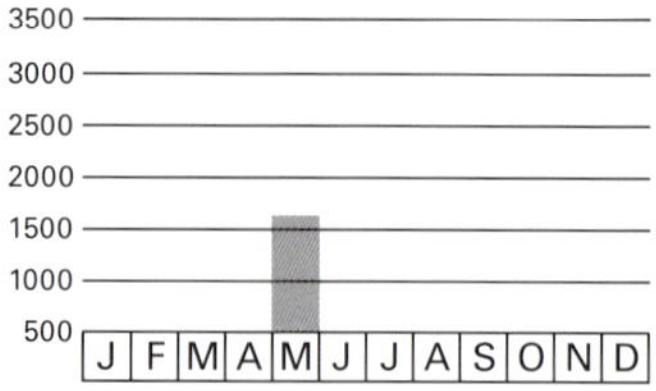

Verbreitung: In ganz Europa verbreitet, in den Alpen aber mit der Raupennährpflanze nur lokal vorkommend und weiten Strecken fehlend, ebenso den höheren Lagen.

Lebensraum: Flussufer, Schuttplätze, tiefgründige Gebüschsäume; die Raupennährpflanze wird oft auch als Gartenpflanze kultiviert.

Biologie: Raupennährpflanze ist die Nachtviole *(Hesperis matronalis)* (3). Die Raupen leben im jungen Trieb, dessen Blätter sie mit einem Gespinst zusammenspinnen (2, 4, 5). Die Verpuppung findet in einem für die Familie typischen Netzkokon statt (6, 7). In tiefen Lagen soll eine 2. Generation im Herbst möglich sein (www.lepiforum.de).

4
5
6
7
8
9

Familie Plutellidae (Schleiermotten)

Rhigognostis marmorosella

(WOCKE, 1850)

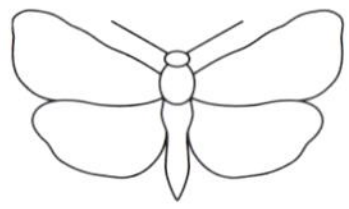

20–21 mm

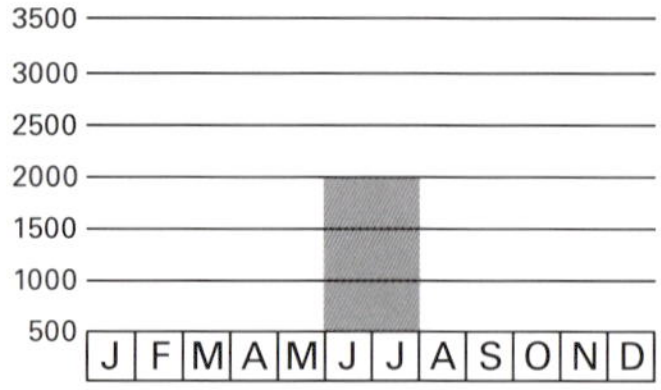

Verbreitung: In den Alpenländern verbreitet, aber sehr lokal und nicht häufig.

Lebensraum: Feuchte, eher schattige Waldwiesen, Straßenböschungen und Gebüschzeilen, bevorzugt in der montanen und subalpinen Stufe bis mindestens 2000 m.

Biologie: Die Eier werden in kleinen Gruppen an die Nährpflanze abgelegt (2). Die Raupe lebt an Alpen-Gänsekresse *(Arabis alpina)* (1), auch an anderen Kreuzblütlern (Brassicaceae), wo sie gut getarnt an Blättern und Blüten frisst (3–5). Die Verpuppung erfolgt in einem spindelförmigen, feinen Seidengespinst (6, 7). Die Art bringt zwei Generationen im Jahr hervor, in den höheren Lagen aber wohl nur eine.

1

2

3

4

5

6

7

8

9

Familie Glyphipterigidae (Wippmotten)

Glyphipterix nicaeella

MÖSCHLER, 1866

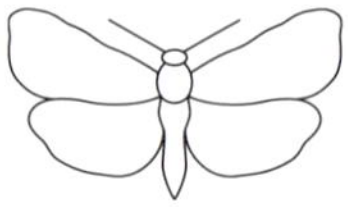

10–14 mm

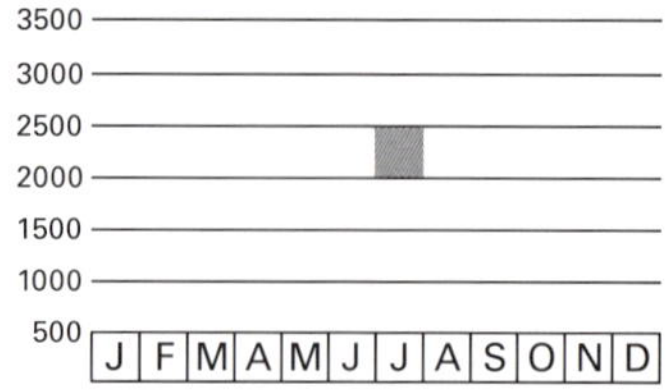

Verbreitung: Diese in der Region Nizza entdeckte Art wurde nur noch an ganz wenigen weiteren Orten in den Südalpen des Wallis, Tessins und Graubündens gefunden.

Lebensraum: Alpine, trockene Geröllfluren, von 2000–2500 m; sehr lokal, an den Fundorten aber häufig.

Biologie: Die Weibchen (1, 10) legen ihre Eier in die Blattachseln der Blütenhüllblätter (2,3), unter die Blütenblätter oder an die Pflanzenbasis der Dreispaltigen Binse *(Juncus trifidus)*. Die Raupen begeben sich nach dem Schlupf sogleich an die Basis des Wurzelstockes (3), wo sie sich in die bereits angelegten nächstjährigen Triebe einbohren und diese von innen ausfressen (5–7). Die Verpuppung erfolgt nach der Überwinterung zwischen den Stängeln der Pflanzenbasis in einem netzartigen Kokon (8,9). Die Falter sind tagaktiv, die Männchen (11,12) deutlich grösser als die Weibchen.

1

2

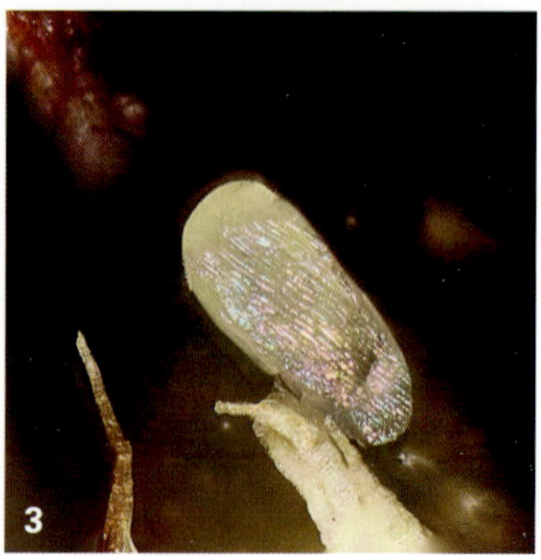

3

Familie Glyphipterigidae (Wippmotten)

Glyphipterix haworthana

(STEPHENS, 1834)

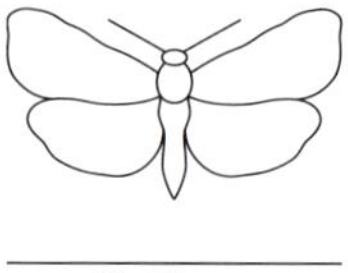

11–13 mm

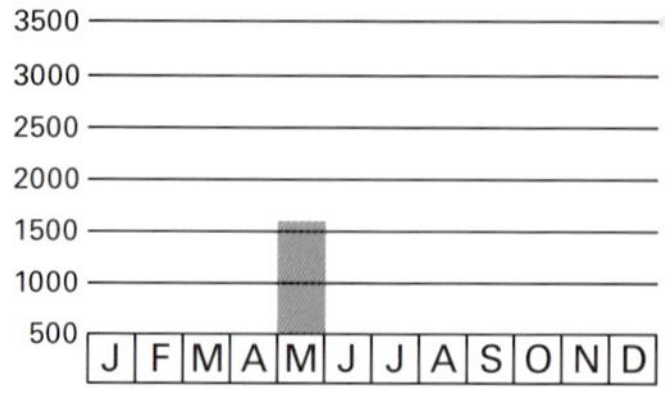

Verbreitung: In ganz Europa verbreitet, aber lokal.
Lebensraum: Quellfluren und Flachmoore, Feuchtvegetationen mit der Raupennährpflanze; bis mindestens 1700 m festgestellt.
Biologie: Die Raupe lebt an Breitblättrigem Wollgras *(Eriophorum latifolium)*, aber auch an anderen Wollgras-Arten. Sie verspinnt die Samenwolle mit dem Stängel, so dass diese nicht weggeweht wird. Darin frisst sie die Samen. Aus Samenwollteilchen wird ein «nashornartiger» Fortsatz (5) angefertigt, der aus dem Samenstand ragt: die zukünftige Schlupfröhre des Falters. Die erwachsene Raupe überwintert und verpuppt sich im Frühling (2–4). Die Falter können beim Blütenbesuch tagsüber angetroffen werden (1,8).

1

2

3

4

5

6

7

8

Familie Glyphipterigidae (Wippmotten)

Digitivalva arnicella

(HEYDEN, 1863)

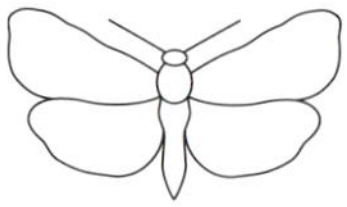

12–14 mm

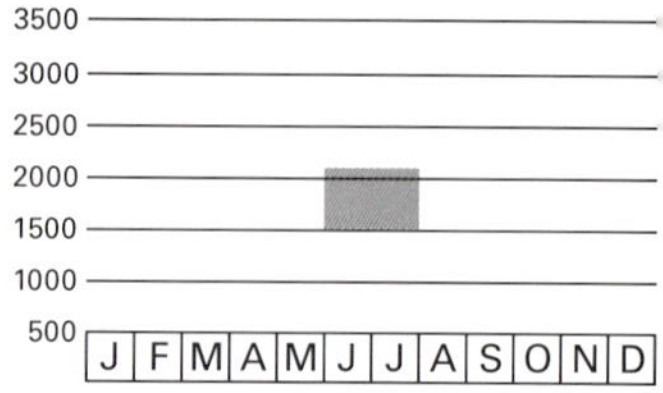

Verbreitung: Boreo-alpine Art. In den Alpen zwar weit verbreitet, aber doch immer sehr lokal.
Lebensraum: Borstgrasweide (Nardion) auf Silikat mit Arnika. In den Alpen von 1500 m bis mindestens 2300m.
Biologie: Raupennährpflanze ist die Arnika *(Arnica montana)*. Die Jungraupe miniert die Blätter der frischen Arnikatriebe nach der Schneeschmelze (1–2). Die Minengänge sind unregelmäßig (2). Die erwachsene Raupe (5) verlässt die Gangmine und frisst eine neue Verpuppungsmine unter die Blattepidermis, wo sie sich in einem feinen Seidengespinst verpuppt (4, 6).

3

4

5

6

7

8

9

Familie Glyphipterigidae (Wippmotten)

Digitivalva granitella

(TREITSCHKE, 1833)

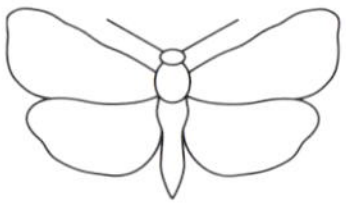

14–16 mm

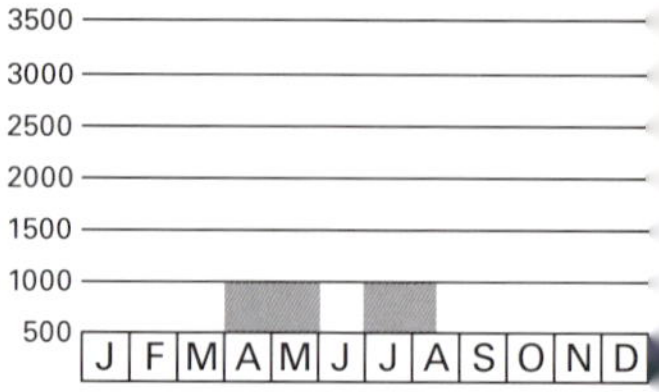

Verbreitung: In Europa weit verbreitet, außer in Großbritannien und Skandinavien.
Lebensraum: Waldränder, Straßenböschungen, bevorzugt warme und trockene Stellen (Geranion sanguinei). Die Art steigt in den Bergen nicht über 1000 m.

Biologie: Die Raupe lebt in einer Platzmine in den Blättern von Dürrwurz *(Inula conyza)* (1–3). Erwachsen verlässt sie die Mine und verpuppt sich in einem netzartigen Kokon auf einem der Nachbarblätter oder in der Nähe der Nährpflanze am Boden (4, 5). Die Falter (6, 7) fliegen in zwei Generationen.

1

2

3

4

5

6

7

Familie Ypsolophidae

Phrealcia eximiella

(REBEL, 1899)

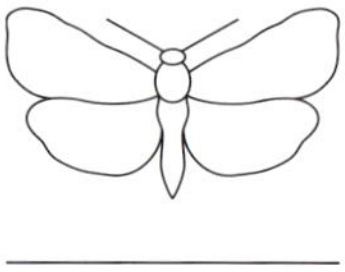

16–19 mm

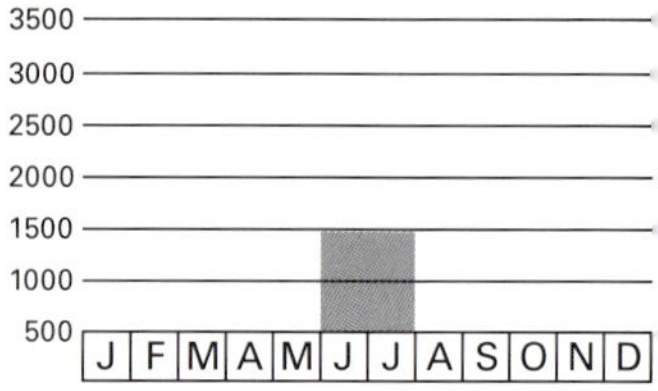

Verbreitung: In einem zusammenhängenden Areal vom Gardasee über Südtirol/Vintschgau (Italien), Nordtirol (Österreich) bis ins Unterengadin und Münstertal (Schweiz) verbreitet. Dann erst wieder in wenigen, isolierten Vorkommen in den Westalpen; auch aus Spanien gemeldet.
Lebensraum: Montane Waldränder und Heckenzeilen, bevorzugt in eher feuchten, halbschattigen Lagen, wohl kaum über 1500 m ansteigend. Sehr lokal, aber an den Fundstellen nicht selten.
Biologie: Einzige Raupennährpflanze ist die Alpen-Heckenkirsche *(Lonicera alpigena)*. Das Ei überwintert. Im Frühling, wenn die Triebe ausschießen, schlüpft die Raupe und bohrt sich ins Herz des Triebes, wo sie in einer feinen, vertikalen Gespinströhre lebt und den Kot gegen die Triebspitze ausstößt (1–4). Zur Verpuppung verlässt sie den Trieb und fertigt in der Nähe einen spindelförmigen, zweihöckrigen, dichten Kokon an, dessen zwei seitliche Abhänge mit Schlitzöffnungen versehen sind (5–7). Männliche (8) und weibliche (9) Tiere unterscheiden sich in der Flügelzeichnung stark.

1

2

3

4

5

6

7

8

9

Familie Ypsolophidae

Ypsolopha nemorella

(LINNAEUS, 1758)

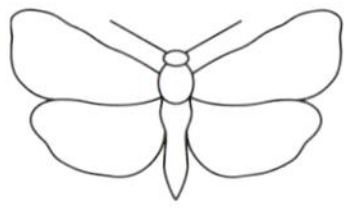

22–24 mm

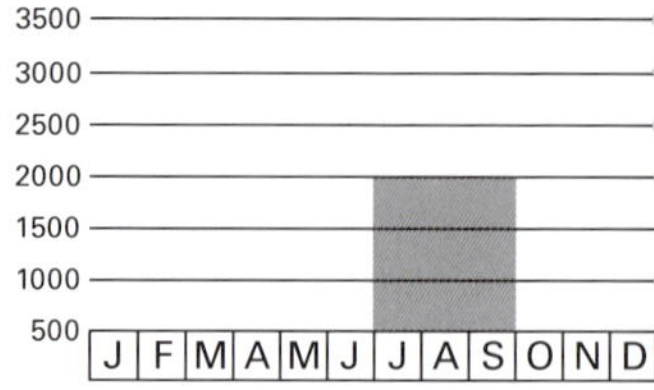

Verbreitung: In fast ganz Europa verbreitet und nicht selten.
Lebensraum: Gebüschreiche Waldränder; im Gebirge bevorzugt im subalpinen Zwergstrauchgürtel und im Lärchen-Arvenwald (Larici-Pinetum cembrae).
Biologie: Das Ei wird im Sommer an die Zweige der Raupennährpflanzen abgelegt, wo es überwintert (1). Im Gebirge ist das bevorzugt die Blaue Heckenkirsche *(Lonicera coerulea)*, in den Tälern die Rote Heckenkirsche *(Lonicera xylosteum)*, aber auch weitere *Lonicera*-Arten (www.lepiforum.de). Die Jungraupe lebt in einem feinen Gespinst zwischen zusammengezogenen Blättchen (2,3). Erwachsen sitzt sie hervorragend getarnt an dürren Zweigen (4,6); sie lässt sich bei der geringsten Störung sofort zu Boden fallen. Die Verpuppung findet in einem spindelförmigen Kokon statt (5,7). Die Falter (8,9) können tagsüber leicht aus der Vegetation aufgescheucht werden.

1

2

3

4

5

6

7

8

9

Familie Ypsolophidae

Ypsolopha dentella

(FABRICIUS, 1775)

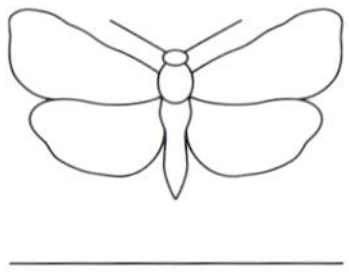

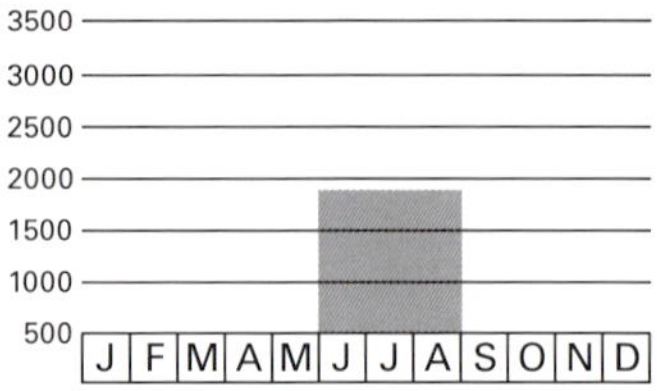

Verbreitung: In beinahe ganz Europa verbreitet und häufig.
Lebensraum: Waldränder, lichte Wälder und Waldstraßensäume; von der Talsohle bis etwa 1800 m.
Biologie: Raupennährpflanze: Alpen-Heckenkirsche *(Lonicera alpigena)*, Rote Heckenkirsche *(Lonicera xylosteum)*, aber auch an anderen *Lonicera*-Arten. Die Raupen leben zuerst in den Knospen, dann frei an den Blättern, wo sie sich bei Störung sofort mit einem Faden auf den Boden abseilen (1,2,4). Die Verpuppung erfolgt in einem spindelförmigen Kokon an der Nährpflanze (5,7).

3

4

5

6

7

8

Familie Ypsolophidae

Ypsolopha falcella

([DENIS & SCHIFFERMÜLLER], 1775)

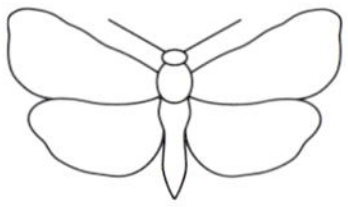

17–19 mm

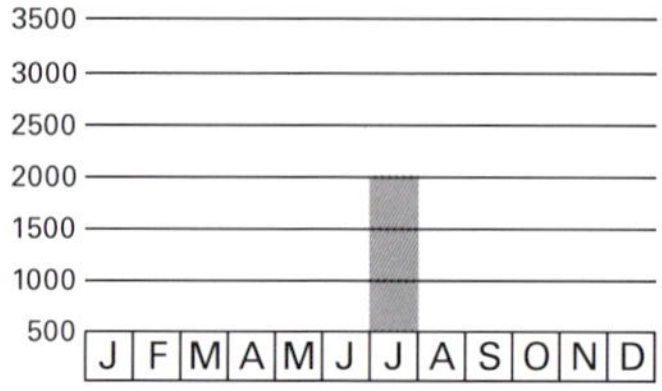

Verbreitung: In weiten Teilen Europas verbreitet und nicht selten.
Lebensraum: In der subalpinen Stufe an tiefgründigen, eher feucht-schattigen Standorten, bis mindestens 2000 m ansteigend.
Biologie: In den Bergen lebt die Raupe (2, 3) in zusammengesponnenen Blättern der Alpen-Heckenkirsche *(Lonicera caerulea)* (1). Im Tiefland wird die Rote Heckenkirsche *(Lonicera xylosteum)* belegt. Die Verpuppung erfolgt in einem für die Gattung charakteristischen, spindelförmigen Kokon an der Raupennährpflanze (5,6). Die Falter (4,7) fliegen manchmal an den gleichen Standorten wie *Ypsolopha nemorella*.

1

2

3

4

5

6

7

Familie Ypsolophidae

Ypsolopha scabrella

(LINNAEUS, [1760])

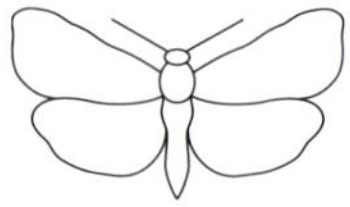

19–23 mm

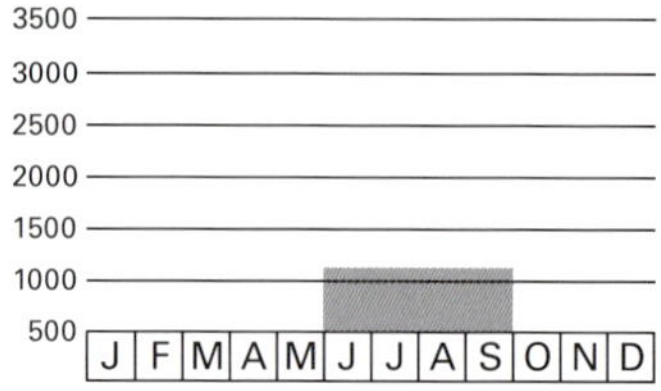

Verbreitung: In weiten Teilen Europas verbreitet und nicht selten.

Lebensraum: Waldränder, Hecken, Gebüschgesellschaften, Felsensteppen, bevorzugt an warmen, trockenen Lagen. In den Bergen bis mindestens 1200 m.

Biologie: Die Raupe lebt an verschiedenen Rosengewächsen (Rosaceae) wie: Weißdorn *(Crataegus monogyna)*, Kahle Steinmispel *(Cotoneaster integerrimus)* und Felsenbirne *(Amelanchier ovalis)* (1, 2). Sie verpuppt sich in einem für die Gattung typischen spindelförmigen Kokon (3, 5). Die Falter (4, 6) sind auf Rinde sitzend hervorragend getarnt.

1

2

3

4

5

6

Familie Heliodinidae

Heliodines roesella

(LINNAEUS, 1758)

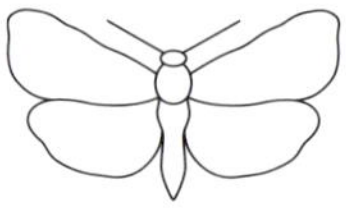

8–11 mm

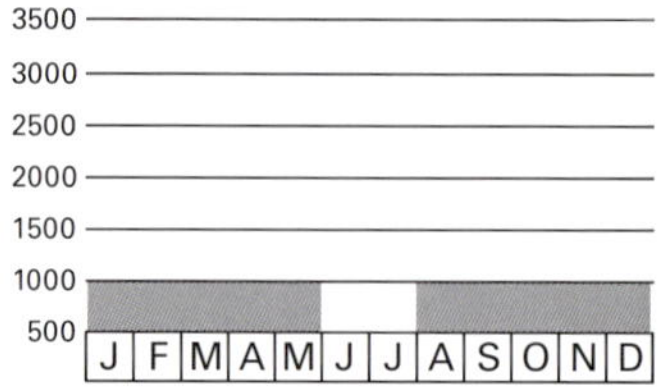

Verbreitung: Die Art war früher offenbar in Europa verbreitet, scheint aber in den letzten Jahrzehnten mancherorts verschwunden zu sein, so in England, den Niederlanden und Belgien (www.lepiforum.de). Aus Deutschland, Österreich und der Schweiz gibt es ebenfalls vor allem alte Nachweise. Allerdings sind in Graubünden 2018 gleich drei neue, geografisch unabhängige Funde gelungen.

Lebensraum: Die neueren Funde befinden sich alle in der montanen Stufe in der Landwirtschaftszone, wo die Raupennährpflanze um Bauernhöfe und an Waldrändern häufig vorkommt.

Biologie: Die Raupe lebt mitunter gesellig unter einem feinen Seidengespinst auf der Blattunter- oder Oberseite von Gutem Heinrich *(Chenopodium bonus-henricus)* (1, 2). Sie befrisst dort das Blatt im Fensterfraß (3, 5). An der gleichen Pflanze können sich auch sehr ähnliche Gespinste und Fraßmuster der Art *Scythris limbella* befinden! Die Verpuppung erfolgt unter einer feinen Seidendecke mit dem Gesicht zur Unterlage (4, 6). Die Falter (7–9) der 2. Generation überwintern.

1

2

3
4
5
6
7
8
1
9

Familie Bedelliidae

Bedellia somnulentella

(ZELLER, 1847)

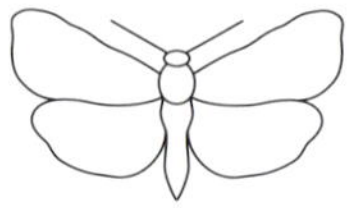

8–10 mm

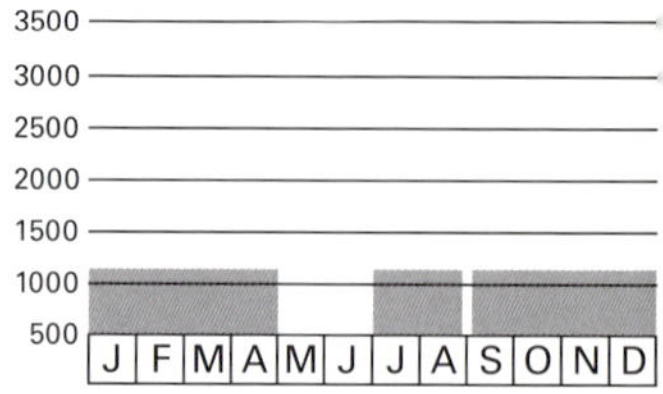

Verbreitung: Diese global weitverbreitete Art kommt in Europa fast überall vor.
Lebensraum: Warme, eher feuchte und üppig bewachsene Biotope wie Waldränder, eingewachsene Schuttplätze und Gartenrandvegetation. In den Bergen steigt die Art bis mindestens 1000 m an.
Biologie: Die Raupe lebt hauptsächlich an Zaunwinde *(Calystegia sepium)* (1, 2); Ackerwinde *(Convolvulus arvensis)*, weitere Windenarten werden in der Literatur erwähnt (www.lepiforum.de). Die Jungraupe lebt in einer feinen Gangmine, die sie bald zu einer Platzmine erweitert (2). Das Körperende wird aus der Mine herausgestreckt und der Kot hinausgeworfen (3). Erwachsen frisst sie auch frei auf der Blattunterseite unter einem feinen Gespinst (5). Die Verpuppung erfolgt außerhalb der Mine, wobei die Puppe an einigen wenigen Seidenfäden frei aufgehängt ist (6, 7). Die Falter (8, 9) überwintern.

1

2

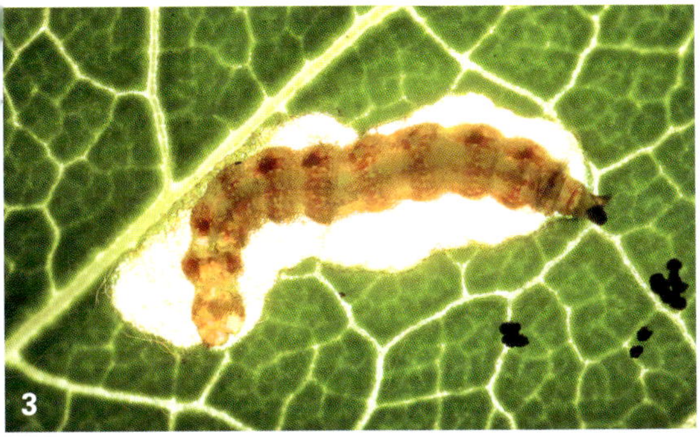
3

4

5

6

7

8

9

Familie Lyonetidae (Langhorn-Blattminiermotten)

Leucoptera spartifoliella

(HÜBNER, [1813])

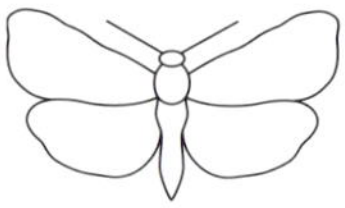

6–8 mm

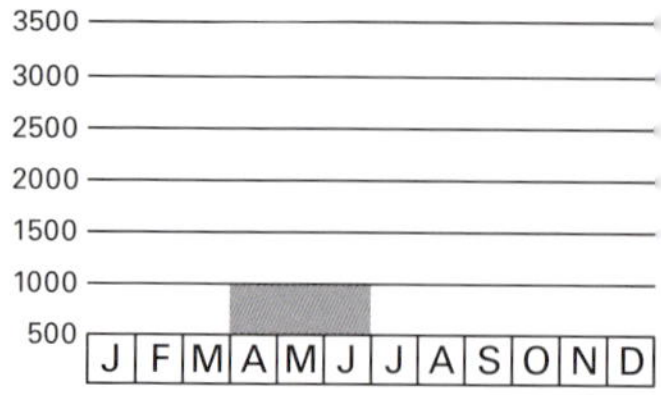

Verbreitung: In beinahe ganz Europa verbreitet, aber lokal und weiten Gebieten auch fehlend. In den Alpen auf die tiefen Lagen der warmen Südtäler beschränkt; die Art steigt mit ihrer Raupennährpflanze kaum über 1000 m.

Lebensraum: Warme, trockene Lehnen und Hänge, Besenginster-Gebüsche (Sarothamnion), Straßenböschungen.

Biologie: Die Raupe lebt minierend in einem langen Gang unter der Zweigrinde von Besenginster *(Cytisus scoparius)* (1,2,4,5), wo sie auch überwintert. Im Frühling verlässt sie die Mine und verpuppt sich in einem spindelförmigen, dichten Kokon an der Pflanze (6,7). Die Falter (3,8,9) sind lokal oft sehr häufig.

4

5

6

8

7

9

Familie Lyonetidae (Langhorn-Blattminiermotten)

Lyonetia clerkella

(LINNAEUS, 1758)

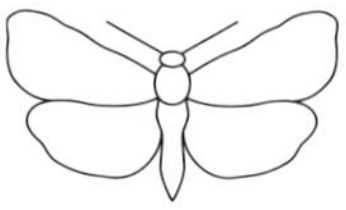

6–8 mm

Verbreitung: In beinahe ganz Europa verbreitet und nicht selten.
Lebensraum: Waldränder, Hecken, Obstbaumkulturen.
Biologie: Die Raupe lebt an verschiedenen Laubbäumen, so zum Beispiel an Apfel *(Malus domestica)*, Birke (*Betula* sp.), Weißdorn *(Crataegus monogyna)*. Sie fertigt eine Gangmine an, die unregelmäßig im Blatt verläuft (1–3). Erwachsen (5), verlässt sie die Mine und verpuppt sich in einem an Seidenfäden aufgehängten, spindelförmigen Kokon (4,6). Die Falter (7,8) bilden zwei Jahresgenerationen aus; die Tiere der zweiten Generation überwintern.

1

2

3

4

5

6

7

8

Familie Lyonetiidae (Langhorn-Blattminiermotten)

Phyllobrostis hartmanni

STAUDINGER, 1867

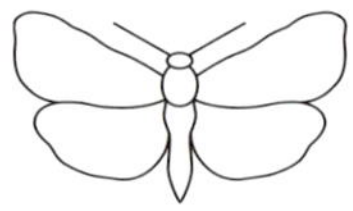

6–8 mm

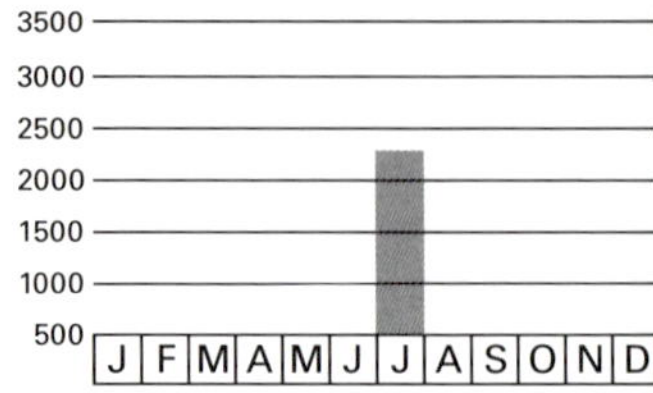

Verbreitung: In den Alpenländern lokal und nicht häufig. In Deutschland nur in Bayern und Baden-Württemberg, in der Schweiz nur in Graubünden. Auch in Tschechien und der Slowakei.

Lebensraum: Bergföhrenwald (Erico-Pinion mugo); alpine Magerrasen ausschließlich auf Kalk mit Vorkommen der einzigen Nahrungspflanze. In den Alpen bis mindestens 2300 m ansteigend.

Biologie: Raupennährpflanze ist das Gestreifte Steinröschen *(Daphne striata)*. Die anfängliche Gangmine wird nach der Überwinterung rasch zur Platzmine (1, 2, 3). Die erwachsene Raupe (5) verlässt das Blatt und verpuppt sich in einem feinen Gespinst zwischen zwei Blättern in der unmittelbaren Nähe des Fraßplatzes (4, 6). Die Falter (7, 8) sind so winzig und flink, dass sie kaum je gesehen werden.

3

4

5

7

6

8

Familie Douglasiidae (Wippflügelfalter)

Tinagma perdicella

ZELLER, 1839

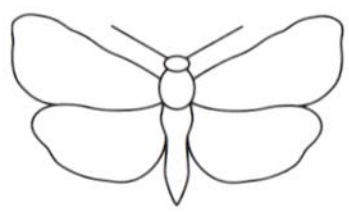

9–11 mm

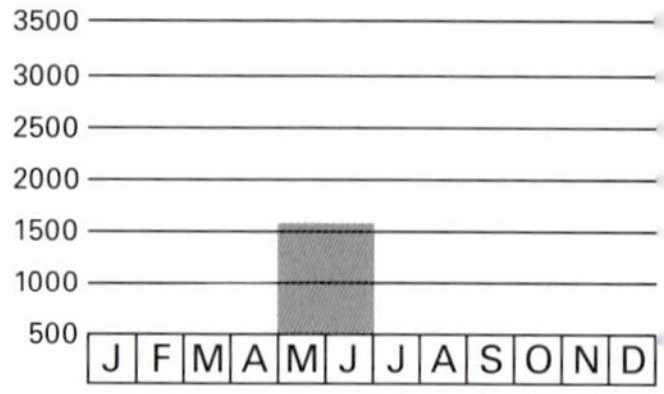

Verbreitung: Im gemässigten Europa verbreitet, nicht in Großbritannien. In allen Alpenländern vorkommend.

Lebensraum: Waldlichtungen, Waldränder, Straßenböschungen im Wald. In den Alpen bis mindestens 1600 m, höchstens bis zur Waldgrenze. Beinahe identisch aussehende Falter oberhalb der Waldgrenze gehören zu *Tinagma signatum*.

Biologie: Raupennährpflanze ist die Wald-Erdbeere *(Fragaria vesca)* (1). Die träge und eher plumpe Raupe lebt im Trieb der Pflanze, den sie ausfrisst (3, 4, 7); manchmal verrät sie sich durch Kotauswurf. Sie überwintert erwachsen und verpuppt sich in einer nur wenig ausgesponnenen Puppenwiege (5, 6) im Frühling. Die Falter (2, 8, 9, 10) sind an den Stellen ihres Vorkommens oft zahlreich anzutreffen.

1

2

3

4

5

6

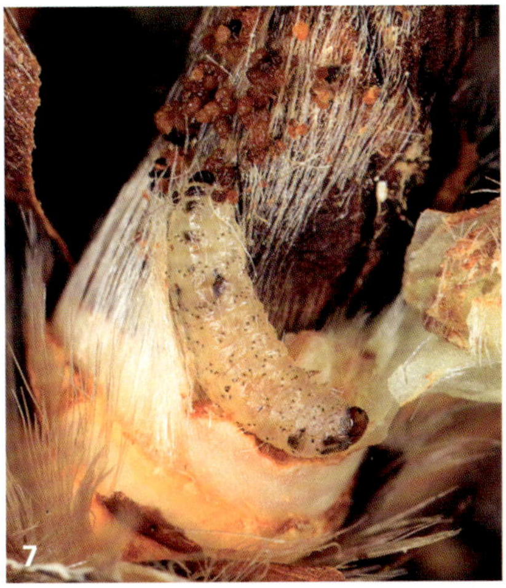

7

8

9

10

Familie Douglasiidae (Wippflügelfalter)

Tinagma dryadis

STAUDINGER, 1872

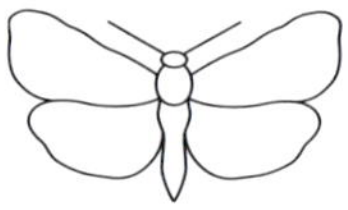

7–9 mm

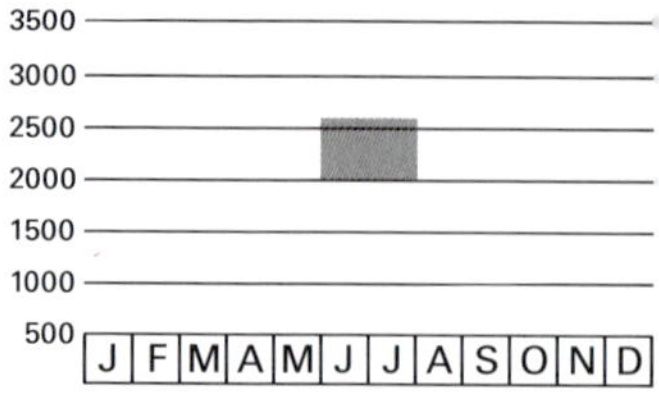

Verbreitung: Arkto-alpine Art, sehr lokal verbreitet. In Österreich nur in Tirol, in Deutschland nur in Bayern. In Italien, Frankreich und der Schweiz in den Alpen.

Lebensraum: An das Vorkommen von Silberwurz *(Dryas octopetala)* gebunden; auf Kalkschotter zwischen 2000–2600 m, nur ausnahmsweise auch tiefer nachgewiesen.

Biologie: Raupennährpflanze ist ausschließlich Silberwurz *(Dryas octopetala)*. Die Falter sitzen oft in Anzahl in den Blüten von Silberwurz (1). Die Eier werden einzeln an die Nährpflanze abgelegt (2,3). Die plumpe und wenig bewegliche Raupe lebt in der Triebknospe der Nährpflanze, die sie ausfrisst (4–6). Darin überwintert sie und verpuppt sich im Frühling. Die Flugzeit der Falter (7,8) fällt in die Blütezeit der Silberwurz, ist also von der Höhenlage abhängig.

1

2

3

4

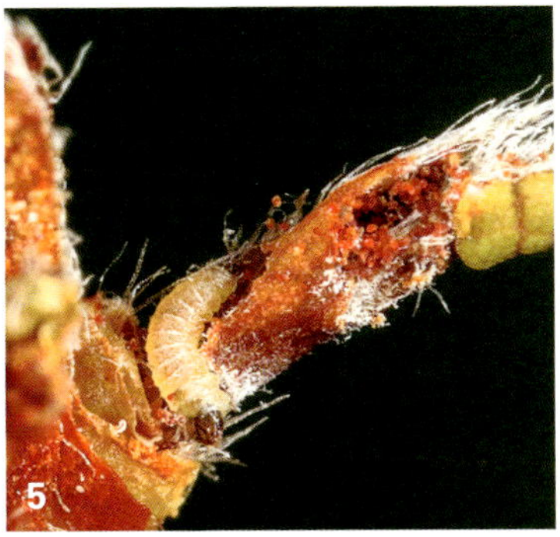
5

6

7

8

Familie Autostichidae

Symmoca signella

(HÜBNER, 1796)

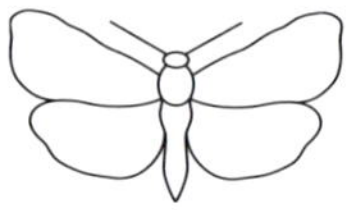

12–23 mm

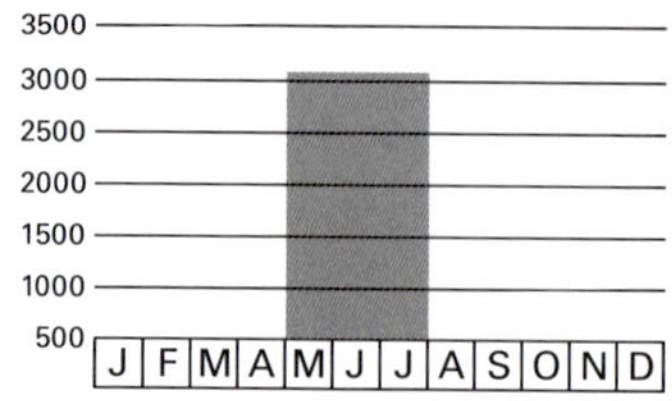

Verbreitung: West- und Südeuropa. In allen Alpenländern außer Deutschland.

Lebensraum: In tieferen Lagen an steinige oder felsige Biotope gebunden, in der alpinen Region auf trockenen, steinigen Alpweiden und Schuttfluren. Höhenverbreitung von 600 m bis 3100 m.

Biologie: Die Raupe lebt unter flachen Steinen in einer Gespinströhre (1, 2). Sie lebt von Moosen. Die Verpuppung erfolgt in einem ziemlich dichtgesponnenen, röhrenförmigen Seidenkokon, der außen mit dürrem Pflanzenmaterial, kleinen Sandkörnern und Kotballen belegt ist (7). Die Weibchen (6, 8) sind kurzflügelig und flugunfähig. Die Falter saugen tagsüber an den Blüten von Kalk-Posternelke *(Silene acaulis)*. In den Hochlagen der Alpen dürfte die Entwicklung zweijährig sein.

1

2

3

4

5

6

7

8

9

10

Familie Oecophoridae (Faulholzmotten)

Denisia rhaetica

(FREY, 1856)

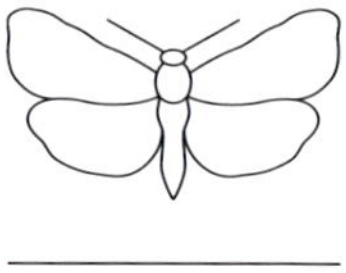

13–16 mm

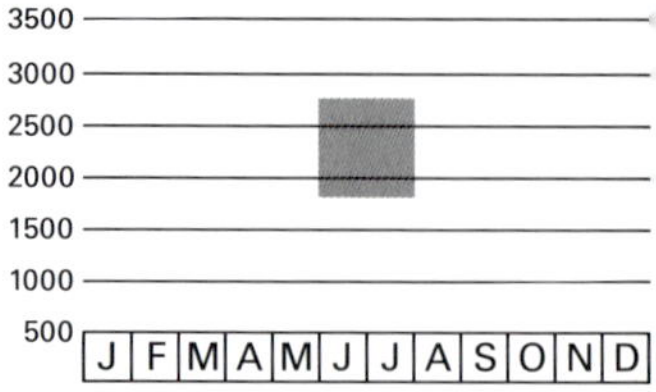

Verbreitung: In den Alpenländern außer Deutschland, in den Pyrenäen und in Griechenland, sehr lokal und selten.
Lebensraum: Überhängende, fast vegetationslose, schattige Felswände und Blockhalden, bevorzugt auf Silikat. Höhenverbreitung: von etwa 1800–3200 m.
Biologie: Die Weibchen legen die gelben Eier in kleinen Gruppen in feuchten, mit Moosen und Flechten bewachsenen Felsritzen ab (2). Die Raupen (3, 4) leben in einer feinen Seidenröhre in den anstehenden Moos- und Flechtenpartien, die der weißen Lepraflechte (*Lepraria* sp.) benachbart sind (5). Diese und die Becherflechte (*Cladonia* sp.) sind als Nährpflanzen belegt. Die erwachsene Raupe ist sehr schlank und lebhaft (6, 7). Sie verpuppt sich nach der zweiten Überwinterung in einer Seidenwiege. Die männlichen Falter (9) fliegen am Morgen und suchen die Weibchen (8, 10), die an exponierten Stellen in der Felswand warten.

4

5

6

7

8

9

10

Familie Oecophoridae (Faulholzmotten)

Goidanichiana jourdheuillella

(RAGONOT, 1875)

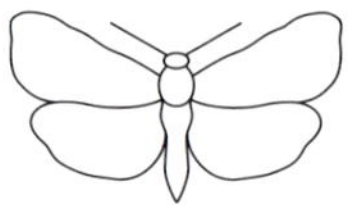

8–12 mm

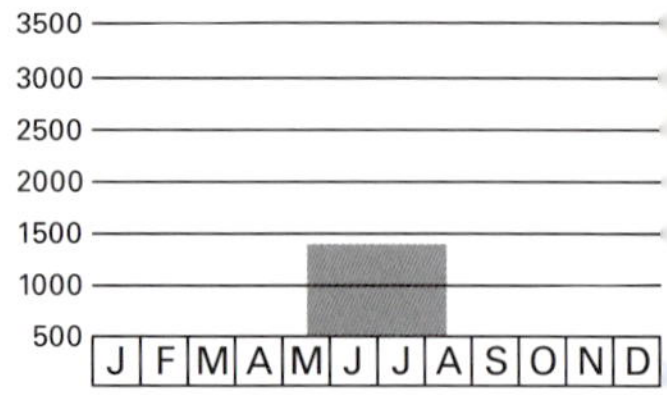

Verbreitung: In Deutschland nur aus Rheinland-Pfalz und Baden-Württemberg bekannt; lokal in der Südschweiz, Frankreich, Italien, Spanien und Portugal nachgewiesen. Bisher noch nicht aus Österreich gemeldet.

Lebensraum: Die sehr wärmeliebende Art bevorzugt Kiefernbestände, die an heißtrockenen Orten gedeihen. Höhenverbreitung bis 1000 m beobachtet, laut Literatur bis 1400 m (TOKÁR 2005).

Biologie: Die Raupe lebt im Frühling in abgestorbenen Kieferntrieben *(Pinus sylvestris)* und in trockenen Aststückchen, die bereits im Vorjahr von Kieferknospenwicklerraupen bewohnt waren (1,2,4,5). Sie verpuppt sich nach der Überwinterung in ihrer Wohnung in einer feinen, mit Kotballen gepolsterten Seidenwiege (6,7). Die Falter (3,8–10) weisen eine sehr lange Flugzeit auf, die Art ist aber wohl kaum zweibrütig.

1

2

3

4

5

6

7

8

9

10

Familie Oecophoridae (Faulholzmotten)

Metalampra italica

BALDIZZONE, 1977

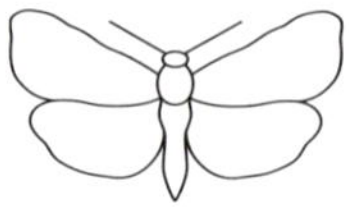

11–13 mm

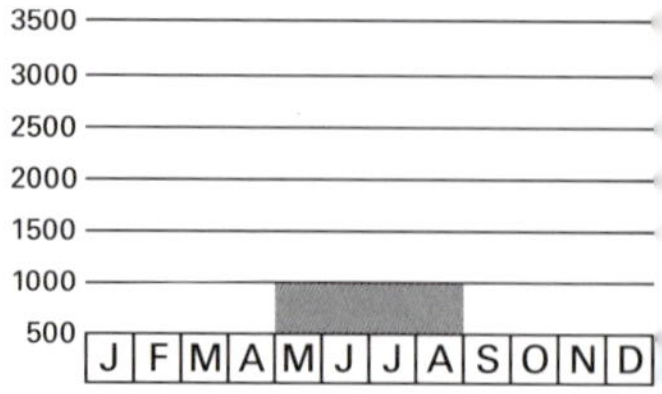

Verbreitung: Bisher liegen Nachweise aus Italien, Deutschland, der Schweiz und Österreich vor. Wegen der Verwechslungsmöglichkeit mit der ähnlichen *M. cinnamomea* ist die genaue Verbreitung noch unsicher.

Lebensraum: Misch- und Nadelwälder mit viel Totholz; in den Bergen nur bis in die montane Stufe vorkommend.

Biologie: Die Raupe lebt in Baumschwämmen an abgestorbenen Nadel- und Laubbäumen (*Trametes* sp.), wo sie die Übergangszone zum faulenden Holz bewohnt (1–4). Zur Verpuppung fertigt sie wenig unter der Oberfläche einen rudimentären Kokon aus feiner Seide an, der von Kot bedeckt wird (6). Die Falter (5,7–10) sind etwas variabel gezeichnet.

1

2

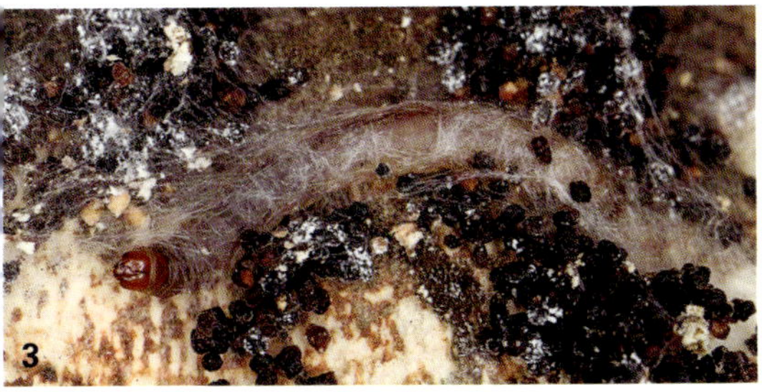
3

4

5

6

7

9

10

Familie Oecophoridae (Faulholzmotten)

Oecophora bractella

(LINNAEUS, 1758)

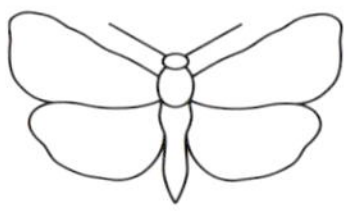

12–18 mm

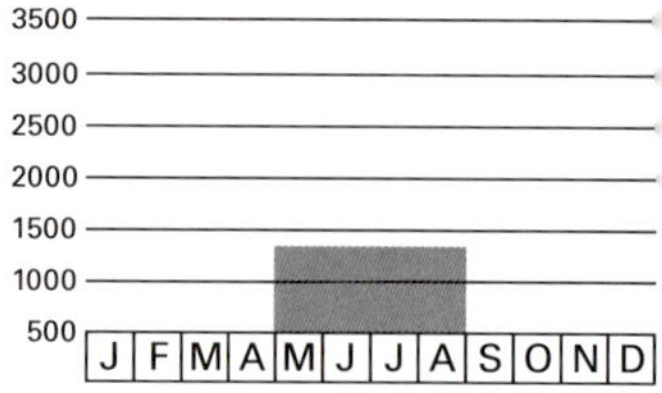

Verbreitung: In weiten Teilen Europas verbreitet, aber nicht häufig.
Lebensraum: Lichte, warme Laub- und Mischwälder, bevorzugt mit viel Totholz; 12–19 mm. In den Bergen nur ausnahmsweise über 1300 m.
Biologie: Die Raupe lebt unter der losen Rinde von Baumstümpfen und abgestorbenen Ästen, oft an mit Pilzen (Porlingen) befallenen Stellen (1–3). Eichen und Buchen sind wohl die häufigsten Wirtspflanzen, andere Laubbäume wie Birken, Erlen und Weiden werden in der Literatur genannt (TOKÁR 2005). Die Raupe überwintert mehr oder weniger erwachsen und verpuppt sich im Frühling in einem feinen Gespinst (4,5). Die auffallenden Größenunterschiede einzelner Falter lassen vermuten, dass einige Raupen eine zweijährige Entwicklung durchlaufen.

1

2

3

4

5

6

7

8

9

Familie Oecophoridae (Faulholzmotten)

Harpella forficella

(SCOPOLI, 1763)

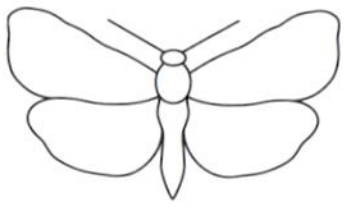

21–28 mm

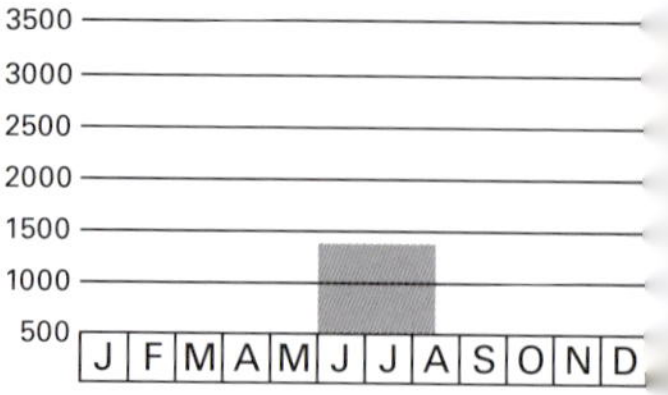

Verbreitung: In Europa weit verbreitete, wenn auch nicht überall häufige Art.
Lebensraum: Laub- und Mischwälder bis ungefähr 1400 m bevorzugt mit viel Totholz.
Biologie: Die Raupen wurden unter der Rinde von toten Eichen *(Quercus petraea)*, Buchen *(Fagus sylvatica)* und Edelkastanien *(Castanea sativa)* gefunden, wo sie manchmal zusammen mit den viel kleineren, aber ähnlichen Raupen von *Oecophora bractella* leben und sich von morschem Holz ernähren (1–4). Eine Bindung zu pilzbefallenen Stellen scheint dabei nicht zwingend zu sein. Nach Literaturangaben (HANNEMANN 1997) werden auch Eschen, Birken und Erlen befallen. Die Verpuppung erfolgt im zweiten Jahr zu Sommerbeginn in einer ins Holz genagten Puppenkammer, die nur am Kopfende mit einem feinen, reusenartigen Gespinst versponnen ist (5,6). Die Falter (7–9) fliegen in der Abenddämmerung.

1

2

3

4

5

6

7

8

9

Familie Chimabachidae

Diurnea fagella

([DENIS & SCHIFFERMÜLLER], 1775)

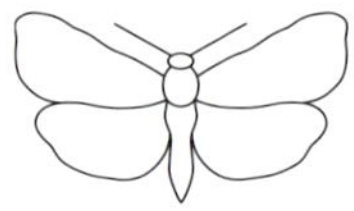

18–29 mm

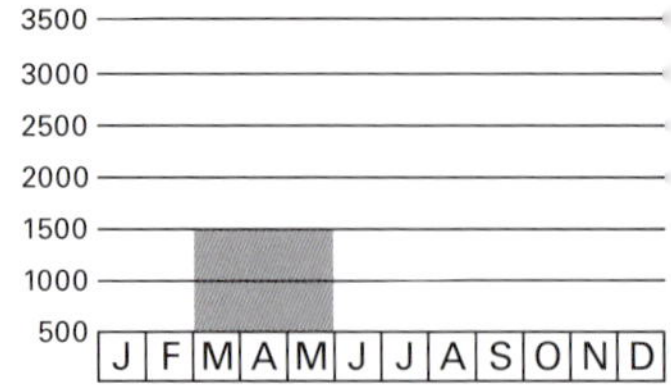

Verbreitung: In fast allen Ländern Europas vorkommend.
Lebensraum: Buchenwälder, bevorzugt im Randbereich. In den Bergen bis mindestens 1500 m.
Biologie: Die Falter schlüpfen im zeitigen Frühling. Das kurzflügelige, flugunfähige Weibchen (3,7–9) legt seine glattschaligen Eier in Schnüren (4) an Blattknospen hauptsächlich von Buche *(Fagus sylvatica)*, aber auch an andere Laubhölzer (SCHÜTZE, 1931). Die Raupe spinnt zwei benachbarte Blätter übereinander und lebt in einem feinen Gespinstbett dazwischen (1,2). Sie befrisst die Blätter zuerst an der inneren Oberfläche, später verlässt sie nachts ihr Gehäuse und frisst benachbarte Blätter ganz (5). Die Verpuppung erfolgt in dieser Wohnung im Herbst, die Puppe überwintert (6).

1

2

3

4

5

6

7

8

9

10

Familie Peleopodidae

Carcina quercana

(FABRICIUS, 1775)

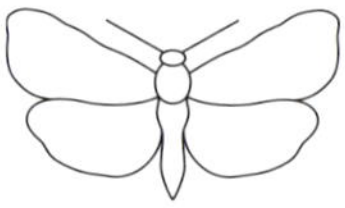

16–22 mm

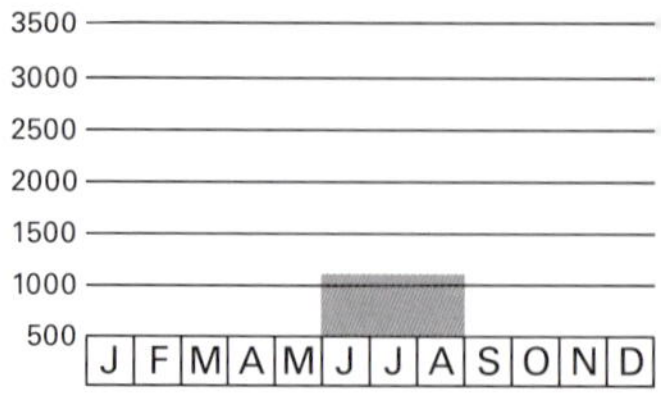

Verbreitung: In fast ganz Europa verbreitet.
Lebensraum: Bevorzugt in Eichenwäldern, gerne in warmen, trockenen Biotopen. In den Bergen bis mindestens 1100 m nachgewiesen.
Biologie: Die Jungraupe lebt nach der Überwinterung im Frühling bevorzugt an der Blattunterseite von Eichen (*Quercus* sp.) (1), aber auch an anderen Laubhölzern (HANNEMANN, 1997), wo sie aus Seidensträngen einen Unterschlupf spinnt, aus dem heraus sie eine naheliegende Stelle des Blattes im Fensterfraß befrisst (2,3). Die Verpuppung erfolgt zwischen zwei zusammengesponnenen Blättern in einem feinen Seidenkokon (4,6,7). Die Falter (5,8) sind sehr variabel intensiv gefärbt.

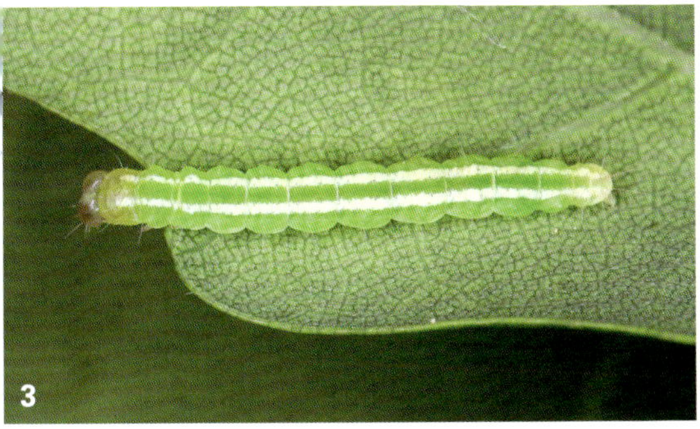
3

4

5

6

7

8

Familie Elachistidae (Grasminiermotten)

Elachista adscitella

STAINTON, 1851

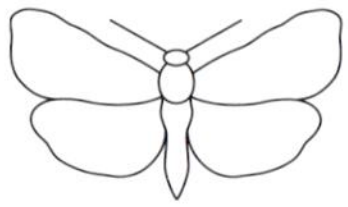

9–11 mm

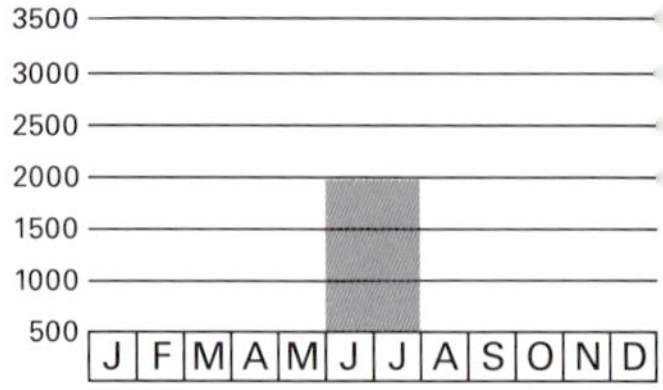

Verbreitung: In fast ganz Europa verbreitet und nicht selten.
Lebensraum: In den Alpen vom Talboden bis weit in die subalpine Stufe in offenen Biotopen, an Waldrändern und Böschungen, eher in schattigen Lagen.
Biologie: Die Raupen (2–4) minieren manchmal zu zweit in den Blättern von verschiedenen Gräsern *(Poaceae)*, so an Blaugras *(Sesleria caerulea)*, Rasen-Schmiele *(Deschampsia caespitosa)* (1–3), laut Literatur aber auch an vielen anderen Gräsern (www.bladmineerders.nl.). Die Puppe hängt an einem Gürtel unter einem rudimentären Seidengespinst an der Blattoberfläche (5). In tiefen Lagen werden zwei Generationen ausgebildet, wobei die Raupe überwintert.

4

5

6

7

8

9

10

Familie Elachistidae (Grasminiermotten)

Elachista subalbidella

SCHLÄGER, 1847

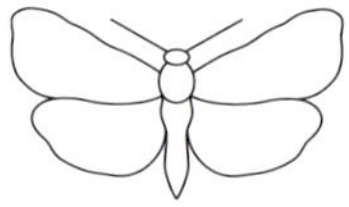

10–13 mm

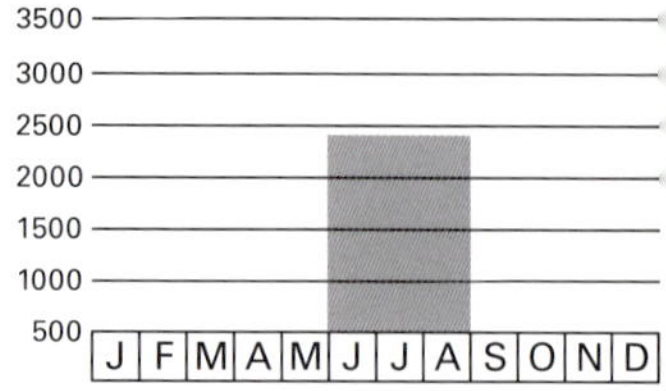

Verbreitung: In Europa weit verbreitet, von Griechenland bis Skandinavien, fehlt aber in Frankreich. **Lebensraum:** Offene Wiesen, lichte Wälder und Wegränder, auch alpine Weiden bis gegen 2400 m. **Biologie:** Die Raupe miniert in den Blättern von Blauem Pfeifengras *(Molinia caerulea)* (1, 6) sowie verschiedenen weiteren Gräsern wie Wald-Zwenke *(Brachypodium sylvaticum)*, Fieder-Zwenke *(B. pinnatum)* und Rispengras (Poa sp.) (TRAUGOTT-OLSEN & SCHMIDT NIELSEN, 1977). Dort überwintert sie. Im Frühsommer erwachsen (3), verlässt sie ihre Wirtspflanze und verpuppt sich in einer freien Gürtelpuppe in der Umgebung (4).

1

2

3

4

5

6

7

Familie Elachistidae (Grasminiermotten)

Elachista bifasciella

TREITSCHKE, 1833

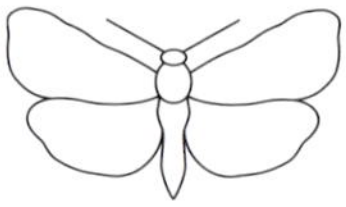

7–9 mm

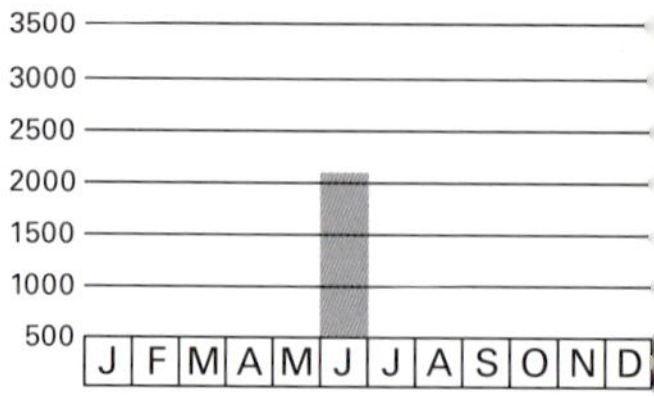

Verbreitung: In weiten Teilen Mitteleuropas verbreitet, fehlt in Großbritannien, der Iberischen Halbinsel sowie Norwegen und Finnland.
Lebensraum: In den Alpen bevorzugt die Art subalpine, feuchte Waldrandbiotope, Wegränder, entlang von Bächen und Quellfluren; sie wurde bis 2100 m festgestellt.

Biologie: Raupennährpflanze ist Rasen-Schmiele *(Deschampsia caespitosa)*, laut Literatur auch andere Gräser (TRAUGOTT-OLSEN & SCHMIDT NIELSEN, 1977). Die Raupe miniert im Frühling in einem Blatt von der Spitze gegen die Basis hin (2, 3). Erwachsen verlässt sie die Mine am unteren Ende und verpuppt sich kopfüber auf einem anderen Blatt in der Nähe (4–7). Die Falter (1,8,9) sind tagaktiv.

1

2

3
4
5
6
7
8
9

Familie Elachistidae (Grasminiermotten)

Elachista maculicerusella

(BRUAND, 1859)

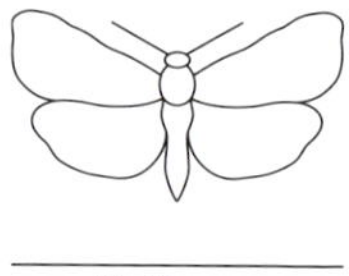

9–11 mm

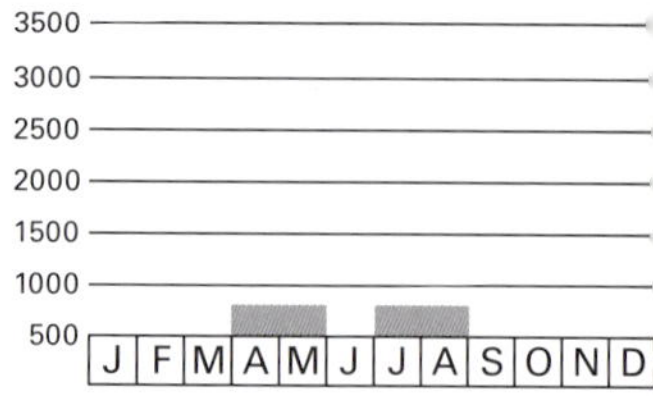

Verbreitung: In Nord- und Mitteleuropa verbreitet.
Lebensraum: Feuchtgebiete, Landschilfröhricht (Phalaridion), Ufer von Seen und Tümpeln. In den Bergen nur bis in die montane Stufe vorkommend.
Biologie: Die Raupe lebt in den Blättern von Rohr-Glanzgras *(Phalaris arundinacea)*, wo sie charakteristische Minen frisst (1, 2). Erwachsen (3) verlässt sie die Mine und verpuppt sich in der Nähe frei auf einem Blatt (4, 5). Es werden zwei Generationen pro Jahr ausgebildet. Die Falter (6–8) sind in der Ausdehnung der schwarzen Zeichnungselemente variabel.

1

2

3
4
5
6
7
8

Familie Elachistidae (Grasminiermotten)

Elachista gleichenella

(FABRICIUS, 1781)

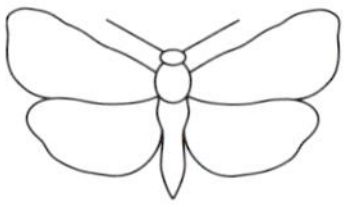

6–8 mm

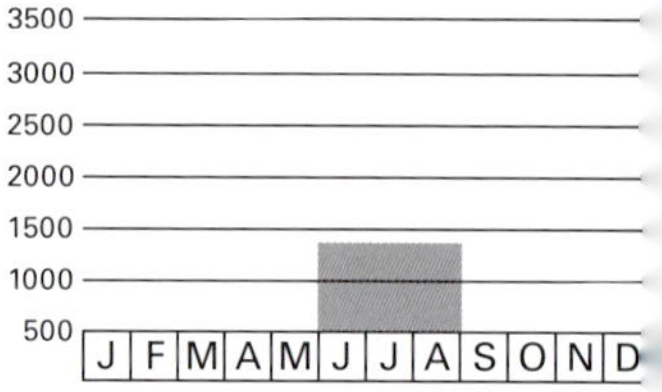

Verbreitung: In Nord- und Mitteleuropa weit verbreitet und nicht selten.
Lebensraum: In den Alpen im montanen Buchen-Fichten-Mischwald, eher feucht-schattig.
Biologie: Die Raupe miniert in den Blättern von Vogelfuß-Segge *(Carex ornithopoda)*, von Wald-Segge *(Carex sylvatica)* und anderen Gräsern (TRAUGOTT-OLSEN & SCHMIDT NIELSEN, 1977) von der Spitze gegen die Basis hin (1–3). Sie überwintert halberwachsen. Erwachsen (4) verlässt sie die Mine und verwandelt sich in eine Gürtelpuppe (6). Die Falter (5, 7–9) fliegen gegen Abend.

1

2

3

4

5

6

7

9

8

Familie Elachistidae (Grasminiermotten)

Elachista juliensis

FREY, 1870

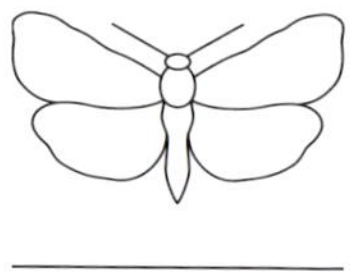

5–7 mm

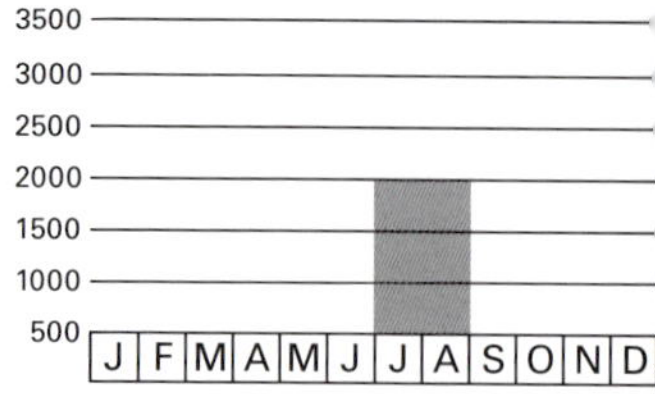

Verbreitung: In den Alpenländern außer Frankreich, in Ungarn, Tschechien und der Slowakei.
Lebensraum: Lichte Wälder und trockene Weiden, bis in die subalpine Stufe (2000 m) aufsteigend.
Biologie: Die Raupe miniert in einem Blatt von Berg-Segge *(Carex montana)*, laut Literatur auch an Niedriger Segge *(Carex humilis)* (www.lepiforum.de) und zwar auffallenderweise von der Basis gegen die Spitze hin, wobei die Mine gegen oben immer breiter wird (1–3). Die Verpuppung erfolgt als Stürzpuppe frei an einem Blatt der Nährpflanze oder in deren Umgebung (4–6). Es wird nur eine Jahresgeneration ausgebildet, Überwinterungsstadium ist vermutlich die Jungraupe. Die Falter (7–9) sind tagaktiv.

1

2

3

4

5

6

7

8

9

Familie Elachistidae
(Unterfamilie Depressariinae: Flachleibmotten)

Levipalpus hepatariella

(LIENIG & ZELLER, 1846)

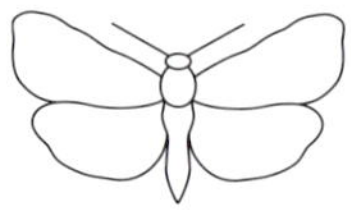

17–24 mm

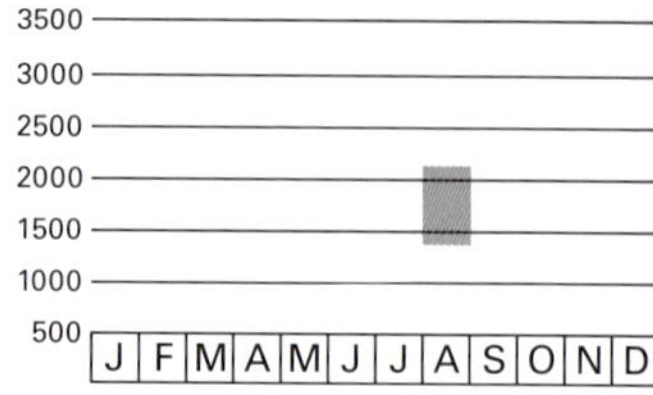

Verbreitung: Boreo-alpine Art, in Nord- und Mitteleuropa einschließlich der Alpen zwar verbreitet, aber doch immer nur sehr lokal und selten.
Lebensraum: In den Alpen lebt die Art auf mageren alpinen Weiden und Rasen auf Kalk mit Vorkommen der Raupennährpflanze, von 1400 m bis 2200 m.
Biologie: Einzige Raupennährpflanze ist hier das Katzenpfötchen *(Antennaria dioica)*. Die orange Jungraupe lebt nach der Schneeschmelze in den Knospen, die sie von innen auffrisst, wobei der Kot durch ein Loch ausgeworfen wird (1, 2, 3). Später lebt die Raupe (5) in einem Gespinstschlauch an der Basis des dichten Pflanzenpolsters, aus dem heraus die Blätter befressen werden. Die Verpuppung (7) erfolgt in einem Gespinst am Boden. Das Weibchen (10) ist wesentlich kleiner als das Männchen (9).

4

5

6

7

8

9

10

Familie Elachistidae,
(Unterfamilie Depressariinae: Flachleibmotten)

Exaeretia allisella

STAINTON, 1849

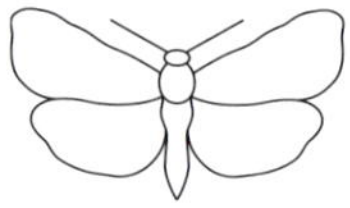

19–24 mm

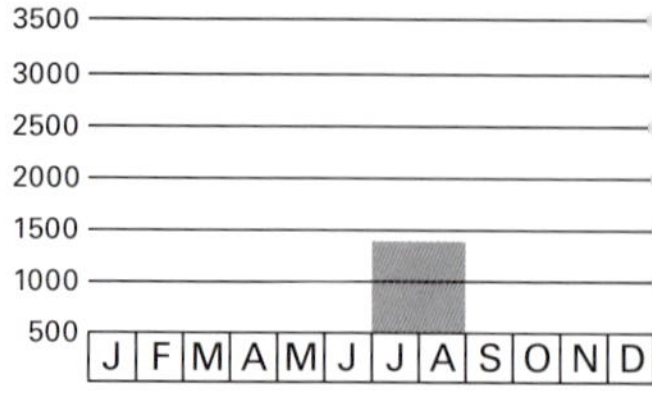

Verbreitung: Vor allem in Nord- und dem nördlichen Mitteleuropa verbreitet. In den Alpen nur in einem inselartigen Vorkommen in Graubünden und im Wallis, sehr lokal und selten.

Lebensraum: Magere und trockene Standorte, Straßenböschungen, wärmeliebende Ruderalgesellschaften (Onopordion). In den Bergen bis mindestens 1400 m.

Biologie: Die Raupe lebt im Wurzelstock und in den untersten Stängelteilen von Gemeinem Beifuß *(Artemisia vulgaris)* (1–3). Sie überwintert dort erwachsen, verlässt den Wurzelstock im Frühling und verpuppt sich in der Erde wenig unter der Oberfläche in einem feinen, mit Umgebungsmaterial bedeckten Kokon (4).

3

4

5

6

7

Familie Elachistidae
(Unterfamilie Depressariinae: Flachleibmotten)

Agonopterix adspersella

(KOLLAR, 1832)

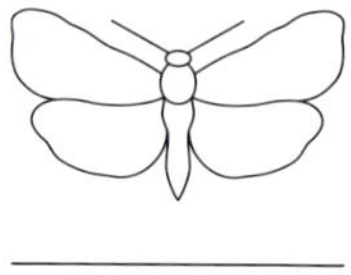

21–24 mm

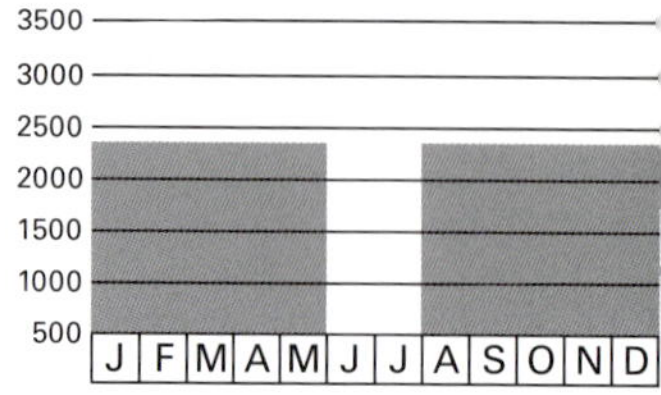

Verbreitung: Vor allem in Südeuropa verbreitet, nördlich bis nach Bayern und im Jura. In allen Alpenländern festgestellt.

Lebensraum: In der alpinen Stufe auf felsdurchsetzten Weiden auf Silikatgestein, bis über 2400 m, lokal, an den Fundstellen aber meist häufig.

Biologie: In den Hochalpen lebt die Raupe an Sternblütigem Hasenohr *(Bupleurum stellatum)*, im Tiefland offenbar an Sichel-Hasenohr *(Bupleurum falcatum)* (www.lepiforum.de). Die Jungraupe verspinnt die Blütenköpfe des Sternblütigen Hasenohrs zu einer Behausung (1,2); später bevorzugt sie die länglichen Blätter, die sie zu einer Röhre formt (3,4). Darin lebt sie, bis sie erwachsen ist. Die Verpuppung erfolgt am Boden in einem lockeren Gespinst (5). Die Falter (6–8) überwintern.

1

2

3

4

5

6

7

8

Familie Elachistidae
(Unterfamilie Depressariinae: Flachleibmotten)

Agonopterix alpigena

(FREY, 1870)

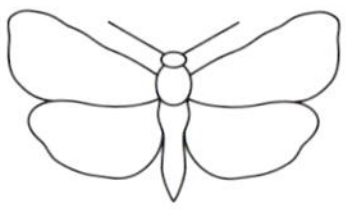

18–22 mm

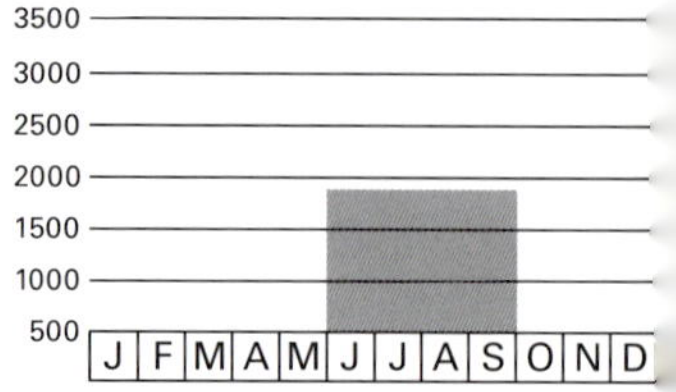

Verbreitung: Im erweiterten Alpenbogen, von Südfrankreich bis Westungarn und Kroatien, dann aber auch in den Pyrenäen und Zentralfrankreich.
Lebensraum: Montane bis subalpine, magere und steinige Wiesen (Stipion calamagrostis), Waldränder, Gebüschgesellschaften, gerne auf Kalk; bis mindestens 1800 m festgestellt, lokal manchmal sehr häufig.

Biologie: Raupennährpflanze ist das Berg-Laserkraut *(Laserpitium siler)*. Die Raupe lebt in einem verquirlten Blattknäuel (1-5). Oft sind die Bestände der Pflanze stark mit Raupen befallen, die Raupen aber auch stark parasitiert. Die Verpuppung findet in einem dünnen Seidenkokon am Grund der Nährpflanze statt (7). Die Falter (6,8,9) sind recht variabel gezeichnet.

1

2

3

4

5

6

7

8

9

Familie Elachistidae
(Unterfamilie Depressariinae: Flachleibmotten)

Agonopterix nanatella

(STAINTON, 1849)

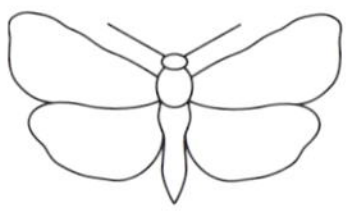

16–19 mm

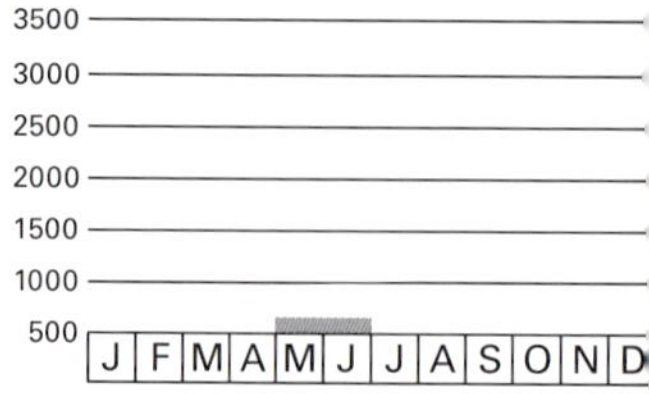

Verbreitung: In Europa verbreitet, in allen Alpenländern nachgewiesen, aber immer sehr lokal und auch weiten Gebieten fehlend.
Lebensraum: Wegböschungen, Föhrenwälder; vegetationsarme, sonnige, warme Trockenstandorte der Tieflagen.
Biologie: Raupennährpflanze, ist die Golddistel *(Carlina vulgaris)* (1). Die Jungraupe spinnt das Distelblatt zu einer Röhre zusammen. Sie befrisst das Blatt von der Spitze her (2–4). Später lebt sie manchmal auch im Trieb der Pflanze, den sie ausfrisst. Zur Verpuppung begibt sie sich unter die dürren Blätter am Grund der Nährpflanze und spinnt dort in der oberen Bodenschicht einen Seidenkokon, der außen mit Umgebungsmaterial belegt ist (6). Die Falter (7,8) fliegen gegen Abend; sie legen die Eier bereits im Spätsommer an die Nährpflanzen ab (HANNEMANN, 1995).

1

2

3

4

5

6

7

8

Familie Elachistidae
(Unterfamilie Depressariinae: Flachleibmotten)

Agonopterix scopariella

(HEINEMANN, 1870)

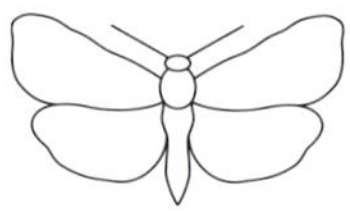

17–22 mm

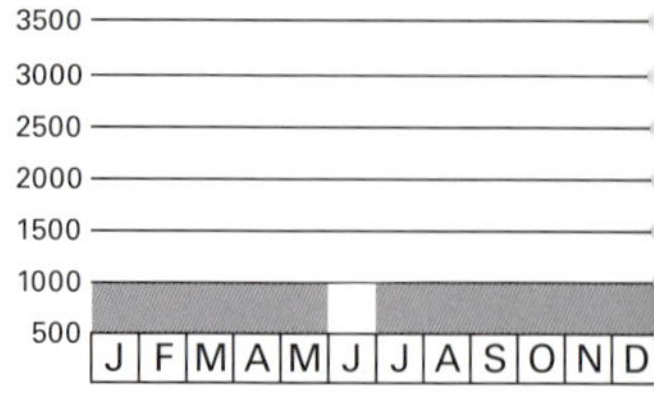

Verbreitung: In ganz Europa verbreitet, mit dem Vorkommen der Raupennährpflanzen aber gebietsweise völlig fehlend oder nur sehr lokal auftretend. In den Alpen nur in den warmen Südtälern.

Lebensraum: Warme, trockene, meist südexponierte Habitate in tiefen Lagen; Besenginster-Gebüsche (Sarothamnion), Felsensteppen, Saumgesellschaften, lückige Mischwälder in Tallagen.

Biologie: Die Raupe spinnt Blättchen und Zweige zu einer dünnen Röhre zusammen, worin sie gut versteckt lebt (1,3,5). Als Raupennährpflanzen dienen hauptsächlich Ginster-Arten *(Cytisus scoparius, Genista tinctoria, Genista pilosa)*, laut Literatur aber auch Goldregen *(Laburnum)*. Die erwachsene Raupe verfärbt sich (4), bevor sie sich an der Pflanze einen lockeren Verpuppungskokon spinnt (6). Die Falter (2,7) überwintern bis etwa Mai.

1

2

3

4

5

6

7

Familie Elachistidae,
Unterfamilie Depressariinae (Flachleibmotten)

Agonopterix petasitis

(STANDFUSS, 1851)

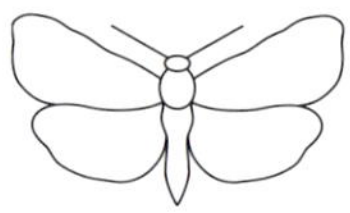

19–24 mm

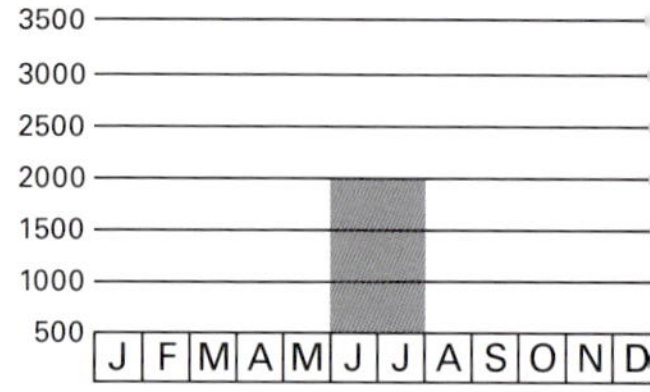

Verbreitung: In den montanen Regionen Mittel- und Osteuropas verbreitet und lokal nicht selten.
Lebensraum: Trockene, sandige Stellen, Wegränder, Kiesgruben. In den Alpen auch in Blockschutthalden, bis mindestens 2000 m.
Biologie: Die Raupe lebt meist in zu einem Hohlraum zusammengesponnenen Blättern von Pestwurz-Arten (*Petasites* sp.), die sie im Innern ausfrisst. Solche wie «verkrüppelt» aussehende Blätter sind von weit her sichtbar und weisen auf das Vorkommen der Art hin (1,2). Laut Literatur soll die Raupe aber auch im Blütenstängel leben (SCHÜTZE, 1931). Die erwachsene Raupe (6) verlässt ihr Blattgehäuse zur Verpuppung und fertigt in der Bodenstreu einen feinen Kokon an (5). Die Raupen sind sehr häufig parasitiert (7).

1

2

3

4

5

6

7

8

9

Familie Elachistidae
(Unterfamilie Depressariinae: Flachleibmotten)

Agonopterix ciliella

(STAINTON, 1849)

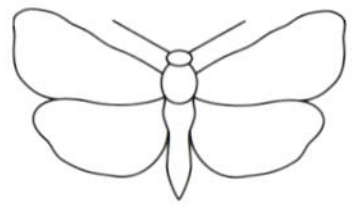

22–27 mm

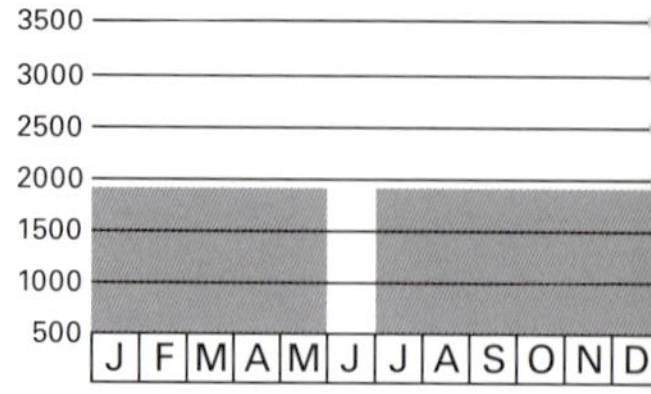

Verbreitung: Im ganzen gemäßigten Europa weit verbreitet und nicht selten.
Lebensraum: Die Art ist in ihren Ansprüchen wenig wählerisch; sie bewohnt Waldränder, Straßenböschungen, Ruderalstellen, sowohl an trockenen als auch an feuchten Standorten. In den Bergen bis auf 1900 m nachgewiesen.
Biologie: Die Raupe lebt an verschiedenen Schirmblütlern (Apiaceae), wie beispielsweise Hirschheil *(Seseli libanotis)*, Gold-Kälberkropf *(Chaerophyllum aureum)*, Laserkraut *(Laserpitium latifolium)*. Sie bewohnt eine Blattröhre (1,2), verlegt ihren Wohnsitz später aber auch gelegentlich in die Blüte (3,4). Die Verpuppung erfolgt in einem feinen Gespinst am Boden (6). Die Falter (5,7) sind in der Zeichnung leicht mit *A. heracliana* zu verwechseln. Sie überwintern.

1

2

3

4

5

6

7

Familie Elachistidae
(Unterfamilie Depressariinae: Flachleibmotten)

Agonopterix arenella

([DENIS & SCHIFFERMÜLLER], 1775)

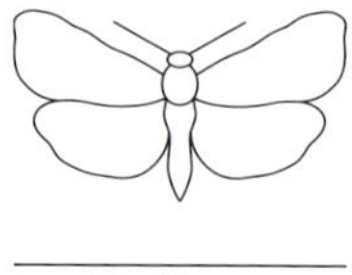
18–23 mm

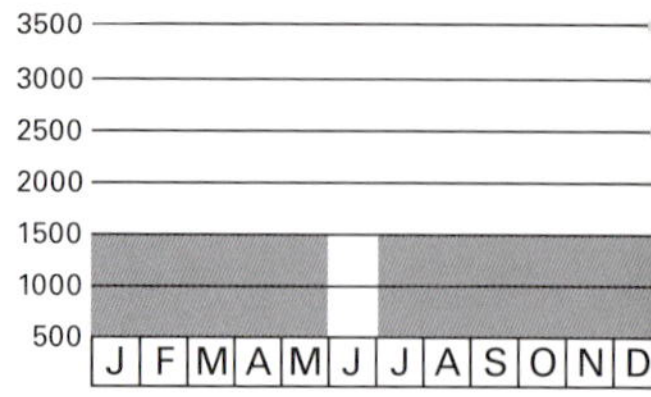

Verbreitung: In Europa, außer ganz im Süden, weit verbreitet.
Lebensraum: Die Art kann in einem breiten Spektrum von Lebensräumen angetroffen werden: Bachufergehölze, mesophile Waldränder, aber auch trockene Standorte je nach Raupennährpflanze. Von der Ebene bis mindestens 1500 m, lokal häufig.
Biologie: Die hauptsächlichen Raupennährpflanzen sind die Klette *(Arctium lappa)*, verschiedene Flockenblumen-Arten (*Centaurea* sp.) und die Wollköpfige Kratzdistel *(Cirsium eriophorum)*. Die Raupen (2,3) leben in einer unterseitigen Blattröhre *(Cirsium, Centaurea)* (6,7) oder einer Blattfalte (1) *(Arctium)*, von wo aus sie die Blätter befressen und wohin sie sich bei Störung schnell zurückziehen. Erwachsen verlassen sie die Pflanze und verpuppen sich am Boden unter der Laubstreu (7,8). Die Falter (6,9) überwintern.

1

2

3

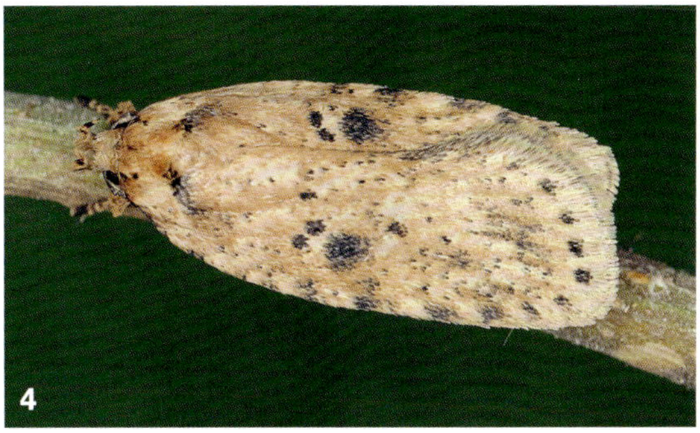
4

5

6

7

8

9

Familie Elachistidae
(Unterfamilie Depressariinae: Flachleibmotten)

Agonopterix carduella

(HÜBNER, [1817])

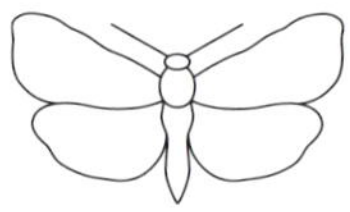

16–18 mm

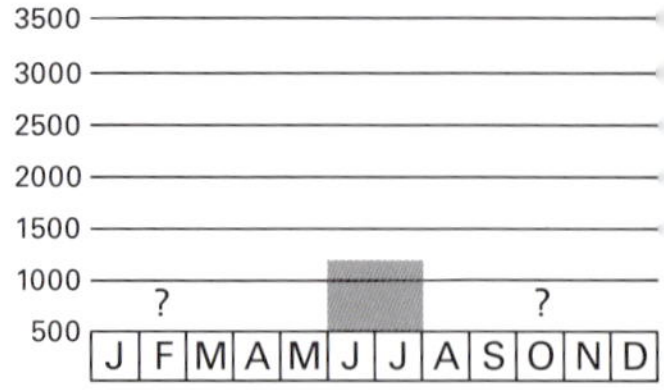

Verbreitung: In Europa zwar verbreitet aber sehr lokal, weiten Gebieten fehlend.
Lebensraum: Warme, lichte Wälder, Straßenböschungen; trockene Wegränder und Ruderalflächen. In den Bergen bis mindestens 1200 m festgestellt.
Biologie: Die Raupe lebt an den Blättern von Kratzdistel (*Cirsium vulgare* (1) und *acaule*), Ackerdistel *(Cirsium arvense)*, Wollköpfiger Kratzdistel *(Cirsium eriophorum)*, Wiesen-Flockenblume *(Centaurea jacea)* (2) und laut Literatur auch an *Arctium* (HANNEMANN, 1995). Sie miniert zuerst an der Blattunterseite, später spinnt sie die Blattkante (bei *Cirsium*) oder das ganze Blatt (bei *Centaurea*) zu einer Röhre, in der sie lebt (1–4). Vor der Verpuppung verfärbt sich die Raupe rötlich (5) und verlässt das Blatt, um sich in der Bodenstreu zu verpuppen (6). Vermutlich überwintert der Falter (7–9).

1

2

3

4

5

6

7

8

9

Familie Elachistidae
(Unterfamilie Depressariinae: Flachleibmotten)

Agonopterix silerella

STAINTON, 1865

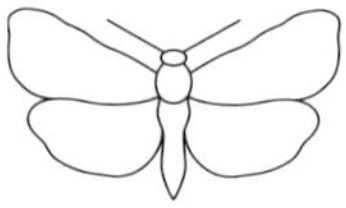

20–24 mm

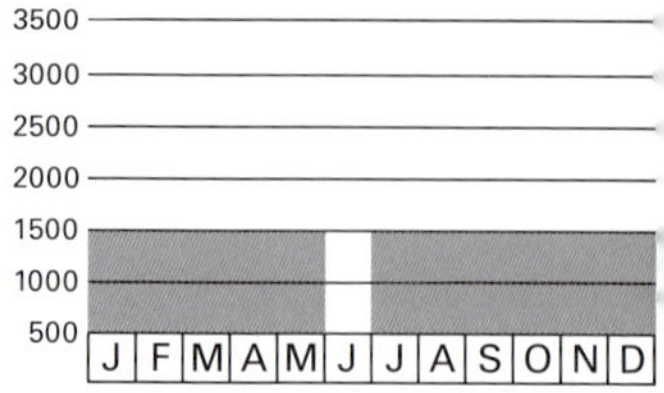

Verbreitung: In allen Alpenländern, sehr lokal verbreitet.
Lebensraum: Sonnige, steinige, trockene Krautsaumgesellschaften (Geranion sanguinei), Böschungen und Magerwiesen. Höhenverbreitung: von der Talsohle bis mindestens 1500 m.
Biologie: Die hauptsächliche Raupennährpflanze in den Alpen ist das Berg-Laserkraut *(Laserpitium siler)*. Die Jungraupe spinnt zwei Teilblättchen flach aufeinander, dazwischen lebt sie und befrisst die Blattspitzen. Später spinnt sie ein Teilblatt zu einer Halbröhre zusammen (1–4). Als weitere Raupennährpflanzen werden noch genannt: Gewöhnlicher Rosskümmel *(Laser trilobum)*, Hirschheil *(Seseli libanotis)* (www.lepiforum.de). Die Verpuppung erfolgt in der Bodenstreu (6). Der Falter (5,7) überwintert.

1

2

3

4

5

6

7

Familie Elachistidae
(Unterfamilie Depressariinae: Flachleibmotten)

Agonopterix alstromeriana

(CLERCK, 1759)

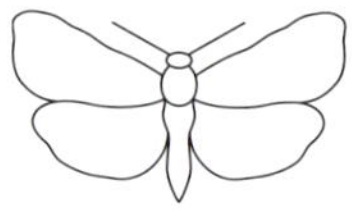

16–21 mm

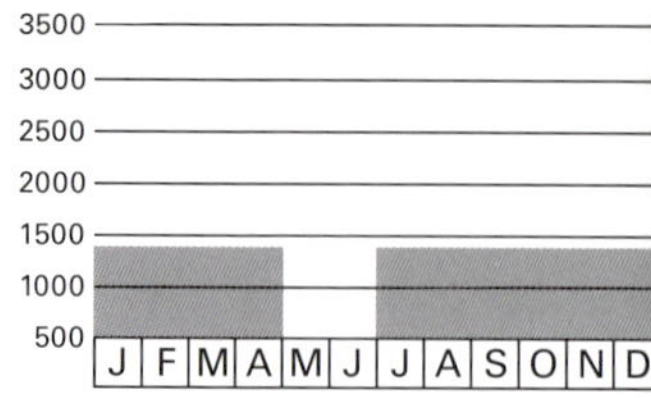

Verbreitung: In ganz Europa weit verbreitet, aber immer sehr lokal; in den Alpen weiten Strecken fehlend, da die einzige Raupennährpflanze ihrer Giftigkeit wegen von den Landwirten gezielt bekämpft wird.

Lebensraum: Waldränder, Schuttplätze, tiefgründige Straßenböschungen; bis mindestens 1400 m festgestellt.

Biologie: Einzige Raupennährpflanze ist der Gefleckte Schierling *(Conium maculatum)*, ein für Mensch und Vieh sehr giftiges Doldengewächs (1,2). Meist sind die gern einzeln stehenden Schierlingspflanzen mit zahlreichen Raupen versehen. Die junge Raupe spinnt die Blattspitzen zu einer Röhre zusammen (2,6), in der sie lebt. Bei Störung lässt sie sich schnell auf den Boden fallen. Die Verpuppung (7) erfolgt in der Nähe der Pflanze am Boden in einem feinen Seidengespinst. Die Art bildet eine Jahresgeneration aus. Überwinterungsstadium ist der Falter.

1

2

3

4

5

6

7

8

Familie Elachistidae
(Unterfamilie Depressariinae: Flachleibmotten)

Agonopterix angelicella

(HÜBNER, [1813])

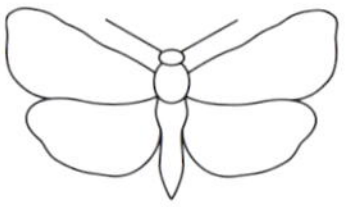

16–21 mm

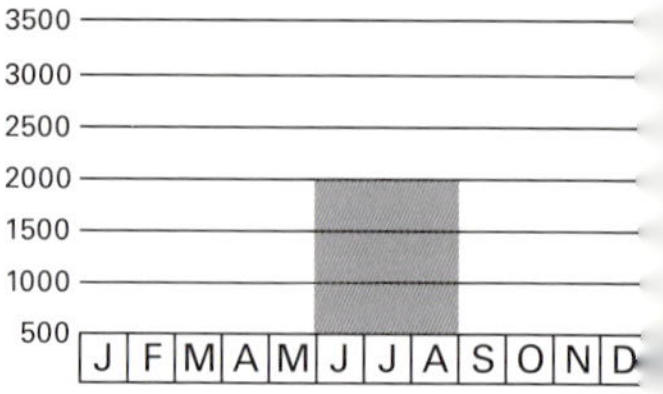

Verbreitung: In Europa fast überall verbreitet.
Lebensraum: Flussufervegetation, eher schattige, feuchte Waldränder in tiefen Lagen. In höheren Lagen an Bachufern, Quellfluren und auf feuchten Alpweiden bis über 2000 m.
Biologie: Raupennährpflanze in den Tallagen ist Brustwurz *(Angelica sylvestris)* (1,3); in höheren Lagen Meisterwurz *(Peucedanum ostruthium)* (2) und Wiesen-Bärenklau *(Heracleum sphondylium)*. Die Raupen leben oft gesellig in zusammengesponnenen Blattknäueln (4–6). Sie verpuppen sich auch darin oder aber in der Bodenstreu unter der Nährpflanze (7). Die Falter (8–10) fliegen von Juni bis August, wahrscheinlich überwintern sie.

1

2

3

4

5

6

8

7

9

Familie Elachistidae
(Unterfamilie Depressariinae: Flachleibmotten)

Agonopterix astrantiae

(HEINEMANN, 1870)

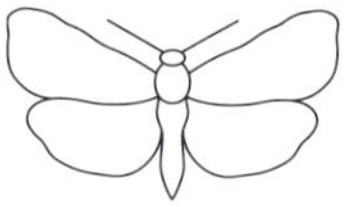

19–23 mm

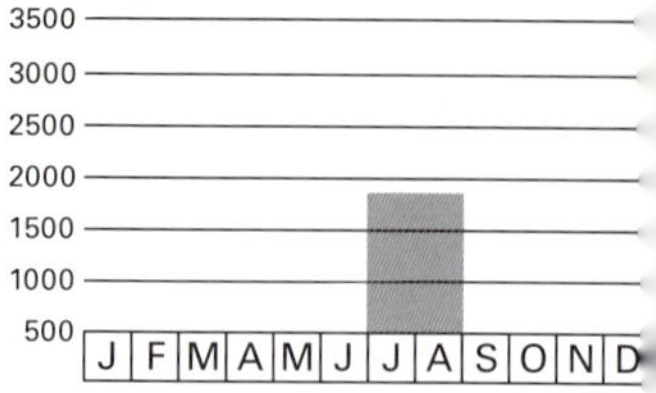

Verbreitung: Mitteleuropa, England und Südskandinavien; in allen Alpenländern festgestellt, aber lokal, weiten Strecken auch fehlend.
Lebensraum: Eher feuchte und tiefgründige Bergwiesen, kollin bis subalpin.
Biologie: Raupennährpflanze: In höheren Lagen ausschließlich an Großer Sterndolde *(Astrantia major)* (1); sonst auch an Sanikel *(Sanicula europaea)*. Die Raupe lebt in einer Blattrolle (2–5). Die Verpuppung findet am Boden in einem feinen Gespinst statt (6). Wahrscheinlich überwintern die Falter (7–9).

1

2

3

4

5

6

7

8

9

Familie Elachistidae
(Unterfamilie Depressariinae: Flachleibmotten)

Agonopterix senecionis

(NICKERL, 1864)

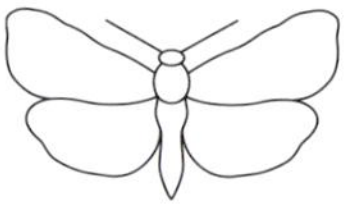

14–18 mm

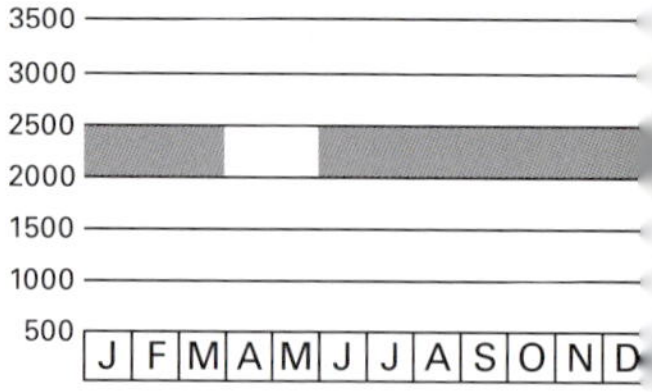

Verbreitung: In den Alpen und Mitteleuropa verbreitet, aber lokal, auf die montanen/alpinen Regionen beschränkt.
Lebensraum: In den Alpen oberhalb der Waldgrenze auf Kalk. Charakterart der Blaugrashalde (Seslerion). Steigt bis mindestens 2400 m.

Biologie: Raupennährpflanze ist das Gämswurz-Kreuzkraut *(Senecio doronicum)*, laut Literatur auch andere Kreuzkraut-Arten (HANNEMANN, 1995). Die Raupe miniert zuerst in einer Blatthälfte. Später faltet sie das Blatt manchmal längs, indem sie die Ränder zusammenspinnt (1–4). Die Verpuppung erfolgt in diesem Gehäuse oder am Pflanzengrund (5). Überwinterungsstadium ist der Falter (6–8).

1

2

3

4

5

6

7

8

Familie Elachistidae
(Unterfamilie Depressariinae: Flachleibmotten)

Agonopterix parilella

(TREITSCHKE, 1835)

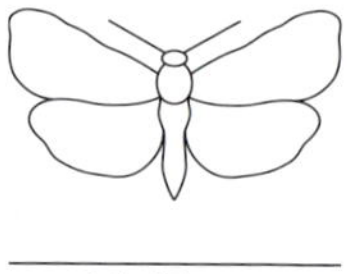

14–17 mm

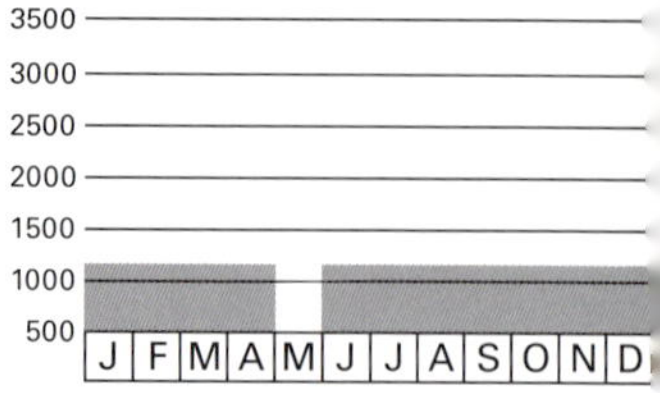

Verbreitung: In Mittel-, Nord- und Osteuropa verbreitet, fehlt in Skandinavien und auf den Britischen Inseln.
Lebensraum: Lokal in lichten, sandigen und trockenen Wäldern, auch an südexponierten, sonnigen und felsigen Trockenstandorten. In den Bergen bis mindestens 1200 m.

Biologie: Als Raupennährpflanze dient Berg-Haarstrang *(Peucedanum oreoselinum)*. Die Raupe lebt in einem Blattknäuel (3–6), manchmal auch in zusammengesponnenen Blütenköpfen (1). Die Verpuppung findet am Boden statt (8). Die Falter (9,10) überwintern.

1

2

3

4

5

6

7

8

9

10

Familie Elachistidae
(Unterfamilie Depressariinae: Flachleibmotten)

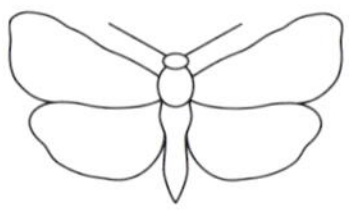

18–23 mm

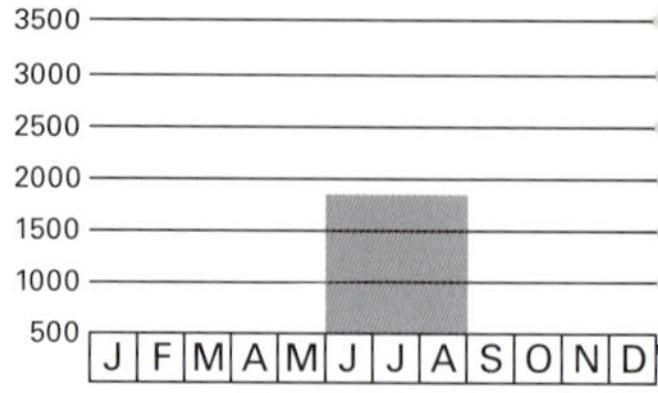

Agonopterix kaekeritziana

(LINNAEUS, 1767)

Verbreitung: In ganz Europa, außer ganz im Süden, verbreitet.

Lebensraum: Von der Talsohle bis in die subalpine Stufe um 1800 m in verschiedenen Lebensräumen: eher trockene, warme und steinige Magerwiesen, aber auch subalpine Magerrasen und mesophile Waldlichtungen.

Biologie: Die Raupe lebt in einer Blattrolle an Skabiosen-Flockenblume *(Centaurea scabiosa)*, in höheren Lagen auch an Rätischer Flockenblume *(Cenaurea rhaetica)* und an anderen *Centaurea*-Arten (2,3,5). Zur Verpuppung verlässt sie ihre Wohnung und spinnt am Boden ein feines Verpuppungsgespinst (4,6). Die Raupe ist oft parasitiert (7).

1

2

3

4

5

6

7

8

9

10

Familie Elachistidae
(Unterfamilie Depressariinae: Flachleibmotten)

Agonopterix liturosa

(HAWORTH, [1811])

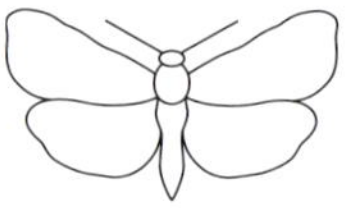

18–23 mm

Verbreitung: Im gesamten Alpenraum weit verbreitet und häufig.
Lebensraum: Mit der Raupennährpflanze in verschiedenen Lebensräumen verbreitet: eher trockene Wegränder, Ruderalflächen, Straßenböschungen und Waldränder. Von der Ebene bis mindestens 1500 m vorkommend.

Biologie: Raupennährpflanze ist das Gemeine Johanniskraut *(Hypericum perforatum)* (1). Die Raupe lebt in einem versponnenen Triebende, das sie während ihrer ganzen Entwicklung bewohnt (2–4). Die Verpuppung erfolgt in einem nur sehr einfachen Gespinst (5). Die Falter (6,7,8) dürften überwintern.

1

2

3

4

5

6

7

8

Familie Elachistidae
(Unterfamilie Depressariinae: Flachleibmotten)

Agonopterix nervosa

(HAWORTH, [1811])

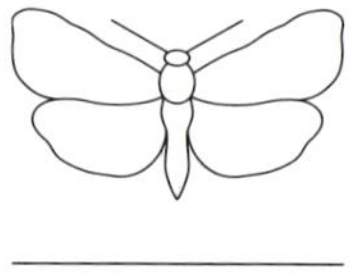

17–22 mm

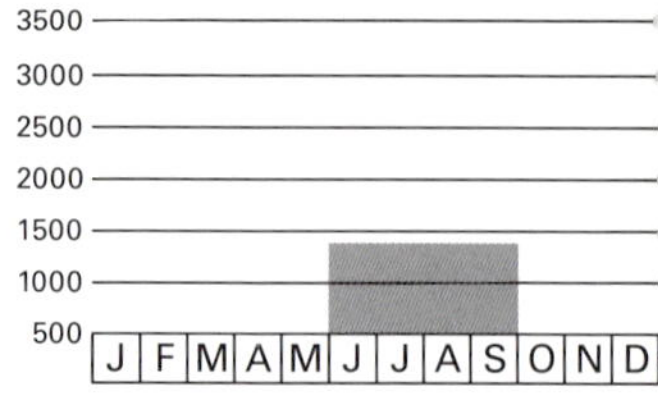

Verbreitung: Die Art ist über das ganze gemäßigte Europa verbreitet, fehlt aber entsprechend dem Vorkommen der Raupennährpflanzen weiten Teilen des Kontinents. In den Alpen sehr lokal.
Lebensraum: Warme, sonnige und trockene, offene Gebiete mit reichlichem Vorkommen der Raupennährpflanzen. In den Alpen steigt die Art kaum über 1400 m.

Biologie: Die Raupe lebt zwischen zusammengesponnenen Blättern an Ginsterarten wie Kugelginster *(Genista pilosa)*, Besenginster *(Cytisus scoparius)*, Flügelginster *(Genista sagittalis)* und anderen (1–3). Sie verpuppt sich in einem feinen Kokon an der Raupennährpflanze (4). Die Raupen werden häufig von Schlupfwespen parasitiert

1

2

3

4

5

6

7

Familie Elachistidae
(Unterfamilie Depressariinae: Flachleibmotten)

Depressaria absynthiella

HERRICH-SCHÄFFER, 1865

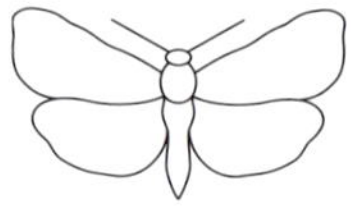

15–19 mm

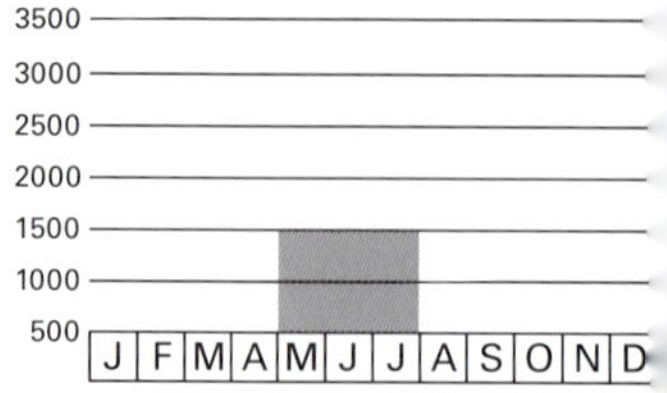

Verbreitung: In Mitteleuropa verbreitet, aber ziemlich lokal und weiten Strecken auch fehlend. In Deutschland keine aktuellen Meldungen, in der Schweiz bevorzugt in den inneralpinen Trockengebieten und den Südtälern.
Lebensraum: Sonnige, steinige Magerwiesen und Ruderalstellen, Wegränder, trockene Böschungen. In den Bergen bis auf etwa 1500 m steigend

Biologie: Raupennährpflanze: Wermut *(Artemisia absynthium)*. Die Raupe lebt in den zusammengesponnenen Blättern eines Triebes (2–4). Dort oder am Boden erfolgt auch die Verpuppung (5). Frische Falter (1,6) fliegen je nach Höhenlage von Mai bis Juli; das Überwinterungsstadium ist unklar.

1

2

3

4

5

6

Familie Elachistidae
(Unterfamilie Depressariinae: Flachleibmotten)

Depressaria artemisiae

NICKERL, 1864

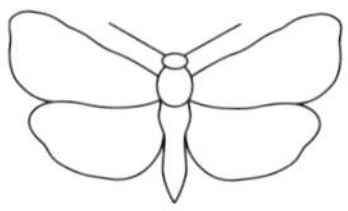

13–19 mm

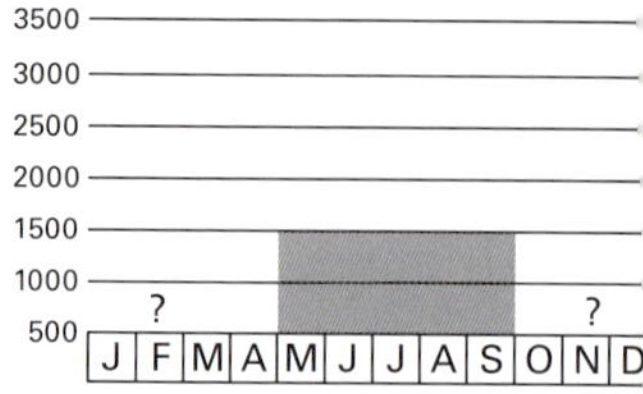

Verbreitung: In Nord- und Mitteleuropa verbreitet, aber vielen Gegenden fehlend. In den Alpen lokal, vor allem in den wärmeren Trockengebieten.
Lebensraum: Warme, sonnige und steinige Stellen, Magerwiesen und Felsensteppen mit der Raupennährpflanze; wohl nicht über 1500 m.

Biologie: Die Raupe lebt in den endständigen Trieben von Feld-Beifuß *(Artemisia campestris)*, wo sie sich mit einem recht zähen Gespinst die Blätter zu einer Wohnung spinnt (1–4), aus welcher der Kot ausgeworfen wird (2). Die Verpuppung erfolgt meist auch in diesem Gespinst oder aber am Boden (5, 6). Die Falter (7) fliegen von Mai bis September; möglicherweise überwintern sie.

1

2

Familie Elachistidae
(Unterfamilie Depressariinae; Flachleibmotten)

Depressaria heydenii

ZELLER, 1854

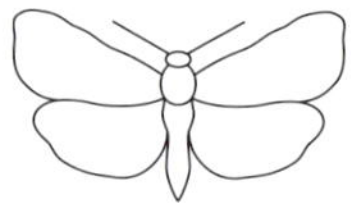

19–21 mm

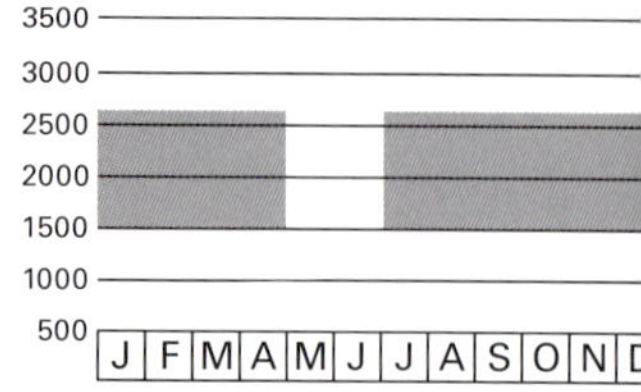

Verbreitung: In den Alpenländern, den Pyrenäen und den osteuropäischen Gebirgen.
Lebensraum: Alpine Wiesen und Weiden, von 1600 m bis über 2700 m.
Biologie: Die Raupe lebt an verschiedenen Doldenblütlern (Apiaceae), so in der Blüte von Bärenklau *(Heracleum sphondylium)*, Großer Sterndolde *(Astrantia major)*, aber auch an den Blättern von Alpen-Bergscharte *(Stemmacantha rhapontica)*. In den hohen Lagen lebt die Raupe (4,5,7) wohl aus mikroklimatischen Gründen unter flachen Steinen an den Stängeln von Zwerg-Mutterwurz *(Ligusticum mutellinoides)* (2,3); sie benötigt dort zwei Jahre bis zum Falter. Die Verpuppung (6) erfolgt im Sommer und die weiblichen Falter (10) überwintern und legen ihre Eier (1) erst im Frühling ab.

4

5

6

7

8

9

10

Familie Elachistidae
(Unterfamilie Depressariinae: Flachleibmotten)

Depressaria depressana

(FABRICIUS, 1775)

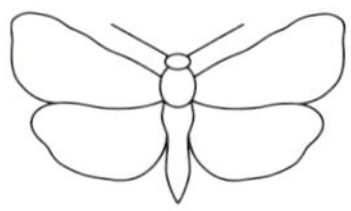

13–18 mm

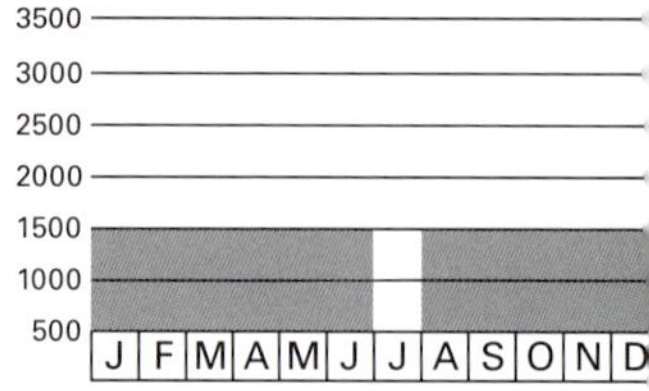

Verbreitung: In weiten Teilen Europas vorkommend, aber doch nur lokal verbreitet und auch vielen Landstrichen fehlend. In den Bergen kaum über 1500 m steigend.

Lebensraum: Warme, trockene, magere Wiesen, Wegränder, Böschungen.

Biologie: Die Raupe lebt hauptsächlich in den Blütenköpfen von Kleiner Bibernelle *(Pimpinella saxifraga)*, manchmal gesellig (1–3). In der Literatur werden auch andere Schirmblütler (Apiaceae) erwähnt (HANNEMANN, 1995). Die Raupe verpuppt sich in einem feinen Gespinst in der Blüte oder am Boden (4,5). Der Falter (6,7) überwintert; solche Tiere können noch im Juni angetroffen werden. Ab August fliegen dann die frischen Tiere.

1

2

3

4

5

6

7

Familie Elachistidae,
(Unterfamilie Depressariidae: Flachleibmotten)

Depressaria chaerophylli

ZELLER, 1839

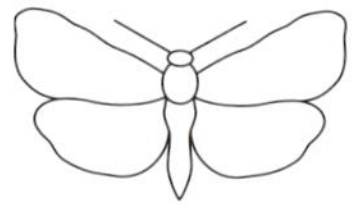

19–22 mm

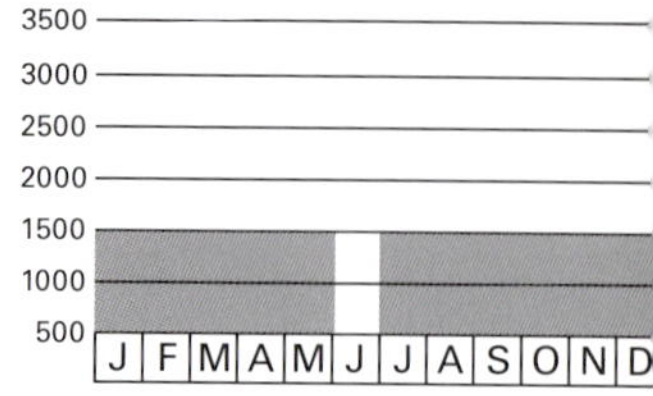

Verbreitung: Fast im ganzen gemäßigten Europa verbreitet und ziemlich häufig.
Lebensraum: Waldränder, mesophile Strauchgesellschaften, Wegränder. In den Bergen bis etwa 1500 m.

Biologie: Die Jungraupe lebt zuerst in einer Blattröhre, später in den versponnenen Blüten hauptsächlich von Gold-Kälberkropf *(Chaerophyllum aureum)*, aber auch von anderen Schirmblütlern (Apiaceae) (2,3,6). Sie verpuppt sich in einem feinen Kokon in der Bodenstreu, seltener in ihrem Blütengespinst. Die Falter (1,5,7) überwintern.

1

2

3

4

5

6

7

Familie Elachistidae
(Unterfamilie Depressariinae: Flachleibmotten)

Depressaria pimpinellae

ZELLER, 1839

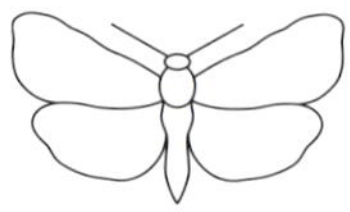

16–20 mm

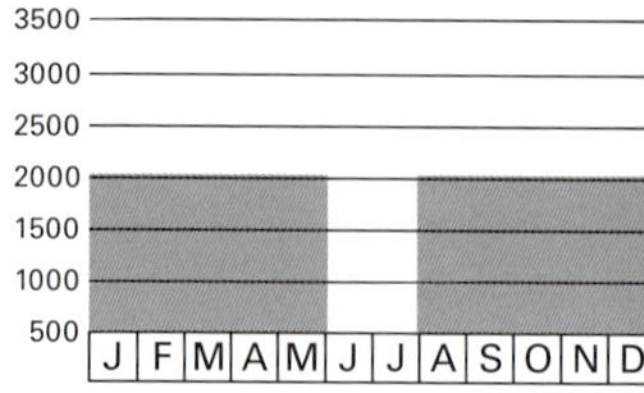

Verbreitung: Im ganzen gemäßigten Europa weit verbreitet und nicht selten.
Lebensraum: In Tallagen auf trockenen, mageren Wiesen, an Straßenböschungen und in Felsfluren. In der subalpinen Stufe gerne in sonnigen Fettwiesen. Höhenverbreitung bis über 2000 m.
Biologie: In tiefen Lagen lebt die Raupe mit Vorliebe in den Blütendolden von Kleiner Bibernelle *(Pimpinella saxifraga)*, im Gebirge eher in denjenigen der Großen Bibernelle *(Pimpinella major)*, wo sie ein ziemlich dichtes Gespinst anfertigt, das die Blüte zusammenzieht (1–4). Die Verpuppung findet gelegentlich in diesem Gespinst statt (5), meistens jedoch in der Bodenstreu. Die Falter (6, 7) überwintern.

1

2

3

4

5

6

7

Familie Elachistidae
(Unterfamilie Depressariinae: Flachleibmotten)

Depressaria bupleurella

HEINEMANN, 1870

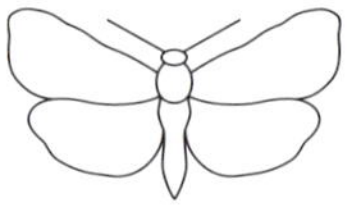

18–21 mm

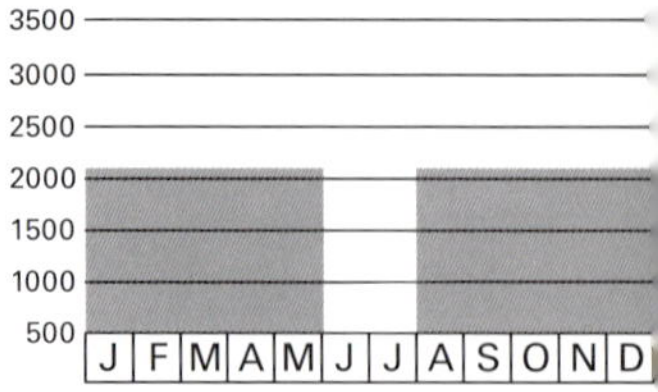

Verbreitung: In Deutschland, Österreich und der Schweiz nur von wenigen Orten bekannt geworden. Auch in Italien, Frankreich und in Teilen Osteuropas vorkommend.

Lebensraum: In den Alpen in der Gegend der Waldgrenze und auch etwas höher auf mit Felsen durchsetzten Alpweiden auf kristallinem Grund. Sehr lokal und selten. Charakterart für den Buntschwingelrasen (Festucion variae). An denselben Orten fliegend wie *Agonopterix adspersella.*

Biologie: Die Raupe lebt in den zusammengesponnenen Blütenständen, seltener auch in Blattrollen von Sternblütigem Hasenohr *(Bupleurum stellatum)* (1–5), in Tallagen laut Literatur auch an Hahnenfuß-Hasenohr *(Bupleurum ranunculoides)* (HANNEMANN, 1995) und an Sichel-Hasenohr *(Bupleurum falcatum)* (www.lepiforum.de). Die Verpuppung erfolgt am Boden in einem rudimentären Kokon (6), die Falter (7–9) überwintern.

1

2

3

4

5

6

7

8

9

Familie Elachistidae
(Unterfamilie Depressariinae: Flachleibmotten)

Depressaria libanotidella

SCHLÄGER, 1849

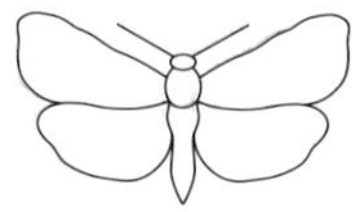

22–30 mm

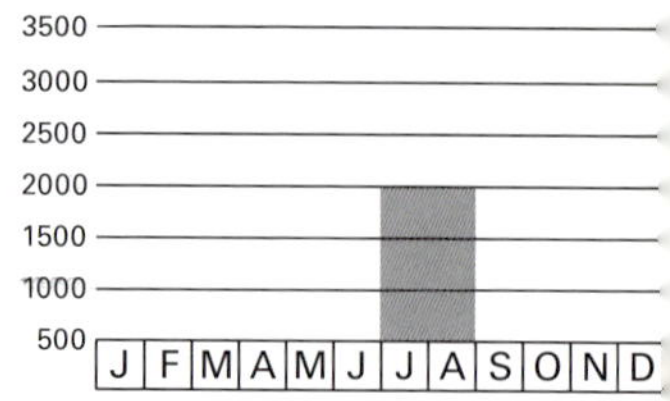

Verbreitung: In Nord- und Mitteleuropa verbreitet; in allen Alpenländern vorkommend.
Lebensraum: In den Alpen bevorzugt in der subalpinen und alpinen Stufe. Mit der Raupennährpflanze gerne auf sehr trockenen und sonnigen Alpweiden oder Straßenböschungen, im Buntschwingelrasen (Festucion variae) bis in eine Höhe von mindestens 2000 m.
Biologie: Die wichtigste Raupennährpflanze in den Alpen ist Hallers Laserkraut *(Laserpitium halleri)*, daneben werden weitere Apiaceen genannt (www.lepiforum.de). Die Raupen leben sowohl in den Blättern als auch in den Blütenständen, wo sie beidseits offene Gespinströhren anfertigen (1–4). Oft sind einzelne Pflanzen mit sehr vielen Raupengespinsten versehen; die Raupen sind auch oft parasitiert. Erwachsen fertigen sie in Bodennähe oder aber auch schon in den Blüten einen feinen Kokon an, in dem sie sich verpuppen (6,7). Die Falter (6,8,9) überwintern.

1

2

3

4

5

6

7

8

9

Familie Elachistidae
(Unterfamilie Depressariidae: Flachleibmotten)

Depressaria albipunctella

([DENIS & SCHIFFERMÜLLER], 1775)

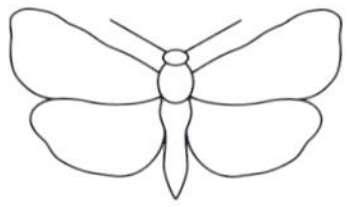

18–21 mm

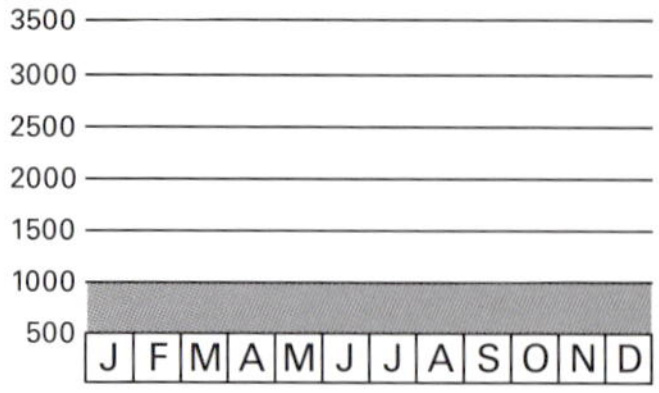

Verbreitung: In beinahe ganz Europa weit verbreitet, aber lokal.
Lebensraum: Waldränder, Gebüschsäume, eher tiefgründige Ruderalstellen. Die Art steigt in den Bergen kaum über 1000 m.
Biologie: Die Raupe lebt an verschiedenen Doldengewächsen (Apiaceae), wie: Möhre *(Daucus carota)*, Kerbel (*Anthriscus* sp.), Kälberkropf (*Chaerophyllum* sp.) u.a. Sie spinnt das Blatt zu einer feinen Röhre, in die sie sich bei Störung rasch zurückzieht (1,3,4). Die Verpuppung erfolgt am Boden in der Streuschicht (5,6). Die Falter (2,7,8) überwintern. Erwachsene Raupen bereits Anfang Mai und frische Falter im August deuten auf die Möglichkeit von zwei Jahresgenerationen hin.

1

2

3

4

5

6

7

8

Familie Elachistidae
(Unterfamilie Depressariinae: Flachleibmotten)

Depressaria leucocephala

SNELLEN, 1884

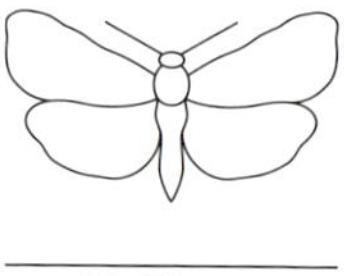

15–22 mm

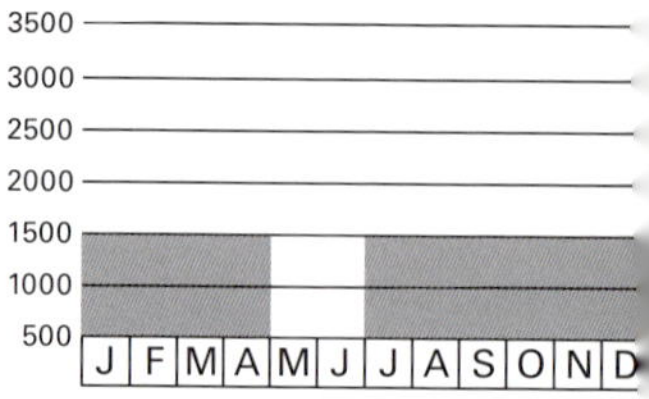

Verbreitung: Von Skandinavien über Russland bis in den Fernen Osten. In den Alpen bisher nur in einem isolierten Gebiet in der Gegend Graubünden/Nord- und Südtirol nachgewiesen.
Lebensraum: Warme, trockene Gebüsche und Waldränder, Straßenböschungen und Ruderalflächen. Bis mindestens 1500 m.

Biologie: Raupennährpflanze ist der Gemeine Beifuß *(Artemisia vulgaris)*. Die Raupe lebt in versponnenen Triebspitzen, die dadurch gerne von Weitem auffallen (1–4). An den Fundorten sind oft sehr viele Pflanzen befallen. Die Verpuppung (5) erfolgt in einem lockeren Gespinst am Boden unter der Nährpflanze. Wahrscheinlich überwintern die Falter (6,7).

3

4

5

6

7

Familie Elachistidae
(Unterfamilie Depressariinae: Flachleibmotten)

Depressaria gallicella

CHRÉTIEN, 1908

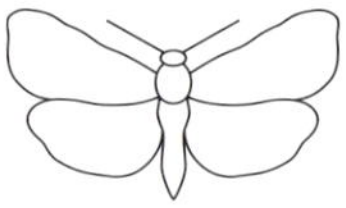

25–28 mm

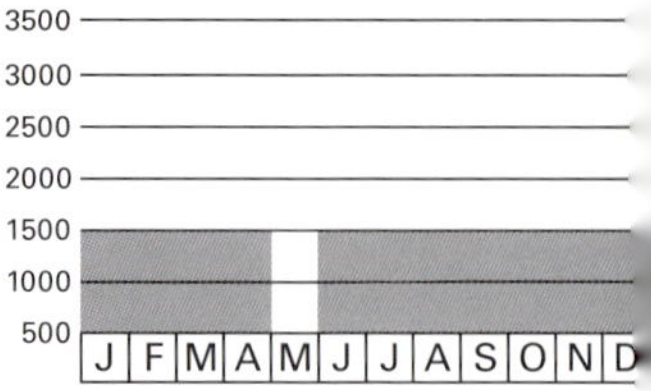

Verbreitung: Bisher nur aus Frankreich und der Schweiz gemeldet, sehr lokal und selten.
Lebensraum: In den Alpen an thermophilen, südexponierten Stellen der tiefen Täler, bis mindestens 1000 m.

Biologie: Die Raupe lebt in den Blüten von Laserkraut *(Laserpitium siler)*, die sie zusammenspinnt (1–5). Die Verpuppung erfolgt entweder in der zusammengesponnenen Blüte (6) oder aber in der Bodenstreu. Die Falter (7, 8) überwintern.

1

2

3

4

5

6

7

8

Familie Elachistidae

Hypercallia citrinalis

(SCOPOLI, 1763)

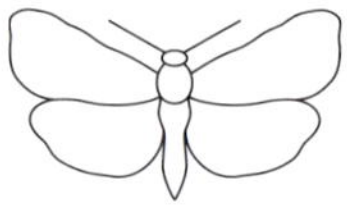

17–20 mm

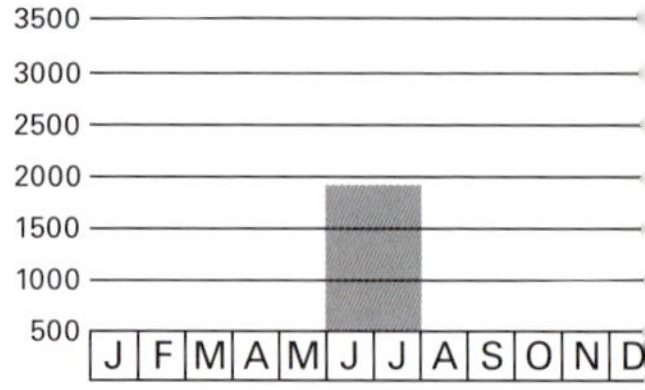

Verbreitung: In den Alpen weit verbreitet, aber doch nur lokal vorkommend.

Lebensraum: Magere, steinige Wiesen und Weiden, bevorzugt auf Kalk; auch lichte Föhrenwälder und trockene Straßenböschungen. In den Bergen in der Zwergstrauchheide steigt die Art bis mindestens 1900 m.

Biologie: Die Raupe lebt an Buchsblättriger Kreuzblume *(Polygaa chamaebuxus)* (1), laut Literatur auch an anderen Kreuzblumen-Arten (*Polygala* sp.) (TOKÁR et a.l, 2005). Sie spinnt einige Blätter zu einer Röhre zusammen (2,3,6), von wo aus sie Blätter und Blüten ihrer Nährpflanze befrisst. Die Verpuppung erfolgt frei an der Pflanze (4). Die Falter (5,7) fliegen gelegentlich morgens.

1

2

3

4

5

6

7

Familie Elachistidae

Anchinia daphnella

([DENIS & SCHIFFERMÜLLER], 1775)

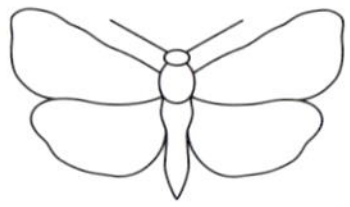

23–25 mm

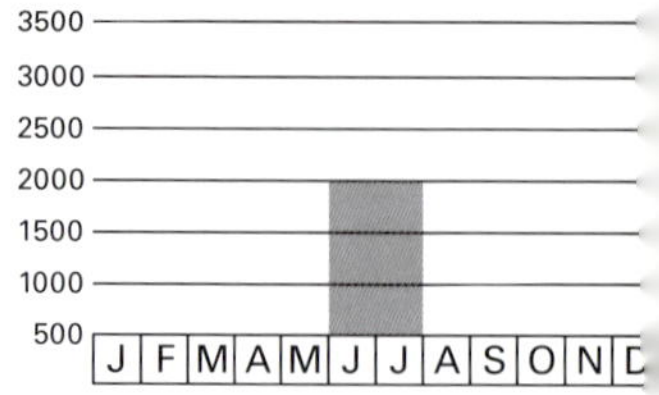

Verbreitung: In fast ganz Europa vorkommend. In Deutschland aktuell nur in Bayern und Baden-Württemberg, in der Schweiz und in Österreich weiter verbreitet.
Lebensraum: Eher schattige, feuchte Wälder mit reichem Unterwuchs, z.B. Buchenwälder. Im Gebirge bis gegen 2000 m.
Biologie: Als Raupennährpflanze in den Alpen ist Seidelbast *(Daphne mezereum)* belegt, laut Literatu soll die Art aber auch an anderen *Daphne*-Arter leben (TOKÁR et al., 2005). Die Raupe überwintert im Ei und lebt später in einem dichten Seidenkokon in einem zusammengesponnenen Blatt (1–3). Die Puppe hängt frei (4,7). Die Falter (5,6,8,9) verstecker sich tagsüber gut getarnt an ihrer Raupennährpflanze.

1

2

3

4

5

6

7

8

9

Familie Elachistidae

Anchinia grisescens

FREY, 1856

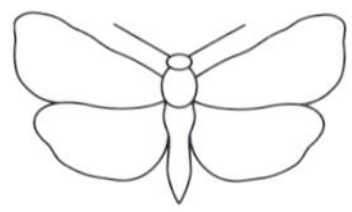

22–26 mm

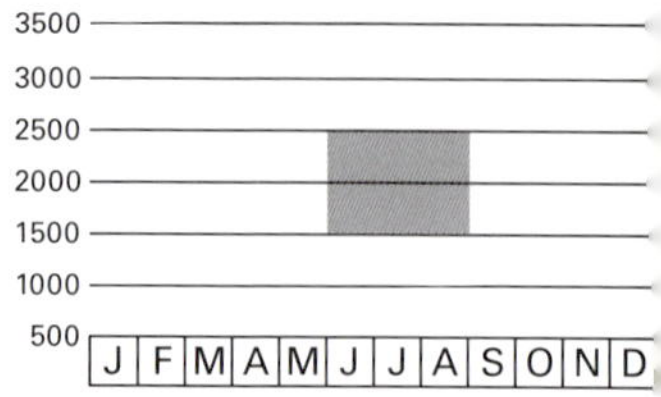

Verbreitung: Sehr lokale und seltene Art der Alpenländer außer Deutschland. In der Schweiz nur in der südlichen Hälfte Graubündens. In Frankreich alte Meldungen aus den Basses-Alpes und den Alpes-Maritimes. In Österreich in der südlichen Landeshälfte; auch aus den östlichen italienischen Alpen, aus Slowenien und Bulgarien bekannt.
Lebensraum: Subalpine, vor allem aber alpine magere Wiesen mit kalkhaltigem Untergrund, von etwa 1500 m bis gegen 2500 m.

Biologie: Beobachtet wurde die Raupe in den Schweizer Alpen ausschließlich am Gestreiften Steinröschen *(Daphne striata)* (1), laut Literatur soll sie aber auch an anderen Daphne-Arten leben (TOKÁR et al., 2005). Die halberwachsene Raupe überwintert zwischen zwei zusammengesponnenen Blättern (3). Die Puppe hängt frei kopfüber (6). Die Falter können tagsüber aus der Vegetation aufgescheucht werden (7,8).

3

4

5

6

7

8

Familie Elachistidae

Anchinia laureolella

HERRICH-SCHÄFFER, [1854]

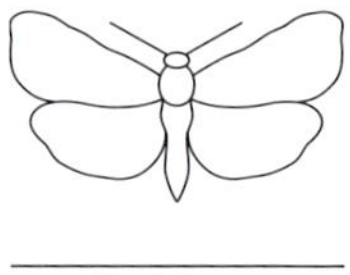

13–16 mm

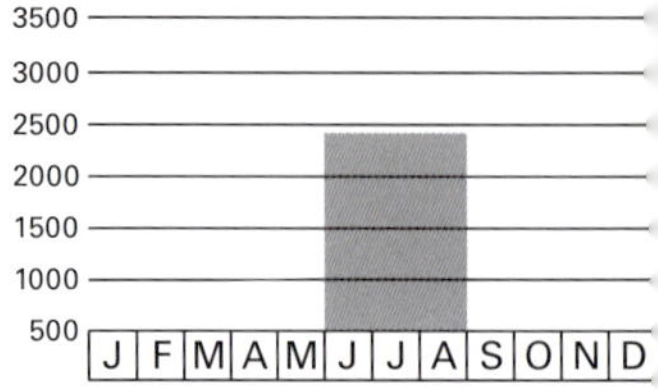

Verbreitung: In Europa von Spanien über die Alpen bis nach Griechenland und die Türkei. In den Alpen lokal häufig, aber auch weiten Strecken fehlend. In Deutschland aktuell nur aus Bayern gemeldet, in der Schweiz auf die östlichen Alpen beschränkt.
Lebensraum: Trockene, alpine Wiesen und Weiden auf Kalk, bis etwa 2400 m.
Biologie: Raupennährpflanze: In den Alpen wohl ausschließlich an Gestreiftem Steinröschen *(Daphne striata)*, sonst angeblich auch an anderen *Daphne*-Arten (TOKÁR et al., 2005). Die Raupe lebt in den zusammengesponnenen Endtrieben (3,4) oder in den Blütenknospen (6,7) ihrer Nährpflanze. Manchmal sind die Pflanzenpolster mit sehr vielen Raupen besetzt und werden dadurch beinahe kahl gefressen. Die Puppe hängt kopfüber frei an der Nährpflanze (5). Die Falter (1,2,8,9) werden leicht aus den Pflanzenpolstern aufgescheucht.

3

4

5

6

7

8

9

Familie Elachistidae

Anchinia cristalis

(SCOPOLI, 1763)

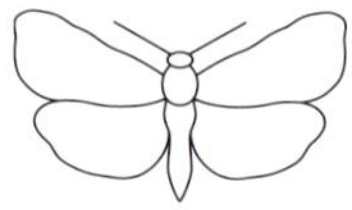

14–19 mm

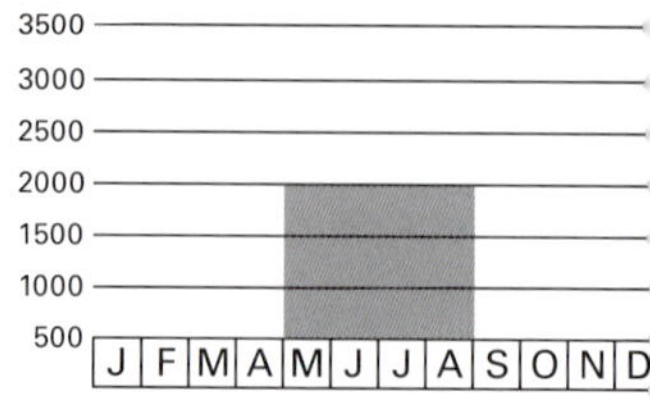

Verbreitung: In ganz Europa verbreitet, aber doch lokal und nicht häufig.

Lebensraum: In Nadel- und Mischwäldern eher schattiger Lagen; bis mindestens 1400 m, laut Literatur bis 2000 m (TOKÁR et al., 2005).

Biologie: In den Alpen ist der Echte Seidelbast *(Daphne mezereum)* (1) wohl ausschließliche Raupennährpflanze. Die Raupe lebt in den Triebspitzen zwischen zusammengesponnenen Blättern (2–5). Die Verpuppung erfolgt frei an der Pflanze (7), wobei die Färbung der Puppe sehr variabel ist und eine hervorragende Tarnung bewirkt. Die Eiablage erfolgt im Herbst an die Nährpflanze.

1

2

3

4

5

6

7

8

9

Familie Elachistidae (Unterfamilie Ethmiinae)

Ethmia quadrillella

(GOEZE, 1783)

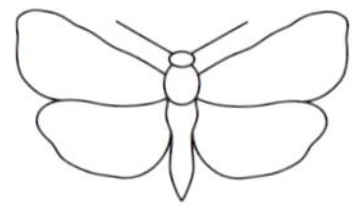

13–18 mm

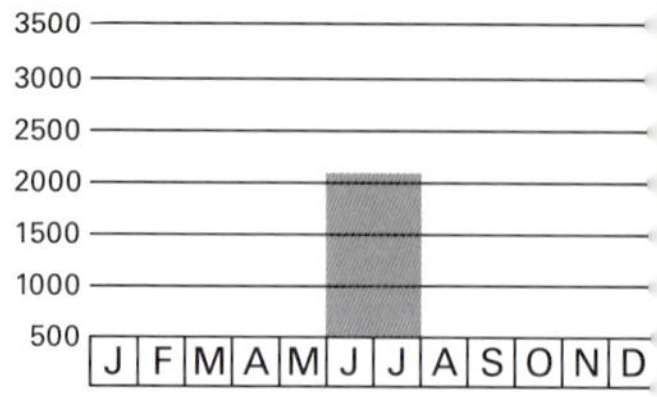

Verbreitung: In beinahe ganz Europa verbreitet, aber lokal und in den Alpen auch weiten Gebieten fehlend.
Lebensraum: In den Bergen bevorzugt in der Region der Waldgrenze und leicht darüber. Tiefgründige, feuchte Fettwiesen, Straßenböschungen. Die Art steigt bis 2100 m.
Biologie: Die Eier werden einzeln abgelegt (2). Die Raupe lebt in einem feinen Gespinst an der Unterseite von Boretschgewächsen (Boraginaceae) (3–5), in der subalpinen Stufe an Wald-Vergissmeinnicht *(Myosotis sylvatica)*, im Tiefland an Wallwurz *(Symphytum officinale)* und an Lungenkraut *(Pulmonaria officinalis)*. Die erwachsene Raupe verlässt ihre Nährpflanze und spinnt in der Bodenstreu einen Kokon, in dem sie sich verpuppt und so überwintert (6,7). Die Falter (1,8–10) sind manchmal auch tagaktiv.

1

2

3

4

5

6

7

8

9

10

Familie Elachistidae, Unterfamilie Ethmiinae

Ethmia pusiella

(LINNAEUS, 1758)

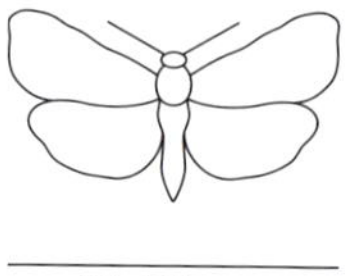

26–33 mm

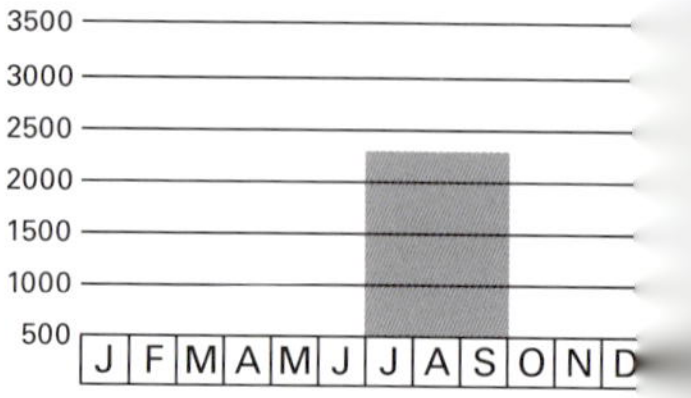

Verbreitung: In Europa von Südnorwegen und Finnland bis zu den Alpen. Dort in allen Alpenländern nachgewiesen. In den Alpentälern aber nur punktuell und selten.
Lebensraum: Warme Lagen der tiefen Täler, dort in Auenwäldern, aber auch in sonnigen alpinen Kalkschuttfluren bis 2300 m.

Biologie: Das Ei überwintert. Die Raupe lebt im Auenwald an Echtem Steinsamen *(Lithospermum officinale)* und Gewöhnlichem Lungenkraut *(Pulmonaria officinalis)*; entgegen der Angabe bei SATTLER (1967) wurden Raupen aber auch an Wachsblume *(Cerinthe glabra)* gefunden, vor allem in den Bergen (1–3). Die Verpuppung erfolgt in einer rudimentären Seidenwiege in der Bodenstreu (4, 5).

1

2

3

4

5

6

7

8

9

Familie Elachistidae (Unterfamilie Ethmiinae)

Ethmia chrysopygella

(KOLENATI, 1846)

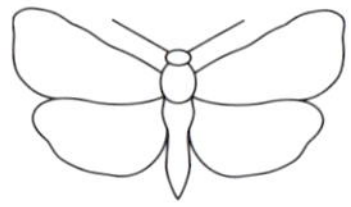

15–17 mm

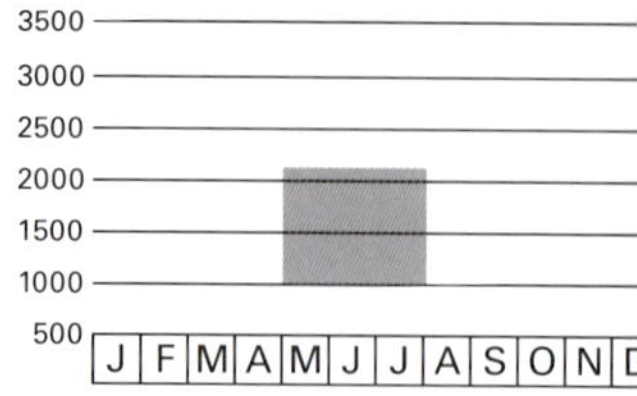

Verbreitung: In den Alpenländern außer Deutschland, sehr lokal und selten. In Österreich nur in Nordtirol, in der Schweiz nur in Graubünden, im Wallis und Tessin. Auch in Mazedonien und Südostrussland, woher die Art beschrieben wurde.
Lebensraum: Montane bis subalpine, trockene und wärmebegünstigte Wiesen, von etwa 1000–2100 m.
Biologie: Raupennährpflanzen sind die Felsen-Wiesenraute *(Thalictrum minus saxatile)* (1) und die Stinkende Wiesenraute *(Thalictrum foetidum)*. Die Eier werden einzeln an die Blätter der Nährpflanze abgelegt (2, 3). Die Raupen (4–6) fressen die Blätter zuerst im Fensterfrass aus einem lockeren Gespinst heraus. Sie verpuppen sich noch im Herbst in einem recht dichten, weißen Kokon in der Bodenstreu (7). Die Falter (8, 9) schlüpfen nach der Überwinterung im Frühling.

4

5

6

7

8

9

Familie Stathmopodidae

Stathmopoda pedella

(LINNAEUS [1760])

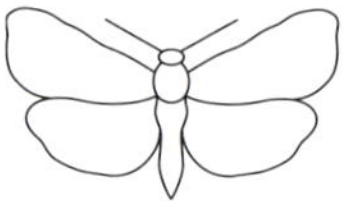

11–14 mm

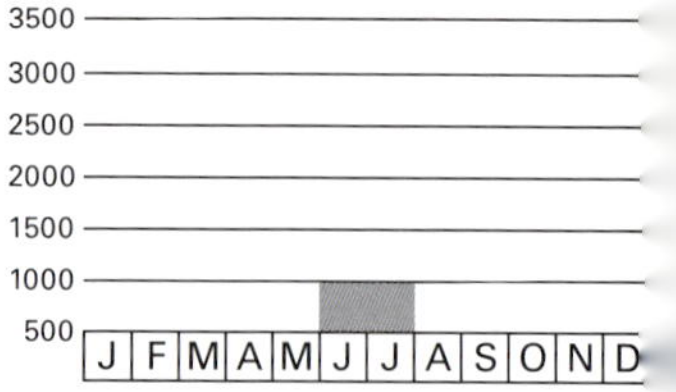

Verbreitung: In weiten Teilen Europas verbreitet und nicht selten.

Lebensraum: Auwälder, Erlenbrüche (Alnion incanae); in den Bergen bis mindestens 1000 m festgestellt.

Biologie: Die Weibchen legen im Frühsommer ihre Eier an die weiblichen Kätzchen von Grauerle *(Alnus incana)*, laut Literatur auch an Schwarz-Erle *(Alnus glutinosa)* (HANNEMANN, 1997). Die Raupen bohren im Kätzchen einen Gang, wobei sie die Samen verzehren (3,5). Die befallenen Kätzchen zeigen schwarze Flecken, Kotauswurf ist nur in Ausnahmefällen zu beobachten (1,2). Die Raupen sind häufig parasitiert (4). Im Herbst erwachsen, fallen die Raupen zu Boden, wo sie sich in einem feinen Seidenkokon verpuppen und so überwintern.

1

2

3

4

5

6

7

8

Familie Coleophoridae (Miniersackträger)

Coleophora serratella

(LINNAEUS, [1760])

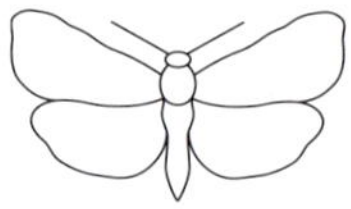

12–15 mm

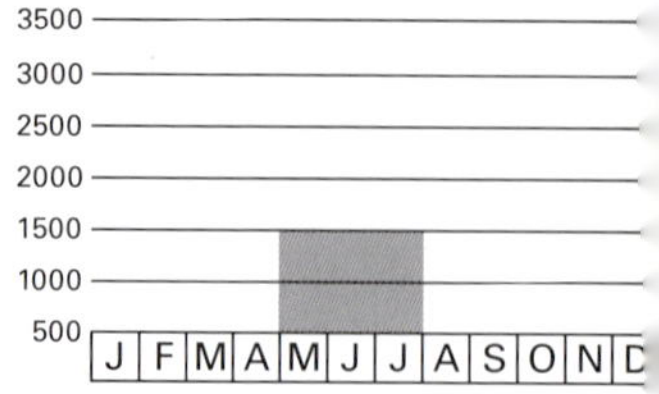

Verbreitung: In Europa weit verbreitet; in allen Alpenländern vorkommend.
Lebensraum: Flussufer, Auenwälder, Waldränder und Ruderalstellen mit jungen Birken; bis mindestens 1500 m.
Biologie: In den Bergen lebt die Raupe hauptsächlich an Grauerle *(Alnus incana)* (2) und Birke *(Betula pendula)* (3–6); in tieferen Lagen auch an Hainbuche *(Carpinus betulus)*, Schwarzerle *(Alnus glutinosa)* und anderen Laubhölzern. Die Jungraupe miniert im Herbst in einem Blatt, dann fertigt sie einen gekrümmten Jugendsack an, in dem sie überwintert. Im Frühling befrisst sie zuerst die Knospen; später miniert sie die Blätter von ihrem Sack aus, der sich an der Blattunterseite befindet (4–6). Zur Verpuppung entfernt sich die Raupe meistens etwas vom Blatt und heftet ihren Sack an einen Zweig.

1

2

Familie Coleophoridae (Miniersackträger)

Coleophora arctostaphyli

(MEDER, 1934)

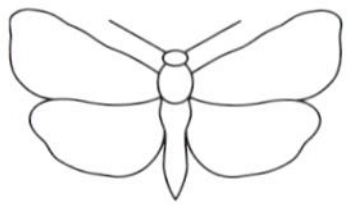

11–13 mm

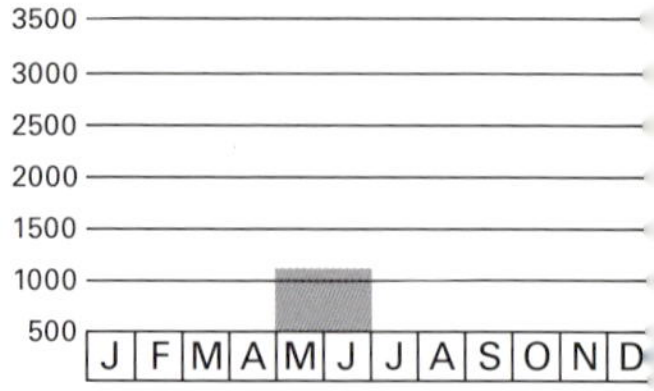

Verbreitung: Sehr lokal und selten. In Deutschland nur ältere Nachweise aus Niedersachsen und Schleswig-Holstein, in Österreich noch nicht nachgewiesen, in der Schweiz sind nur zwei Fundorte im Wallis und in Graubünden bekann. In Italien wird die Art nur aus Trentino–Alto Adige gemeldet (BALDIZZONE, 2019).

Lebensraum: Steinige Böden, warme Föhrenwälder (Erico-Pinion sylvestris), trockene Schluchten. Die Art bevorzugt Tallagen und steigt in den Bergen wohl nicht über 800 m.

Biologie: Die Raupe (6) lebt monophag an Immergrüner Bärentraube *(Arctostaphylos uva-ursi)*. Das Ei wird an der Blattunterseite abgelegt. Die Jungraupe fertigt zuerst eine Gangmine an (1). Im Frühling des nächsten Jahres schneidet sie dann ein Stück Mine am Blattrand aus (2,3) und benutzt dieses als Raupensack, um zum nächsten Blatt zu gelangen (4,5), wo sie wiederum frei miniert (6). Die Verpuppung erfolgt im Sack (7).

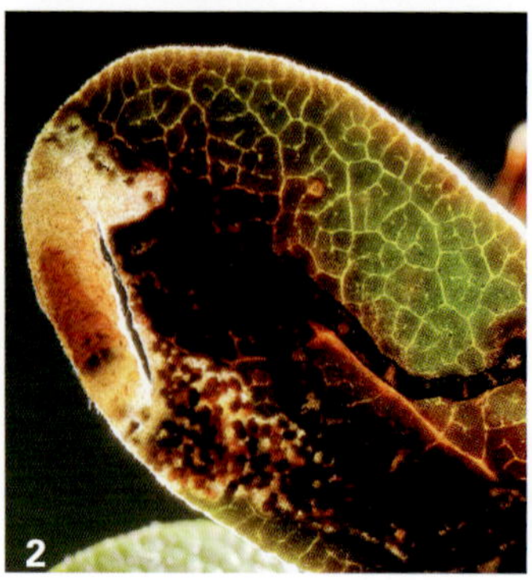

4

5

6

7

8

9

Familie Coleophoridae (Miniersackträger)

Coleophora vacciniella

HERRICH-SCHÄFFER, 1861

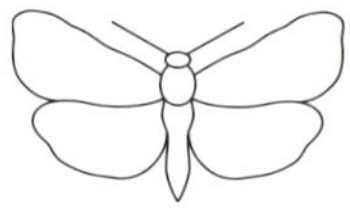

12–15 mm

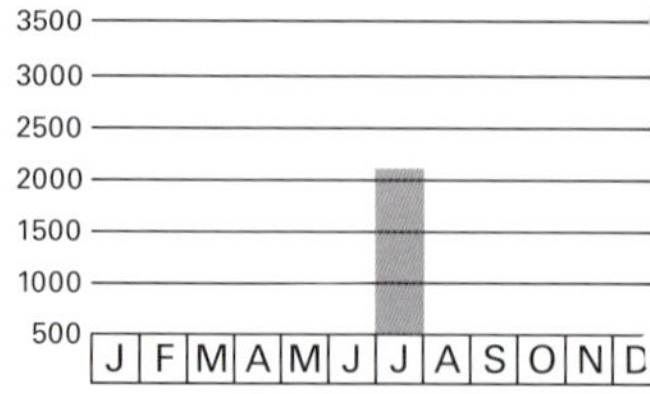

Verbreitung: In Mittel- und Nordeuropa verbreitet, fehlt auf den Britischen Inseln und in Südeuropa.
Lebensraum: In den Alpen bevorzugt in der subalpinen Stufe, im Unterwuchs der locker bewaldeten Waldgrenze (Vaccinio-Piceion). Die Art steigt in den Bergen bis mindestens 2100 m.

Biologie: Die Raupe lebt an Preiselbeere *(Vaccinium vitis-idaea)* (1), an Heidelbeere *(Vaccinium myrtillus)* und an Rauschbeere *(Vaccinium uliginosum)*(3–5). Sie miniert die Blätter aus dem Jugendsack heraus (4). Im zweiten Jahr befrisst sie die Blattoberfläche im Fensterfraß (5). Die Verpuppung erfolgt an der Raupennährpflanze oder in unmittelbarer Umgebung.

1

2

3

4

5

6

7

8

Familie Coleophoridae (Miniersackträger)

Coleophora vitisella

GREGSON, 1856

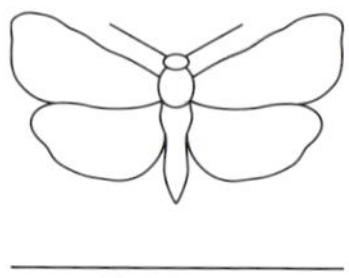

12–13 mm

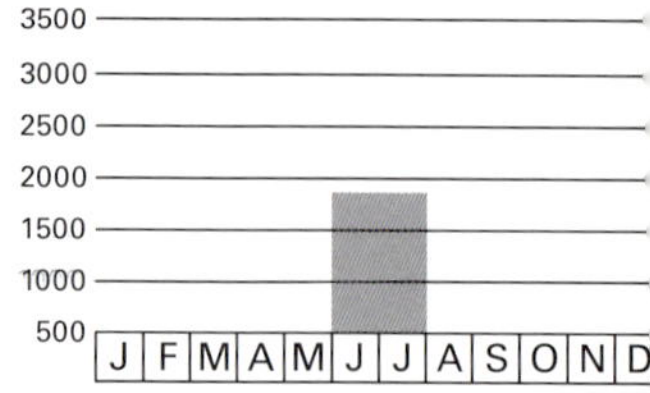

Verbreitung: In Nord- und Mitteleuropa verbreitet, aber lokal und streckenweise fehlend.
Lebensraum: In den Alpen in lichten montanen und subalpinen Fichtenwäldern mit Unterwuchs (Vaccinio-Piceion), bis mindestens 1800 m ansteigend.
Biologie: Raupennährpflanze ist die Preiselbeere *(Vaccinium vitis-idaea)*. Die Jungraupe miniert zuerst in den Blättern. Bald schneidet sie runde Stücke aus der unteren Blattepidermis, in welche sie in der Mitte ein Loch ausfrisst und so aus Blattringen nach und nach einen türmchenförmigen Sack aufbaut, in dem sie wohnt (1,3,4). Die Entwicklung dauert zwei Jahre. Die erwachsene Raupe befestigt ihren Sack zur Verpuppung auf der Blattoberseite (5–7).

1

2

3

4

5

6

7

8

Familie Coleophoridae (Miniersackträger)

Coleophora glitzella

O. HOFMANN, 1869

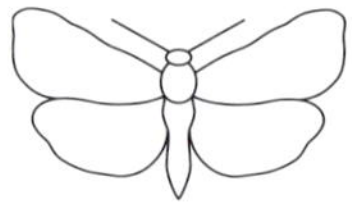

11–13 mm

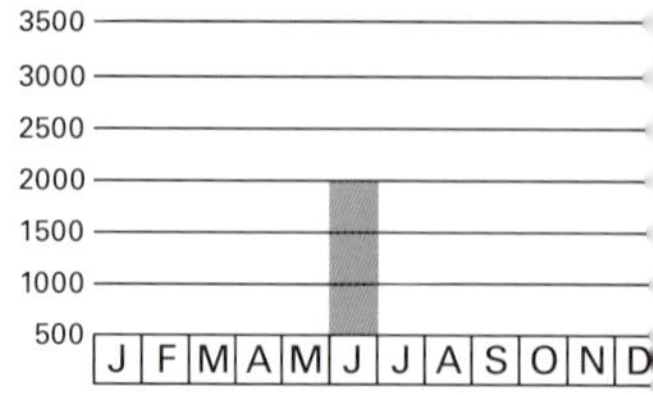

Verbreitung: In weiten Teilen Nord- und Mitteleuropas.
Lebensraum: In den Alpen in lichten montanen und subalpinen Wäldern, auf Waldlichtungen und am Rand von Hochmooren.
Biologie: Raupennährpflanze ist die Preiselbeere *(Vaccinium vitis-idaea)*. Die Jungraupe miniert zuerst frei in einem Blatt. Dann schneidet sie aus einem Blattteil einen Sack, den sie an die Unterseite eines weiteren Blattes anspinnt. Von dort aus miniert sie wiederum frei im Blatt (2–3). Später werden noch zwei weitere, größere Säcke angefertigt (4–6). Im letzten Sack entfernt sich die Raupe vom Fraßblatt und verpuppt sich im Sack. Die ganze Entwicklung vom Ei bis zum Falter dauert zwei Jahre.

1

2

3

4

5

6

7

8

Familie Coleophoridae (Miniersackträger)

Coleophora pulmonariella

RAGONOT, 1874

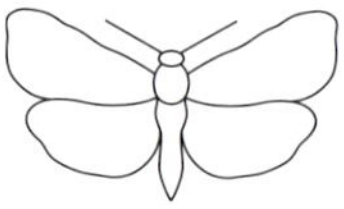

11–13 mm

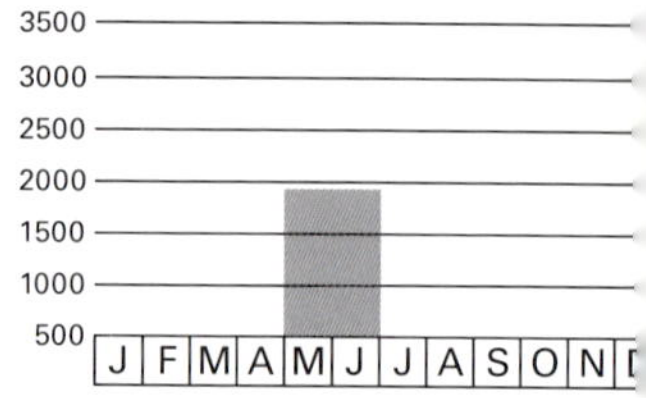

Verbreitung: Sehr lokale und seltene Art, wenn auch in vielen Ländern Europas nachgewiesen. Bisher in Deutschland nur in Thüringen, in Österreich nur in der östlichen Hälfte und in der Schweiz nur in Graubünden gefunden.

Lebensraum: In den Alpen in der subalpinen Stufe im Lichten Fichten-/Lärchenmischwald auf Kalk bis mindestens 1900 m.

Biologie: Die Raupe lebt oligophag an Vertretern der Boretschgewächse (Boraginaceae). In den Alpen ist die Raupe an Wald-Vergissmeinnicht *(Myosotis sy vatica)* (1) gefunden worden, hier gezeigt. Die winz gen Jugendsäcklein (2) werden im Spätfrühling a der Unterseite von schattig stehenden Pflanzen ge funden. Die Raupen sind im Spätherbst erwachse (3–6) und überwintern angesponnen am Fuße ihre Nährpflanze. Im Frühling suchen die Raupen eine geeigneten Verpuppungsplatz, ohne nochmals Nah rung aufzunehmen.

1

2

3

4

5

6

7

8

9

Familie Coleophoridae (Miniersackträger)

Coleophora lineolea

(HAWORTH, 1828)

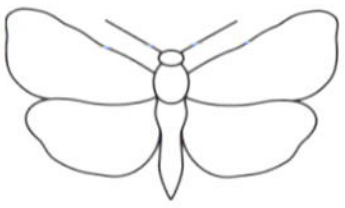

12–15 mm

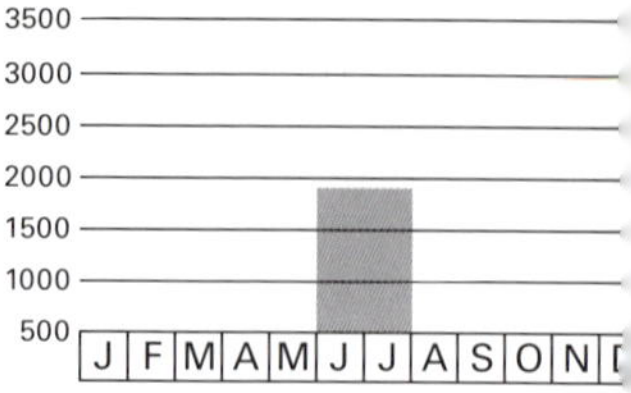

Verbreitung: In beinahe ganz Europa verbreitet und nicht selten, aber doch lokal.

Lebensraum: Warme, trockene und sonnige Biotope; Wegränder, Böschungen, Ruderalstellen. In den Bergen bis mindestens 1800 m.

Biologie: Die Raupe miniert in den Blättern vo Aufrechtem Ziest *(Stachys recta)*, (1–7) auch an Be tonie *(Stachys officinalis)* und anderen Lamiacee (www.lepiforum.de). Die Säcke sind manchmal zu sammen mit denjenigen von *Coleophora auricella* a derselben Pflanze zu finden.

1

2

3

4

5

6

7

8

Familie Coleophoridae (Miniersackträger)

Coleophora colutella

(FABRICIUS, 1794)

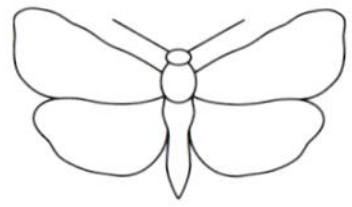

12–14 mm

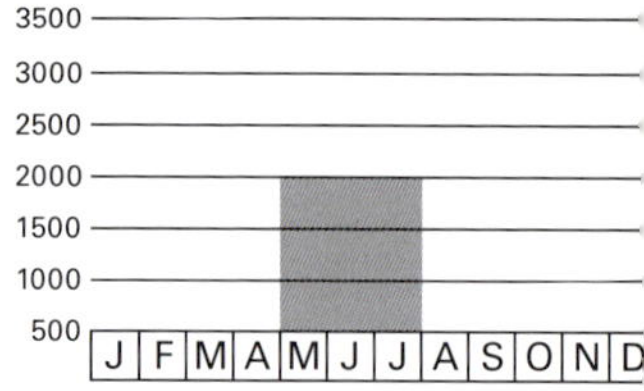

Verbreitung: In ganz Europa verbreitet, aber weiten Strecken auch fehlend.
Lebensraum: In den Alpen in der subalpinen Region auf frischen Standorten lokal häufig.
Biologie: Raupennährpflanzen sind: Alpen-Hornklee *(Lotus alpinus)*, Hufeisenklee *(Lotus corniculatus)*, Gletscherlinse *(Astragalus frigidus)*, Süßer Tragant *(A. glycyphyllos)* und Alpen-Wundklee *(Anthyllis vulneraria alpestris)*. Die Raupen fressen das Blattparenchym zwischen der oberen und der unteren Epidermis völlig aus, dadurch erscheinen die Blätter weiß (1–7). Die Verpuppung erfolgt nach der Überwinterung im Sack. Die Falter (7–9) sind an den Fundorten meist häufig

4

5

6

8

7

9

Familie Coleophoridae (Miniersackträger)

Coleophora svenssoni

BALDIZZONE, 1985

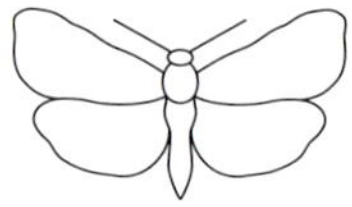

13–14 mm

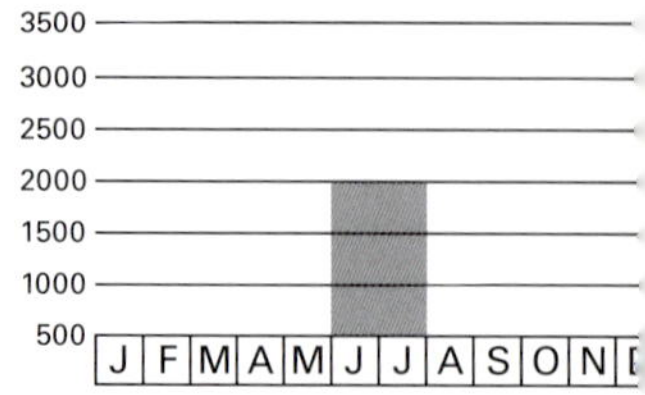

Verbreitung: Die aus Skandinavien beschriebene Art ist in Mitteleuropa nur sehr lokal an ganz wenigen Orten in Österreich, der Schweiz und der Slowakei nachgewiesen worden.

Lebensraum: Die Art bewohnt eher schattige, tiefgründige alpine Wiesen im Bereich der Waldgrenze.

Biologie: Raupennährpflanze ist die Gletscherlinse *(Astragalus frigidus)* (1). Die Jungraupe miniert in den Blättern, dann fertigt sie einen typischen Sac aus Blattteilen an (4,6,7). In diesem überwintert si gut getarnt an den im Winter dürren Stängelteilen i Bodennähe (5) und verpuppt sich erst in der erster warmen Frühlingsperiode. Die Falter (2,3,8–10) sin an den eng begrenzten Fundstellen ziemlich häufig Vermutlich durchläuft die Art eine zweijährige Entwicklung.

4

5

6

7

8

9

10

Familie Coleophoridae (Miniersackträger)

Coleophora auricella

FABRICIUS, 1794

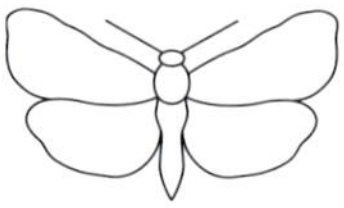

18–21 mm

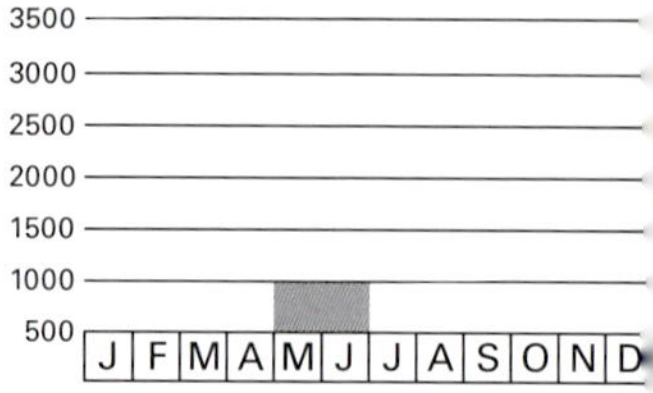

Verbreitung: Im ganzen gemäßigten Europa, lokal.
Lebensraum: Magere Wiesen, bevorzugt in warmen, trockenen Südlagen, gerne an Felsen oder auf steinigem Grund (Xerobromion), bis mindestens 1000 m ansteigend.
Biologie: Raupennährpflanze ist hauptsächlich der Aufrechte Ziest *(Stachys recta)*, aber auch der Heil-Ziest *(Stachys officinalis)*. Die Raupen minieren in den Blättern, wobei der Raupensack aus Blattteilen der Nährpflanze gefertigt wird (1–5,8). Die Raupe wechselt die Blätter, und die ausgefressenen Blattspitzen verdorren und sehen dadurch dem Sack sehr ähnlich (1). Die Raupe überwintert im Sack, sie verpuppt sich dort im Frühsommer (6).

3

4

5

6

7

8

9

Familie Coleophoridae (Miniersackträger)

Coleophora gallipennella

(HÜBNER, 1796)

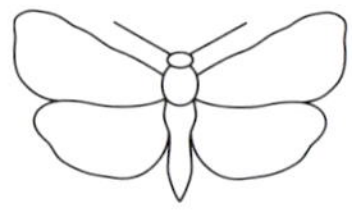

15–20 mm

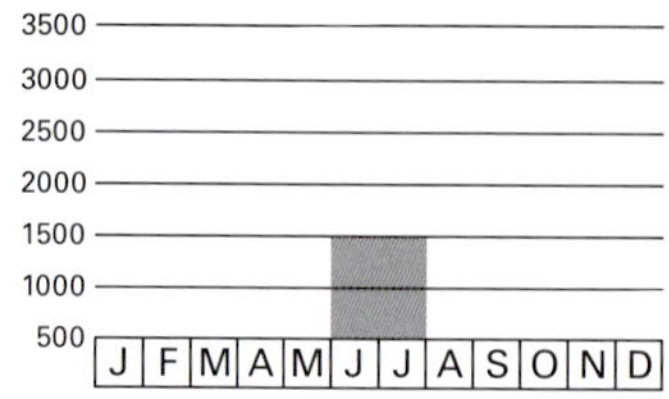

Verbreitung: In weiten Teilen Europas verbreitet, aber doch sehr lokal; in den Alpen vielen Gebieten fehlend.
Lebensraum: Warme, trockene Waldränder, lichte Föhrenwälder, Straßenböschungen und Ruderalstellen, bevorzugt auf Kalk. In den Bergen nicht über 1500 m.
Biologie: Die Raupe lebt im Inneren der Schoten von Süßem Tragant *(Astragalus glycyphyllos)* (1–3) und Kicher-Tragant *(A. cicer)*, wo sie sich von den Samen ernährt. Erst wenn sie erwachsen ist, beginnt sie, an der Schotenaußenfläche einen Sack aus Seide zu spinnen (4–6). Im Herbst entfernt sich die erwachsene Raupe von der Nährpflanze und spinnt ihren Sack fest an eine Unterlage (6). Dann dreht sie sich im Sack um und überwintert so. Im Frühling erfolgt die Verpuppung (7).

1

2

3

4

5

6

7

8

9

10

Familie Coleophoridae (Miniersackträger)

Coleophora astragalella

ZELLER, 1849

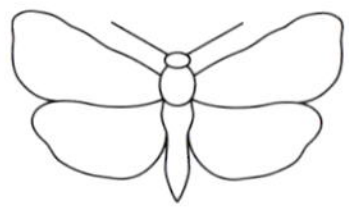

18–21 mm

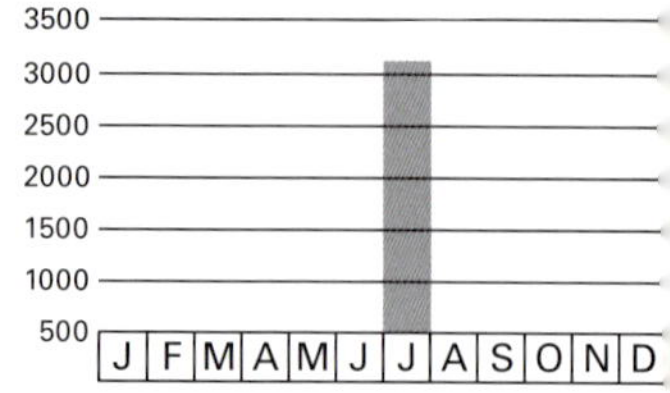

Verbreitung: In Europa außer im Norden verbreitet; in den Alpenländern außer Deutschland.
Lebensraum: In den Alpen in Fels- und Schuttbiotopen sowie auf lückigen, trockenen alpinen Weiden bis 3100 m bodenständig, lokal und selten.
Biologie: In den Alpen lebt die Art an Alpen-Spitzkiel *(Oxytropis campestris)* (1) und an Schweizer Spitzkiel *(Oxytropis helvetica)*, sonst auch an *Astragalus*-Arten.

Die Raupe frisst die Blätter innen hohl, wodurch sie weiß erscheinen. Bei starkem Raupenbefall sind solche «weißen» Pflanzen auf Distanz sichtbar (1). Die Säcke sind in Form und Farbe recht individuell gestaltet (3,4,5). Die Raupe (7) überwintert erwachsen und verpuppt sich im Frühling. Die weiblichen Falter (6) sind etwas kleiner als die männlichen (2,8).

1

2

3

4

5

6

7

8

Familie Coleophoridae (Miniersackträger)

Coleophora valesianella

ZELLER, 1849

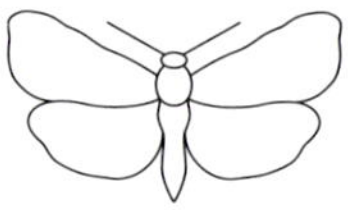

21–24 mm

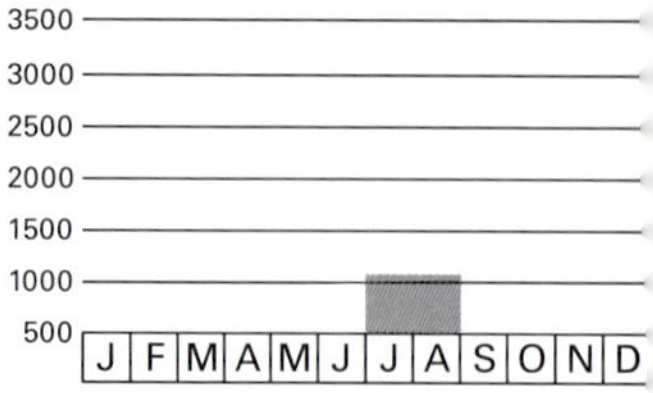

Verbreitung: In den Alpenländern außer Deutschland, sehr lokal und selten. In Österreich nur in Tirol, in der Schweiz in Graubünden und im Wallis. Außerdem in Spanien und Südosteuropa festgestellt.
Lebensraum: Wärmeliebende Art, in sehr trockenen, steppenartigen Lebensräumen in Tallagen bis mindestens 1200 m vorkommend.

Biologie: Die Raupe miniert im Frühling in den bodennahen Blättern von Esparsetten-Tragant *(Astragalus onobrychis)* (2). Ihr kunstvoller Sack besteht aus einer gekrümmten Seidenröhre, an deren hinterem Ende zwei schuppige Schilde angebracht sind (3–5), die die Röhre beidseits bedecken (6, manipuliert!). Erwachsen spinnt die rotbraune Raupe (7) den Sack in der benachbarten Vegetation fest.

1

2

3

4

5

6

7

8

9

Familie Coleophoridae (Miniersackträger)

Coleophora ochrea

(HAWORTH, 1828)

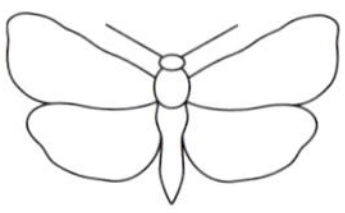

18–21 mm

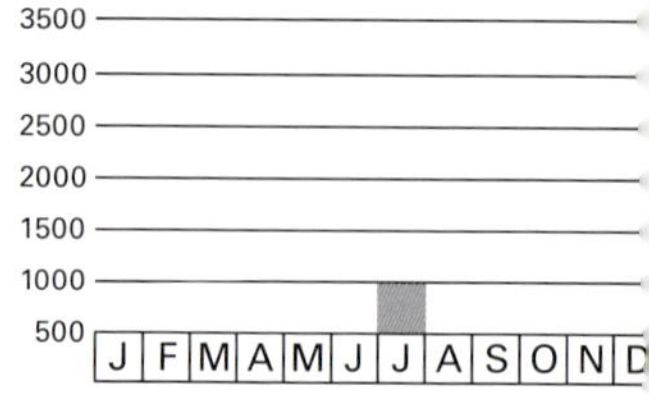

Verbreitung: In weiten Teilen Europas verbreitet, aber doch ziemlich lokal und in den Alpen auch vielen Regionen fehlend.
Lebensraum: Sonnige, warme und trockene Magerwiesen, felsdurchsetzte Weiden, kaum über 1000 m ansteigend.

Biologie: Die Raupen leben an Sonnenröschen *(Helianthemum nummularium)*. Die Jungraupen minieren zuerst an der Blattspitze aus einem einfachen Sack heraus. Diesen erweitern sie nach der Überwinterung in verschiedenen Etappen (1–5). Zur Verpuppung begeben sie sich an den Grund des Pflanzenpolsters und verkriechen sich darin (7). Die Falter (8–10) erscheinen erst im Spätsommer.

1

2

3

4

5

6

7

9

8

10

Familie Coleophoridae (Miniersackträger)

Coleophora laricella

(HÜBNER [1817])

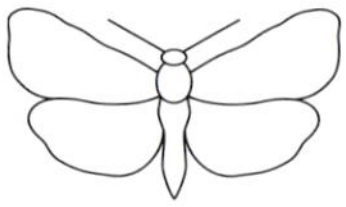

8–11 mm

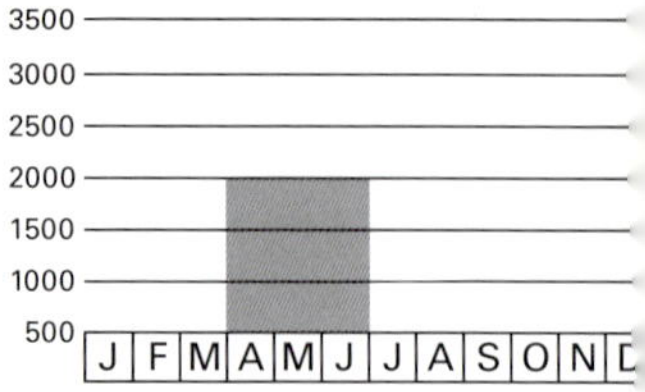

Verbreitung: Mit Ausnahme der Iberischen Halbinsel und dem Süden fast in ganz Europa verbreitet und häufig.
Lebensraum: In Lärchenwäldern, Mischwäldern mit Lärchen, besonders im Gebirge; bis mindestens 2000 m ansteigend.
Biologie: Einzige Raupennährpflanze ist die Lärche *(Larix decidua)*. Die Jungraupe miniert zuerst frei in einer Lärchennadel. Dann fertigt sie aus einer Nadel einen Sack, worin sie überwintert. Sobald im Frühling die Nadeln sprießen, beginnt sie, eine frische Nadel zu minieren (1–3). Aus der äußeren Haut dieser Nadel fertigt sie ihren neuen Sack, in welcher der alte mit einbezogen wird. Von diesem Sack aus werden weitere Nadeln miniert, die dann weiß erscheinen (4). Bei Massenbefall können ganze Lärchenwälder «ausbleichen»!

4

5

6

7

Familie Coleophoridae (Miniersackträger)

Coleophora burmanni

TOLL, 1952

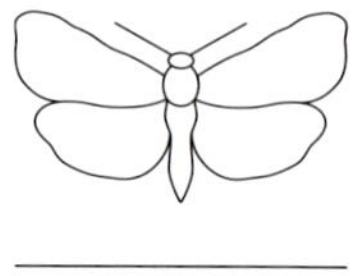

14–17 mm

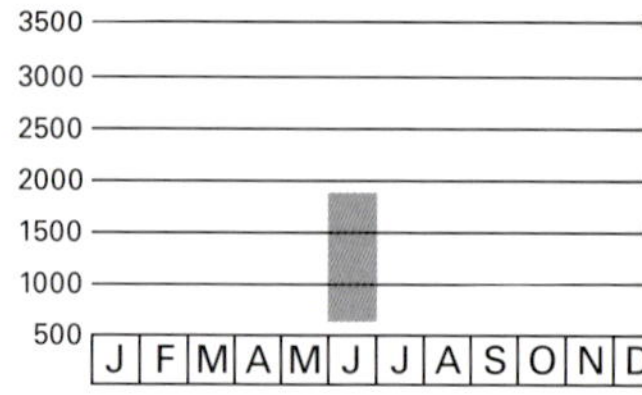

Verbreitung: Außer in den Alpen nur noch in Lettland und Spanien nachgewiesen, in Italien nur aus dem Gebiet des Ortlers (BALDIZZONE, 2019). In Deutschland nur in Bayern, in der Schweiz im Wallis und in Graubünden.

Lebensraum: Lokal und selten in Schluchten, an steinigen, eher feuchten und schattigen Stellen im Gebirge, von 700 m bis mindestens 1800 m.

Biologie: Die Raupe lebt an Gipskraut *(Gypsophila repens)*. Sie miniert zuerst in den Blättern und fertigt bald einen Sack an, der außen mit Sandkörnern belegt ist (1–5). So ist sie während der Überwinterung zwischen den dürren Grundblättern der Nährpflanze perfekt getarnt (6). Im Frühling wird der Sack nochmals mit Teilen der dürren Blätter erweitert (4).

1

2

3

4

5

6

7

8

Familie Coleophoridae (Miniersackträger)

Coleophora riffelensis

REBEL, 1913

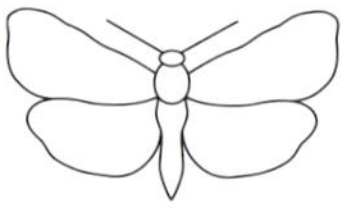

13–17 mm

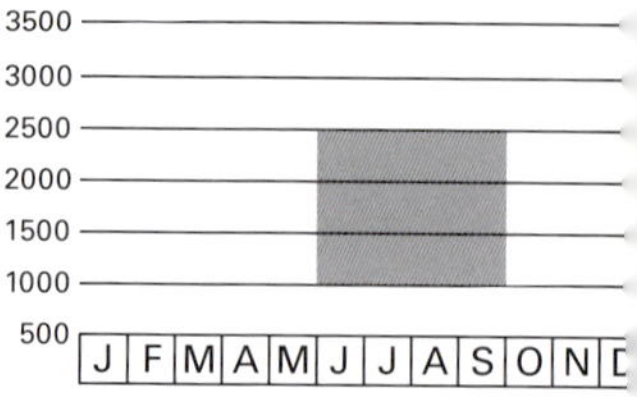

Verbreitung: Sehr lokal und selten in den Alpen der Schweiz, Italiens, Österreichs und Frankreichs. Außerdem in Spanien und Osteuropa.
Lebensraum: Trockene, sonnige Straßenböschungen, Felsbänder, Ruderalstellen; der Typenfundort liegt auf 2500 m in den Walliser Alpen; die Ar kommt aber auch schon auf 1000 m Höhe vor.
Biologie: Die Raupen (2, 6, 7) leben oft gesellig in de Polstern von Kriechendem Gipskraut *(Gypsophila re pens)* (1). Sie verpuppen sich anfangs Sommer (8).

1

2

3

4

5

6

7

8

Familie Coleophoridae (Miniersackträger)

Coleophora kyffhusana

PETRY, 1898

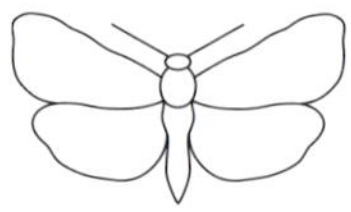

9–10 mm

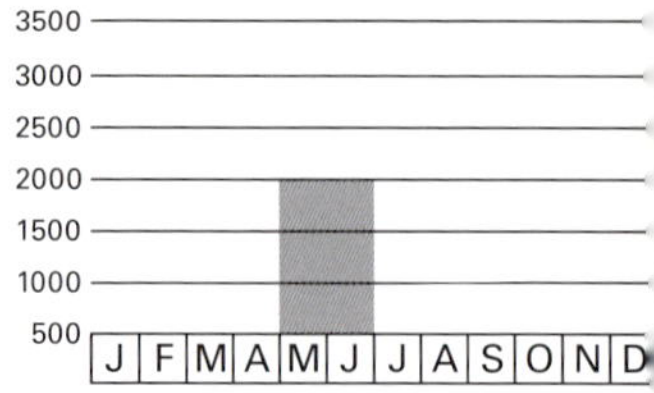

Verbreitung: In Europa ist die Art nur aus wenigen Ländern gemeldet, offenbar ist ihre Verbreitung ungenügend erforscht. In Deutschland nur vom Typenfundort in Thüringen bekannt, in Österreich und Frankreich bisher nicht gefunden. In der Schweiz ist sie weiter verbreitet, so in den Kantonen Graubünden, Wallis, Tessin und St. Gallen.
Lebensraum: Von warmen, trockenen Standorten der Talsohle bis hinauf in die subalpine Waldgrenze, dort, wo die Raupennährpflanze reichlich vorkommt.
Biologie: Als Raupennährpflanze dient in den Alpen das Gipskraut *(Gypsophila repens)* (1), in Thüringen ist es *Gypsophila fastigiata* (www.lepiforum.de). Die Raupe miniert frei in den Blättern der Nährpflanze (4, 5). Erwachsen überwintert sie (3), verpuppt sich im Frühling im Sack, und der Falter (2, 7, 8) schlüpft zum Sommeranfang.

1

2

3

4

5

6

7

8

Familie Coleophoridae (Miniersackträger)

Coleophora tractella

ZELLER, 1849

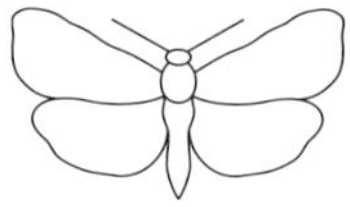

13–16 mm

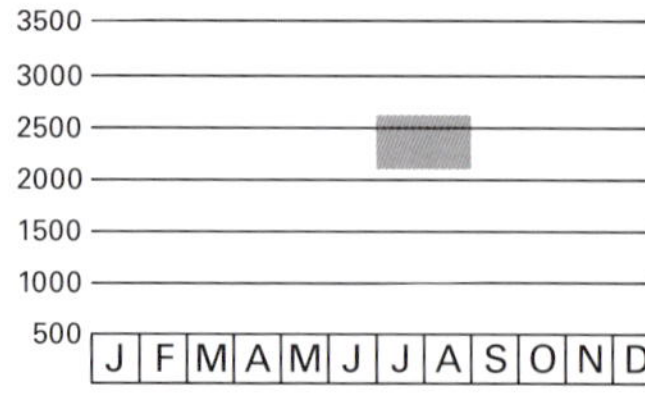

Verbreitung: Bisher nur aus den Hochalpen der Schweiz bekannt geworden. Dort zwar lokal, aber doch verbreitet vorkommend.
Lebensraum: Alpine Felsbiotope, steinige Grate auf Silikat zwischen 2200 und 2700 m.
Biologie: Die Raupe lebt an Silikat-Polsternelke *(Silene exscapa)*; sie miniert die Blätter (2), frisst aber auch die Blüten. Wegen der kurzen Vegetationszeit in der bevorzugten Höhenlage dauert die Entwicklung zwei Jahre. Im ersten Jahr fertigt die Raupe einen sehr langen, schlanken Sack an, der senkrecht in der Polsterpflanze steckt und so einem Samenstand ähnlich sieht (1,3,4,6). Nach der Überwinterung wird der Sack am oberen Ende gekürzt (5). Die Falter (7–9) fliegen auch am Tag.

1

2

3

4

5

6

7

8

9

Familie Coleophoridae (Miniersackträger)

Coleophora trochilella

(DUPONCHEL, [1843])

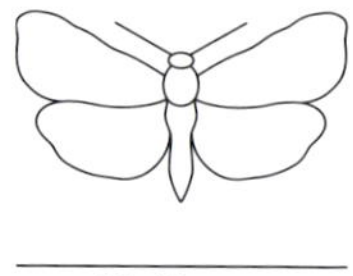

13–16 mm

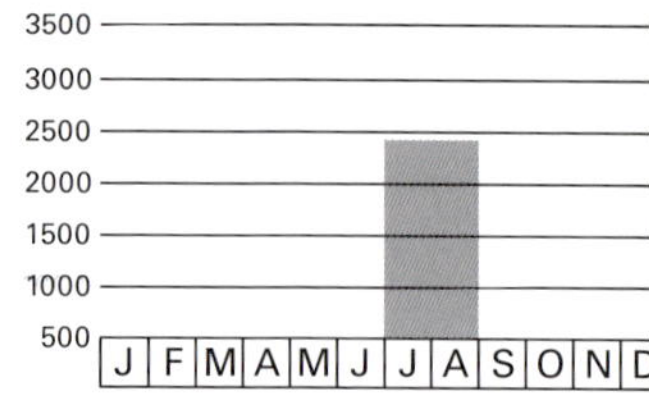

Verbreitung: In fast ganz Europa verbreitet und nicht selten.
Lebensraum: In den Alpen auch in Tallagen, vor allem aber in der subalpinen Stufe verbreitet, in der Zwergstrauchheide und am Rande von Bächen und Lawinenrunsen bis mindestens 2400 m.
Biologie: Als Raupennährpflanze werden Beifuß und Wermut *(Artemisia vulgaris* und *A. absinthium)* sowie Rainfarn *(Tanacetum vulgare)* angegeben (www.lepiforum.de). In den Alpen wird die Art in der subalpinen Stufe häufig an Echter Goldrute *(Solidago virgaurea)* (1) gefunden, neuerdings konnte sie auch an Moschus-Schafgarbe *(Achillea erba-rotta ssp. moschata)* (2–5) nachgewiesen werden. Sie scheint demnach an Asteraceen gebunden zu sein. Die Jungraupe überwintert.

1

2

3

4

5

6

7

8

Familie Coleophoridae (Miniersackträger)

Coleophora follicularis

(VALLOT, 1802)

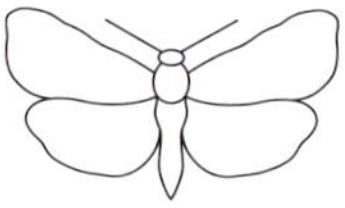

13–15 mm

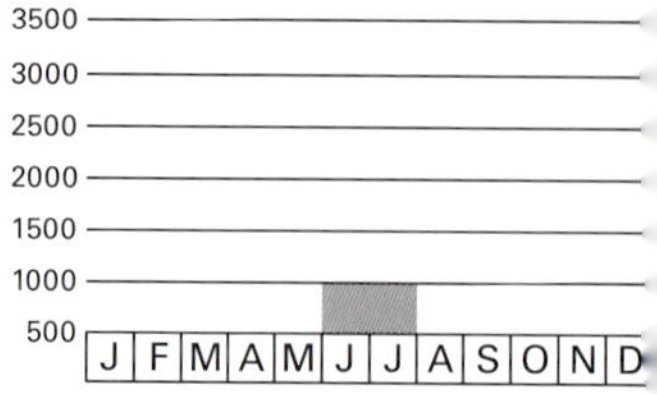

Verbreitung: In weiten Teilen Europas verbreitet aber doch nur lokal häufig.
Lebensraum: Feuchte Krautsäume (Convolvulion), Waldränder, Waldlichtungen (Atropion), Bachufer, Waldwege. In den Bergen steigt die Art bis mindestens 1000 m.

Biologie: Der Raupensack befindet sich stets an der Blattunterseite von Wasserdost *(Eupatorium cannabinum)* oftmals gesellig (3–6). Von dort miniert die Raupe (5) im Blatt in einer Platzmine. Befallene Pflanzen fallen durch ihre stark gefleckten Blätter auf (1, 2). Zur Verpuppung begibt sich die Raupe weg von ihrer Nährpflanze (8).

1

2

3

4

5

6

7

8

9

Familie Coleophoridae (Miniersackträger)

Coleophora nubivagella

(ZELLER, 1849)

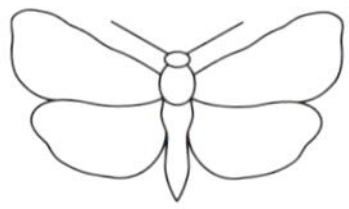

13–18 mm

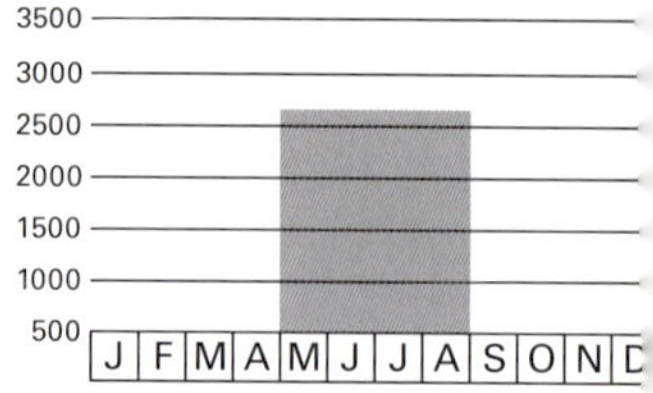

Verbreitung: In den Alpenländern und Osteuropa verbreitet und nicht selten; in Deutschland nur in Bayern.
Lebensraum: Die Art besiedelt bemerkenswert verschiedene offene Lebensräume, von den tiefen, wärmebegünstigten Tallagen bis hinauf an die Grenze der Vegetation auf 2700 m.

Biologie: In den Tallagen lebt die Raupe in sonnigen Lebensräumen am Seifenkraut *(Saponaria ocymoides)* (2,3); in den hohen Gebirgslagen wurde sie an Silberwurz *(Dryas octopetala)* und Kalk-Polsternelke *(Silene acaulis)* gefunden (1). Die Entwicklung im Gebirge dürfte zweijährig sein. Der Falter (5–7) erscheint in Tallagen bereits im Mai, in den Hochlagen noch im August.

3

4

5

6

7

Familie Coleophoridae (Miniersackträger)

Coleophora paripennella

ZELLER, 1839

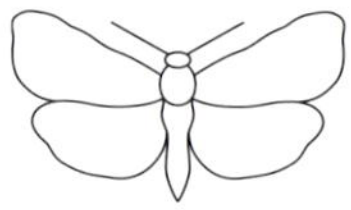

13–15 mm

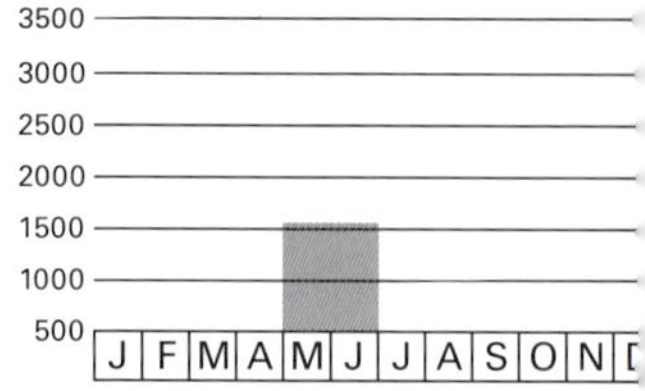

Verbreitung: In fast ganz Europa außer auf der Iberischen Halbinsel verbreitet, aber lokal, weiten Gebieten fehlend.

Lebensraum: In der subalpinen Stufe auf tiefgründigen, eher feuchten Waldwiesen, an Wegrändern und entlang von Gebirgsbächen bis mindestens 1600 m ansteigend.

Biologie: Die Raupe lebt an verschiedenen Flockenblumen (*Centaurea* sp.) (www.lepiforum.de). In den Alpen können die Säcke im Hochsommer an den Blättern der Federigen Flockenblume *(Centaurea nervosa)* gefunden werden (1–4). Diese Raupen überwintern erwachsen (5–7), kriechen nach der Schneeschmelze etwas umher, ohne Nahrung aufzunehmen und verpuppen sich bald.

3
4
5
6
7
8
9

Familie Coleophoridae (Miniersackträger)

Coleophora niveistrigella

WOCKE, 1877

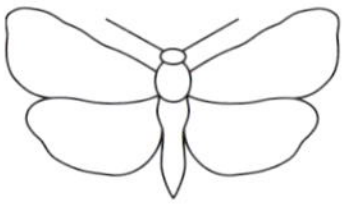

10–12 mm

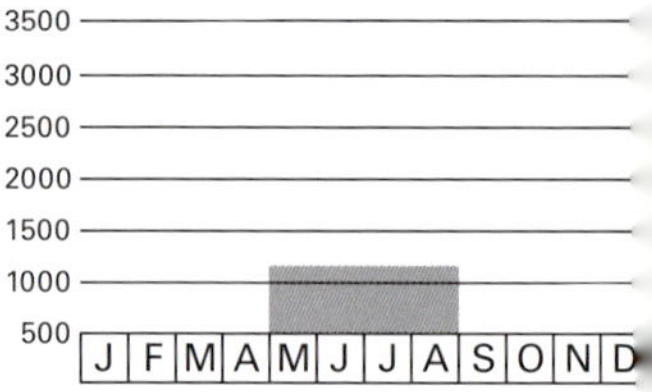

Verbreitung: In Europa zerstreut. In den Alpen sehr lokal und selten; in Österreich und Italien jeweils nur von einer einzigen Lokalität, in Deutschland aktuell nur aus Thüringen gemeldet, in der Schweiz im Wallis, Tessin und in Graubünden.
Lebensraum: Warme, trockene Magerwiesen, Straßenböschungen und Felsvegetation auf Kalk. In den Bergen steigt die Art mindestens bis 1100 m.

Biologie: Die Raupe lebt gesellig in den Polstern von Kriechendem Gipskraut *(Gypsophila repens)* (1). Ihr Sack ist mit kleinen Sandkörnern belegt (2–6). Vor der Verpuppung wird der hinterste, dünne Teil des Sackes abgetrennt und das neue Ende mit einer dreilappigen Reuse versehen (3,7). Zur Verpuppung begibt sich die Raupe an den Boden, tief ins Pflanzenpolster hinein.

1

2

3

4

5

6

7

8

9

Familie Momphidae (Fransenmotten)

Mompha miscella

([DENIS & SCHIFFERMÜLLER], 1775)

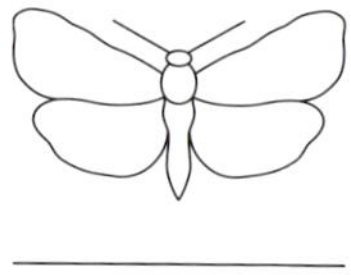
7–12 mm

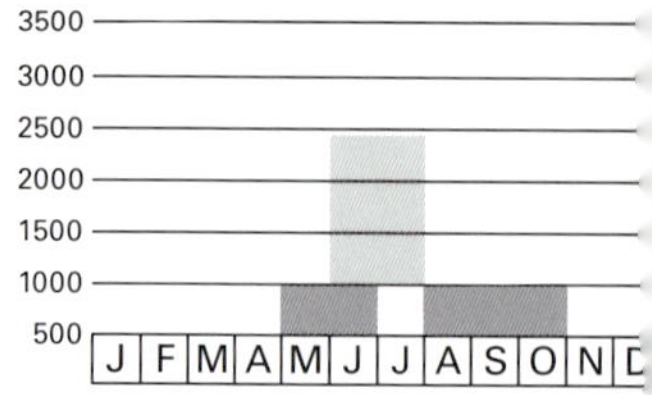

Verbreitung: In ganz Europa verbreitet, im Norden bis Südskandinavien.
Lebensraum: In den Alpen auf blütenreichen Alpweiden verbreitet, gerne auf Kalk, bis 2400 m.
Biologie: Raupennährpflanze ist das Sonnenröschen *(Helianthemum nummularium)*, laut Literatur auch andere *Helianthemum*-Arten (KOSTER & SINEV, 2003). Die Jungraupe fertigt eine Gangmine an, später frisst sie das ganze Blatt leer (1–4). Die Verpuppung erfolgt in einem dichten Kokon zwischen Blättern oder in einer Blattachsel (5,6). Die Falter (7,8) können am Tag aus der Vegetation aufgescheucht werden. In den alpinen Lagen wird nur eine Generation pro Jahr ausgebildet, mit deutlich größeren Faltern, in tiefen Lagen fliegt die Art von Mai bis Juni und von August bis Oktober.

1

2

Familie Momphidae (Fransenmotten)

Mompha idaei

(ZELLER, 1839)

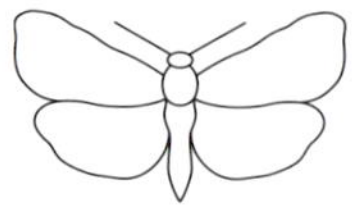

18–23 mm

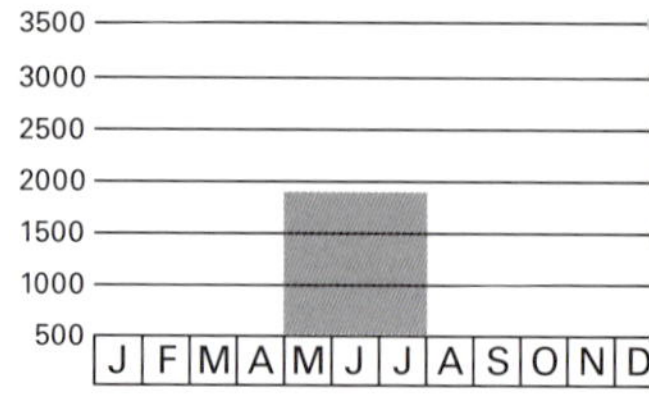

Verbreitung: In fast ganz Europa außer den Britischen Inseln und der Iberischen Halbinsel verbreitet, aber nur lokal vorkommend und weiten Strecken auch fehlend.
Lebensraum: Montane und subalpine Schuttfluren und Waldränder auf saurem Boden (Epilobion angustifolii), nicht über die Waldgrenze steigend.
Biologie: In den Alpen ist die Art an Wald-Weidenröschen *(Epilobium angustifolium)* gebunden. Die Raupe lebt oft gesellig unter der dünnen Rinde des Wurzelstocks, wenig unter der Bodenoberfläche (1,2,3). Dort überwintert sie erwachsen. Die Verpuppung erfolgt in einem zähen, dichten Kokon (3,5). Die Tatsache, dass im Winter neben erwachsenen auch sehr kleine Raupen gefunden werden, lässt vermuten, dass die Entwicklung zweijährig ist.

1

2

3

4

5

6

7

8

9

Familie Momphidae (Fransenmotten)

Mompha langiella

(HÜBNER, 1796)

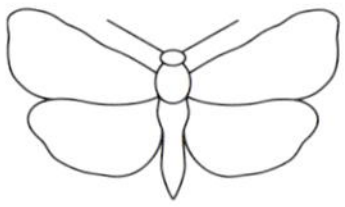

8–9 mm

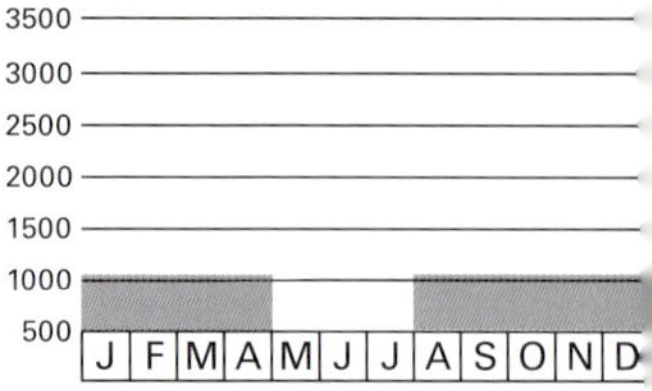

Verbreitung: In fast ganz Europa außer dem Mediterraneum verbreitet.
Lebensraum: Schattige, feuchte Felsbiotope, Auenlandschaften, Saumstrukturen von Flachmooren.
Biologie: Die Raupe miniert die Blätter von Zottigem Weidenröschen *(Epilobium hirsutum)* (1), laut Literatur aber auch andere Weidenröschen-Arten und an Hexenkraut (*Circaea* sp.) (KOSTER & SINEV, 2003). Zuerst wird eine Gangmine angelegt, später eine Platzmine angefertigt (2,3). Die Raupe wechselt das Blatt mehrfach. Erwachsen spinnt sie außerhalb des Blattes einen recht dichten Seidenkokon (4,5), in dem sie sich verpuppt. Die Art ist einbrütig, die Falter (6,7) überwintern.

1

2

3

4

5

6

7

Familie Momphidae (Fransenmotten)

Mompha raschkiella

(ZELLER, 1839)

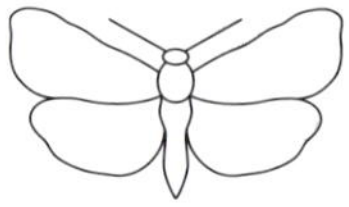

9–12 mm

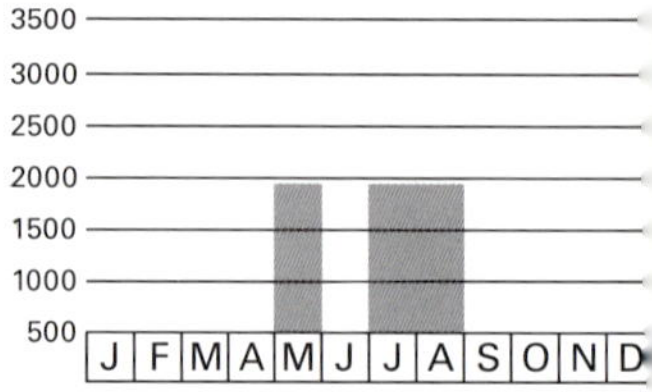

Verbreitung: Mit Ausnahme der Iberischen Halbinsel beinahe in ganz Europa vorkommend und nicht selten.

Lebensraum: Besonders in der montanen und subalpinen Stufe verbreitet. Tiefgründige, steinige, eher feuchte Waldränder, entlang von Bächen und Waldstraßen.

Biologie: Die Raupe miniert in den Blättern des Schmalblättrigen Weidenröschens *(Epilobium angustifolium)*, zuerst in einer feinen Gangmine (1, 2), später in einer Platzmine (3). Erwachsen verlässt die Raupe die Mine (4) und verpuppt sich in der Bodenstreu (5, 7). Die Falter (6, 8, 9) fliegen in zwei Generationen, wobei die Puppe überwintert (KOSTER & SINEV, 2003).

4

5

6

7

8

9

Familie Momphidae (Fransenmotten)

Mompha conturbatella

(HÜBNER, [1819])

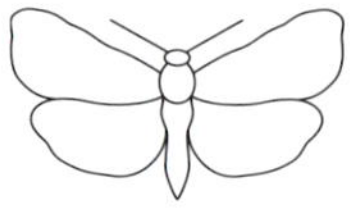
15–17 mm

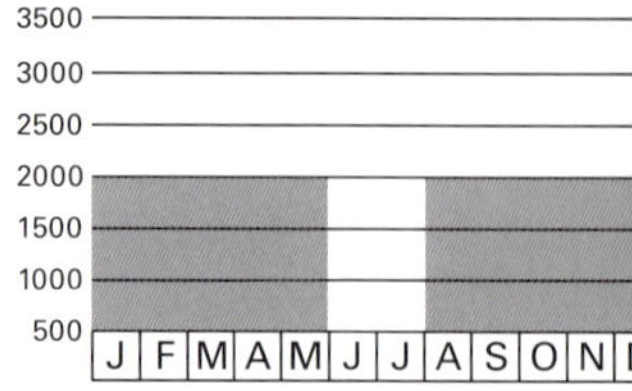

Verbreitung: In ganz Mittel- und Nordeuropa, nicht aber im Süden.
Lebensraum: Steinige Böschungen und Bachufer; Felsschutthalden. In den Alpen mit der Raupennährpflanze weit verbreitet, bis über 2000 m.
Biologie: Raupennährpflanze ist das Schmalblättrige Weidenröschen *(Epilobium angustifolium)*. Die Raupe lebt im neuen Trieb, der durch ihre Fraßtätigkeit verkümmert (2,3,6). Zudem werden die Blätter von der Raupe zusammengesponnen. Solche Triebe sind schon von Weitem erkennbar und verraten die Anwesenheit der Art. Die Verpuppung findet in einem ziemlich dichten Gespinst am Boden statt (4). Es überwintert der Falter (1,5,7) (KOSTER & SINEV, 2003).

1

2

3

4

5

6

7

Familie Scythrididae (Ziermotten)

Scythris amphonycella

(GEYER, [1836])

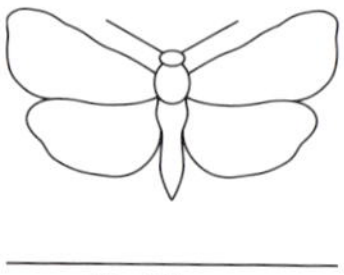

13–19 mm

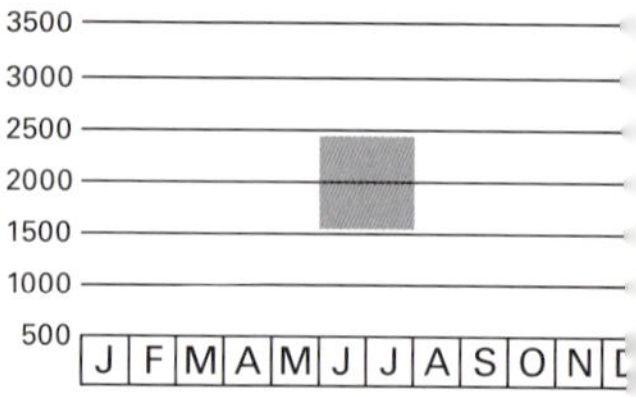

Verbreitung: In den Gebirgen von Zentral- und Südeuropa. In allen Alpenländern außer Deutschland. **Lebensraum:** Von 1600 m bis 2400 m auf blumenreichen Alpwiesen der subalpinen und alpinen Stufe. **Biologie:** Raupennährpflanze ist vermutlich Sonnenröschen *(Helianthemum nummularium)*, möglicherweise lebt die Raupe aber auch polyphag. Die schlanken und lebhaften erwachsenen Raupen su chen nach der Schneeschmelze einen geeigne ten Verpuppungsplatz, zum Beispiel unter flacher Steinen (1). Dort spinnen sie einen sehr dünnfädi gen, lockeren Kokon, in dem sie sich verpupper (3–5). Die Falter (2,6–10) sind an den Fundorter zahlreich und fliegen auch tagsüber.

1

2

3

4

5

6

7

8

9

10

Familie Scythrididae (Ziermotten)

Scythris fuscoaenea

(HAWORTH, 1828)

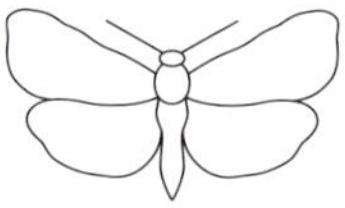

14–16 mm

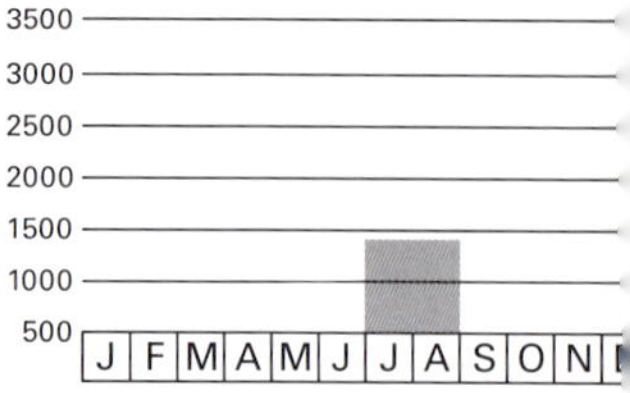

Verbreitung: In weiten Teilen Europas verbreitet, aber doch lokal, an den Fundorten jedoch nicht selten.

Lebensraum: Sonnige, warme Magerwiesen und Weiden. In den Bergen bis etwa 1400 m.

Biologie: Die Raupen leben gesellig in Gespinströh ren an der Basis von Sonnenröschen-Polstern *(Hel anthemum nummularium)*, (1,3,4) ihrer Nährpflanze Dort verpuppen sie sich im Sommer in einem feinen recht dichten Gespinst (5,6).

1

2

3

4

5

6

7

Familie Scythrididae (Ziermotten)

Scythris speyeri

(HEINEMANN & WOCKE, 1877)

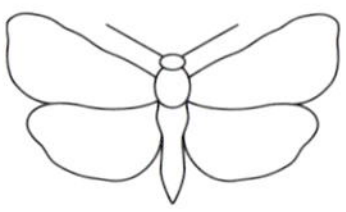

10–14 mm

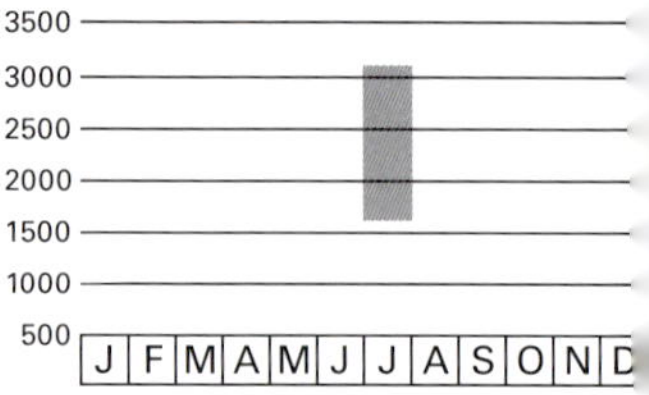

Verbreitung: Westalpine Art, in den Alpen der Schweiz, Italiens und Frankreichs festgestellt.
Lebensraum: Sehr lokal und selten auf alpinen bis subnivalen Rasen und Schuttfluren, von 1800 m bis 3100 m.

Biologie: Die Raupe lebt in einer feinen Seidenröhre in den Polstern von Silikat-Polsternelke *(Silene exscapa)* (3,5). Sie verpuppt sich nach der Überwinterung in einem sehr feinfädigen Kokon unter einem Stein im Pflanzenpolster (4,6,8). Die Falter (2,7,9) sind tagaktiv.

1

2

3

4

5

6

7

8

9

Familie Scythrididae (Ziermotten)

Scythris picaepennis

(HAWORTH, 1828)

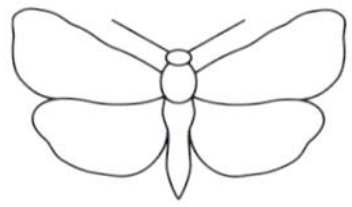

10–13 mm

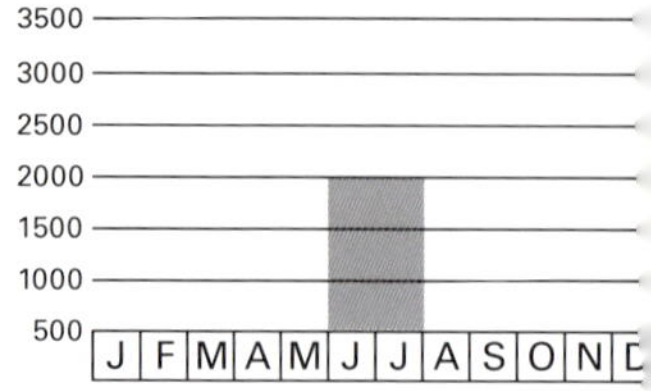

Verbreitung: In Europa verbreitet.
Lebensraum: In den Alpen bevorzugt die Art warme, geschützte Biotope in der montanen und subalpinen Stufe bis gegen 2000 m, gelegentlich auch darüber.

Biologie: Die Raupen sind polyphag; sie fres sen Thymian (*Thymus* sp.), Sonnenröschen (*Helian themum nummularium*), Hornklee (*Lotus cornicula tus*) und andere niedere Pflanzen (1–3). Zur Verpup pung wird ein gattungstypischer, sehr feinfädiger dichter Kokon gesponnen (4,5).

1

2

3

4

5

6

7

Familie Scythrididae (Ziermotten)

Scythris subcinctella

(BRUAND, [1851])

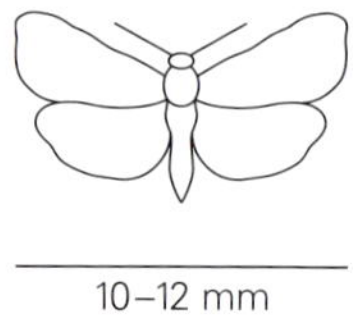

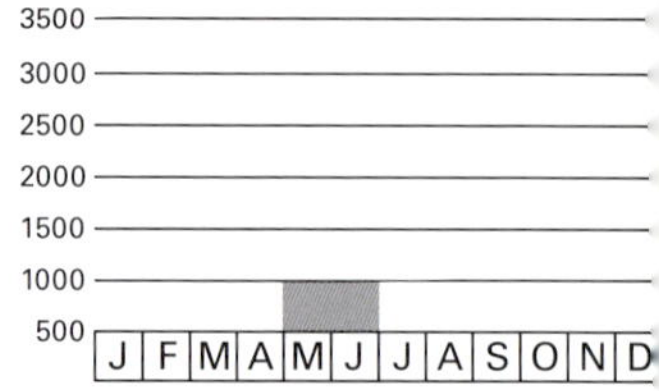

Verbreitung: Mittel- und Südeuropa; in allen Alpenländern nachgewiesen.
Lebensraum: Trockene, warme und steinige Magerwiesen, sonnige Strassenböschungen.
Biologie: Raupennährpflanze ist das Gemeine Sonnenröschen *(Helianthemum nummularium)* (1). Die Raupe lebt in einer ausgedehnten Gespinströhre zwischen den grundständigen Blättern der Nährpflanze (3,4). Sie verpuppt sich im Frühsommer in einem lockeren, extrem feinfädigen Gespinst (5,6). Die Falter fliegen bei Tag; bei Störungen legen sie sich auf den Rücken und stellen sich tot (2,7–9).

1

2

3

4

5

6

7

8

9

Familie Scythrididae (Ziermotten)

Scythris glacialis

(FREY, 1870)

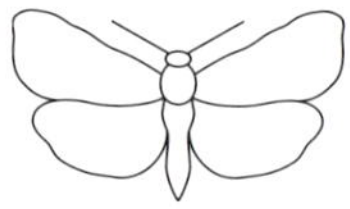

14–18 mm

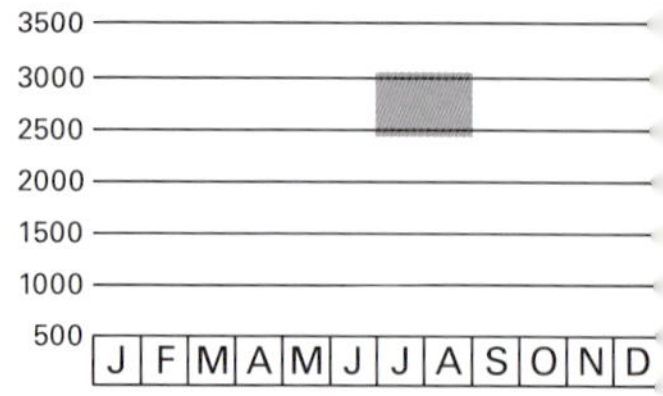

Verbreitung: In den Hochalpen Österreichs, der Schweiz, Frankreichs und Italiens verbreitet, aber nur lokal häufiger.

Lebensraum: Vegetationsarme Gipfelregionen und Berggrate zwischen 2400 m und 3100 m.

Biologie: Raupennährpflanze ist die Kalk-Polsternelke *(Silene acaulis)*(1) und der Gegenblättrige Steinbrech *(Saxifraga oppositifolia)*, laut Literatur auch *Saxifraga moschata*, *Erigeron uniflorus* und *Gnaphalium supinum* (BENGTSSON, 1997). Die schlanke Raupe (2,3) spinnt Seidenröhren im Nährpflanzenpolster; sie ist sehr flink und lebhaft. Zur Überwinterung fertigt sie einen recht dichten Kokon an (5). Die Puppe liegt in einem lockeren Gespinst z.B. unter Steinen (6,8). Die Falter (7,9,10) können bei Tage aus Schutthalden aufgescheucht werden, fliegen aber nur kurze Strecken.

1

2

3

4
5
6
7
8
9
10

Familie Scythrididae (Ziermotten)

Scythris vittella

(O.COSTA, 1834)

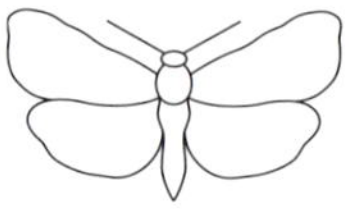

13–15 mm

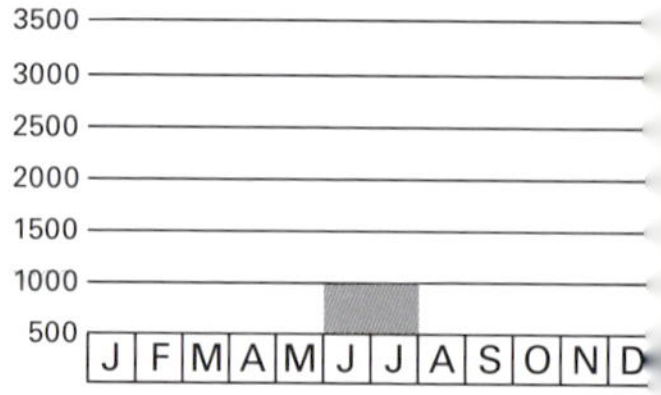

Verbreitung: In den Alpen nur wenig verbreitet: in Österreich nur in der östlichen Landeshälfte, in der Schweiz nur im Wallis und Tessin vorkommend. In Deutschland nur in Rheinland-Pfalz nachgewiesen.
Lebensraum: Trockene, warme und sonnige Weiden und Magerwiesen (Xerobromion), bis 1000 m festgestellt.

Biologie: Die Raupen leben gesellig in einem Gespinströhrensystem in den Polstern von Sonnenröschen *(Helianthemum nummularium)* (3–5). Dort erfolgt im Frühling auch die Verpuppung in einem rudimentären, feinfädigen Gespinst (6).

3

4

5

6

7

8

Familie Scythrididae (Ziermotten)

Scythris limbella

(FABRICIUS, 1775)

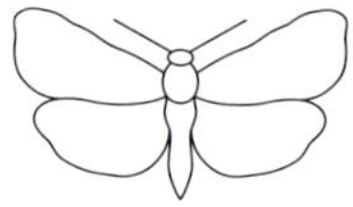

14–17 mm

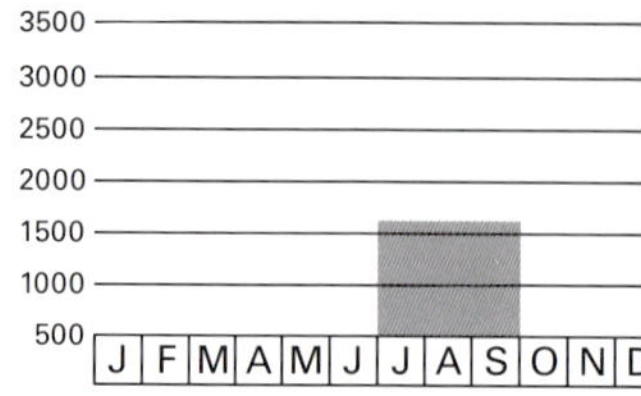

Verbreitung: In Europa weit verbreitet, wenn auch immer lokal und keineswegs häufig.
Lebensraum: Mesophile bis trockene Wald- und Wegränder, Ruderalstellen. In den Bergen bis mindestens 1700 m vorkommend.
Biologie: Die Raupen leben gesellig in Gespinsten an der Blattunter- oder oberseite von Gutem Heinrich *(Chenopodium bonus-henricus)*, laut Literatur auch an Melde (*Atriplex* sp.) (BENGSTSSON, 1997). Sie befressen die Blätter erst im Fenster-, später im Lochfraß. Die Verpuppung erfolgt in einem sehr feinfädigen, spindelförmigen Gespinst. Laut BENGTSSON (l.c.) bildet die Art zwei Generationen aus, wobei die Falter überwintern. In den höheren Lagen ist dies unwahrscheinlich; hier wird die Art von Juli–September gefunden, was für Einbrütigkeit spricht.

1

2

3

4

5

6

7

8

Familie Scythrididae (Ziermotten)

Scythris ventosella

CHRÉTIEN, 1907

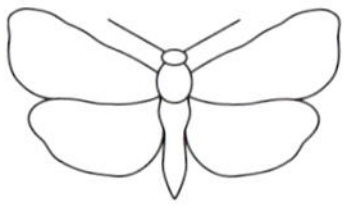

9–10 mm

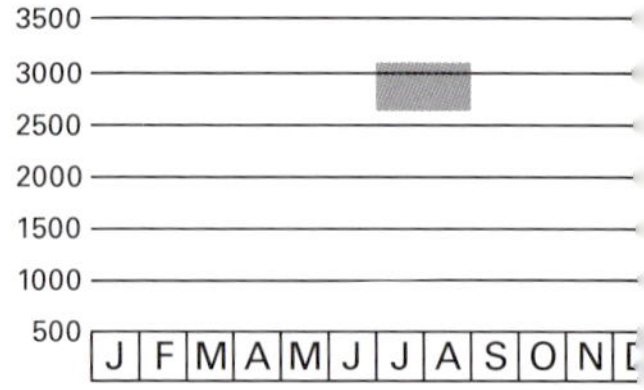

Verbreitung: Diese atlanto-mediterrane Art mit sehr lokaler Verbreitung in Marokko, Portugal, Spanien und Frankreich kommt überraschend als Eiszeit-Steppenrelikt auch in der subnivalen Stufe der Walliser Alpen vor, die bisher einzige bekannt gewordene Population in den Alpen (SCHMID, 2018).
Lebensraum: Lückig bewachsene, trockene Schuttfächer auf Kalk in einer Höhenlage von 2700–3100 m (Herniarietum alpinae).
Biologie: Das Ei (3) wird einzeln an die Raupennährpflanze abgelegt. Die Raupe lebt in einer feinen Seidenröhre in den Polstern von Alpen-Bruchkraut *(Herniaria alpina)* (1, 2, 4–6, 8). Sie überwintert zweimal in einem dichten Gespinst im Pflanzenpolster. Zu Sommerbeginn verpuppt sie sich in einem feinfädigen, zähen Kokon (7). Die sehr kleinen, tagaktiven Falter fliegen keine größeren Strecken, sondern bewegen sich hüpfend und im kurzen Schwirrflug fort (9–11). Sie wurden saugend an Kalk-Polsternelke *(Silene acaulis)* beobachtet. Frisch geschlüpfte Tiere sind stark weiß beschuppt; diese Schuppen verlieren sich mit der Zeit.

5

6

7

8

9

10

11

Familie Cosmopterigidae (Prachtfalter)

Ascalenia vanella

(FREY, 1860)

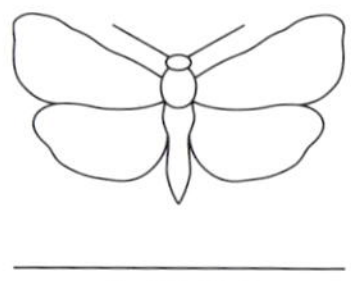

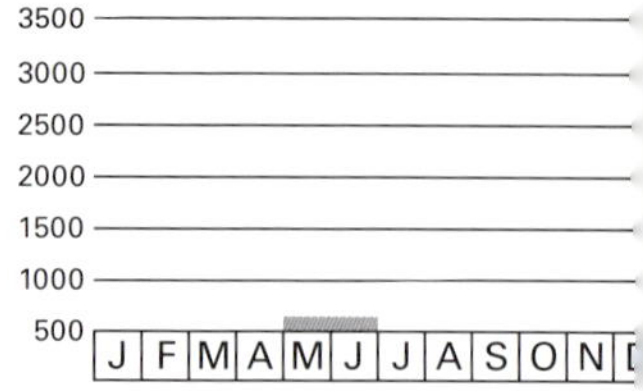

Verbreitung: In den Alpen sehr seltene Art. In Deutschland nicht mehr Faunenbestandteil (GAEDIKE et al. 2017) in Österreich und in der Schweiz auf wenige Fundorte beschränkt und vom Aussterben bedroht. Im Mittelmeerraum wohl noch etwas weiter verbreitet.

Lebensraum: Entsprechend den Anforderungen der Raupennährpflanze: unverbaute Flussufer mit Sand- und Kiesbänken (Salicion elaeagni), die regelmäßig überflutet werden.

Biologie: Einzige Raupennährpflanze in den Alpen ist die Deutsche Tamariske *(Myricaria germanica).* Die Raupen leben im Frühling in den jungen Triebspitzen, manchmal mehrere in einem Trieb (3,4). Später bohren sie sich in den unverholzten Stängel und leben dort endophag (5). Der Befall ist nur an den diskreten Triebverformungen und wenigen gebräunten Blättchen zu erkennen. Die Verpuppung erfolgt in einem Kokon an der Nährpflanze oder in der Bodenstreu (6,7). Die winzigen Falter (2,8) werden kaum je beobachtet. Die bei KOSTER & SINEV (2003) erwähnte Zweibrütigkeit konnte in den Schweizer Alpen nicht bestätigt werden.

1

2

3
4
5
6
7
8

Familie Cosmopterygidae (Prachtfalter)

Pancalia schwarzella

(FABRICIUS, 1798)

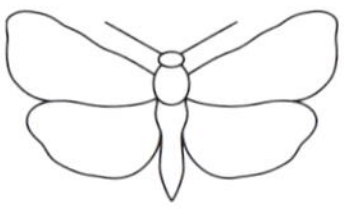

12–15 mm

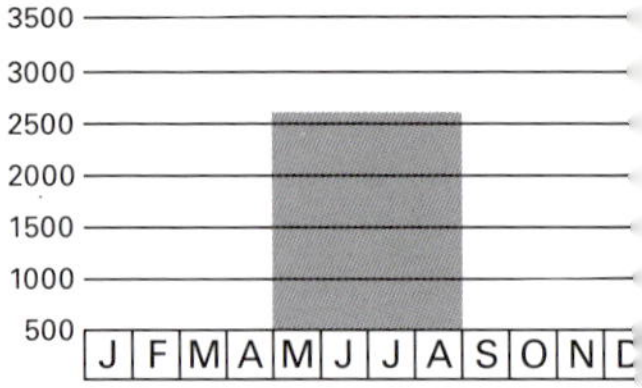

Verbreitung: In ganz Europa recht weit verbreitet, aber auch größeren Gebieten fehlend.
Lebensraum: In den tieferen Lagen auf trockenen bis mesophilen Wiesen und auf Waldlichtungen. In der alpinen Stufe verbreitet auf Kalkmagerrasen; bis 2650 m als Raupe nachgewiesen.
Biologie: Die Raupe lebt in der alpinen Stufe an Langspornigem Stiefmütterchen *(Viola calcarata)* (1), laut Literatur auch an Rauhaarigem Veilchen *(Viola hirta)* und Hunds-Veilchen *(Viola canina)* (KOSTER & SINEV, 2003). In der Bodenstreu wird eine Seiden-röhre verfertigt, deren vorderer Ausgang an die Basis einer Veilchenpflanze mündet und an deren hinterem Ausgang Kot abgelagert wird (2). Die Raupe frisst sowohl den Veilchentrieb als auch die Blätter (3–5). Sie verpuppt sich noch im Herbst in der Bodenstreu in einem ziemlich festen Kokon, der auf der Außen-seite von Umgebungsmaterial bedeckt ist (6). Die Falter (7, 8) fliegen am Tag und besuchen Blüten.

1

2

Familie Cosmopterigidae (Prachtfalter)

Eteobalea albiapicella

(DUPONCHEL, [1843])

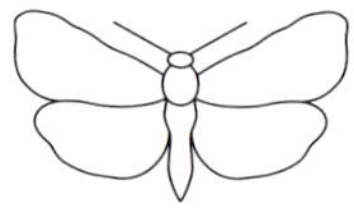

9–12 mm

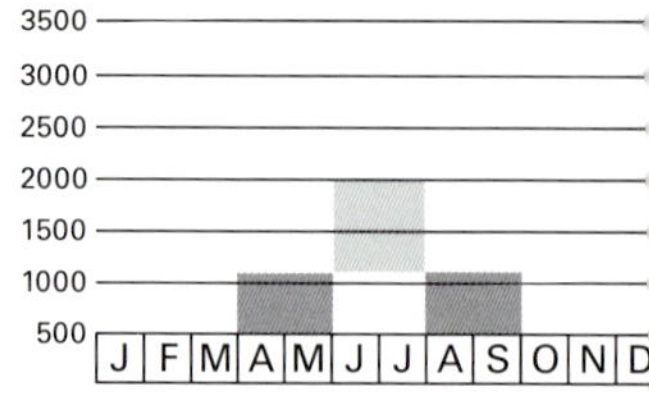

Verbreitung: In Mittel- und Südeuropa verbreitet, fehlt in Skandinavien und auf den Britischen Inseln; in Deutschland lokal und selten.

Lebensraum: Sonnige, trockene Felsbiotope und Magerrasen auf Kalk (Drabo-Seslerion). In den Bergen bis etwa 2000 m.

Biologie: Die Raupe lebt im Stängel der Herzblättrigen Kugelblume *(Globularia cordifolia)* (1, 3), laut Literatur auch in anderen Kugelblumenarten (KOSTER & SINEV, 2003). Später lebt sie im verblühten Blütenkopf, wo sie die jungen Samen verzehrt (4, 5). Die erwachsene Raupe spinnt im nun vertrockneten Fruchtstand eine Puppenkammer (6). Der Falterschlupf erfolgt an der Oberfläche des Fruchtstands. Die Art bildet in tiefen Lagen zwei Generationen pro Jahr aus; die Raupen der zweiten Generation überwintern erwachsen im Fruchtstand und verpuppen sich erst im Frühling darin. In höheren Lagen scheint nur eine Jahresgeneration möglich.

1

2

3

4

5

6

7

Familie Cosmopterigidae (Prachtfalter)

Cosmopterix zieglerella

(HÜBNER, [1810])

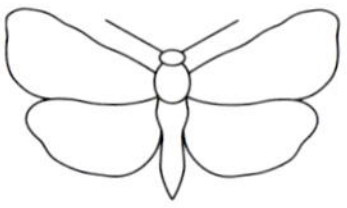

8–10 mm

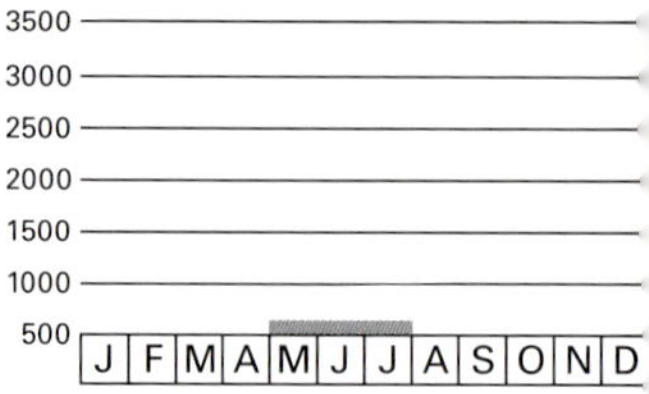

Verbreitung: In weiten Teilen Europas verbreitet, aber immer lokal und nicht häufig.
Lebensraum: Auenwälder der Tieflagen (Salicion albae, Alnion incanae).
Biologie: Die Raupe lebt anfänglich in einer Gangmine in den Blättern von Hopfen *(Humulus lupulus)* (1, 2). Diese erweitert sie durch unregelmäßige Seitengänge nach und nach zu einer Platzmine (3). Erwachsen verfärbt sie sich rötlich, verlässt die Mine und fertigt in der Bodenstreu eine Puppenwiege, in der sie überwintert (4, 5). Die Verpuppung erfolgt darin im Frühling (7).

1

2

3

4

5

6

7

8

Familie Cosmopterigidae (Prachtfalter)

Cosmopterix scribaiella

ZELLER, 1850

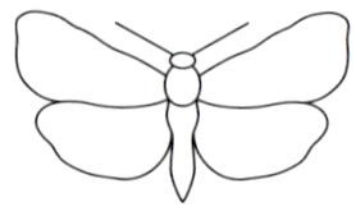

10–11 mm

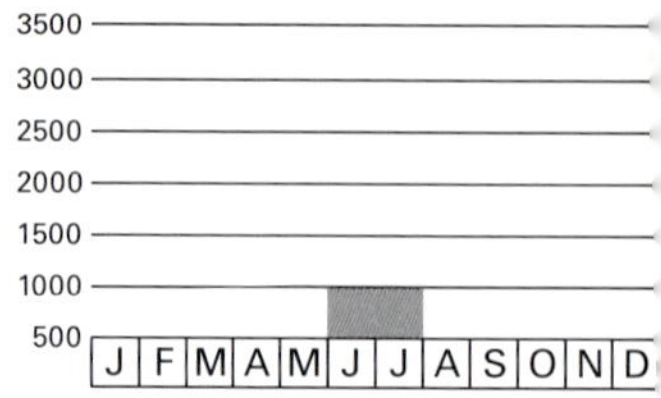

Verbreitung: In weiten Teilen Europas verbreitet und lokal nicht selten.

Lebensraum: Feuchtbiotope, Seeufer, entlang von langsam fließenden Gewässern. Entsprechend dem Vorkommen der Raupennährpflanze nur in der kollinen (-montanen) Stufe verbreitet.

Biologie: Die Raupe lebt im Sommer in den Blättern von Schilf *(Phragmites australis)*, wo sie charakteristische Minen frisst (1, 2). Im Herbst verweilt sie am Minenende und überwintert dort (3). Erst im Frühling fertigt sie einen feinen Puppenkokon an und verpuppt sich darin (6). Die Raupen (5) sind sehr häufig parasitiert.

1

2

3

4

5

7

6

8

Familie Cosmopterigidae (Prachtfalter)

Cosmopterix pulchrimella

CHAMBERS, 1875

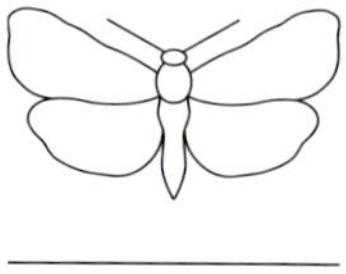

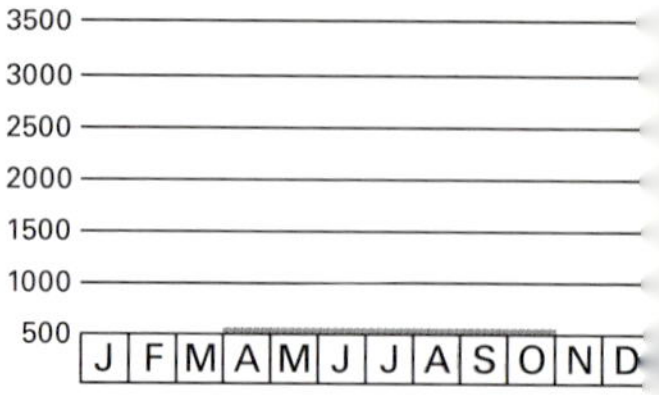

Verbreitung: Süd- und Westeuropa. In den Alpenländern noch nicht in Deutschland und Österreich festgestellt.
Lebensraum: Unterwuchs von Weinbergen mit alten Mauern an warmen sonnigen Lagen *(Centrantho-Parietarion)*.
Biologie: Die Raupe lebt an Niederliegendem Glaskraut *(Parietaria judaica)* (1); laut Literatur auch an Aufrechtem Glaskraut *(Parietaria officinalis)* (KOSTER & SINEV 2003). Das Ei wird an der Blattunterseite in eine Adergabelung gelegt (2). Die Jungraupe bohrt sich nach dem Schlüpfen sofort in das Blatt ein (3), wo sie eine Platzmine bildet (4,5). Zur Verpuppung verlässt sie das Blatt (6), rollt einen Blattrand um und spinnt sich einen feinen Seidenkokon (7). Darin verpuppt sie sich (9). Die Falter (8,10) sind lokal sehr häufig und bilden 2–3 Jahresgenerationen aus.

1

2

3

4

5

6

7

8

9

10

Familie Gelechiidae (Palpenmotten)

Aristotelia heliacella

(HERRICH-SCHÄFFER, [1854])

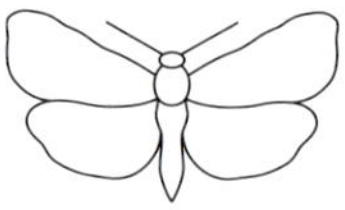

9–11 mm

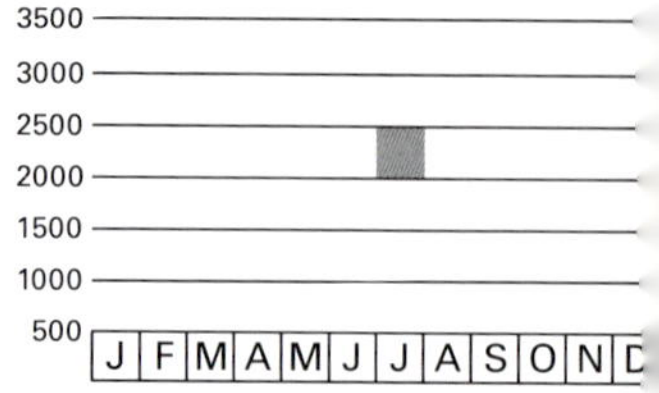

Verbreitung: Arkto-alpine Art. In den Alpen verbreitet, aber extrem lokal.
Lebensraum: Alpine Weiden und Geröllfluren auf Kalk, bis über 2500 m.
Biologie: Die Eiablage erfolgt an die jungen Blätter oder unter die Blattscheide eines Triebes von Silberwurz *(Dryas octopetala)* (1,2). Die Jungraupe spinnt nach dem Schlupf aus dem Ei und noch vor der ersten Nahrungsaufnahme einen Seidenkokon, in dem sie für einige Tage in Diapause verweilt (4,5). Die fast erwachsene Raupe überwintert (6,7) und verpuppt sich im Frühling. Die Falter kann man oft zahlreich an den Blüten von Silberwurz saugend antreffen (8–10).

1

2

3

4

5

6

7

9

8

10

Familie Gelechiidae (Palpenmotten)

Monochroa scutatella

(MÜLLER-RUTZ, 1920)

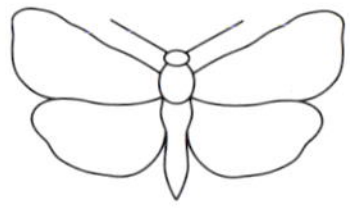

14–16 mm

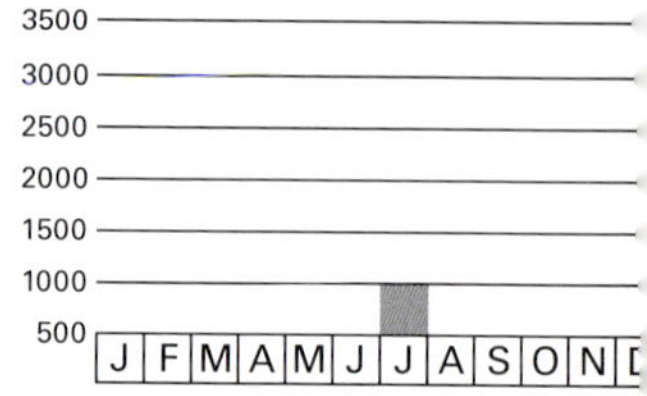

Verbreitung: Äußerst lokale und seltene Art; außer vom Typenfundort in Graubünden (CH) nur noch von einem Ort in den Alpes-Maritimes (F) bekannt geworden.

Lebensraum: Beim Typenfundort handelt es sich um einen warmen, südwestexponierten, steinigen Hang um 1000 m.

Biologie: Die Raupe (2,3) lebt in einem kurzen Gan in den oberflächennahen Teilen des Wurzelstock von Schildblättrigem Ampfer *(Rumex scutatus)* (1). Dort überwintert sie beinahe erwachsen. Die Verpuppung erfolgt in einem ziemlich dicht ausgesponnenen Teil des Fraßgangs, wobei die Raupe ei seitliches Schlupfloch vorbereitet, das sie mit Genagsel verschließt (4,6).

1

2

3

4

5

6

7

8

Familie Gelechiidae (Palpenmotten)

Exoteleia succinctella

(ZELLER, 1872)

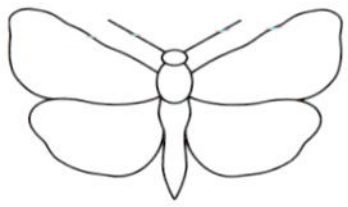

10–13 mm

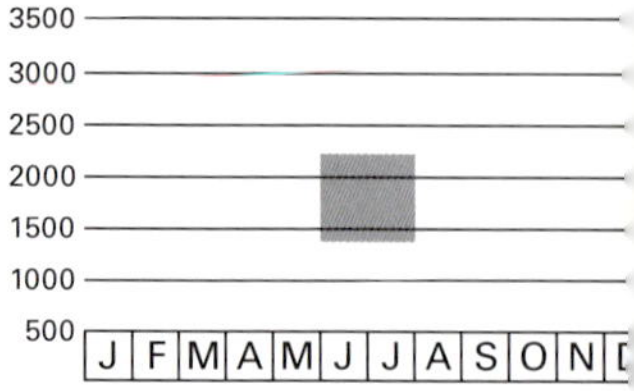

Verbreitung: In Europa bisher nur aus den Alpen und den Gebirgen des Balkans gemeldet, ziemlich lokal verbreitet und nicht häufig. In Deutschland nur in Bayern vorkommend.

Lebensraum: Subalpine Kampfzone mit Vorkommen der Legföhre, bevorzugt auf Kalk (Erico-Pinion mugo); Lawinentobel, Wildbachabhänge, Bergsturzgebiete, von etwa 1400 m bis mindestens 2200 m.

Biologie: Raupennährpflanze ist die Legföhre *(Pinus mugo mugo)*. Die Raupe lebt in einer Knospe, die sie von innen völlig ausfrisst (1–3). Sie überwintert erwachsen darin und verpuppt sich nach der Schneeschmelze im Frühling (4). Der Falterschlupf erfolgt durch die Knospenspitze, wobei die Puppenhülle in der Knospe verbleibt.

1

2

3

4

5

6

7

Familie Gelechiidae (Palpenmotten)

Neotelphusa sequax

(HAWORTH, 1828)

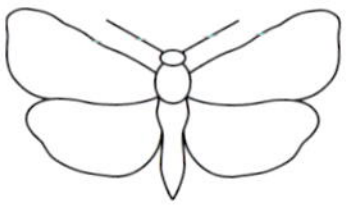

11–14 mm

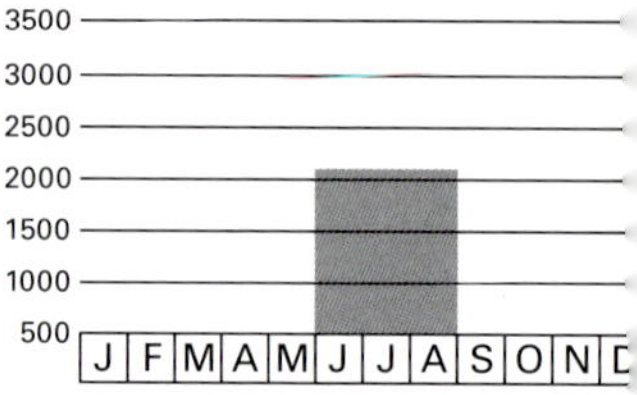

Verbreitung: In ganz Europa weit verbreitet und häufig.
Lebensraum: Warme, sonnige Magerwiesen, Straßenböschungen, Waldränder und Felsensteppen. In den Alpen ist die Art vor allem in den tieferen Lagen häufig, steigt lokal aber doch bis auf 2100 m.

Biologie: Als Raupennährpflanze dient das Sonnenröschen *(Helianthemum nummularium)* (1). Das Ei überwintert, die Jungraupe lebt im Trieb, dessen Blätter sie zusammenspinnt und der dadurch verkümmert (2–6). Die Verpuppung findet meist am Boden unter dürren Blättern statt (7). Die Falter (8, 9) sind lokal sehr häufig.

1

2

3

4

5

6

7

8

9

Familie Gelechiidae (Palpenmotten)

Carpotelechia fugitivella

(ZELLER, 1839)

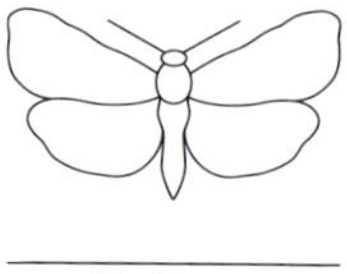

10–14 mm

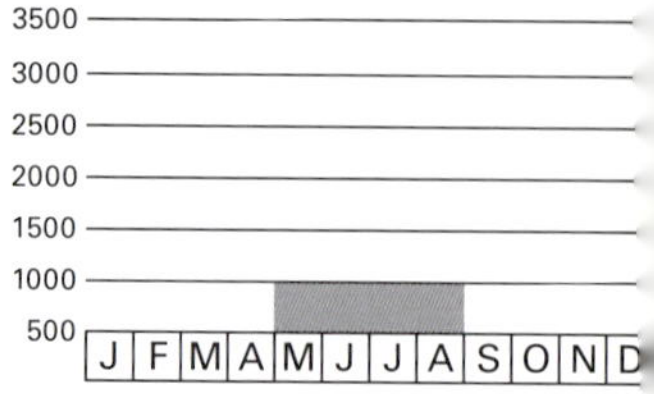

Verbreitung: In beinahe ganz Europa verbreitet und nicht selten.
Lebensraum: Laub- und Mischwälder, Waldränder, Lichtungen. Steigt in den Bergen bis mindestens 1000 m.
Biologie: Raupennährpflanze ist Berg-Ulme *(Ulmus glabra)* (1); laut Literatur auch eine ganze Reihe anderer Laubbäume (HUEMER & KARSHOLT, 1999). In der montanen Stufe ist sicher das Ei das Überwin terungsstadium, findet sich doch die winzige Jung raupe im Frühling in den Triebknospen (2,3). Späte wechselt sie in die Früchte, wo sie zwischen zusam mengesponnenen Samen oder an den Blättern lebt (4,5). Die Verpuppung erfolgt in einem rudimentären, feinen Seidenkokon (6).

1

2

3

4

5

6

7

8

9

Familie Gelechiidae (Palpenmotten)

Istrianis myricariella

(FREY, 1870)

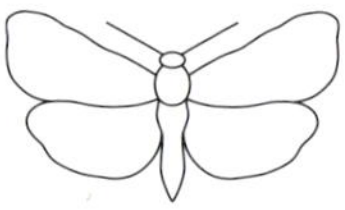

11–13 mm

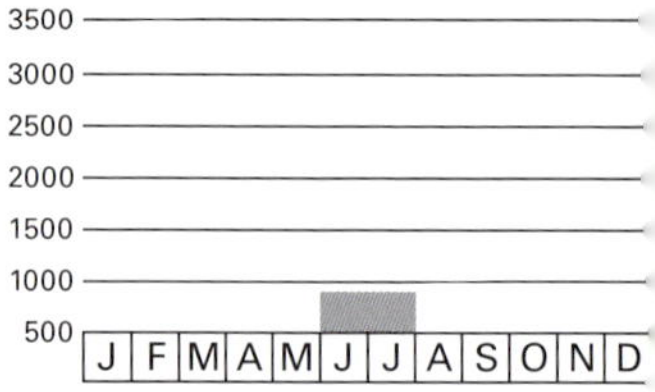

Verbreitung: In den Alpen sehr seltene und äußerst gefährdete Art. In Deutschland nur alte, fragliche Angaben, in Österreich fehlend, in der Schweiz aktuell wohl nur noch in Graubünden. Im Mittelmeergebiet in Küstennähe verbreitet.
Lebensraum: Entsprechend den Anforderungen der Raupennährpflanze: unverbaute Flussufer mit Sand- und Kiesbänken, die regelmäßig überflutet werden (Salicion elaeagni), bis 800 m.

Biologie: Raupennährpflanze ist die Deutsche Tamariske *(Myrica germanica)* (1). Die Raupe lebt in einem kurzen, leicht ausgesponnenen Gang in knotigen Astverzweigungen (2–4) und im Stängel neuer Triebe. Die erwachsene Raupe ist der Tamariskenblüte ähnlich gefärbt (5, 6)! Die Verpuppung erfolgt in einem recht dichten, röhrenförmigen Gespinst (7).

3

4

5

6

7

8

9

Familie Gelechiidae (Palpenmotten)

Teleioposis laetitiae

SCHMID, 2011

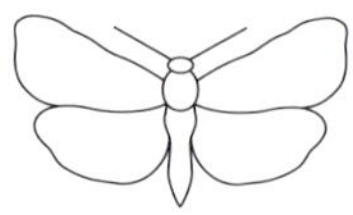

19–22 mm

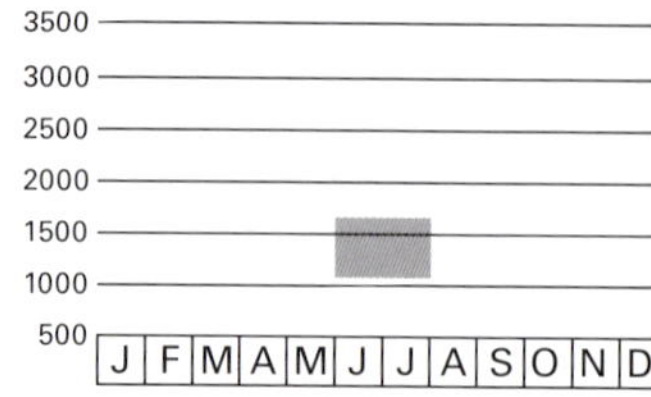

Verbreitung: Europäische Gebirgsart, südlich des Alpenhauptkammes verbreitet, auch auf dem Balkan und in der Türkei festgestellt. In den Alpen bisher aus Österreich, Italien, der Schweiz und Frankreich gemeldet.

Lebensraum: Xeromontane und subalpine Standorte.

Biologie: Raupennährpflanze ist der Schildblättrige Ampfer *(Rumex scutatus)* (1). Die Raupen leben gesellig in einem Gespinstsystem in der Bodenstreu am Fuße der Pflanze (2–5). Sie fressen bevorzugt nachts. Die Verpuppung erfolgt zu Sommerbeginn in einem feinen, recht dichten Gespinst am Boden (6). Die Art ist einbrütig; Überwinterungsstadium ist die Raupe.

4

5

6

7

8

9

10

Familie Gelechiidae (Palpenmotten)

Gelechia senticetella

(STAUDINGER, 1859)

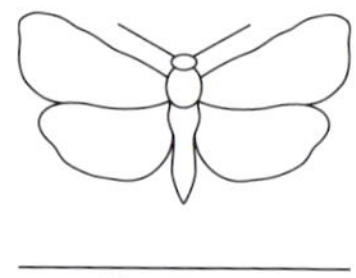

12–15 mm

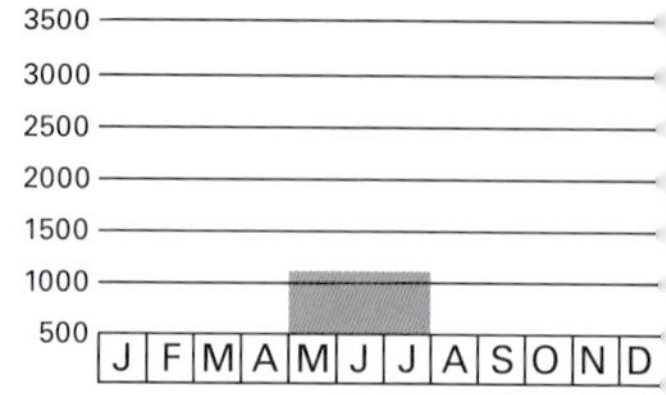

Verbreitung: In vielen Ländern Europas vorkommend, aber weiten Gebieten fehlend. In den Alpen nur sehr lokal und nicht häufig.
Lebensraum: Warmtrockene, sonnige Stellen; Felshänge, Straßenböschungen, steinige Biotope mit reichlichem Vorkommen der Raupennährpflanze. Charakterart der Kontinentalen Zwergstrauchheide (Juniperion sabinae).
Biologie: In den Alpen dürften die Raupen fast ausschließlich am Sadebaum *(Juniperus sabina)* (1) vorkommen, auch wenn die Art gelegentlich auch an anderen *Juniperus*-Arten und sogar an *Thuja* gefunden worden ist (HUEMER & KARSHOLT, 1999). Die Raupe lebt in einer feinen, mit Kot und dürren Pflanzenteilen belegten, beidseitig offenen Gespinströhre in den Zweigspitzen, von wo aus sie die Pflanze befrisst (3,5). Bevorzugt findet man Raupen an Zweigen, die über Felsen oder Steinen liegen, was für eine wärmeliebende Art spricht. Nach der Überwinterung häutet sich die bisher braune Raupe zu einer grünen (5,6), die an ihre Nährpflanze bestens angepasst ist. Die Verpuppung findet in einem Gespinstkokon in den dichten Zweigpartien der Fraßpflanze statt (7).

3

4

5

6

7

8

9

Familie Gelechiidae (Palpenmotten)

Mirificarma maculatella

(HÜBNER, 1796)

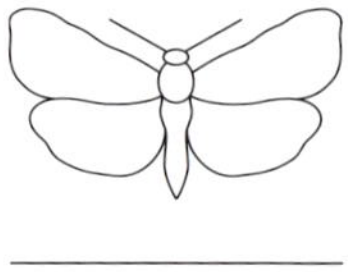

16–18 mm

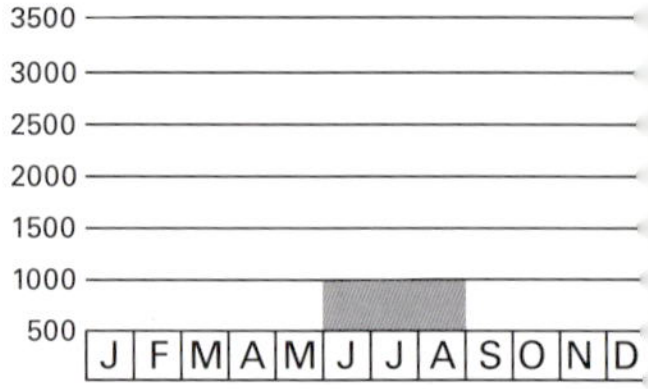

Verbreitung: Eine südeuropäische Art, die aber lokal auch im gemäßigten Europa verbreitet ist. Sie fehlt in Skandinavien und Großbritannien.

Lebensraum: Lokal an warmen Lagen der tiefen Täler; Böschungen, warmtrockene Waldränder, Felsensteppen (Berberidion). In den Bergen steigt die Art kaum über 1000 m.

Biologie: Raupennährpflanzen sind Strauchwicke *(Hippocrepis emerus)* und Bunte Kronwicke *(Securigera varia)*. Die Raupe (1–3) lebt im Frühling in einer aus Blättchen zusammengesponnenen Behausung. Dort oder am Boden verpuppt sie sich (5, 6). Die Art bildet nur eine Jahresgeneration aus. Überwinterungsstadium ist das Ei.

1

2

3

4

5

6

7

8

Familie Gelechiidae (Palpenmotten)

Mirificarma lentiginosella

(ZELLER, 1839)

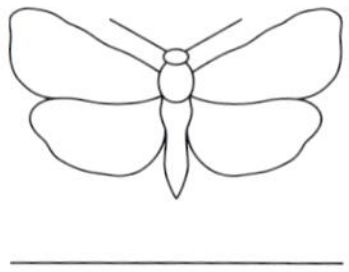

15–17 mm

Verbreitung: In ganz Europa recht verbreitet, aber immer nur lokal und mit den Raupennährpflanzen auch weiten Gebieten fehlend.

Lebensraum: Warme, trockene Magerwiesen, Felsensteppen, Heidegebiete. In den Alpen nur in tiefen Lagen, etwa mindestens bis 1000 m.

Biologie: Die hauptsächliche Raupennährpflanze in den Alpentälern ist wohl der Besenginster *(Cytisus scoparius)*. In der Literatur werden aber auch Arten der Gattung *Genista* genannt und sogar der Goldregen *(Laburnum anagyroides)* (HUEMER & KARSHOLT 1999). Die Raupe lebt zwischen zusammengesponnenen Blättern der Nährpflanze (1, 3–5), wo sie sich auch verpuppt (4). Die Falter (2, 6) fliegen im Spätsommer.

1

2

3

4

5

6

Familie Gelechiidae (Palpenmotten)

Prolita sexpunctella

(FABRICIUS, 1794)

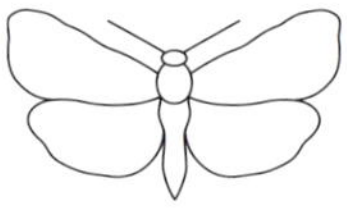

14–17 mm

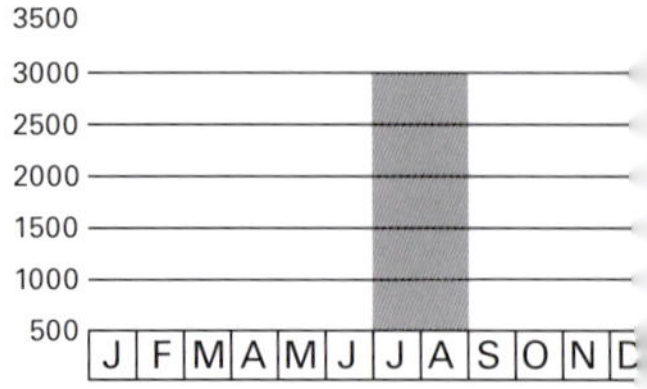

Verbreitung: In fast ganz Europa in den bergigen Gebieten verbreitet, in den Alpen lokal manchmal sehr häufig.

Lebensraum: In den Alpen ist *P. sexpunctella* eine Charakterart der Schuttgesellschaften der alpinen Stufe auf Kalk, bis 3000 m festgestellt.

Biologie: Raupennährpflanzen in den Alpen sind Silberwurz *(Dryas octopetala)* und Quendelblättrige Weide *(Salix serpyllifolia)*, in der Literatur werden *Calluna* und *Vaccinium* (ELSNER, HUEMER & TOKÁR 1999) sowie *Erica* (SCHÜTZE, 1931) genannt. Die Eier werden einzeln an die Futterpflanze abgelegt (2,3). Die Raupe lebt in einer Seidenröhre, zuerst an den Blattknospen, später in der Bodenstreu, von wo aus sie die umliegenden Blätter befrisst (4–6). Sie verpuppt sich erst nach der Überwinterung. Die sehr variabel gezeichneten Falter (8–11) sind tagaktiv, sie besuchen oft Blüten von Silberwurz.

1

2

3

4

5

6

7

8

9

10

11

Familie Gelechiidae (Palpenmotten)

Athrips mouffetella

(LINNAEUS, 1758)

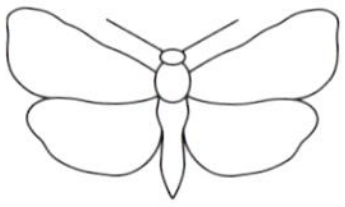

14–18 mm

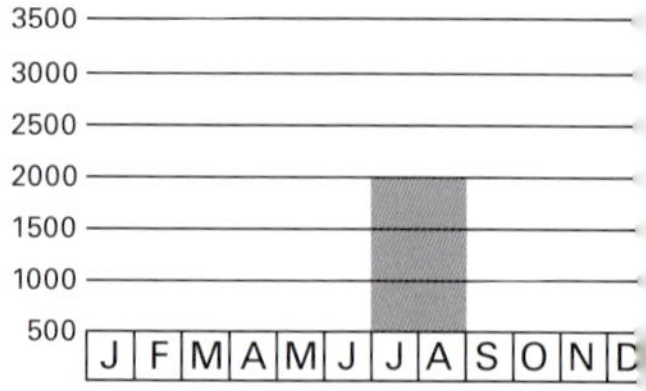

Verbreitung: Außer auf der Iberischen Halbinsel und dem Balkan fast überall in Europa verbreitet.
Lebensraum: Warme Waldränder, Gebüschzeilen, lichte Laubwälder, Waldwege, lichte Bergwälder. In den Bergen bis mindestens 2000 m.
Biologie: Raupennährpflanze ist die Rote Heckenkirsche *(Lonicera xylosteum)* (1), in höheren Lagen auch die Gewöhnliche Steinmispel *(Cotoneaster integerrima)*. Die Jungraupe spinnt die Triebblätter an der Zweigspitze zusammen und lebt darin in einer Seidenröhre (2–4), aus der heraus sie die anstehenden Blätter befrisst (5, 6). Zur Verpuppung fertigt sie an einem Ästchen einen recht dichten, außen mit Genagsel belegten, gut getarnten Kokon an (7, 8).

3

4

5

6

7

8

9

Familie Gelechiidae (Palpenmotten)

Scrobipalpa proclivella

(FUCHS, 1886)

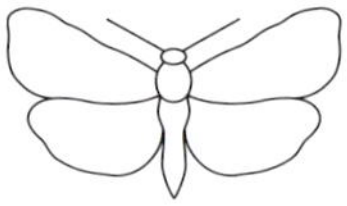

12–13 mm

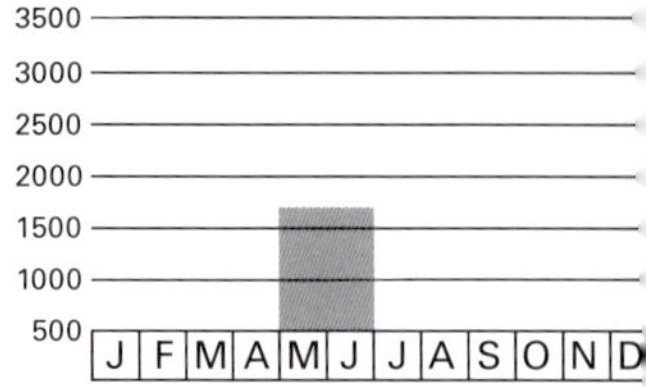

Verbreitung: In Europa weit verbreitet, aber lokal und in vielen Gegenden fehlend.
Lebensraum: Warme, trockene und sonnige Stellen mit reichlichem Vorkommen der Raupennährpflanzen, kaum höher als 1700 m steigend.
Biologie: Die Raupe lebt in den Triebenden von Wermut *(Artemisia absinthium)*, wo sie zuerst miniert und später die Blätter zu einer Wohnung zusammen spinnt (1–4). Laut Literatur werden auch andere Asteraceen belegt (HUEMER & KARSHOLT, 2010). Die Verpuppung erfolgt noch im Herbst, entweder in dieser Gespinströhre oder am Boden (6). Die Falter (5,7,8) schlüpfen im Frühsommer. In den Alpentälern wird pro Jahr nur eine Generation ausgebildet.

Familie Gelechiidae (Palpenmotten)

Scrobipalpa artemisiella

(TREITSCHKE, 1833)

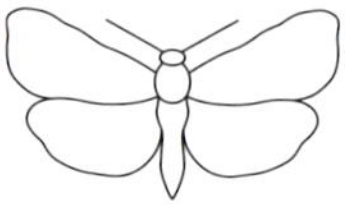

11–13 mm

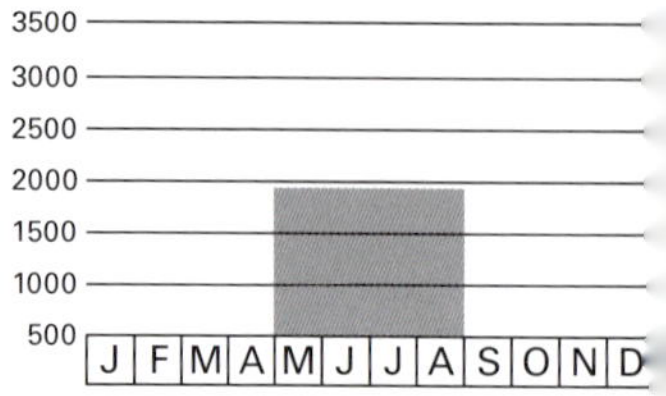

Verbreitung: In ganz Europa weit verbreitet und recht häufig.
Lebensraum: Trockene Hänge, Waldränder und Straßenböschungen. Warme, steinige Magerwiesen. In den Alpen steigt die Art bis mindestens 1900 m.
Biologie: Sicher nachgewiesene Raupennährpflanzen sind Thymian-Arten (*Thymus* sp.) (1). Die Raupe lebt zuerst in einer kurzen Blattmine in der Pflanzenknospe (2); später baut sie aus zusammengesponnenen Blättern eine seidene Röhre, die außen noch zusätzlich dicht mit Kot belegt wird (3,5,6). Die Verpuppung findet am Boden zwischen dürren Blättern statt (7). Die Art ist einbrütig, mit einer langen Flugzeit je nach Höhenlage. Überwinterungsstadium ist die Jungraupe.

1

2

3

4

5

6

7

8

9

Familie Gelechiidae (Palpenmotten)

Scrobipalpula ramosella

(MÜLLER-RUTZ, 1934)

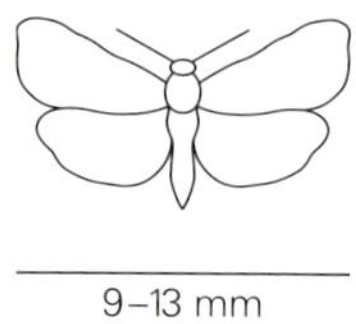

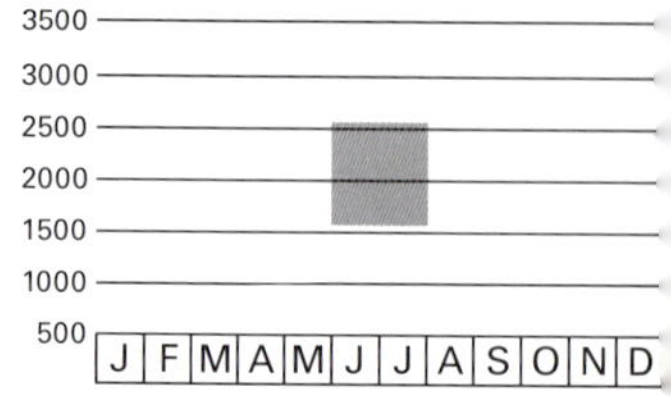

Verbreitung: In Europa bisher nur von einigen wenigen Lokalitäten in den Schweizer und französischen Zentralalpen nachgewiesen.
Lebensraum: Sehr trockene Kalk-Felswände mit kargem Boden, Schuttvegetation, äußerst lokal, von etwa 1700 m bis 2600 m; auch auf Silikat.
Biologie: Als Raupennährpflanze wurde die Echte Edelraute *(Artemisia umbelliformis)* (1) auf Kalk sowie die Moschus-Schafgarbe *(Achillea erba-rotta ssp. moschata)* und die Gletscher-Edelraute *(Artemisia glacialis)* auf Silikat festgestellt. Das in der Literatur auch genannte Berufkraut *(Erigeron)* (HUEMER & KARSHOLT, 2010) bezieht sich wohl auf die Art *Scrobipalpula diffluella*. Die Raupen leben gesellig am Grund der Pflanzenpolster, wo sie aus Seidenröhren heraus die grundständigen Blätter minieren (2,3,6). Der im Pflanzenpolster am Boden liegende Puppenkokon wird mit Sandkörnern belegt (4). Die Weibchen (7) sind kurzflügeliger als die Männchen (5).

1

2

3

4

5

6

7

Familie Gelechiidae (Palpenmotten)

Scrobipalpula diffluella

(FREY, 1870)

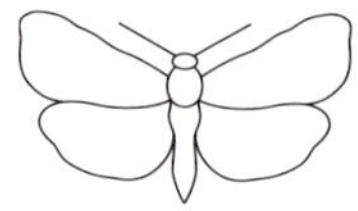

10–13 mm

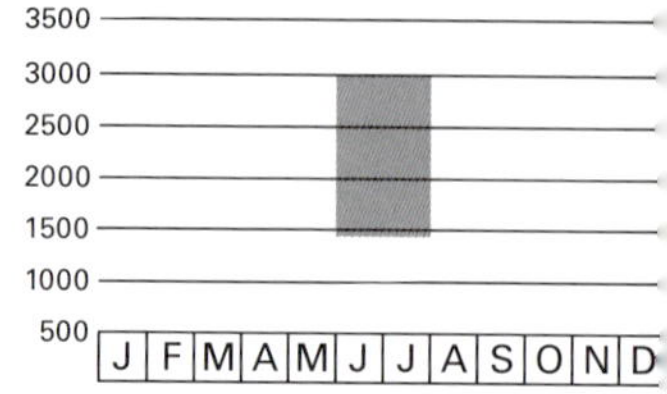

Verbreitung: Boreo-montane Art, in den Alpen und in Skandinavien, außerdem aus Großbritannien, Ungarn und dem früheren Jugoslawien gemeldet.
Lebensraum: In den Alpen in Felsfluren und vegetationsarmen Geröllschuttbiotopen zwischen etwa 1400 m und 3000 m.
Biologie: Die Raupe lebt an Berufkrautarten (*Erigeron* sp.) (1), laut Literatur auch an Aster (*Aster* sp.) und Alpenlattich *(Homogyne alpina)* (HUEMER & KARSHOLT, 2010). An Berufkraut spinnt sie mehrere Blätter locker zusammen und lebt in einer zusammenhängenden Platzmine, die sich über mehrere Blätter erstreckt (2,3). Der Kot wird aus der Mine ausgestoßen. Zur Verpuppung verlässt die Raupe die Mine (4–6) und fertigt in der Bodenstreu einen feinen Kokon an, in dem sie als Puppe (7) überwintert.

4

5

6

7

8

9

Familie Gelechiidae (Palpenmotten)

Cosmardia moritzella

(TREITSCHKE, 1835)

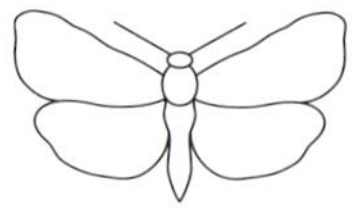

12–16 mm

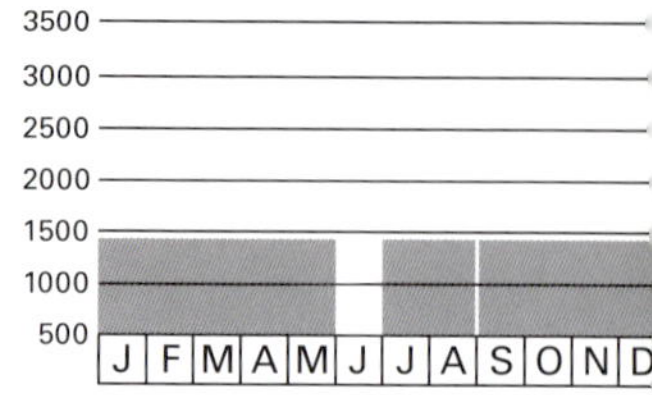

Verbreitung: Aus fast allen europäischen Ländern gemeldet, aber zerstreut und selten.
Lebensraum: In den Alpen an trockenen, warmen Standorten; Straßenböschungen, Ruderalflächen, bis mindestens 1400 m beobachtet.
Biologie: Raupennährpflanze ist die Weiße Waldnelke *(Silene pratensis)*, laut Literatur auch andere Nelkenarten (Caryophyllaceae) (HUEMER & KARSHOLT 2010). Die Raupe lebt zuerst zwischen zusammengesponnenen Blüten (1, 2), später dringt sie in die Samenkapseln ein, wo sie die unreifen Samen frisst (3–5). Die Verpuppung erfolgt in einem feinen Gespinst (6). Die Falter (7, 8) überwintern.

1

2

3
4
5
6
7
8

Familie Gelechiidae (Palpenmotten)

Caryocolum vicinella

(DOUGLAS, 1851)

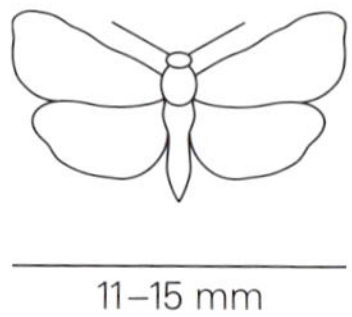

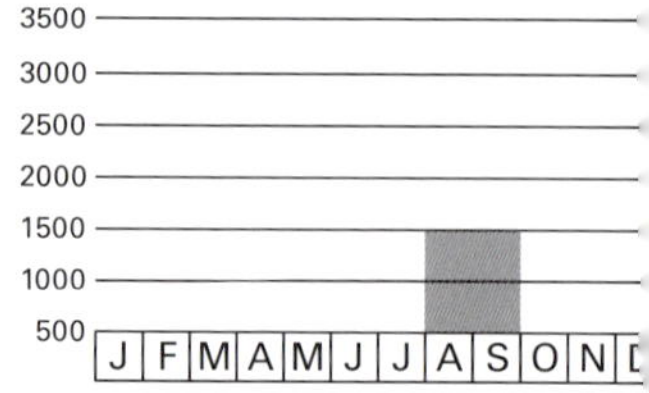

Verbreitung: In fast ganz Europa verbreitet, aber lokal und weiten Strecken auch fehlend.

Lebensraum: Warme, sonnige Felsensteppen, Wegränder, Magerrasen. In den Bergen bis mindestens 1500 m.

Biologie: Die Raupe lebt in den Polstern von Acker-Hornkraut *(Cerastium arvense)* (1), wobei sie zuerst in den jungen Blüten sitzt und dort die jungen Samen frisst (2). Dann spinnt sie einzelne Blüten etwas zusammen und befrisst von dieser Behausung aus die umliegenden Blättchen. Gelegentlich werden auch Blättchen zu spindelförmigen Behausungen zusammengesponnen (3). Die Verpuppung findet dort oder aber in der Bodenstreu statt (4). Als weitere Nährpflanze wurde Nickendes Leimkraut *(Silene nutans)* beobachtet; in der Literatur werden noch eine ganze Reihe anderer Raupennährpflanzen genannt (HUEMER & KARSHOLT, 2010).

1

2

3

4

5

7

6

8

Familie Gelechiidae (Palpenmotten)

Caryocolum oculatella

(THOMANN, 1930)

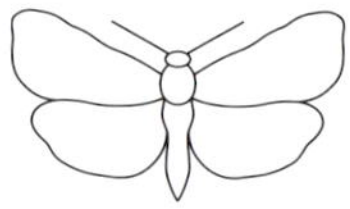

11–13 mm

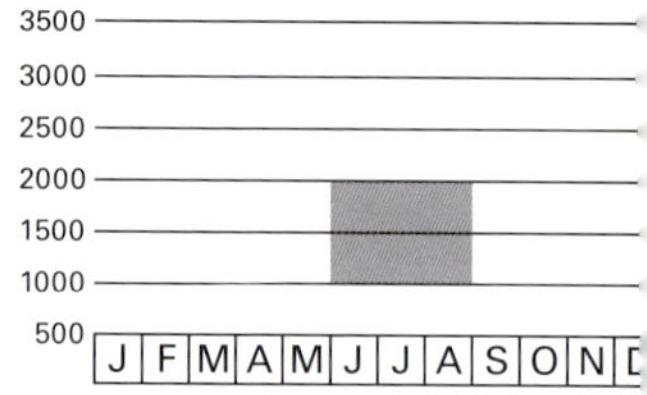

Verbreitung: In Europa bisher nur vom Typenfundort im Unterengadin und dem angrenzenden Nordtiroler Inntal sowie von zwei weiteren Fundorten in Graubünden bekannt geworden; außerdem in Sibirien und in der Mongolei.
Lebensraum: In den Alpen an steilen Felshängen von Schluchten und an Felsen der subalpinen Stufe, extrem lokal und selten. Höhenverbreitung von 1000 m bis 2000 m.
Biologie: Raupennährpflanze ist das Kriechende Gipskraut *(Gypsophila repens)*. Die Raupe lebt zwischen zusammengesponnenen Blättern des jungen Triebes an sandigen, sehr trockenen, felsigen Stellen (1, 3–5). Zur Verpuppung verlässt die Raupe ihre Wohnung und spinnt am Boden einen recht festen Kokon, der außen mit Umgebungsmaterial belegt ist (6, 8). Die Raupen sind oft parasitiert. Die Flugzeit liegt Ende Juni bis Mitte August, je nach Höhenlage. Die Falter (2, 7, 9) variieren in der Zeichnung auffallend wenig.

1

2

3

4

5

6

7

8

9

Familie Gelechiidae (Palpenmotten)

Caryocolum petryi

(O. HOFMANN, 1899)

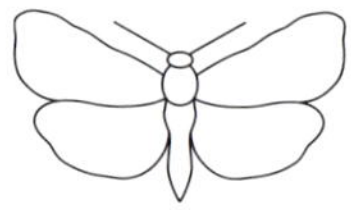

9–11 mm

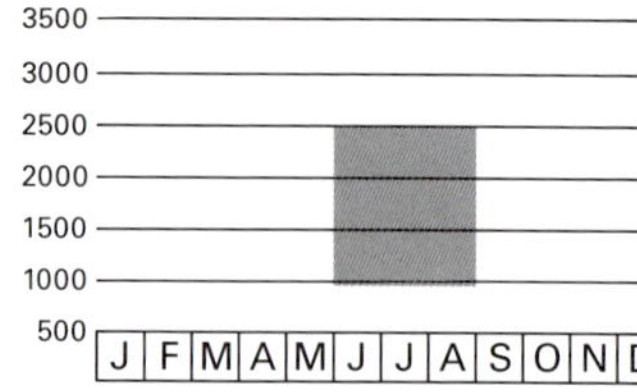

Verbreitung: In den Alpenländern zerstreut, in Ungarn und in den Pyrenäen, aber auch im Baltikum und in Skandinavien nachgewiesen.
Lebensraum: In den Alpen bevorzugt auf subalpinen und alpinen Felspartien aus Kalk mit der Raupennährpflanze. Die Art steigt in den Alpen bis auf 2500 m und ist damit die am höchsten vorkommende *Caryocolum*-Art, einzelne Populationen befinden sich aber auch an felsigen Orten in Tallagen.

Biologie: Die Raupe lebt in zusammengesponnenen Triebblättern des Gipskrauts *(Gypsophila repens)* (1,2,3). Die Verpuppung erfolgt im Gegensatz zu anderen an *Gypsophila* lebenden Arten stets auch in dieser Blattröhre (4). Die Falter sind in der Zeichnung recht variabel (5–9).

1

2

Familie Gelechiidae (Palpenmotten)

Caryocolum repentis

HUEMER & LUQUET, 1992

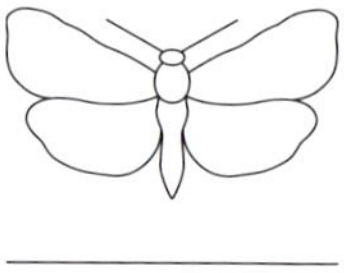

9–11 mm

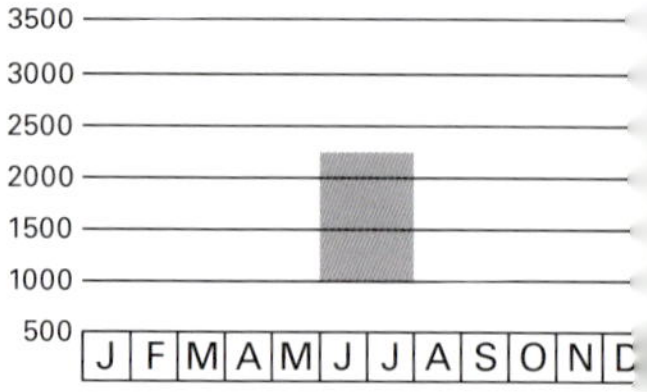

Verbreitung: In allen Alpenländern, zerstreut.
Lebensraum: Straßenböschungen, steinige, trockene Hänge und Felsabbrüche, nur auf Kalk, von 1000 m bis etwa 2300 m.
Biologie: Die Art lebt monophag an Kriechendem Gipskraut *(Gypsophila repens)*. Die Jungraupe miniert ein Blatt. Später spinnt sie die Triebblätter zu einer geschlossenen Röhre zusammen und befrisst diese Blätter von innen her (1–3). Die Verpuppung erfolgt manchmal in diesem Blattgehäuse (4), manchmal am Boden. Die Raupen sind oftmals parasitiert (5) Die Falter (6–8) sind in der Zeichnung variabel.

3

4

5

6

7

8

Familie Gelechiidae (Palpenmotten)

Caryocolum blandulella

(TUTT, 1887)

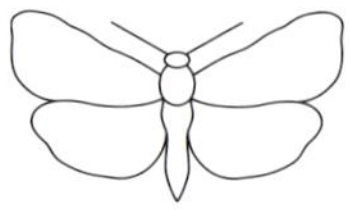

8–11 mm

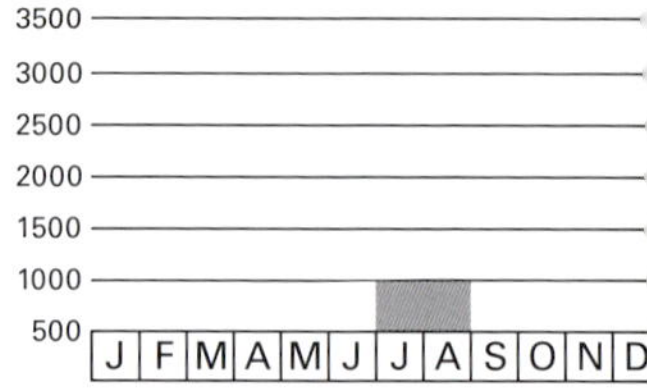

Verbreitung: In Europa zerstreut, aber selten und weiten Strecken fehlend. In Deutschland nur im Norden und Osten, in der Schweiz nur im Wallis, aus Österreich noch nicht gemeldet.
Lebensraum: Im Wallis in xerothermen, felsdurchsetzten Steppenbiotopen bis mindestens 1000 m, laut Literatur bis 2000 m in der Türkei (HUEMER & KARSHOLT, 2010).

Biologie: Die Raupe lebt in den Trieben von verschiedenen Hornkraut-Arten (*Cerastium* sp.), wo sie zuerst die Blätter miniert. Später spinnt sie Blätter und Blüten zu einer Wohnung zusammen (1–5). Darin erfolgt auch die Verpuppung (6). Die Art ist einbrütig.

1

2

3

4

5

7

6

8

Familie Gelechiidae (Palpenmotten)

Caryocolum petrophila

(PREISSECKER, 1914)

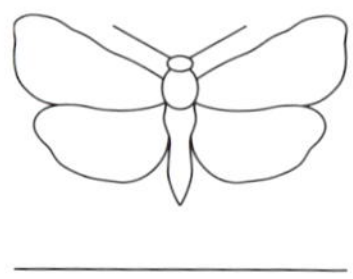

11–13 mm

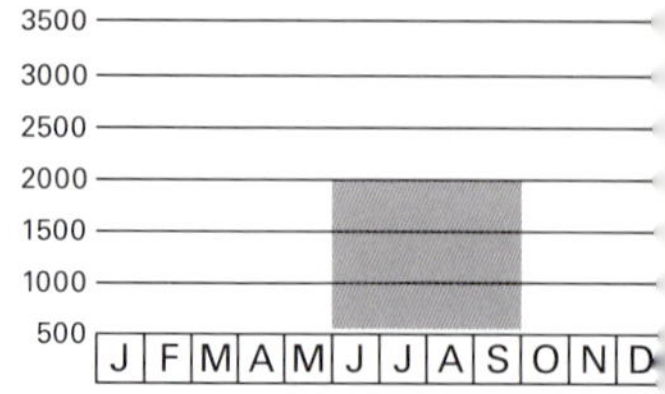

Verbreitung: In Skandinavien und in den Alpenländern außer Deutschland, aber auch im Apennin und auf dem Balkan festgestellt; im Alpenraum immer nur sehr lokal und selten.

Lebensraum: In den Alpen an trockenen, warmen und steinigen Lokalitäten, wo die Raupennährpflanze reichlich wächst, zwischen 600 m und mindestens 2000 m.

Biologie: Raupennährpflanze ist das Acker-Hornkraut (*Cerastium arvense* s.l.), laut Literatur lebt die Art aber auch an Gras-Sternmiere *(Stellaria graminea)* (HUEMER & KARSHOLT, 2010). Zuerst miniert die Raupe die Blätter (1), später spinnt sie zwei oder drei Blätter zusammen und wohnt in dieser Behausung (2–4). Die Verpuppung erfolgt auch zwischen zusammengezogenen Blättern (5).

1

2

3

4

5

6

7

8

Familie Gelechiidae (Palpenmotten)

Tila capsophilella

(CHRÉTIEN, 1900)

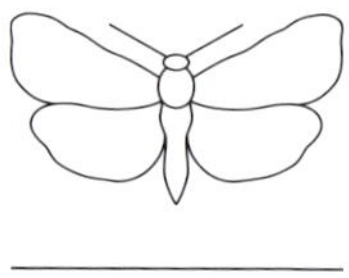

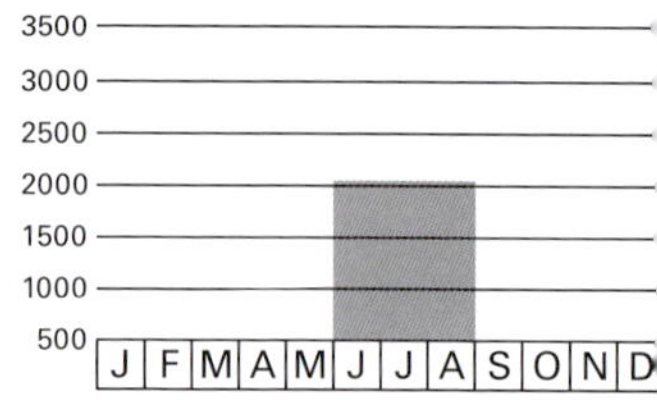

Verbreitung: Bisher nur aus den Alpenländern gemeldet. In Deutschland isoliert in Thüringen. In den Alpen der Schweiz und Österreichs nur von wenigen Gegenden nachgewiesen.

Lebensraum: Trockene, warme und steinige Standorte auf Kalk. In den Bergen bis mindestens 2100 m.

Biologie: Die Raupe lebt in den Alpen zwischen zusammengesponnenen Blättern von Kriechendem Gipskraut *(Gypsophila repens)* (1, 3, 6), in Thüringen an Büscheligem Gipskraut *(Gypsophila fastigiata)* (www.lepiforum.de). Erwachsen verfärbt sie sich rötlich, verlässt ihre Blattbehausung und spinnt in der Bodenstreu einen feinen Seidenkokon (4).

1

2

3

5

6

7

Familie Gelechiidae (Palpenmotten)

Pogochaetia solitaria

(STAUDINGER, 1879)

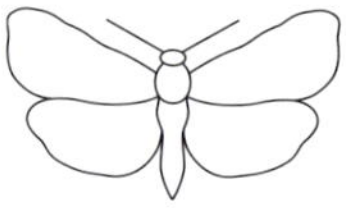

12–14 mm

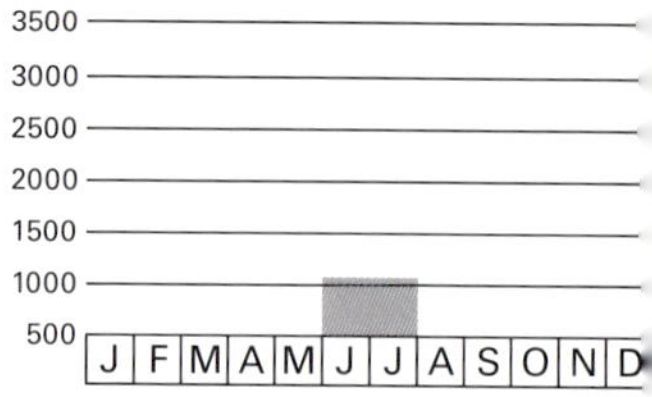

Verbreitung: In den südeuropäischen Ländern verbreitet; in den Alpen nur sehr lokal und selten. Fehlt in Deutschland.
Lebensraum: Xerotherme Rasen und Felsschuttbiotope, südexponierte Straßenränder in felsigem Gebiet (Sarothamnion). Nur in der kollinen und montanen Stufe.

Biologie: Die Raupe lebt in den Samenkapseln von Rotem Seifenkraut *(Saponaria ocymoides)* (1, 2). Sie verspinnt einige Samenstände und wechselt dann von einer Kapsel zur anderen, welche sie leer frisst (3–6). Die Verpuppung erfolgt zu Sommerbeginn in einem feinen Gespinst am Boden der Pflanzenpolster (8). Oft sind mehrere Raupen in einem Pflanzenpolster zu finden. Die Falter sind in ihrer Zeichnung variabel (7,9).

4

5

6

7

8

9

Familie Gelechiidae (Palpenmotten)

Sattleria melaleucella

(CONSTANT, 1865)

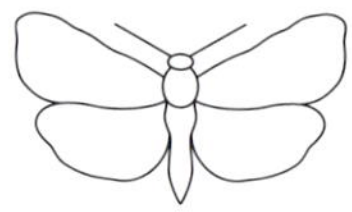

11–24 mm

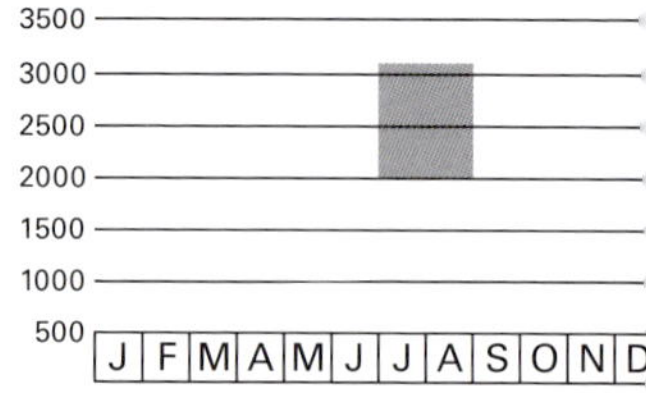

Verbreitung: Im gesamten Alpenbogen, aber oft nur an eng begrenzten Stellen vorkommende Hochgebirgsart.
Lebensraum: Magerrasen und vegetationsarme Geröllfluren des Hochgebirges, Gletschermoränen mit lückigen Polsterpflanzengesellschaften sowohl auf Kalk als auch auf Silikat, von etwa 2000 m bis 3100 m.
Biologie: Raupennährpflanzen sind die Kalk-Polsternelke *(Silene acaulis)*, der Gegenblättrige Steinbrech *(Saxifraga oppositifolia)*, das Alpen-Bruchkraut *(Herniaria alpina)*, das Einblütige Hornkraut *(Cerastium uniflorum)*, laut Literatur auch weitere Polsterpflanzen (HUEMER & KARSHOLT, 2010). Die Eiablage erfolgt einzeln (2). Raupen leben im Pflanzenpolster in Gespinströhren, in denen sie sich schnell hin- und her bewegen und von der Polsteroberfläche rasch in die Bodenschicht wechseln können (3–5). Möglicherweise werden so auch Temperaturgradienten aus-genutzt. Die Verpuppung erfolgt in einem feinen Gespinst im Pflanzenpolster (6). Die Weibchen (7,9,10) sind kurzflügelig und flugunfähig, können jedoch lebhaft herumhüpfen; die Männchen (1,8,11) fliegen vormittags. Die Entwicklung ist in der Regel zweijährig.

1

2

3

4

5

6

7

8

9

10

11

Familie Gelechiidae (Palpenmotten)

Sattleria basistrigella

HUEMER, 1997

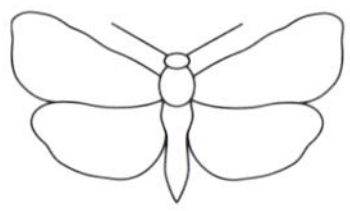

12–20 mm

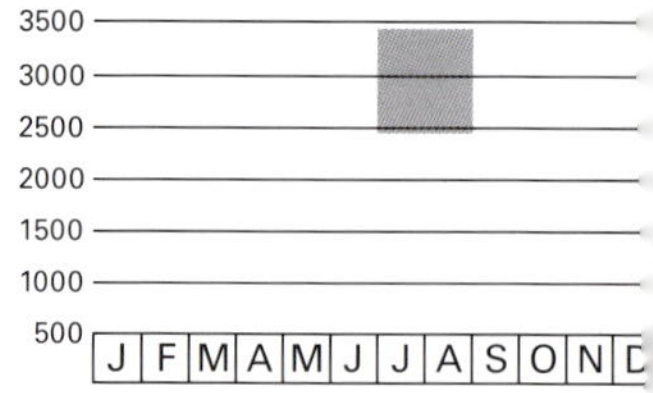

Verbreitung: Bisher nur aus den Walliser Alpen bekannt geworden.
Lebensraum: Spärlich bewachsene Schutt- und Geröllfluren, sowohl auf Kalk als auch auf Silikat, von etwa 2400 m bis 3400 m. Sie ist damit eine der am höchsten steigenden alpinen Kleinschmetterlings-Arten.
Biologie: Als Raupennährpflanzen wurden im Freiland Gegenblättriger Steinbrech *(Saxifraga oppositifolia)* und Stängelloses Leinkraut *(Silene acaulis)* beobachtet. Das Ei wird in die Blattachseln abgelegt (1,2). Die Raupe lebt in einer mit Umgebungsmaterial verkleideten Seidenröhre in einem Pflanzenpolster, bevorzugt unter einem lose aufliegenden Stein (4). Sie überwintert zweimal. Die Verpuppung erfolgt in einem rudimentären Gespinst zwischen Pflanzenteilen oder in der Bodenstreu (6). Die männlichen Falter (7) fliegen bei Tage und suchen die am Boden sitzenden, flugunfähigen Weibchen (8,9)

1

2

3

4

5

6

7

8

9

Familie Gelechiidae (Palpenmotten)

Sophronia humerella

([DENIS & SCHIFFERMÜLLER], 1775)

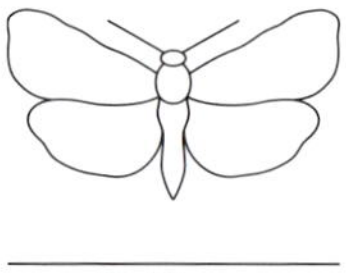

10–12 mm

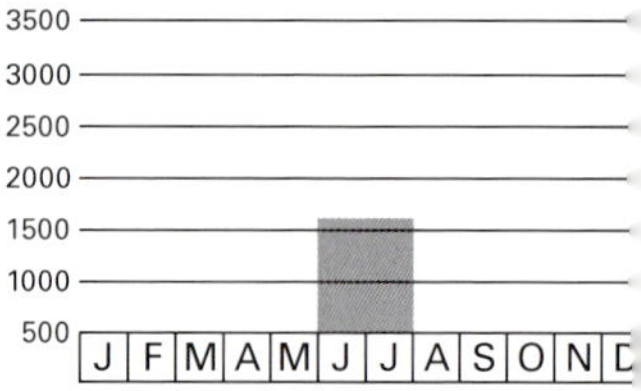

Verbreitung: In ganz Europa weit verbreitet, in den Alpen aber doch nur lokal.
Lebensraum: Trockene Magerwiesen und südexponierte, steinige Halden, Schuttfluren, in den Bergen bis mindestens 1600 m beobachtet.
Biologie: Eine der Raupennährpflanzen ist der Feld-Beifuß *(Artemisia campestris)*, hier gezeigt, aber die Raupe lebt auch an zahlreichen anderen Pflanzen wie Thymian (*Thymus* sp.) oder Schafgarbe (*Achillea* sp.) (ELSNER et al., 1999). Sie spinnt die Triebe der jungen Pflanzen zusammen (1,2,6). Die Verpuppung findet in einem feinen Gespinst an der Basis der Pflanze statt (7). Das Überwinterungsstadium ist unklar.

1

2

3

4

5

6

7

Familie Gelechiidae (Palpenmotten)

Syncopacma patruella

(MANN, 1857)

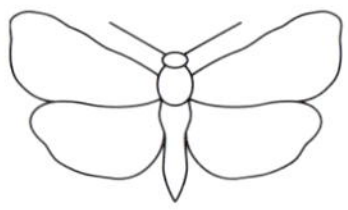

13–15 mm

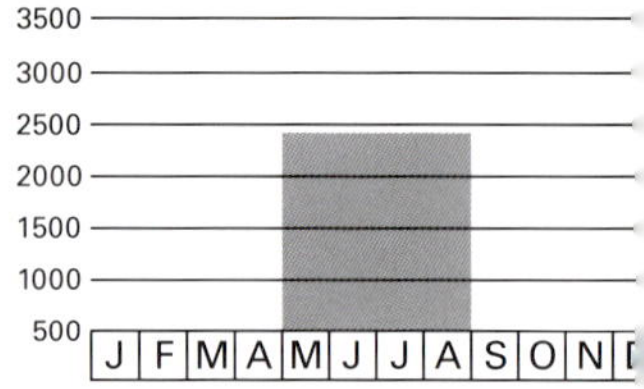

Verbreitung: In weiten Teilen Europas verbreitet, streckenweise aber fehlend.
Lebensraum: Bevorzugt in gebirgigen Gegenden, auf trockenen Waldlichtungen, an steinigen Straßenböschungen und auf mageren Alpweiden auf Kalk, bis etwa 2400 m.
Biologie: Die Raupe lebt an Hufeisenklee *(Hippocrepis comosa)*, wo sie am Grund des Pflanzenpolsters ein feines Seidengespinst anfertigt (1). Eine Öffnun darin stellt den Ausgang der Seidenröhre dar (2), di in die Tiefe führt und in einem sehr dichten, kle nen Seidenkokon endet, wohin sich die Raupe (2–4 bei Störung zurückzieht (3). In der alpinen Stufe wir auch der Alpen-Wundklee *(Anthyllis vulneraria alpestris)* belegt. Die Verpuppung erfolgt am Boden ode zwischen Blättern in einem Gespinst (5).

1

2

3

4

5

7

6

8

Familie Gelechiidae (Palpenmotten)

Syncopacma coronillella

(TREITSCHKE, 1833)

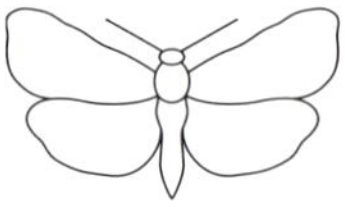
12–14 mm

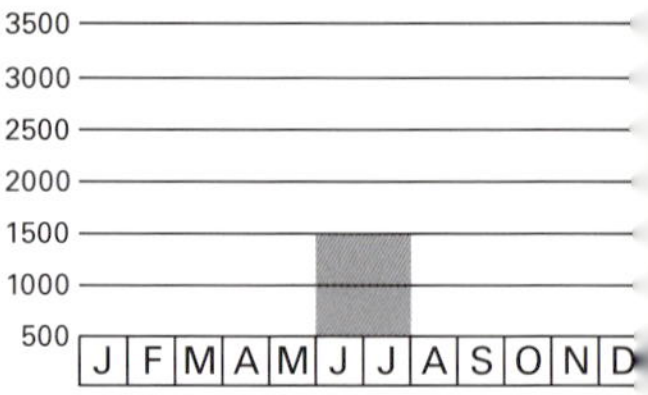

Verbreitung: Im südlichen Europa verbreitet, in den Alpen aber nur lokal und weiten Gebieten auch fehlend.
Lebensraum: Warme, sonnige, trockene Magerrasen auf Kalk, aber auch mesophile Krautsäume (Trifolion medii). In den Bergen steigt die Art wohl kaum über 1500 m.

Biologie: Die Raupe wird hauptsächlich zwischen versponnenen Blättern von Bunter Kronwicke *(Securigera varia)* gefunden (1–4). Laut Literatur lebt sie auch an einer Reihe anderer Fabaceen (ELSNER et al., 1999). Sie verpuppt sich in einem recht dichten Seidengespinst zwischen den Blättern ihrer Nährpflanze (5,6).

1

2

3

4

5

6

7

8

Familie Gelechiidae (Palpenmotten)

Syncopacma sangiella

(STAINTON, 1863)

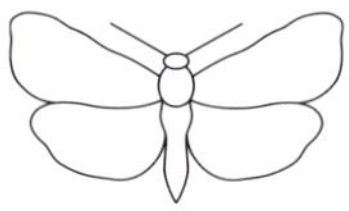

11–14 mm

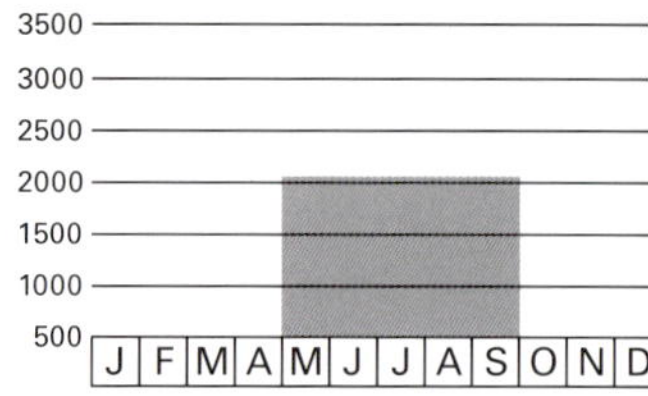

Verbreitung: In weiten Teilen Europas verbreitet, aber doch nur lokal vorkommend und großen Gebieten auch fehlend.
Lebensraum: Trockene, warme Wiesen und Weiden, Straßenböschungen, bevorzugt in den Tallagen. In höheren Lagen selten, auf xeromontane Standorte beschränkt, bis 2100 m.
Biologie: Die Jungraupe lebt zuerst in zusammengesponnenen Triebenden von Gemeinem Hornklee *(Lotus corniculatus)*; in tiefen Lagen wurde sie auch an Behaartem Hornklee *(Lotus delortii)* nachgewiesen (1, 2). Später werden von der erwachsenen Raupe immer mehr Blätter zu einer Behausung zusammengesponnen (3–5). Die Verpuppung erfolgt in der Bodenstreu in einem feinen Gespinst (6). Die lange Flugzeit könnte auf eine zweite Generation im Herbst hindeuten.

1

2

3
4
5
7
6
8

Familie Gelechiidae (Palpenmotten)

Syncopacma albifrontella

(HEINEMANN, 1870)

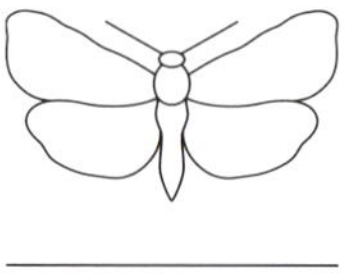

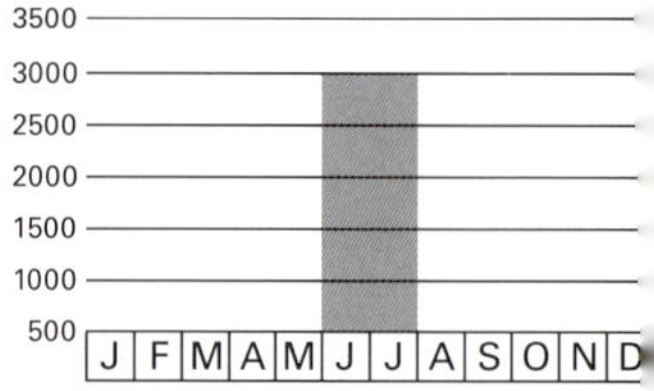

Verbreitung: In den Alpenländern und auch im weiteren Mittel- und Osteuropa verbreitete, aber extrem lokale Art. In Deutschland nur in Baden-Württemberg, Bayern und im Saarland, in der Schweiz nur im Jura und Wallis nachgewiesen.

Lebensraum: Steppenbiotope auf Kalk; in den Bergen bis über 3000 m auf vegetationsarmen Kalkschutthalden.

Biologie: Laut Literatur frisst die Raupe (3–5) Sand-Tragant *(Astragalus arenaria)* (ELSNER, HUEMER & TOKAR, 1999), Alpen-Spitzkiel *(Oxytropis campestris)* und Südlichen Tragant *(Astragalus australis)* (WEBER 1945). In den Hochalpen wurde die Raupe an den Blättern von Schweizer Spitzkiel *(Oxytropis helvetica)* (1) fressend gefunden. Sie lebt dort in einer Seidenwiege zwischen zusammengesponnenen Blättern (2,3), wo auch im Herbst die Verpuppung erfolgt (6). Die winzigen Falter (7,8) fliegen kaum größere Strecken, sondern bewegen sich vorwiegend hüpfend vorwärts.

1

2

3

4

5

7

6

8

Familie Gelechiidae (Palpenmotten)

Syncopacma karvoneni

(HACKMAN, 1950)

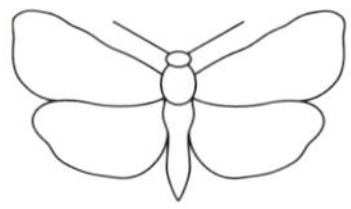

11–14 mm

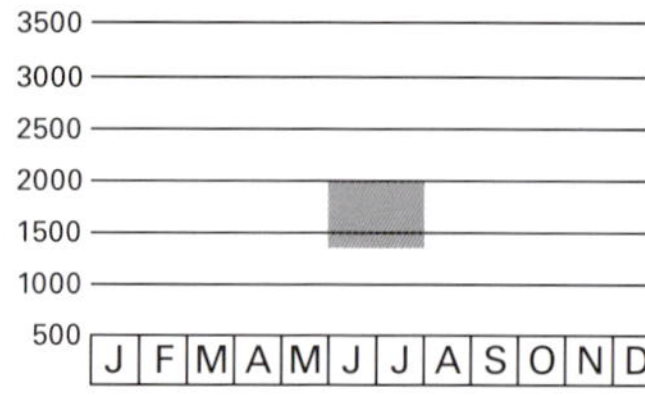

Verbreitung: Boreo-alpine Art, aus Skandinavien beschrieben, auch in Russland vorkommend. In den Alpen bisher nur in Graubünden (CH) und in den Hautes-Alpes (F) festgestellt.

Lebensraum: In der Schweiz im montanen bis subalpinen Wald, auf tiefgründigen, eher feuchten Waldlichtungen und Bergwiesen mit reichlichem Vorkommen der Raupennährpflanze, 1400 m bis mindestens 2000 m.

Biologie: Als Raupennährpflanze wurde in Graubünden die Gletscherlinse *(Astragalus frigidus)* nachgewiesen, während für Skandinavien verschiedene andere Fabaceen genannt werden (ITÄMIES & KYRKI, 1983). Die Raupe lebt in einem Gehäuse aus zusammengesponnenen Blättern (1,2,3,5). Sie überwintert erwachsen am Boden unter der Nährpflanze und verpuppt sich dort im Frühling, ohne erneut Nahrung aufzunehmen, in einem lockeren, feinen Gespinst (7,8). Die Weibchen (4) sind etwas schmalflügeliger als die Männchen (6), aber gleich gezeichnet.

1

2

3

4

5

6

7

8

Familie Gelechiidae (Palpenmotten)

Aproaerema anthyllidella

(HÜBNER, [1813])

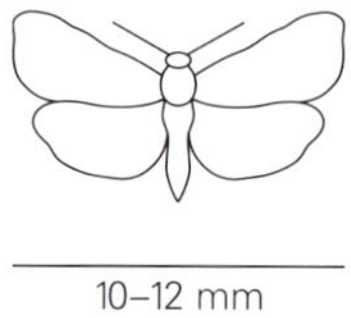

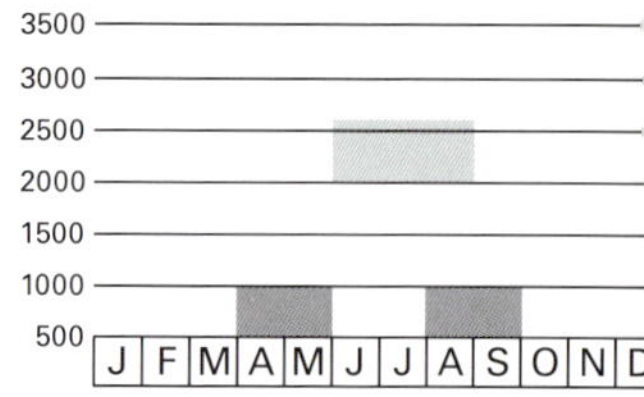

Verbreitung: In ganz Europa weit verbreitet und häufig.
Lebensraum: Von der Talsohle bis mindestens 2600 m, gerne an warmtrockenen Standorten. In der alpinen Stufe ist *A. anthyllidella* eine Charakterart der Kalkmagerrasen (Seslerion); sie lebt dort an Alpen-Wundklee *(Anthyllis vulneraria ssp. alpestris).*
Biologie: Die Raupe wurde an zahlreichen Vertretern der Hülsenfrüchtler (Fabaceae) gefunden, wo sie zuerst in den Blättern miniert, später in zusammengesponnenen Blättern eine Wohnung fertigt. Auf Alpweiden miniert die Jungraupe die Blätter des Alpen-Wundklees, später spinnt sie die Blattränder zu einem Schiffchen zusammen, in welchem sie ihr ganzes Leben verbringt (1–5). Auch die Verpuppung erfolgt in dieser Behausung oder zwischen dürren Blättern in der Bodenstreu (6). In tiefen Lagen wird eine 2. Generation ausgebildet, in höheren Lagen überwintert die Raupe.

1

2

3

4

5

6

7

8

Familie Gelechiidae (Palpenmotten)

Aproaerema anthyllidella

[olim **Schützeia natrixella** WEBER, 1945]

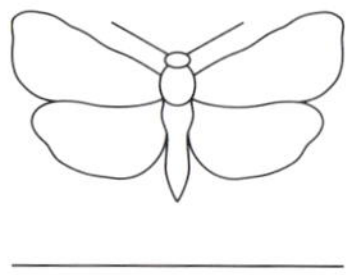

10–12 mm

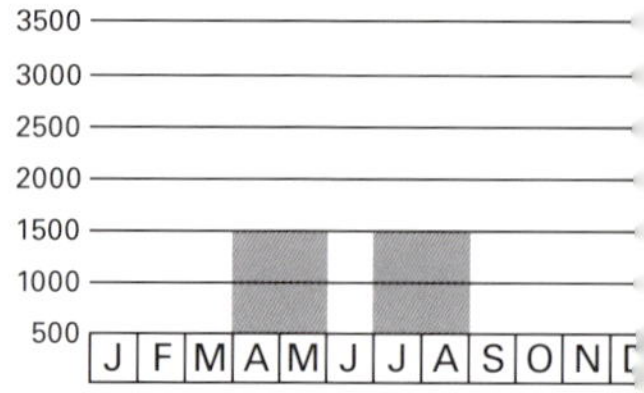

Verbreitung: *Schützeia natrixella* wurde aus dem Wallis beschrieben und später mit *A. anthyllidella* synonymisiert. Die Art zeigt deutliche Unterschiede in der Raupenfärbung (3–6) sowie geringfügige Unterschiede in der Falterzeichnung (9, 10) und im Barcode. Eine taxonomische Wertung sei zukünftiger Forschung vorbehalten.

Lebensraum: Heiße, trockene Felsensteppen mi Vorkommen der Raupennährpflanze.

Biologie: Die Raupe lebt in den Trieben und Blüten knospen von Gelber Hauhechel *(Ononis natrix)* (1, 2) Die Verpuppung erfolgt dort oder in der Bodenstreu in einem feinen Gespinst. Die Raupen der Sommer generation überwintern und verpuppen sich erst im Frühling (7, 8).

1

2

3

4

5

6

7

8

9

10

Familie Gelechiidae (Palpenmotten)

Nothris verbascella

([DENIS & SCHIFFERMÜLLER], 1775)

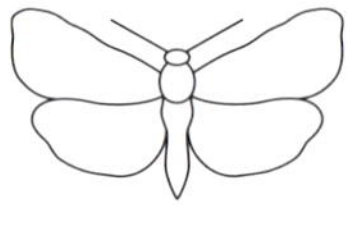

16–26 mm

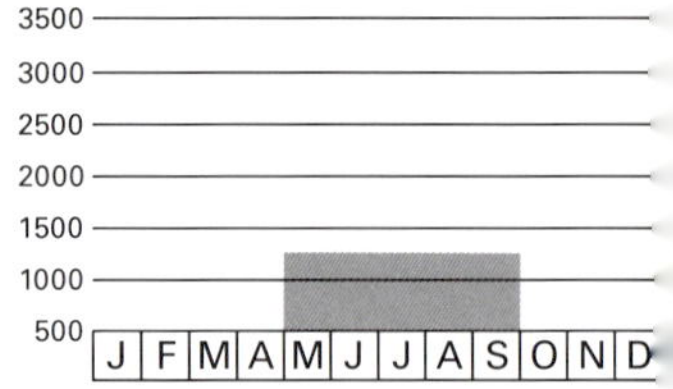

Verbreitung: In Europa weit verbreitet und häufig. **Lebensraum:** Trockene, warme und sonnige Hänge, Straßenböschungen, Kiesgruben und Ruderalstellen; in den Bergen bis mindestens 1300 m ansteigend. **Biologie:** Die Raupe lebt an verschiedenen Königskerzen-Arten (*Verbascum* sp.), wo sie in der Blattrosette unter der filzigen Blattoberfläche Gänge frisst und sich dort auch gut verstecken kann (1–4, 6). Die Verpuppung findet in einem feinen Seidenkokon unter den verdorrten grundständigen Blättern statt (5). Die Falter (7–9) fliegen in zwei sich überschneidenden Generationen von März bis September; Überwinterungsstadium ist wahrscheinlich die Raupe.

3

4

5

6

7

8

9

Familie Gelechiidae (Palpenmotten)

Neofaculta ericetella

(GEYER, [1832])

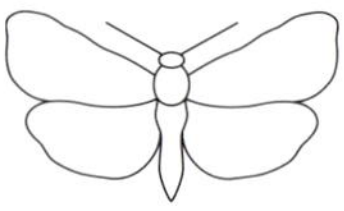

15–19 mm

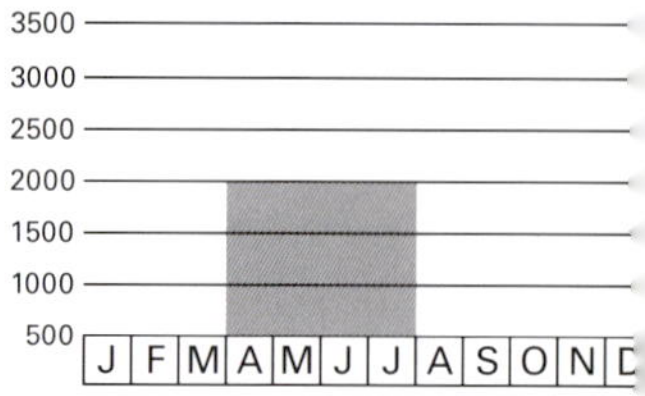

Verbreitung: Boreo-montane Art, die in Europa an montanen Standorten verbreitet ist und örtlich häufig wird.

Lebensraum: In den Alpen ist *N. ericetella* eine Charakterart der inneralpinen Erika-Föhrenwälder (Erico-Pinion sylvestris). Sie bevorzugt warme, trockene Standorte. In den höheren Lagen lebt sie an *Calluna* und steigt dort bis über die Waldgrenze.

Biologie: Die Raupe lebt an Erika *(Erica carnea)* und Heidekraut *(Calluna vulgaris)*, laut Literatur auch an *Rhododendron* (ELSNER et al., 1999), was für die Alpen nicht glaubwürdig ist. An Erika fertigt sie eine Wohnung aus vertrockneten Blüten an, aus der heraus sie umliegende Blättchen befrisst (2–4). Sie überwintert erwachsen darin und verpuppt sich im zeitigen Frühjahr in einem feinen Gespinst zwischen den Ästchen (8). Der Falter (1, 7, 9) erscheint schon in den ersten warmen Frühlingstagen.

1

2

3

4

5

6

7

8

9

Familie Gelechiidae (Palpenmotten)

Acompsia tripunctella

([DENIS & SCHIFFERMÜLLER], 1775)

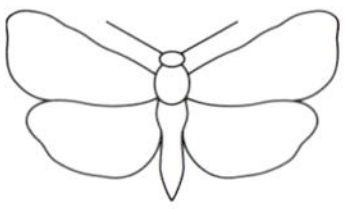

16–22 mm

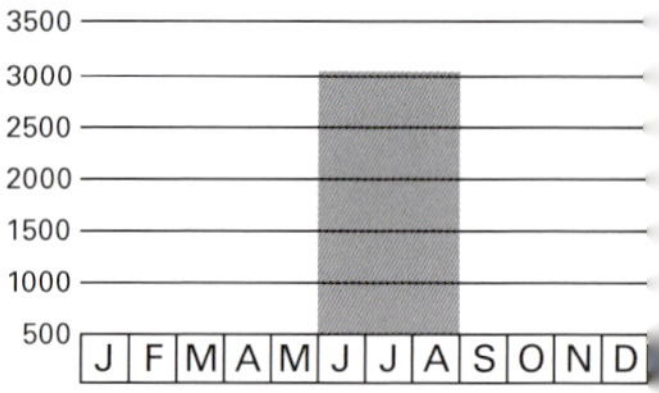

Verbreitung: In den Alpenländern, in Osteuropa und Spanien.
Lebensraum: Vor allem auf alpinen Wiesen und Weiden oftmals häufig, bis über 3100 m bodenständig. In den tieferen Lagen eher selten.
Biologie: Die Eier werden in kleinen Gruppen abgelegt. Die Raupe lebt polyphag an verschiedenen niederen Pflanzen, in den hohen Lagen zum Beispiel an Alpen-Wegerich *(Plantago alpina)*. Die Zucht gelingt mit Spitz-Wegerich *(Plantago lanceolata)*. Die Jungraupe befrisst dort die Blätter aus einer feinen Gespinströhre heraus zuerst im Fensterfraß, später im Lochfraß (3, 4). Sie überwintert halberwachsen (5). Die Verpuppung erfolgt zwischen zusammengesponnenen Blättern in einem gelochten Gespinst am Boden (6–8). Die Falter (2, 9) fliegen tagsüber.

1

2

3

4

5

6

7

8

9

Familie Gelechiidae (Palpenmotten)

Thiotricha subocellea

(STEPHENS, 1834)

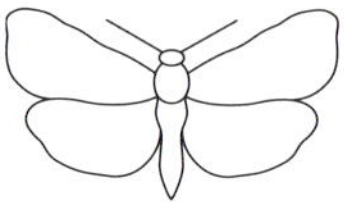

9–13 mm

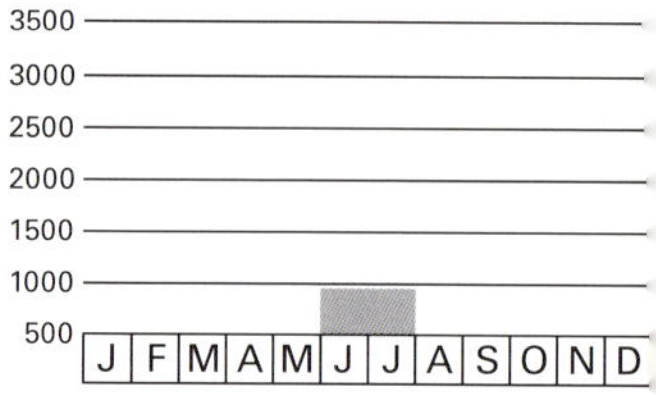

Verbreitung: In Europa weit verbreitet, aber doch immer lokal.
Lebensraum: Warme, steinige Biotope; Magerrasen, Trockenstandorte, Straßenböschungen. In den Bergen wohl kaum über 900 m.
Biologie: Die Raupen benützen die Kelchblätter ihrer Nährpflanzen Thymian *(Thymus serpyllum)* oder Dost *(Origanum vulgare)* als Gehäuse, aus dem heraus sie, hervorragend getarnt, vor allem die Blüten befressen (1–3). Die erwachsene Raupe überwintert in ihrem Gehäuse und verpuppt sich im Frühling auch darin (4). Einzelne Tiere verpuppen sich aber auch manchmal noch im Herbst und ergeben dann eine partielle zweite Generation (5–7).

1

2

3

4

6

5

7

Familie Alucitidae (Federgeistchen)

Alucita desmodactyla

(ZELLER, 1847)

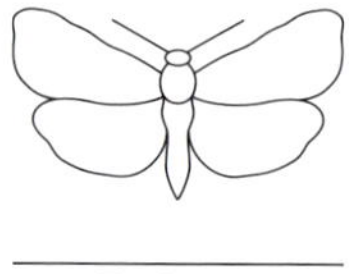

7–13 mm

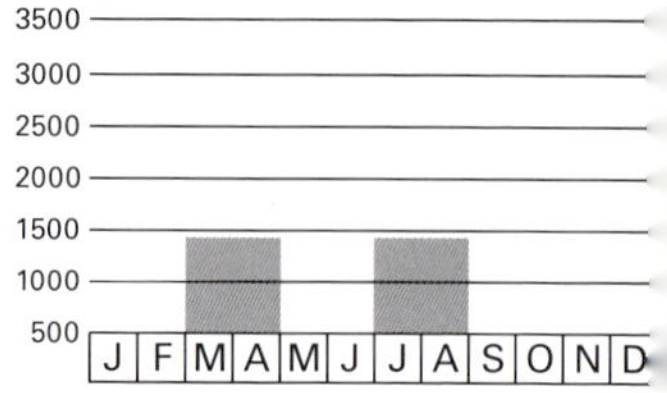

Verbreitung: In Mitteleuropa lokal, fehlt den Britischen Inseln, Skandinavien und den Benelux-Staaten.
Lebensraum: Waldränder, Straßenböschungen an tiefgründigen, nicht zu trockenen Standorten. In den Bergen bis mindestens 1400 m.

Biologie: Die Raupe lebt in den Blütenkelchen von Alpen-Ziest *(Stachys alpina)* (1), auch an anderen *Stachys*-Arten (SCHÜTZE, 1931). Sie frisst dort die jungen Samen und wechselt von einer Blüte zur nächsten (3–5). Die Verpuppung findet in einem feinen Seidenkokon an der Pflanze statt (7, 8). Die Art bildet zwei Generationen im Jahr aus, wobei vermutlich die Raupe überwintert.

1

2

3

4

5

6

7

8

9

Familie Pterophoridae (Federmotten)

Platyptilia farfarellus

(ZELLER, 1867)

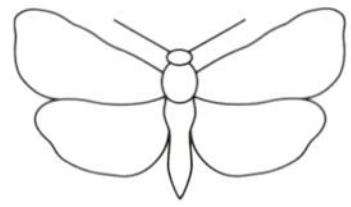

15–21 mm

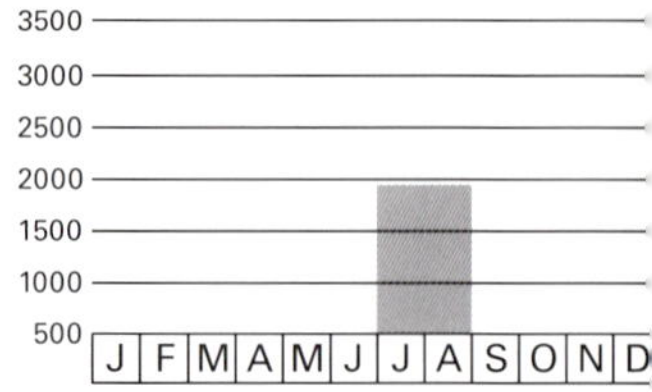

Verbreitung: In allen Alpenländern verbreitet, aber immer ziemlich zerstreut und nicht häufig.
Lebensraum: Trockene, sandige, warme Stellen, oft Schutthalden, steinige Hänge, bis 1900 m.
Biologie: Als Raupennährpflanze ist das Klebrige Greiskraut *(Senecio viscosus)* belegt, laut Literatur auch das Frühlings-Greiskraut *(Senecio vernalis)* (GIELIS, 1996). Die Raupen leben im Stängel, oft mehrere im gleichen Abschnitt; sie verraten sich durch Kotauswurf in den Blattachseln. Vor der Verpuppung fertigt die Raupe ein Schlupfloch an, das mit Genagse wieder verschlossen wird (1–3). Die Puppe (4–7) windet sich etwa bis zur Hälfte aus dem Schlupfloch, bevor der Falter schlüpft.

4

5

6

7

8

9

Familie Pterophoridae (Federmotten)

Platyptilia tesseradactyla

(LINAEUS, [1760])

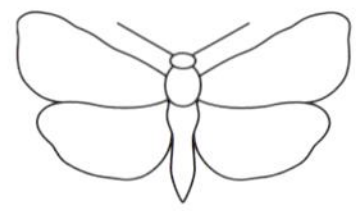

16–19 mm

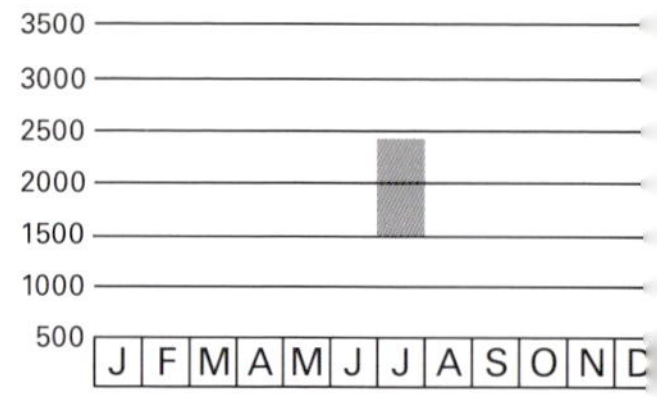

Verbreitung: In weiten Teilen Europas, bevorzugt in gebirgigen Gegenden.
Lebensraum: In den Alpen auf steinigen, mageren Weiden oberhalb der Waldgrenze, meist auf Kalk, bis gegen 2400 m, verbreitet, aber doch nur lokal häufiger.

Biologie: Raupennährpflanze ist das Gemeine Katzenpfötchen *(Antennaria dioica)*. Die Raupe lebt im jungen Trieb; im Frühling kann man die befallenen Triebe an den dürren Herzblättchen und an Kotauswurf erkennen (1–2). Die Raupe verbringt ihr ganzes Leben in diesem Trieb und verpuppt sich dann auch darin (3, 4).

1

2

3

4

5

6

7

8

Familie Pterophoridae (Federmotten)

Amblyptilia punctidactyla

(Haworth, [1811])

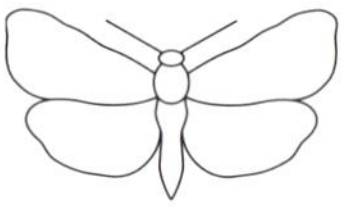

18–22 mm

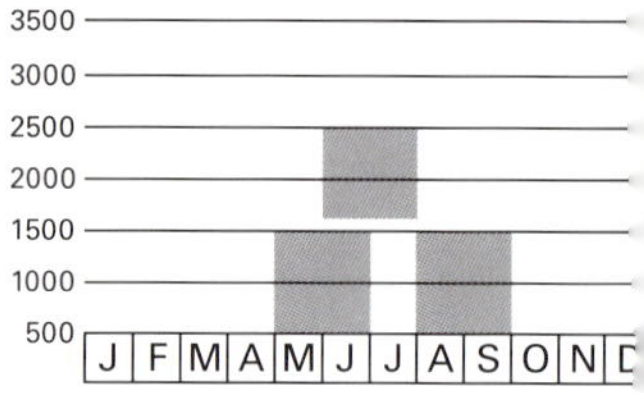

Verbreitung: In weiten Teilen Europas verbreitet, lokal, aber nicht selten.
Lebensraum: Waldränder, mesophile Wiesen, Waldlichtungen, Straßenböschungen. In den Bergen noch über 2400 m gefunden.
Biologie: Die Raupe lebt an einer Vielzahl von Pflanzen, zum Beispiel: Akelei *(Aquilegia vulgaris)*, Wiesen-Storchenschnabel *(Geranium pratense)*, Rei herschnabel *(Erodium cicutarium)* und, wie hier ge zeigt, Himmelsleiter *(Polemonium caeruleum)* (1). Si befrisst die Blüten und die Samenkapseln (3–5). Di Verpuppung erfolgt an der Raupennährpflanze (4,6) In Tallagen in zwei Generationen, in höheren Lager nur eine.

1

2

3

4

5

6

7

8

Familie Pterophoridae (Federmotten)

Stenoptilia plagiodactylus

(STAINTON, 1851)

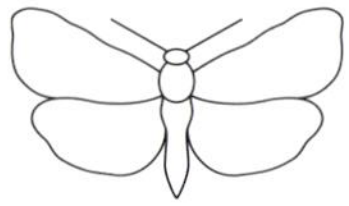

22–26 mm

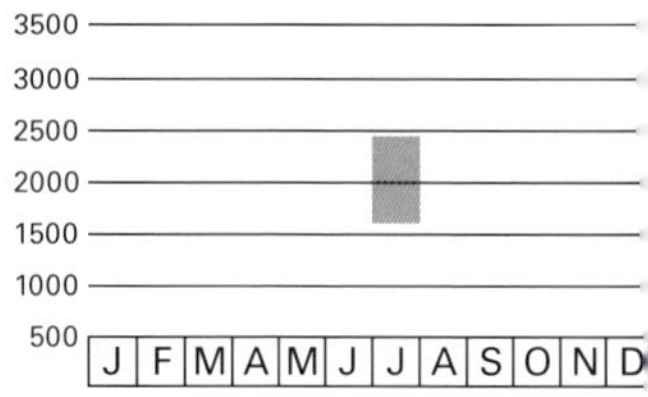

Verbreitung: Wegen Verwechslung mit *S. bipunctidactyla* ist die Verbreitung unsicher. Durch Barcode bestimmte Belege kommen aus Slowenien, den französischen und italienischen Alpen. In der Literatur wird *S. plagiodactyla* aber auch aus zahlreichen europäischen Ländern gemeldet, darunter aus allen Alpenländern (ARENBERGER, 2005). Die Checkliste für die Schweiz führt sie aber nicht auf (SWISSLEPTEAM, 2010).

Lebensraum: Alpine, eher fette Weiden auf Kalk, bis 2400 m.

Biologie: Die Raupe wurde in den italienischen Westalpen an Seiden-Skabiose *(Scabiosa holosericea)* (1) fressend gefunden. Sie lebt dort im Herzen des Frühjahrtriebes (2–4), später an den Blättern (5,6). Die Verpuppung erfolgt an der Nährpflanze oder in deren Umgebung (7). ARENBERGER (2005) nennt auch noch andere *Scabiosa*-Arten als Nährpflanzen.

1

2

Familie Pterophoridae (Federmotten)

Stenoptilia annadactyla

SUTTER, 1988

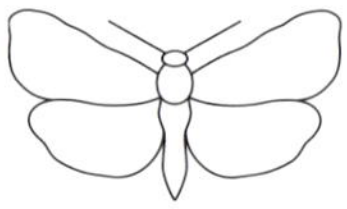

17–23 mm

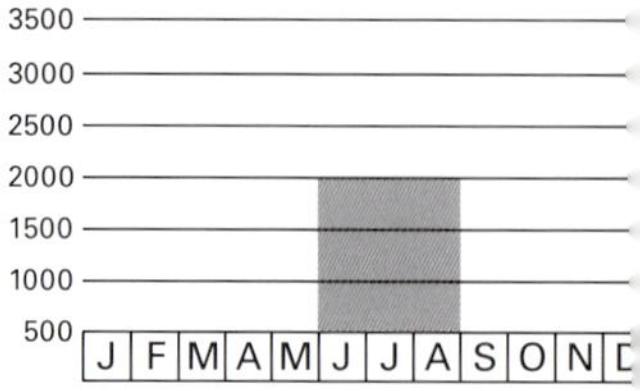

Verbreitung: Ungenügend bekannte Verbreitung. In den Alpenländern und Mitteleuropa zerstreut nachgewiesen, aber offenbar doch sehr lokal und weiten Gebieten fehlend.
Lebensraum: Warme, trockene, steinige Örtlichkeiten in Tallagen, Ruderalflächen, Steinbrüchen, aber auch in sonnigen, subalpinen Magerwiesen, bis mindestens 2000 m.

Biologie: Die Raupen leben in den verblühten Blütenköpfen von Gemeiner Skabiose *(Scabiosa columbaria)* (1). Die Jungraupe ernährt sich anfänglich von den Samen (2) und frisst sich dann in den hohlen Blütenkopf (3,4). Die erwachsene Raupe (7) verlässt den Samenstand und verpuppt sich frei in der Umgebung (6).

1

2

3

4

5

6

7

8

9

Familie Pterophoridae (Federmotten)

Stenoptilia islandicus

(STAUDINGER, 1857)

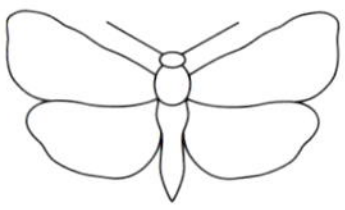

20–24 mm

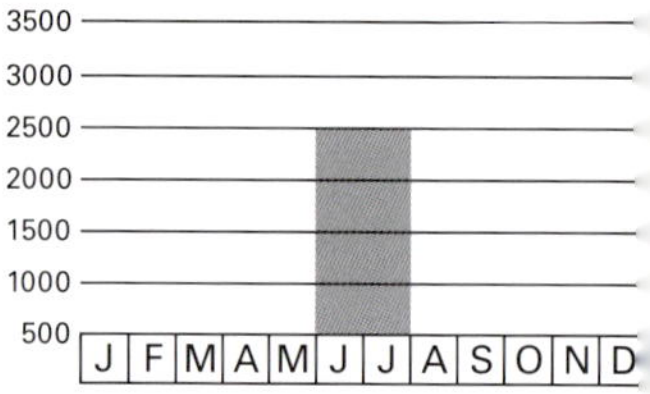

Verbreitung: Innerhalb der *Stenoptilia pelidnodactyla*-Gruppe bestanden lange Zeit große taxonomische Unklarheiten, weswegen die Verbreitung von *S. islandicus* nicht gut bekannt ist. In den Alpen ist sie sicher aus Österreich, der Schweiz, Italien und Frankreich nachgewiesen, darüber hinaus aus Großbritannien, Skandinavien und Island.

Lebensraum: Alpine, südexponierte Schuttflächen auf Kalk, bis mindestens 2500 m.

Biologie: Die Raupe lebt an Gefurchtem Steinbrech *(Saxifraga exarata)* (1,2,6), laut Literatur auch an zahlreichen anderen *Saxifraga*-Arten (GIELIS, 1996). Sie befrisst Blüten, Knospen und Blätter und verpuppt sich an der Futterpflanze (7–9). Die Falter (3–5) sind gelegentlich tagaktiv.

1

2

3

4

5

6

7

8

9

Familie Pterophoridae (Federmotten)

Stenoptilia coprodactylus

(STAINTON, 1851)

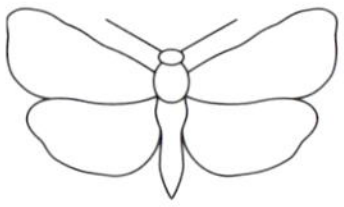

17–25 mm

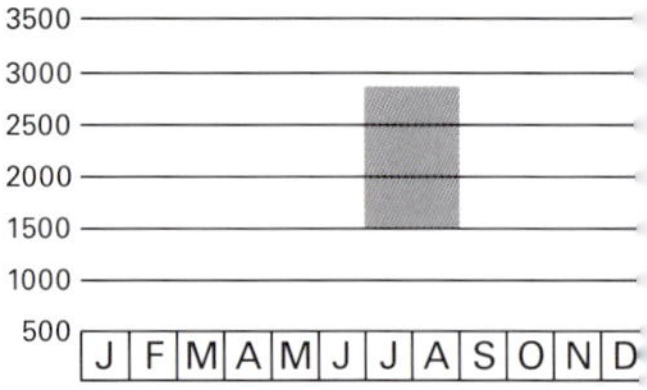

Verbreitung: In den gebirgigen Gebieten Europas verbreitet, außer im hohen Norden.
Lebensraum: Montane und vor allem alpine Rasen mit Vorkommen der Nährpflanzen, von 1500 m bis nahe an 2800 m.
Biologie: Raupennährpflanzen sind Clusius' Enzian *(Gentiana clusii)* auf Kalk und Koch'scher Enzian *(Gentiana acaulis)* auf Silikat. Die Raupe lebt in der Blütenknospe und Blüte der beiden Enzianarten, wo sie sich von den Staubblättern und den unreifen Samen ernährt (2–5). «Befallene» Blüten öffnen sich nicht (1). Die Verpuppung findet aussen an der Nahrungspflanze statt (6). Während laut Literatur die Falter (7–9) in zwei Jahresgenerationen fliegen sollen (GIELIS, 1996), wird in den alpinen Biotopen sicher nur eine Generation pro Jahr ausgebildet.

1

2

3

4

5

6

7

8

9

Familie Pterophoridae (Federmotten)

Stenoptilia graphodactylus

(TREITSCHKE, 1833)

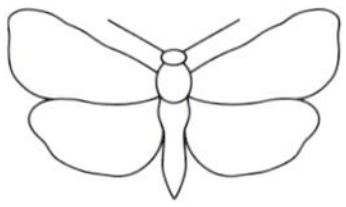

19–23 mm

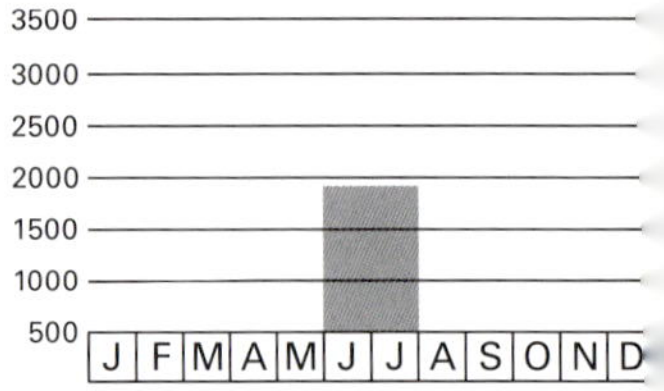

Verbreitung: In allen Alpenländern außer Frankreich nachgewiesen.
Lebensraum: In der subalpinen Stufe auf feuchten bis nassen Standorten, in Hangmooren oder entlang von Bachläufen, bis mindestens 1800 m ansteigend.
Biologie: Raupennährpflanze ist der Schwalbenwurz-Enzian *(Gentiana asclepiadea)* (1); andere in der Literatur erwähnte Enzian-Arten sind wohl nicht dieser Falterart zuzuordnen. Die Raupe lebt im Trieb der Pflanze, den sie zusammenspinnt. Solche gekrausten Triebe sind schon von Weitem zu erkennen und verraten die Anwesenheit der Art (2–4). Die Verpuppung findet an der Pflanze statt oder in deren Nähe (6).

1

2

3
4
5
6
7

Familie Pterophoridae (Federmotten)

Marasmarcha oxydactylus

(STAUDINGER, 1859)

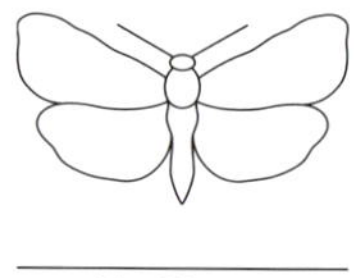

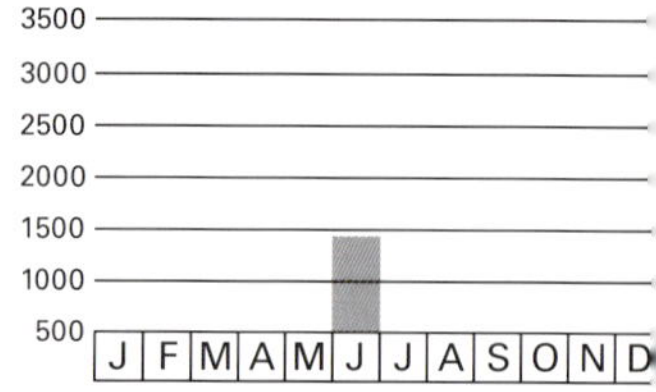

Verbreitung: In allen Alpenländern außer Deutschland, auch in Spanien und Portugal, lokal und selten. In Österreich nur in Tirol, in der Schweiz nur im Wallis und in Graubünden.
Lebensraum: Lichte Mischwälder in warmen, trockenen Gebieten. In der Schweiz nicht über 1450 m beobachtet; laut Literatur aber bis 2000 m vorkommend (GIELIS, 1996).

Biologie: Raupennährpflanze ist ausschließlich die Rundblättrige Hauhechel *(Ononis rotundifolia)* (1). Die Raupen leben frei an der Hauhechel, wo sie sehr gut getarnt sind (2–4). Oft werden einzelne Pflanzen von vielen Raupen fast kahlgefressen. Die Puppe hängt frei an der Pflanze (5, 6).

4

5

6

7

8

9

Familie Pterophoridae (Federmotten)

Oxyptilus chrysodactyla

[DENIS & SCHIFFERMÜLLER], 1775)

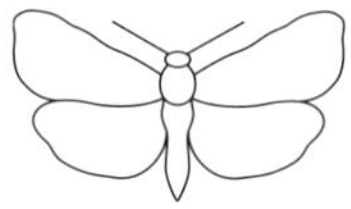

15–20 mm

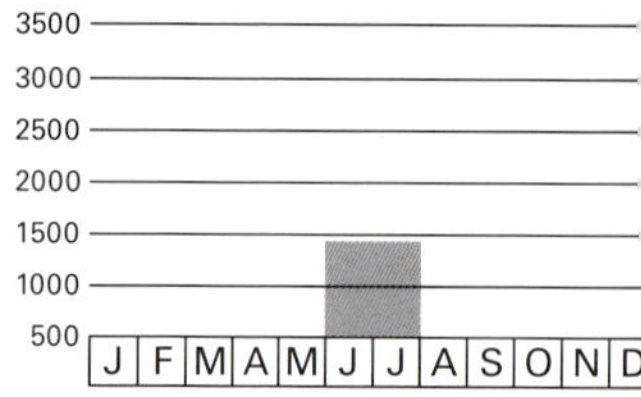

Verbreitung: In weiten Teilen Europas verbreitet.
Lebensraum: Warme, trockene, sandige Magerwiesen und Heiden. In den Bergen bis mindestens 1400 m.
Biologie: Die Raupen (4,5) leben im Frühling in den jungen Trieben von Doldigem Habichtskraut *(Hieracium umbellatum)*, deren Blätter sie zusammen spinnen (1–3). In der Literatur werden auch weitere *Hieracium*-Arten als Raupennährpflanzen genannt (GIELIS, 1996). Die Verpuppung erfolgt frei an der Raupennährpflanze oder in der unmittelbaren Umgebung (7,8).

1

2

3

4

5

6

7

8

9

Familie Pterophoridae (Federmotten)

Oxyptilus tristis

(ZELLER, 1841)

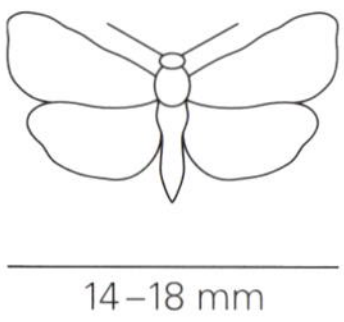

Verbreitung: In Europa und den Alpen zwar weit verbreitet, aber doch eher lokal und weiten Gebieten auch fehlend.
Lebensraum: Trockene, magere Wiesen und Weiden, bis mindestens 1000 m.
Biologie: Die Raupe lebt an Stängelumfassendem Habichtskraut *(Hieracium amplexicaule)* (1), laut Literatur aber auch an zahlreichen anderen *Hieracium*-Arten (GIELIS, 1996, ARENBERGER, 2002). Im Frühling frisst die Jungraupe im Herzen der neuen Triebe (2,3), später lebt sie frei an den Blättern (5). Sie verpuppt sich auch an dieser Pflanze, meist auf der Blattoberseite (4,6). Die Art bildet zwei Generationen pro Jahr aus.

1

2

3
4
5
6
7
8
9

Familie Pterophoridae (Federmotten)

Capperia fusca

(HOFMANN, 1898)

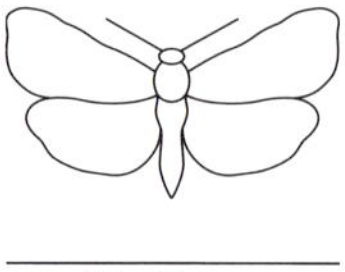

14–16 mm

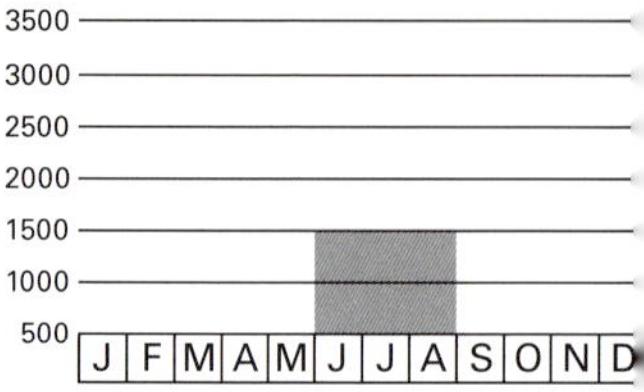

Verbreitung: In Europa verbreitet, aber sehr lokal und weiten Gebieten fehlend; in Deutschland aktuell nur aus Baden-Württemberg und dem Saarland, in Österreich nur aus Vorarlberg und Nordtirol gemeldet.

Lebensraum: Warme, sonnige Waldränder auf basischen Böden. In den Bergen wurden dien Art bis mindestens 1500 m festgestellt.

Biologie: Die Raupe lebt an Alpen-Ziest *(Stachys alpina)* (1), auch an anderen Labiaten (ARENBERGER 2002). Es werden jährlich zwei Generationen ausgebildet. Die überwinterte Raupe befrisst die Knospen; die sehr variabel gefärbten Raupen der Folgegeneration leben in den Blütenkelchen, wo sie bevorzugt die jungen Samen, aber auch die Blütenblätter fressen (2–4,6). Die Verpuppung erfolgt im Blütenkelch oder am Stängel (5,7).

1

2

3

4

5

6

7

8

9

Familie Pterophoridae (Federmotten)

Calyciphora albodactylus

(FABRICIUS, 1794)

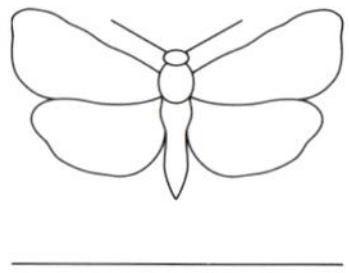

17–25 mm

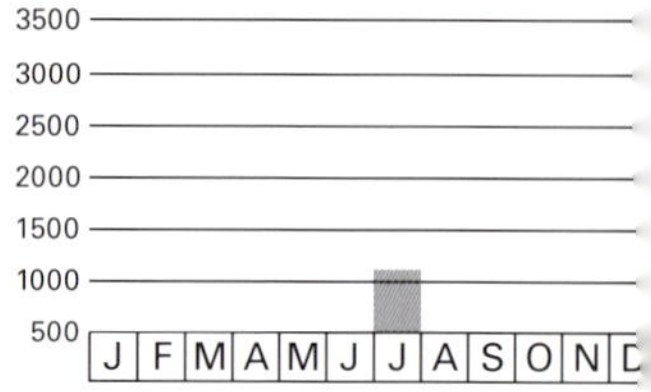

Verbreitung: In weiten Teilen Europas verbreitet, aber doch ziemlich lokal und vielen Gebieten auch fehlend. In den Alpen nur in den warmen Lagen der tiefen Täler.

Lebensraum: Trockene, warme und sonnige Stellen in tiefen Lagen.

Biologie: Als Raupennährpflanze ist die Golddistel *(Carlina vulgaris)* (1, 2) belegt, gemäß Literatur kommt die Art aber auch an verschiedenen *Cirsium*-Arten vor (GIELIS, 1996). Die Raupe (3–5) lebt an der Blattunterseite, wo sie die filzige Schicht in charakteristischen Rollen vom Blatt ablöst, um an die darunterliegende fressbare Blattoberfläche zu gelangen. Dort frisst sie flächig im Fensterfraß. Die Verpuppung erfolgt an der Raupennährpflanze (6).

1

2

3
4
5
6
7
8

Familie Pterophoridae (Federmotten)

Calyciphora nephelodactyla

(EVERSMANN, 1844)

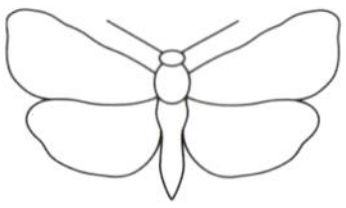

21–28 mm

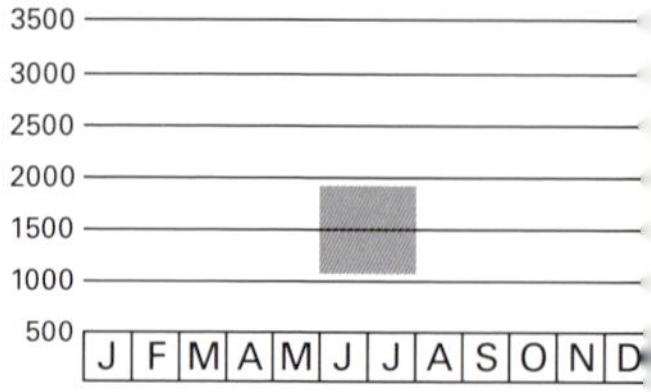

Verbreitung: Von Spanien bis zum Balkan. In den Alpenländern außer Deutschland, sehr lokal und selten. In den Schweizer Alpen nur in Graubünden.
Lebensraum: Montane Wiesen und Weiden, in trockenen und steinigen Habitaten mit reichlichen Vorkommen der Raupennährpflanze, bis mindestens 1800 m.

Biologie: Raupennährpflanze ist die Wollköpfige Kratzdistel *(Cirsium eriophorum)*. Die Raupen leben im Frühjahr gut getarnt an der Unterseite bodennaher Blätter, wo sie Fensterfraß erzeugen (1, 2). Dabei rollen sie die filzige Blattbedeckung zuerst von der Blattunterseite ab (3, 4). Die Verpuppung findet an der Blattunterseite oder etwas von der Nährpflanze entfernt statt (6).

1

2

3
4
5
6
7
8

Familie Pterophoridae (Federmotten)

Oidaematophorus rogenhoferi

(MANN, 1871)

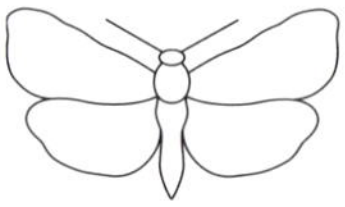

25–32 mm

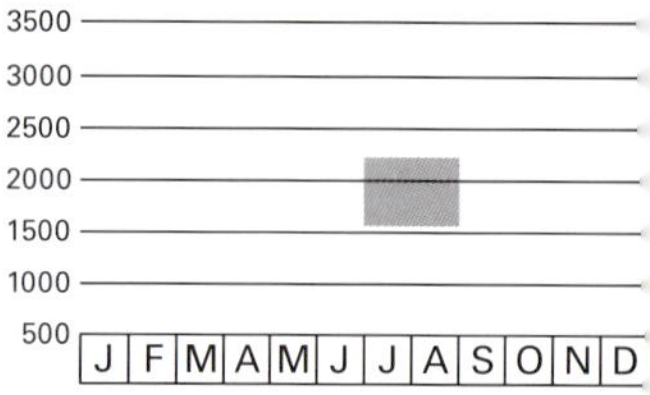

Verbreitung: Boreo-alpine Art; in den Alpen sehr lokal und nicht häufig. In Deutschland früher in Bayern.
Lebensraum: Alpine, felsige Rasen und Schuttfluren sowohl auf Kalk- wie auch auf Silikatgestein bis gegen 2300 m. Die Art bevorzugt Standorte der Raupennährpflanze an sonnenexponierten Felsbändern.
Biologie: Raupennährpflanzen sind das Vielgestaltige Berufkraut *(Erigeron glabratus)* auf Kalk sowie das Alpen-Berufkraut *(Erigeron alpinus)* (1) auf Silikatgestein. Die Eier werden in kleinen Gruppen abgelegt (2). Die meist gesellig lebenden Jungraupen fressen zuerst die oberflächlichen Blattschichten (3), erst später wird das ganze Blatt gefressen. Sie sind am Pflanzengrund hervorragend getarnt (7). Die Raupe (4) überwintert. Die Verpuppung erfolgt im Frühsommer frei an der Vegetation (5). Die Falter (6,8) fliegen gelegentlich tagsüber.

1

2

3

4

5

6

7

8

Familie Pterophoridae (Federmotten)

Hellinsia tephradactyla

(HÜBNER, [1813])

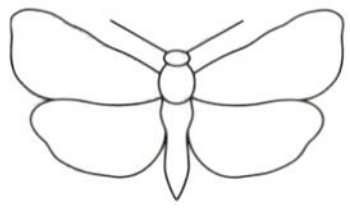

19–22 mm

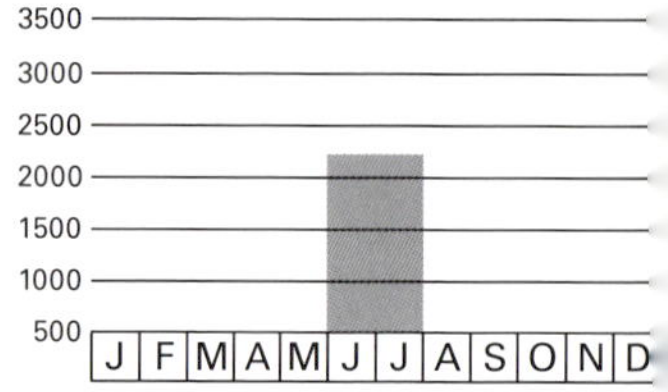

Verbreitung: In fast ganz Europa verbreitet; lokal, auch vielen Gebieten fehlend.
Lebensraum: In den Bergen bevorzugt in der subalpinen Stufe im lückigen Bergwald und in der Zwergstrauchheide über der Waldgrenze, bis über 2300 m.

Biologie: Die Raupen leben an den Frühjahrestrieben von Goldrute *(Solidago virgaurea)* (1), oft gesellig (2–5). Sie verpuppen sich zu Sommerbeginn an der Raupennährpflanze oder in der unmittelbaren Umgebung (6, 7). In der Literatur werden auch weitere Asteraceen als Wirtspflanzen genannt (GIELIS, 1996).

1

2

3

4
5
6
7
8
9

Familie Pterophoridae (Federmotten)

Hellinsia osteodactylus

(ZELLER, 1841)

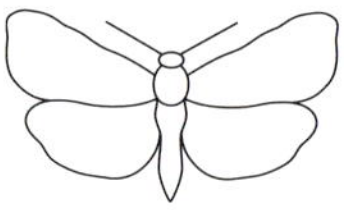

17–22 mm

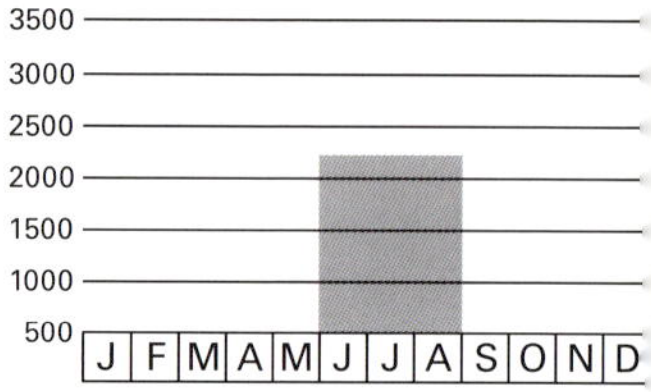

Verbreitung: In fast ganz Europa verbreitet und nicht selten.
Lebensraum: In den Alpen eine Charakterart der subalpinen-alpinen Zwergstrauchheide bis mindestens 2300 m, in den Tallagen viel seltener.
Biologie: Raupennährpflanze ist die Alpen-Goldrute *(Solidago virgaureae ssp. minuta)*, aber laut Literatur auch *Senecio* sp. und *Aster* sp. (GIELIS, 1996). Die Raupen leben in den Blüten, wo sie vor allem die Samen verzehren. Der Befall ist am diskreten Kotauswurf auf der Blüte erkennbar (1–3). Im Herbst erwachsen (4), verlassen die Raupen die Blüte und überwintern in einem rudimentären Gespinst in der Bodenstreu. Darin verpuppen sie sich erst im Frühsommer (5).

4
5
6
7
8
9
10
11
12

Familie Pterophoridae (Federmotten)

Adaina microdactyla

(HÜBNER, [1813])

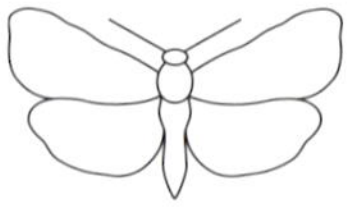

12–16 mm

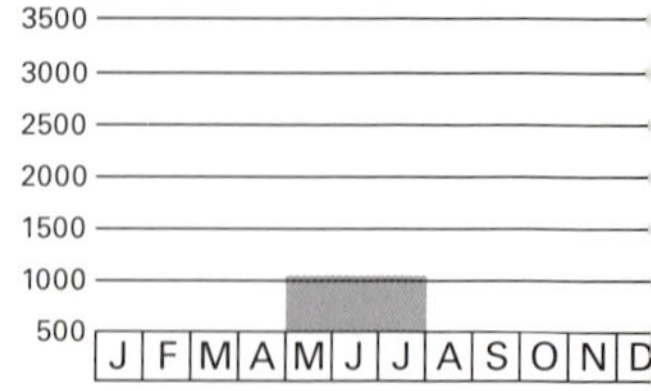

Verbreitung: In ganz Europa verbreitet und nicht selten.

Lebensraum: Eher feuchte Stellen am Rand von Auenwäldern und Mooren; entlang von Flüssen und Bächen, an feuchten Ruderalstellen.

Biologie: Das Weibchen legt die Eier einzeln an den Stängel von Wasserdost *(Eupatorium cannabinum)*. Die Raupe bohrt sich in das Stängelmark, von welchem sie lebt (3). Befallene Stängel zeigen eine leichte Verdickung (1). Die erwachsene Raupe überwintert; die Verpuppung erfolgt im Frühling kopfüber im Markkanal (5), wobei ein Schlupfloch angefertigt wird. Lokal sind die Raupen oft parasitiert! Die Art soll zwei Generationen bilden (GIELIS, 1996).

2

3

4

5

6

Familie Pterophoridae (Federmotten)

Emmelina monodactyla

(LINNAEUS, 1758)

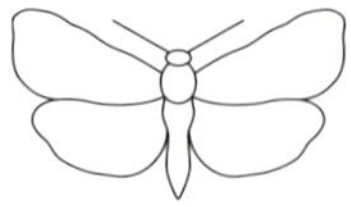

20–26 mm

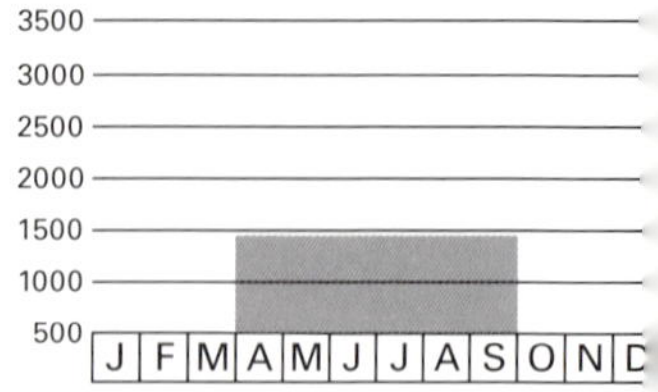

Verbreitung: In ganz Europa beinahe lückenlos verbreitet und häufig.

Lebensraum: Ruderalstellen, Schuttplätze, Hecken; in den Bergen steigt die Art kaum über die montane Stufe.

Biologie: Die Raupen leben hauptsächlich an Ackerwinde *(Convolvulus arvensis)* (1) und Zaunwinde *(Calystegia sepium)*, wobei in der Literatur auch noch eine ganze Reihe anderer Raupennährpflanzen genannt wird (ARENBERGER, 2002). Im Frühling sind die jungen Pflanzentriebe oft mit mehreren Jungraupen besetzt, die charakteristische Löcher in die Blätter fressen und sich so leicht bemerkbar machen (2–5). Die Verpuppung erfolgt an der Pflanze oder in ihrer Umgebung (6); es werden jährlich mehrere Generationen ausgebildet

1

2

3

4

5

6

7

8

Familie Epermeniidae (Zahnflügelfalter)

Phaulernis fulviguttella

(ZELLER, 1839)

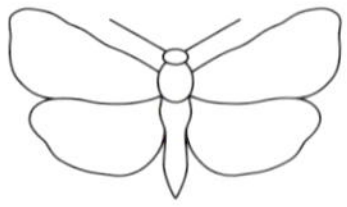

11–13 mm

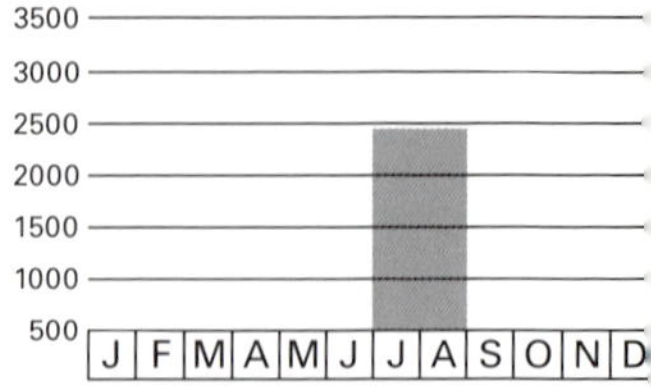

Verbreitung: In Nord- und Mitteleuropa verbreitet, aber stets lokal, fehlt im Süden.
Lebensraum: Eher feucht-schattige Wiesen, Schutthalden, Felsgrus. In den Bergen vor allem in der Region der Waldgrenze und darüber; bis mindestens 2400 m festgestellt.
Biologie: Die Raupen leben gesellig in den verblühten Dolden von Zwerg-Mutterwurz *(Ligusticum mutellinoides)* (1), und auch an anderen Apiaceen (www.lepiforum.de), wo sie die Samenkapseln zusammenspinnen und die Samen fressen (2–4). Die Verpuppung erfolgt im Spätsommer entweder in den Dolden selber oder aber frei in der Bodenvegetation (6,7). Die Puppe überwintert, die Falter (5,8) schlüpfen im Frühsommer.

1

2

Familie Epermeniidae (Zahnflügelfalter)

Epermenia insecurella

(STAINTON, 1849)

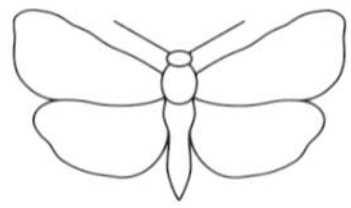

10–12 mm

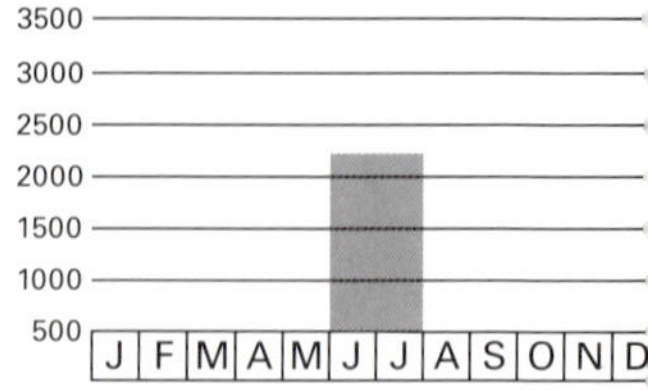

Verbreitung: Mit Ausnahme von Skandinavien und den Benelux-Staaten in beinahe ganz Europa nachgewiesen, allerdings immer sehr lokal und weiten Gebieten fehlend.
Lebensraum: In den Alpen vor allem in der montanen und subalpinen Stufe im lockeren Gebirgswald, darüber hinaus aber auch auf alpinen Rasen bis 2300 m.
Biologie: Die Raupen leben gesellig in den basalen Teilen von Alpen-Bergflachs *(Thesium alpinum)*, (1) laut Literatur aber auch an anderen *Thesium*-Arten (SCHÜTZE, 1913), wo sie die Knospen der Triebe fressen. Im Gegensatz zu *E. scurella* kann *E. insecurella* ohne Überwinterung unter Laborbedingungen eine 2. Generation ausbilden. Gelegentlich können die Raupen beider Arten an der gleichen Pflanze fressend gefunden werden. In der Natur überwintert die Raupe in einem Seidenkokon und verpuppt sich zu Sommerbeginn in einem für die Gattung charakteristischen gelochten Kokon in der Pflanzenbasis (4–7). Die Puppen werden häufig parasitiert.

1

2

3
4
5
6
7
8
9
10

Familie Epermeniidae (Zahnflügelfalter)

Epermenia strictellus

(WOCKE, 1867)

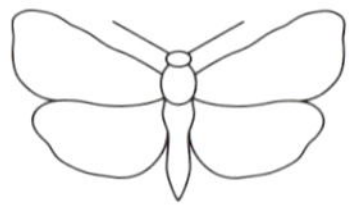

15–17 mm

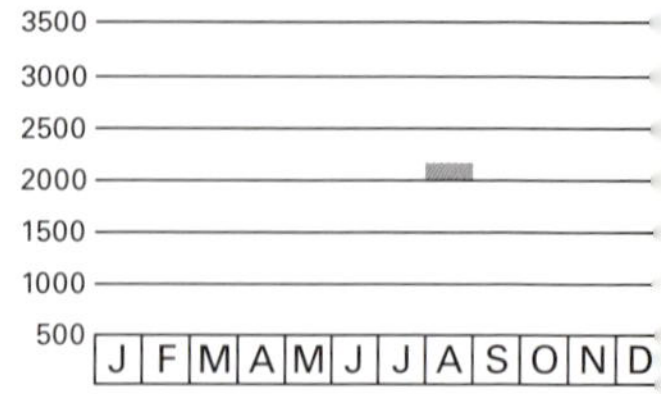

Verbreitung: In Europa zerstreut. In allen Alpenländern außer Deutschland vorkommend, aber bisher doch nur von ganz wenigen Orten nachgewiesen.
Lebensraum: Alpine Hochstaudenfluren, feuchte Alpweiden, um 2000 m bis 2200 m.
Biologie: Die Raupen minieren gesellig in den Blättern von Meisterwurz *(Peucedanum ostruthium)* (1,3,), laut Literatur auch in weiteren Apiaceen (BUDASHKIN & GAEDIKE, 2005). Erwachsen (5) verlassen sie die Mine und fressen auch an den Blatträndern, versuchen aber immer wieder, ins Blattinnere zu gelangen. Die Verpuppung findet in der Bodenstreu in einem feinen, löchrigen Gespinst statt (4,6).

1

2

3

4

5

6

7

8

Familie Epermeniidae (Zahnflügelfalter)

Epermenia aequidentellus

(E. HOFMANN, 1867)

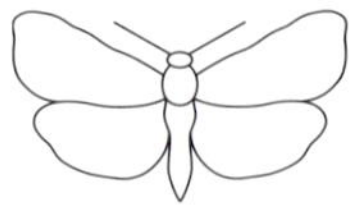

9–13 mm

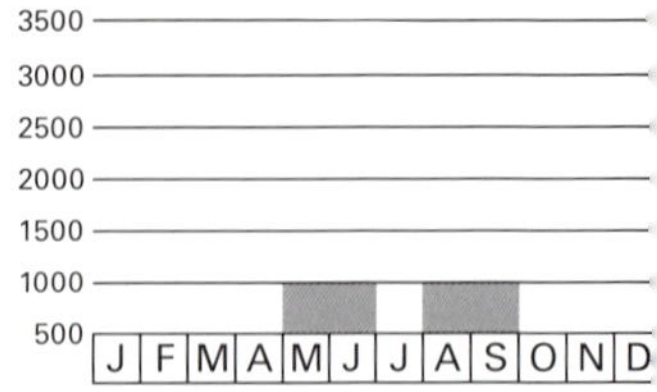

Verbreitung: In weiten Teilen Europas verbreitet, aber nur lokal vorkommend. In Deutschland ohne neuere Nachweise.
Lebensraum: In den Alpen in den wärmeren Tälern an trockenen Standorten, mindestens bis 1000 m.
Biologie: Die Raupe miniert in den Blättern von Kleiner Bibernelle *(Pimpinella saxifraga)* (1–5) oder lebt zwischen zusammengesponnenen Blättern von Wilder Möhre *(Daucus carota)* und Augenwurz *(Athamanta cretensis)*, laut Literatur auch an anderen Apiaceen (BUDASHKIN & GAEDIKE, 2005). Zur Verpuppung fertigt die Raupe ein charakteristisches feines Gespinstnetz an (6). Es werden zwei Generationen gebildet.

1

2

3

4

5

6

7

8

9

Familie Epermeniidae (Zahnflügelfalter)

Epermenia chaerophyllella

(GOETZE, 1783)

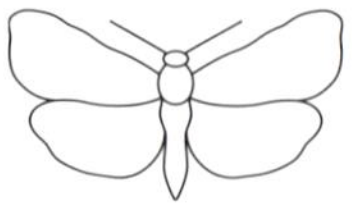

12–14 mm

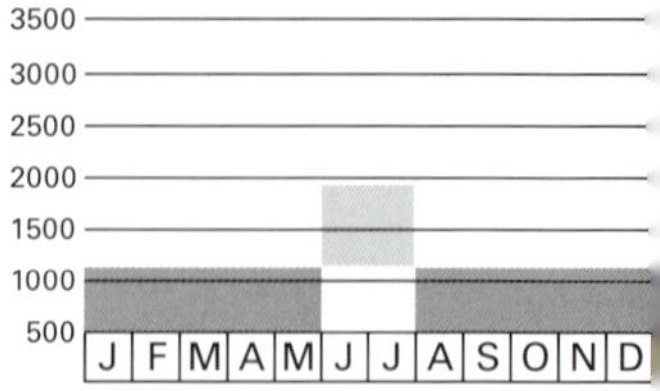

Verbreitung: In fast ganz Europa weit verbreitet und örrtlich häufig.
Lebensraum: Waldränder, eher feuchte Bachufergehölze, Waldlichtungen; im Gebirge auch entlang von Bergbächen, bis gegen 1800 m.
Biologie: Die Raupen leben oft gesellig unter einem losen Gespinst an den verschiedensten Doldenblütlern (Apiaceae) wie Kälberkropf *(Chaerophyllum aureum)*, Brustwurz *(Angelica sylvestris)*, Meisterwurz *(Peucedanum ostruthium)* und vielen weiteren. Sie befressen die Blätter im Fensterfraß (1,3–5); die Verpuppung findet in einem feinen Kokon in der Bodenstreu statt. (6) Im Tiefland werden zwei Jahresgenerationen ausgebildet, in der subalpinen Stufe nur eine.

1

2

3

4

5

6

7

8

Familie Epermeniidae (Zahnflügelfalter)

Epermenia scurella

(STAINTON, 1851)

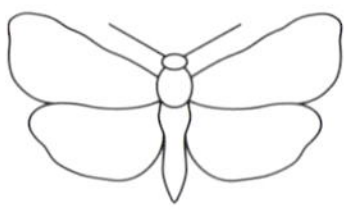

13–15 mm

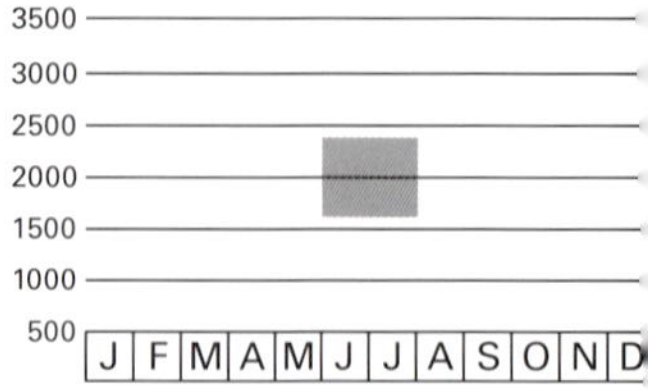

Verbreitung: In den gebirgigen Gegenden Europas verbreitet, in Deutschland nur in Bayern. Fehlt in Skandinavien und auf den Britischen Inseln.

Lebensraum: In den Alpen bevorzugt oberhalb der Waldgrenze auf kalkigen Magerrasen, aber auch im lichten Wald der subalpinen Stufe, wo sie auf die sehr ähnliche Art *Epermenia insecurella* trifft; lokal manchmal häufig. Höhenverbreitung von etwa 1700 m bis 2400 m

Biologie: Die Eier werden an Alpen-Bergflachs *(Thesium alpinum)* abgelegt (1–3). Die Raupen leben gesellig an der Pflanzenbasis unter der Bodenstreu (4), wo sie aus einem feinen Gespinst heraus die bereits angelegten Triebknospen des nächsten Jahres und die Stängelbasis befressen (5,6). Nach der obligatorischen Überwinterung in einem recht dichten Gespinst verpuppt sich die Raupe in einem regelmäßig gelochten Kokon in der Pflanzenbasis (7,8). Die Falter (9–11) sind tagaktiv.

1

2

3

4

5

6

7

8

10

9

11

Familie Epermeniidae (Zahnflügelfalter)

Epermenia devotella

(HEYDEN, 1863)

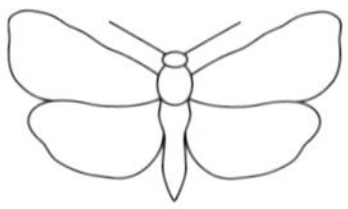

11–13 mm

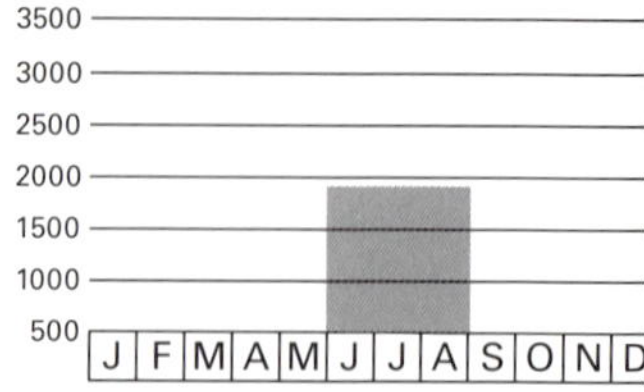

Verbreitung: Nur in den Alpenländern, in Slowenien und Südrussland, weit verbreitet, aber lokal.
Lebensraum: Feuchte Waldränder, Schluchten und Bachufer. Im Gebirge bis gegen 1900 m.
Biologie: Das Weibchen legt seine Eier in die Blütendolden von Brustwurz *(Angelica sylvestris)* (1, 2). Die Raupen bohren sich in die Samenkapseln und fressen die Samen, wobei sie oft gesellig leben und die einzelnen Samen mit einem feinen Gespinst verspinnen (3, 4, 6). Die Verpuppung findet noch im Herbst in einem Kokon in der Bodenstreu statt (7).

1

2

3

4

5

6

7

8

Familie Epermeniidae (Zahnflügelfalter)

Ochromolopis ictella

(HÜBNER [1813])

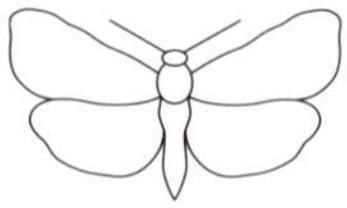

12–13 mm

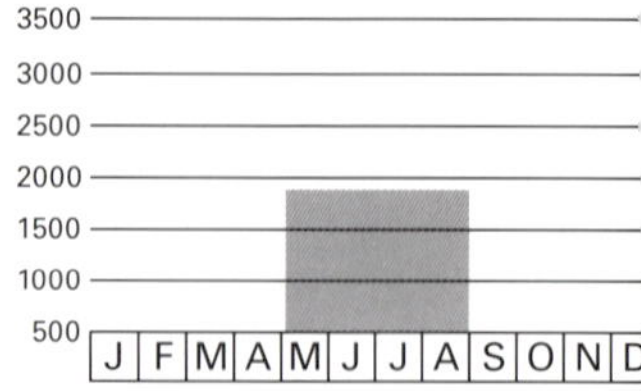

Verbreitung: In Europa weit verbreitet, fehlt den Benelux-Staaten, Großbritannien, Schweden und Norwegen.
Lebensraum: Trockene bis feuchte Wiesen und Weiden, gerne auf Kalk. In den Bergen bis mindestens 1900 m ansteigend.

Biologie: Die Raupen (3,4) leben manchmal gesellig in einem rudimentären Gespinstchen in den Blütenrispen von Alpen-Bergflachs *(Thesium alpinum)* (1), aber auch an anderen *Thesium*-Arten (www.lepiforum.de) Sie verpuppen sich in einem lockeren, feinen, netzartigen Seidengespinst in der Bodenstreu (5,6). Die Falter (2,7,8) fliegen in nur einer Generation von Mai bis August, je nach Höhenlage.

1

2

3

4

5

6

7

8

Familie Choreutidae (Spreizflügelfalter)

Prochoreutis holotoxa

(MEYRICK, 1903)

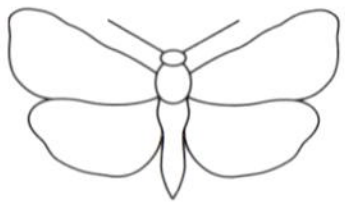
11–12 mm

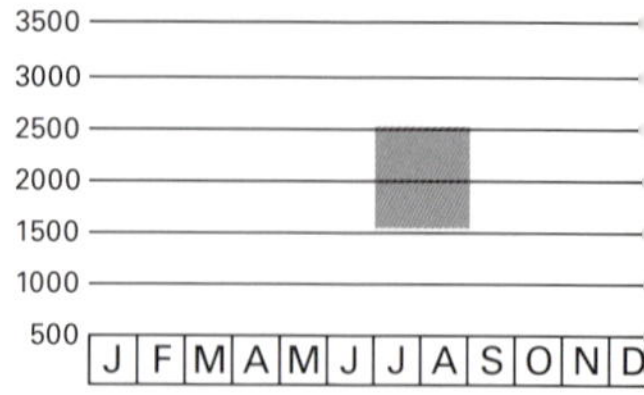

Verbreitung: Gebirgsart, in allen Alpenländern sowie Rumänien verbreitet, aber lokal. In Deutschland nur in Bayern,
Lebensraum: Alpweiden an oder über der Waldgrenze, von 1800 m bis etwa 2500 m.
Biologie: Raupennährpflanzen sind: Knolliges Läusekraut *(Pedicularis tuberosa)* (1), Fleischrotes Läusekraut *(Pedicularis rostrato-spicata)*, in der Literatur werden auch das Aufsteigende Läusekraut *(Pedicularis ascendens)* sowie das Quirlblättrige Läusekraut *(Pedicularis verticillata)* genannt (SONDEREGGER, 2011). Die Jungraupe lebt im Frühling zwischen den Blättern der Grundrosette, später steigt sie in die Blütenknospe auf und befrisst die Blütenteile von einem Gespinst aus (2–4). Die Puppe befindet sich in einem für die Familie typischen doppelwandigen, dichten Kokon im Blütenstand oder am Boden (6,7). Die Falter (5,8,9) fliegen bei Tag.

1

2

3

4

5

6

7

8

9

Familie Choreutidae (Spreizflügelfalter)

Tebenna bjerkandrella

(THUNBERG, 1784)

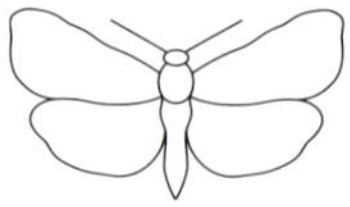

12–14 mm

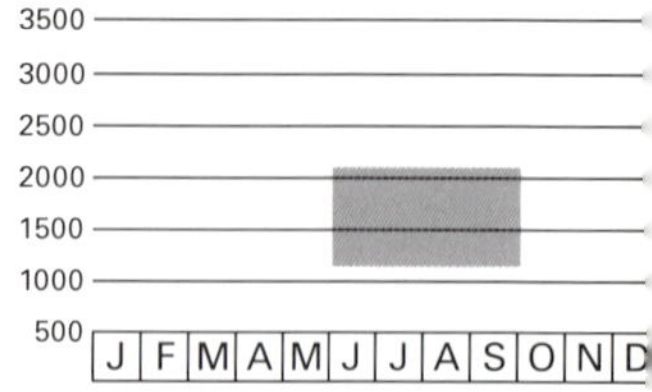

Verbreitung: In Europa weit verbreitet; in den Alpen aber bevorzugt in den höheren Lagen, von etwa 1200 m bis 2100 m, (hier das Taxon betreffend, das an *Carlina acaulis* frisst).

Lebensraum: Sonnige, warme, oft steinige und vegetationsarme Wegränder und Schuttfluren.

Biologie: Raupennährpflanze in den Alpen ist die Silberdistel *(Carlina acaulis)*. Die Raupe (1) lebt meist in der Blattspitze, wo sie das Blatt mit einem Seidengespinst zu einer Halbröhre zusammenzieht (1,3). Darin befrisst sie die Blattoberseite im Fensterfraß. Solche Gespinste verraten die Anwesenheit der Art noch lange Zeit. Die Verpuppung erfolgt in einem dichten, spindelförmigen Kokon (4, 5).

1

2

3

4

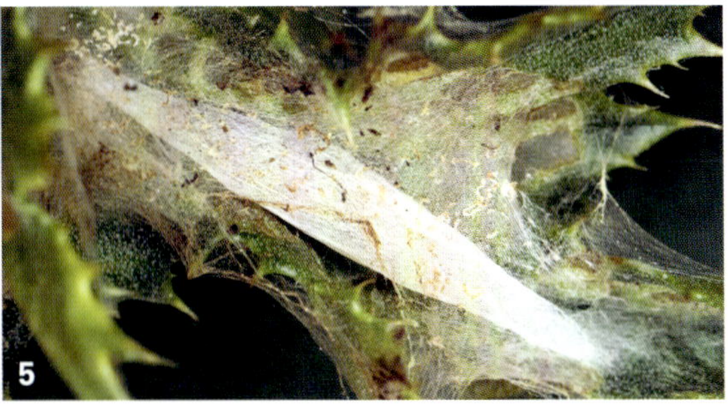

5

6

7

8

Familie Choreutidae (Spreizflügelfalter)

Choreutis nemorana

(HÜBNER, [1799])

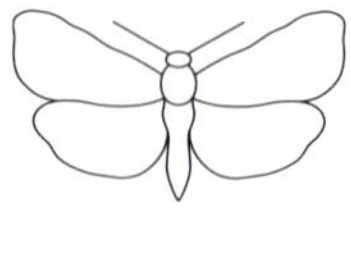
13–17 mm

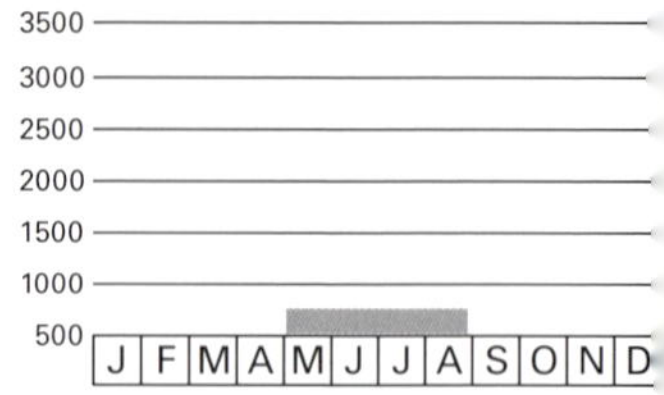

Verbreitung: In Europa weit verbreitet, aber wegen der klimatischen Ansprüche der Raupennährpflanze nur an wärmebegünstigten Orten. Infolge der Klimaerwärmung konnte die Art in den letzten Jahren neu auch in den Nordalpen festgestellt werden.

Lebensraum: In Gärten tiefer Lagen, auch in Steinbrüchen, entlang von Mauern und auf warmen Ruderalflächen.

Biologie: Raupennährpflanze ist die Feige *(Ficus carica)*. Vor allem kleine, verwilderte Pflanzen sind häufig befallen. Das Ei wird einzeln auf die Blattunterseite abgelegt (1,2). Die Raupe lebt unter einem feinen Gespinstdach in einer röhrenförmig zusammengesponnenen Blattspitze, die sie durch Lochfraß verzehrt (3–7). Die Verpuppung findet in einem umgeschlagenen Blattrand in einem dichten Kokon statt (8). Die Puppe schiebt sich vor dem Schlupf etwas aus dem Kokon heraus (10). Im Jahr werden zwei Generationen gebildet.

1

2

3

4

5

6

7

8

9

10

11

12

Familie Tortricidae (Wickler)

Aethes williana

(BRAHM, 1791)

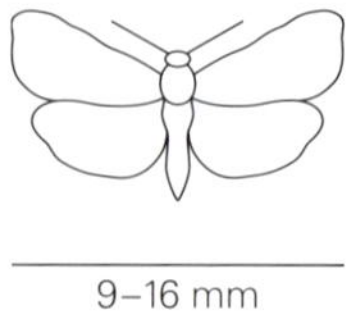

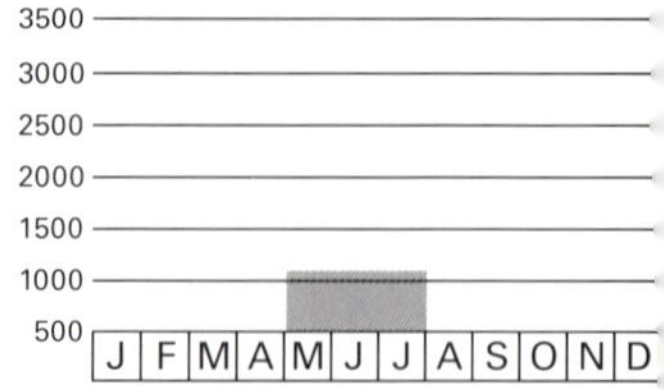

Verbreitung: In fast ganz Europa verbreitet, aber doch sehr lokal; in den Alpen weiten Gebieten fehlend.
Lebensraum: Warme, trockene Wegränder, Magerwiesen, mesophile Ruderalfluren (Dauco-Melilotion). In den Bergen bis mindestens 1100 m steigend.
Biologie: Die Raupe lebt in einem kurzen Gang im obersten Teil der Wurzel von Wilder Möhre *(Daucus carota)* (3,4). Befallene Pflanzen beginnen manchmal zu welken (1). In den Blattachseln der grundständigen Blätter wird etwas Bohrmehl ausgeworfen (2). Die Puppe (5) schiebt sich vor dem Falterschlupf aus der unterirdischen Puppenkammer heraus und wird so oberirdisch sichtbar (6). Die Falter sind tagaktiv (7–9).

4

5

6

8

7

9

Familie Tortricidae (Wickler)

Aethes deutschiana

(ZETTERSTEDT, 1839)

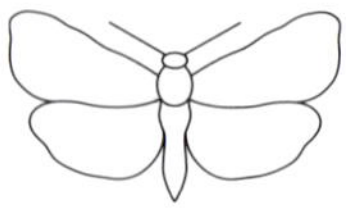
12–20 mm

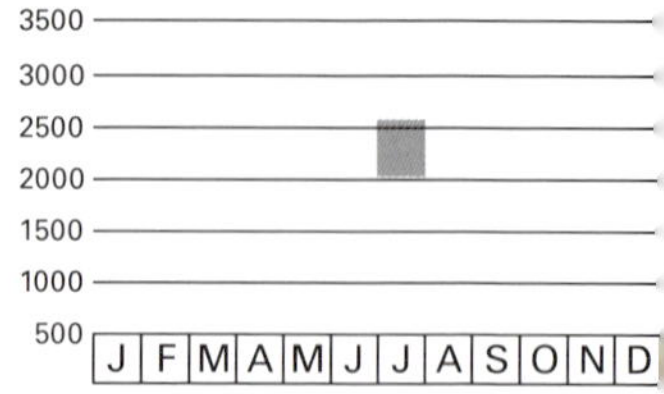

Verbreitung: Die Art wurde aus Lappland beschrieben. Es gibt Hinweise, dass die alpinen Populationen eine andere Art darstellen könnten. In den Alpen lokal verbreitet; in Deutschland nur ein älterer Nachweis aus Bayern; auch aus Slowenien und Bulgarien gemeldet.

Lebensraum: Magere, trockene, kurzrasige alpine Weiden von etwa 2000 m bis über 2600 m.

Biologie: Die Eier werden in die Blütenköpfe von Quirlblättrigem Läusekraut *(Pedicularis verticillata)* abgelegt (2,3). Die Raupe dringt in die jungen Samenkapseln ein, verspinnt den Ausgang der Kapsel und frisst die Samen (4–6). Danach verlässt sie die Kapsel durch ein Loch an der Basis und dringt in eine neue Kapsel ein. Erwachsen (7) überwintert sie in der letzten Kapsel und verpuppt sich im Frühling in einem feinen Gespinst darin oder in der Bodenstreu (8).

1

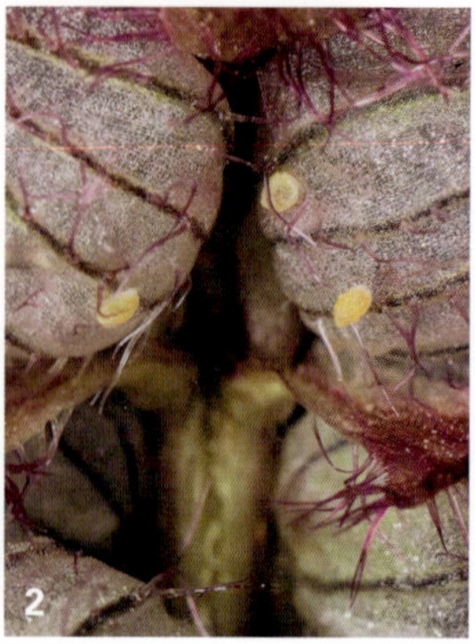
2

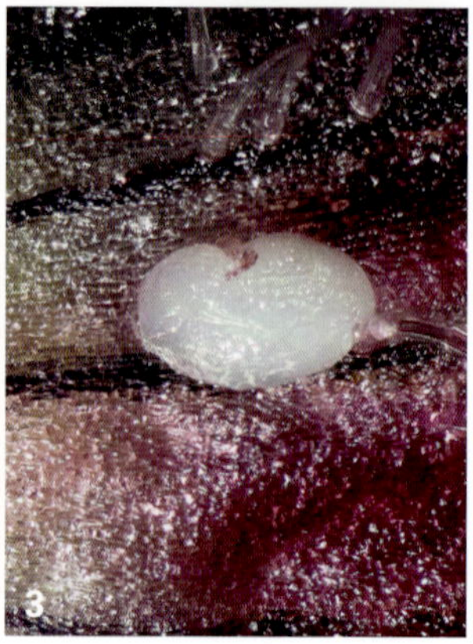
3

4

5

6

7

8

9

10

11

Familie Tortricidae (Wickler)

Aethes ardezana

(MÜLLER-RUTZ, 1922)

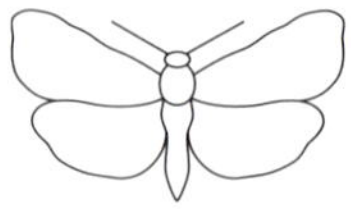
18–21 mm

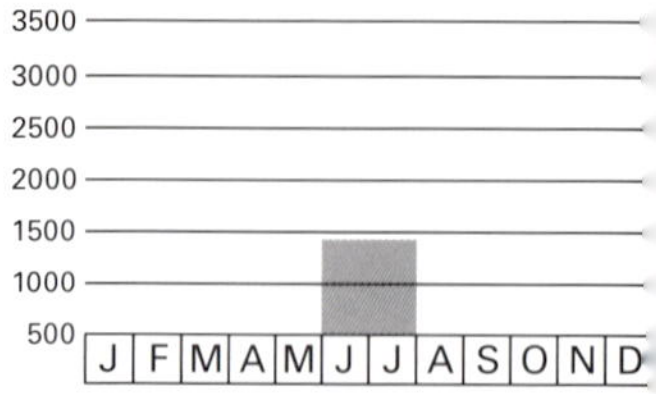

Verbreitung: Sehr lokale und seltene Art. Außerhalb der Alpenländer nur noch in Spanien, Slowenien und Bosnien/Herzegowina.

Lebensraum: Xeromontane, südexponierte Weiden und Heckensäume auf steinigem Grund, bis mindestens 1400 m.

Biologie: Die Eiablage erfolgt an den Stängel von Berg-Laserkraut *(Laserpitium siler)* (1, 2). Die Jungraupe (3) bohrt sich in den Stängel und lebt gesellig im Stängelmark, wo sie auch überwintert (4,5). Im Frühling fertigt sie im Markkanal einen wenig ausgesponnenen Schlupfgang an, der seitlich nach außen führt und dort mit einem Pfropfen aus Genagsel verschlossen wird (7). Die Verpuppung erfolgt etwas tiefer im Stängelinneren (9).

1

2

3

4

5

6

7

8

9

10

Familie Tortricidae (Wickler)

Aethes rutilana

(HÜBNER, [1817])

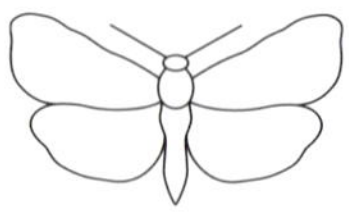

10–15 mm

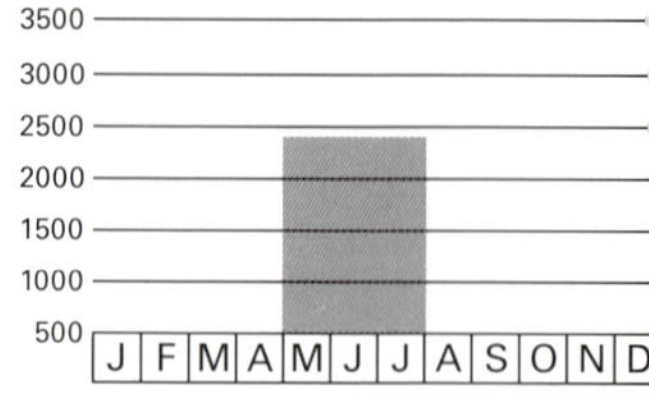

Verbreitung: Mit dem Vorkommen der Raupennährpflanze in ganz Europa zwar verbreitet, aber doch lokal.

Lebensraum: Entsprechend der Vorliebe der Raupennährpflanze: trockene, sonnige und warme Orte, lichte Wälder, Felsbiotope, zum Beispiel Besenginstergebüsche (Sarothamnion). In der alpinen Stufe vor allem in der trockenen Zwergstrauchheide (Juniperion nanae). Von der Talsohle bis 2400 m.

Biologie: In der kollinen und montanen Stufe lebt die Raupe am Gemeinen Wacholder *(Juniperus communis ssp. communis)*, in der subalpinen und alpinen Stufe am Zwerg-Wacholder *(ssp. nana)*. Die Raupe miniert zuerst in einer Nadel (2). Nachdem sie diese hohlgefressen hat, verlängert sie die Nadelöffnung unter einem Gespinstchen mit einer Seidenröhre, die außen mit Kotballen belegt ist. In dieses «Gehäuse» zieht sie sich bei Störung zurück und darin überwintert sie auch (1, 4). Im Frühling wird die Röhre kontinuierlich vergrößert. Die Verpuppung erfolgt dann auch darin (5, 6).

1

2

3

4
5
6
7
8
9
10

Familie Tortricidae (Wickler)

Aethes aurofasciana

(MANN, 1855)

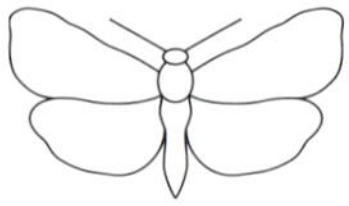

11–13 mm

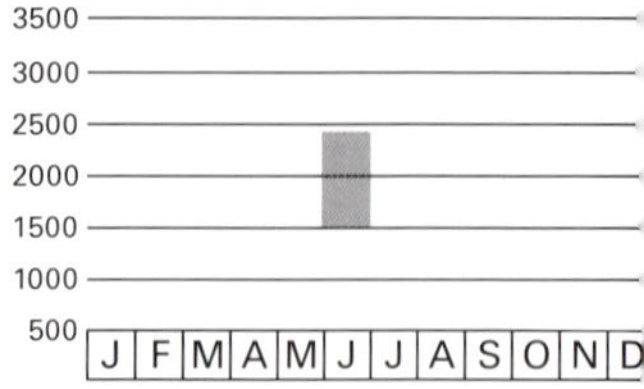

Verbreitung: Gebirgsart der Alpen und Karpaten. Lokal verbreitet. In Deutschland nur in Bayern.
Lebensraum: Subalpine und vor allem alpine Wiesen und Weiden mit Vorkommen der Raupennährpflanzen, von etwa 1600 m bis mindestens 2400 m.
Biologie: Raupennährpflanze ist der Blaue Enzian *(Gentiana clusii und G. acaulis).* Die Jungraupe lebt zuerst in den grundständigen Blättern, wo sie blasenartige Minen erzeugt (1, 2). Später geht sie in den Stängel und bohrt sich darin recht tief Richtung Wurzel (3, 4). In diesem Gang überwintert sie. Die Verpuppung erfolgt im Frühling unter einer feinen Gespinsthaube im obersten Stängelteil (5, 6). Der von der Raupe befallene Trieb stirbt meist ab.

1

2

3

4

5

6

7

8

9

Tortricidae (Wickler)

Aethes cnicana

(WESTWOOD, 1854)

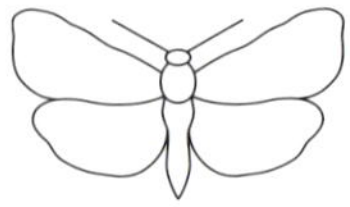

14–16 mm

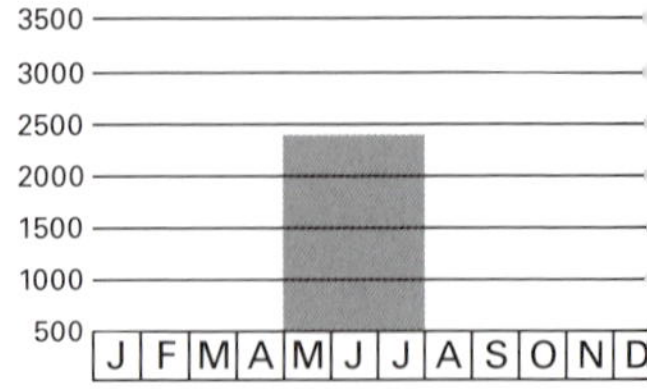

Verbreitung: In fast ganz Europa mit Ausnahme der Iberischen Halbinsel und des Balkans verbreitet.
Lebensraum: Mesophile Wiesen, Weiden und Waldränder bis 2400 m.
Biologie: Raupennährpflanzen sind die Nickende Distel *(Carduus nutans)* und die Langstielige Distel *(Carduus defloratus)*. Die Eiablage erfolgt abends an die Unterseite oder zwischen die Kelchblätter von noch geschlossenen Distelblüten (1, 2). Die Jungraupe wandert in den Blütenkopf, wo sie sich von den noch jungen Samen ernährt (3). Später lebt sie frei im Blütenkopf, gelegentlich gesellig, oftmals auch zusammen mit Larven von Bohrfliegen (Tephritidae sp.) (4). Im Herbst fertigt die erwachsene Raupe (5) im Blütenstand einen zähen Kokon aus Seide und Samenteilen an (6), in welchem sie überwintert. Die Verpuppung (7) erfolgt darin erst im Frühling.

1

2

3

4

5

6

7

8

9

Familie Tortricidae (Wickler)

Falseuncaria ruficiliana

(HAWORTH, [1811])

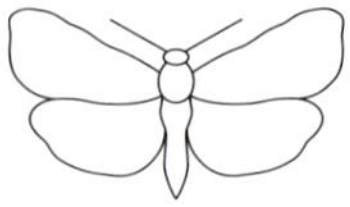

12–17 mm

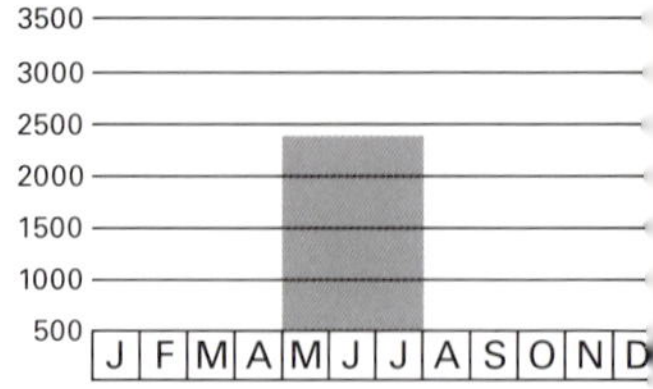

Verbreitung: In weiten Teilen Europas verbreitet.
Lebensraum: In den Alpen bevorzugt die Art magere, eher trockene Wiesen und Weiden bis gegen 2400 m.
Biologie: Die Jungraupe lebt oftmals gesellig in der Samenkapsel von verblühtem Enzian *(Gentiana acaulis)*, wo sie sich von den jungen Samen ernährt (1–4). Befallene Kapseln sind manchmal an einem kleinen Loch zu erkennen, aus dem etwas Kot ausgestoßen wird (3). In der Literatur wird eine ganze Reihe anderer Pflanzen erwähnt, deren Samen von der Raupe gefressen werden (KENNEL, 1921). Erwachsen verlässt die Raupe (6) die Samenkapsel und fertigt am Boden einen recht dichten Seidenkokon an, in dem sie überwintert. Die Verpuppung (5) erfolgt darin erst im Frühling.

1

2

3

4

5

6

7

8

9

10

Familie Tortricidae (Wickler)

Aleimma loeflingiana

(LINNAEUS, 1758)

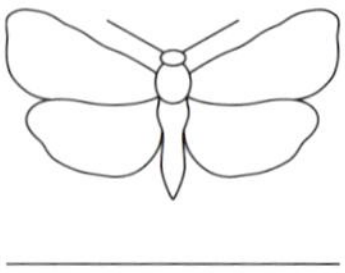

15–19 mm

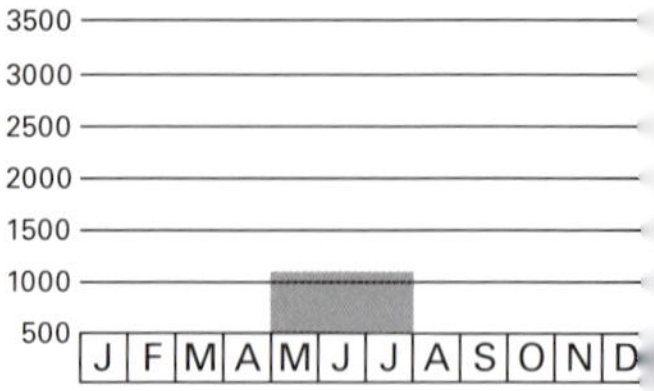

Verbreitung: In weiten Teilen Europas verbreitet. **Lebensraum:** An Eichenwälder gebundene, wärmeliebende Art. In den Bergen bis höchstens 1100 m. **Biologie:** Das Ei ist höchstwahrscheinlich das Überwinterungsstadium. Die Raupe lebt im Frühling in einem Gespinst zwischen zusammengesponnenen Blättern von Stieleiche *(Quercus robur)* (1–3), wohl auch an anderen Eichenarten. Sie verpuppt sich Anfang Sommer in dieser Wohnung (4,5). Die Falter sind in ihrer Zeichnung sehr variabel (6–8)

1

2

3

4

5

6

7

8

Familie Tortricidae (Wickler)

Acleris schalleriana

(LINNAEUS, [1760])

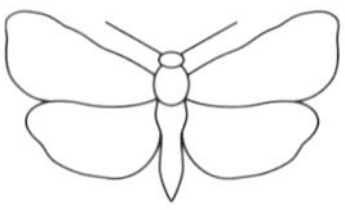

15–19 mm

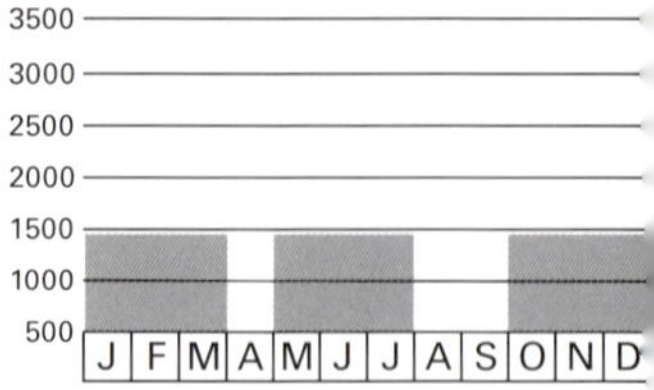

Verbreitung: In ganz Europa verbreitet.
Lebensraum: Waldränder, Hecken, buschreiche Magerrasen, Wegränder. In den Bergen kaum über 1300 m.
Biologie: Die Raupe lebt in einer oberseitigen, versponnenen Blattfalte von Gemeinem Schneeball *(Viburnum opulus)* (1,2) beziehungsweise in einer unterseitigen Blattfalte von Wolligem Schneeball *(Viburnum lantana)*. Sie verpuppt sich auch in dieser Behausung (4). Die Falter sind in der Zeichnung sehr variabel (6–8). Sie überwintern.

1

2

3

4

5

6

7

8

Familie Tortricidae (Wickler)

Acleris variegana

([DENIS & SCHIFFERMÜLLER], 1775)

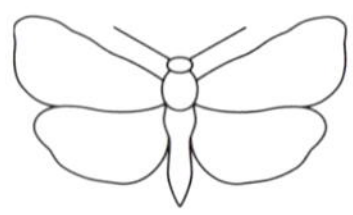

14–19 mm

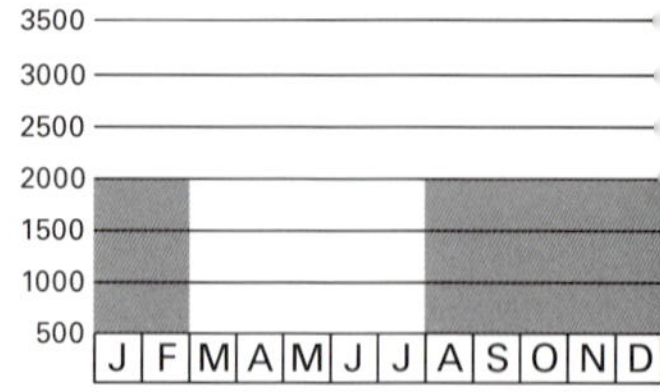

Verbreitung: In ganz Europa weit verbreitet.
Lebensraum: In den verschiedensten Lebensräumen, in den Bergen bis mindestens 2000 m.
Biologie: Die polyphage Raupe wurde an folgenden Nährpflanzen gefunden: Silberwurz *(Dryas octopetala)*, Moorbeere *(Vaccinium uliginosum)* und Heidelbeere *(Vaccinium myrtillus)* in den Bergen, in tiefen Lagen auch an Hasel *(Corylus avellana)*, Rose (*Rosa* sp.) Schwarzdorn *(Prunus spinosa)* u.a. Sie lebt zwischen zusammengesponnenen Blättern (1–5). Die Verpuppung findet am Boden in der Laubstreu statt (6). Die Falter sind in der Zeichnung sehr variabel (7–9); sie überwintern.

1

2

3

4

5

6

7

8

9

Familie Tortricidae (Wickler)

Xerocnephasia rigana

(SODOFFSKY, 1829)

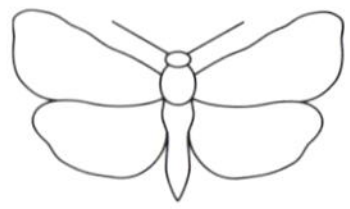

15–20 mm

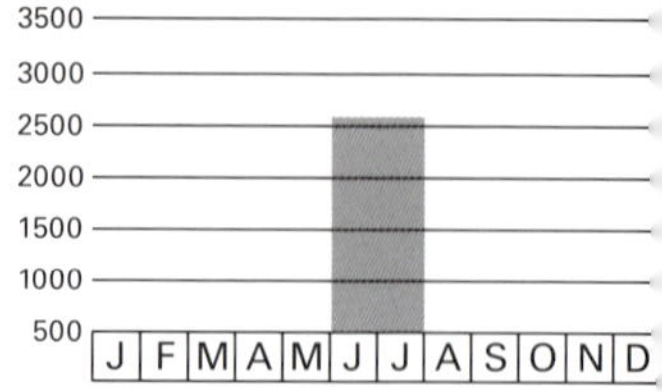

Verbreitung: In Europa zwar verbreitet, weiten Gebieten aber fehlend. In den Alpen in den höheren Lagen lokal.
Lebensraum: Alpine Rasen bis 2600 m; selten in tieferen Lagen auf trockenen Wiesen.
Biologie: In den Hochlagen der Alpen lebt die Raupe ausschließlich an Frühlings-Anemone *(Pulsatilla vernalis)*, in tieferen Lagen auch an anderen Anemonen-Arten (Ranunculaceae). Die Eier werden einzeln abgelegt (2–5). Die Jungraupe spinnt unmittelbar nach dem Schlupf aus dem Ei eine Gespinströhre (6). Die Raupen an Frühlings-Anemone (7) leben oft gesellig in einem dichten Gespinstsystem im Bereich der Pflanzenbasis. Auch die Verpuppung in einem dichten, länglichen Gespinst erfolgt dort (10,11); so kann man bis zu einem Dutzend Puppen in der Bodenstreu einer Pflanzengruppe finden. Die Art gehört zu den wenigen hochalpinen Kleinschmetterlingen, die als Puppe überwintern.

1

2

3
4
7
5
6
8
9
10
11

Familie Tortricidae (Wickler)

Sphaleroptera alpicolana

(FRÖLICH, [1830])

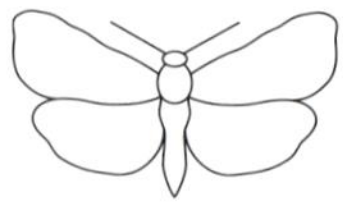

13–20 mm

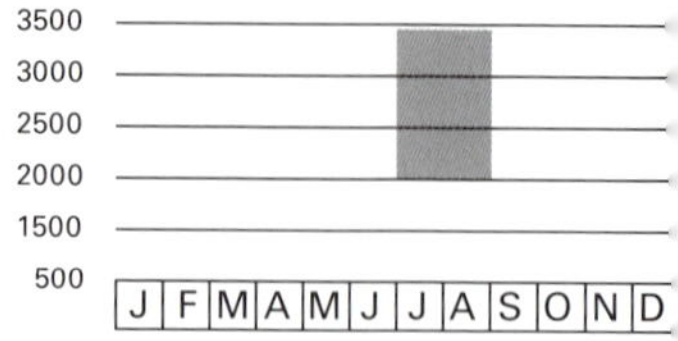

Verbreitung: Hochalpine Art in den Alpen von Deutschland (Bayern), Österreich, der Schweiz und Italiens. Weitere vier sehr ähnliche Arten sind aus den Alpen beschrieben worden (WHITEBREAD, 2006). Sie ist die am höchsten steigende Wicklerart.
Lebensraum: Hochalpine Schuttfluren, Magerrasen und Felsbiotope mit spärlicher Vegetation in Höhenlagen von 2000 m bis 3400 m (Raupenfunde).
Biologie: Raupennährpflanze ist meist die Polsternelke (*Silene acaulis* auf Kalk bzw. *Silene exscapa* auf Silikat), aber die Raupe wurde auch an Blattlosem Steinbrech *(Saxifraga aphylla)*, an Gefurchtem Steinbrech *(Saxifraga exarata)*, an Frühlings-Miere *(Minuartia verna)* und in Lagen über 3000 m an Gegenblättrigem Steinbrech *(Saxifraga oppositifolia)* gefunden. Die Raupen (2,3) leben gerne in den Polstern unter Steinen, wo sie Gespinströhren anlegen (1). Die Verpuppung erfolgt in einem feinen Gespinst (7,8). Die Puppe hat zwei auffällige, nach dorsal gerichtete Spitzen am Hinterleibsende. Die Weibchen (4,5) sind kurzflügelig und flugunfähig; die Zeichnung der Männchen (6,9) ist sehr variabel. Die Entwicklung in hohen Lagen ist höchstwahrscheinlich zweijährig.

4

6

5

7

8

9

Familie Wickler (Tortricidae)

Exapate duratella

VON HEYDEN, 1864

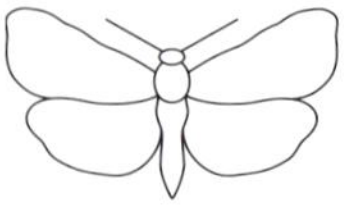

22–25 mm

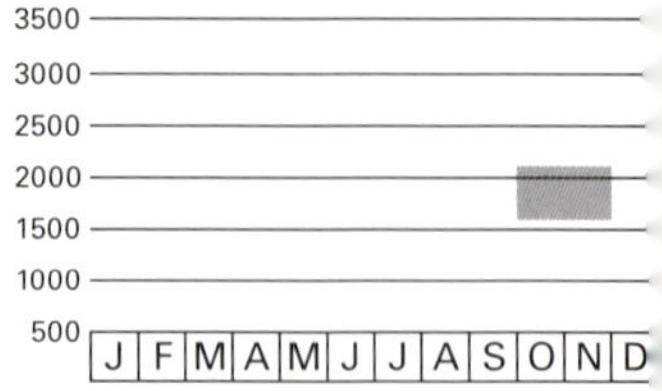

Verbreitung: In den Alpenländern lokal, punktuell auch aus den Karpaten und Pyrenäen gemeldet.
Lebensraum: Lärchenwälder im Gebirge, ab etwa 1600 m bis gegen 2200 m verbreitet, aber doch ziemlich lokal.
Biologie: Die grünen Eier werden in Rindenritzen der hauptsächlichen Nährpflanze Lärche *(Larix decidua)* abgelegt, wo sie überwintern (1). Die potenziell polyphagen Raupen (3,4) wurden aber auch in der Bodenvegetation des Lärchenwaldes gefunden, zum Beispiel in den Blütenköpfen von Berg-Baldrian *(Valeriana montana)* (4). WEBER (1945) fand sie überdies an *Rhododendron*, *Cotoneaster*, *Sorbus aucuparia* und *Lotus corniculatus*, auch THOMANN (1947) listet weitere niedere Pflanzen auf. Die Raupen verpuppen sich in einem feinen, löchrigen, schlauchförmigen Kokon, in welchem die Puppe sich ziemlich schnell hin- und herbewegen kann (5,6). Die Falter schlüpfen nach den ersten kalten Herbsttagen. Die Männchen (7,8) suchen tagsüber nach den flugunfähigen Weibchen (2), die an den Zweigenden sitzen.

1

2

3

4

5

6

7

8

Familie Tortricidae (Wickler)

Eana osseana

(SCOPOLI, 1763)

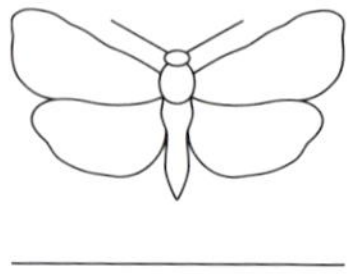

17–25 mm

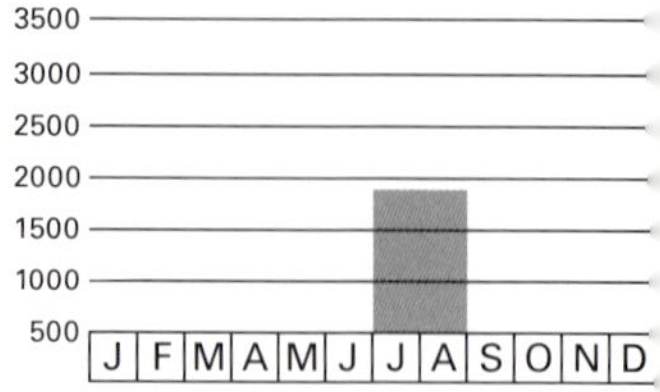

Verbreitung: Eine holarktische Art, die in fast ganz Europa verbreitet ist, mit Ausnahme des Südens.
Lebensraum: In den Alpen hauptsächlich in der subalpinen und alpinen Stufe in offenen Biotopen außerordentlich weit verbreitet und dort wohl die häufigste Wicklerart überhaupt, bis über 2500 m vorkommend.
Biologie: Die Eier werden in einem Gelege an die Unterlage abgelegt; sie verfärben sich nach einigen Tagen auffallend rot (1). Die sehr polyphage Raupe lebt in der Grasnarbe oder in Polsterpflanzen immer unter lose aufliegenden Steinen oder mindestens an deren Rand. Dort fertigt sie eine Seidenröhre an, in der sie sich rasch hin- und herbewegt (2,4,9). Auch die Verpuppung findet dort in einem feinen Gespinst statt (4); die Puppe schiebt sich vor dem Schlupf etwas aus dem vorderen Röhrenende (7,8,10). Die Falter sind sehr variabel gezeichnet; die weiblichen Tiere (8) sind etwas kurzflügeliger und fliegen nicht gerne.

1

2

3

4

5

6

7

8

9

10

Familie Tortricidae (Wickler)

Eana argentana

(CLERCK, 1759)

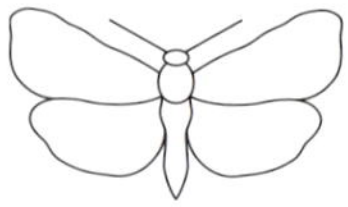

19–23 mm

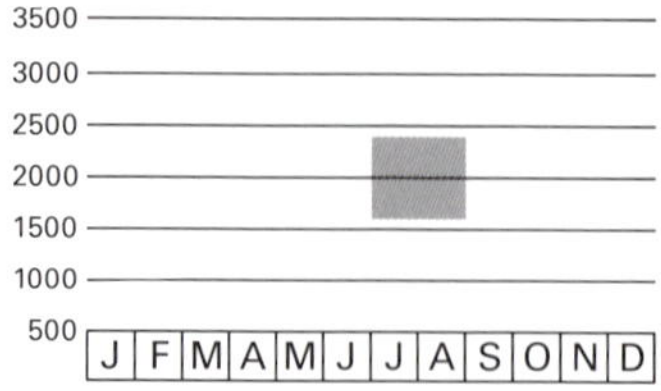

Verbreitung: Fast in ganze Europa verbreitet, einschliesslich Skandinaviens und der Britischen Inseln. **Lebensraum:** Bevorzugt in der subalpinen Stufe auf frischen bis trockenen Wiesen und Zwergstrauchheiden, lokal häufig. Steigt in den Bergen aber auch bis mindestens 2400 m.

Biologie: Die flachen Eier werden in Spiegeln abgelegt (1). Die Raupe (5) ist polyphag, sie wurde an Gräsern fressend gefunden. Sie lebt in einer Gespinströhre in der Bodenstreu, gerne auch unter flachen Steinen, wo sie halberwachsen überwintert. Die Verpuppung (erfolgt in der Gespinströhre (3,4,6). Die Falter (2,7,8) fliegen am Tag.

1

2

3

5

4

6

7

8

Familie Tortricidae (Wickler)

Eana penziana

(THUNBERG, 1791)

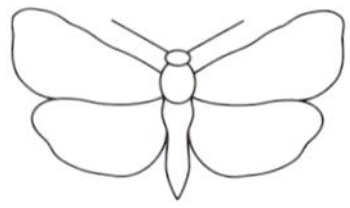

24–29 mm

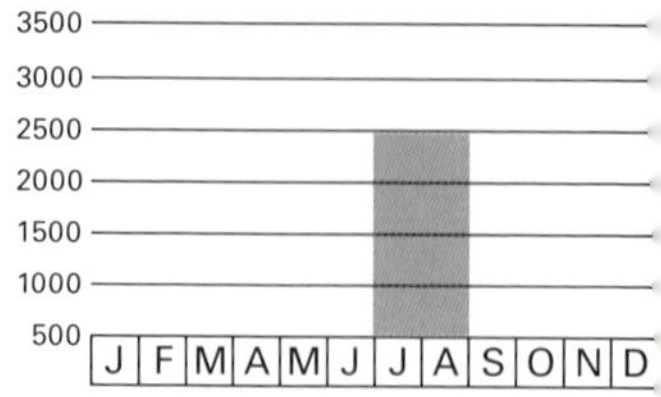

Verbreitung: In fast ganz Europa weit verbreitet, wobei sich die Art in verschiedene geographische Unterarten aufteilt, deren Status noch unsicher ist (RAZOWSKI, 2002).

Lebensraum: Alpine Wiesen, Weiden und Felsfluren bis etwa 2500 m, nur ausnahmsweise auch in Tallagen vorkommend.

Biologie: Die Raupe ist polyphag. Sie wurde an Echter Edelraute *(Artemisia umbelliformis)* (3,4) und an Trauben-Steinbrech *(Saxifraga paniculata)* (5) gefunden, SCHÜTZE (1913) erwähnt Hufeisenklee (*Hippocrepis* sp.), RAZOWSK, (2002) weitere nieder Pflanzen. Sie lebt in langen Gespinströhren am Boden in und zwischen den Pflanzenpolstern (3,4). Darin verpuppt sie sich. Vor dem Schlupf bewegt sich die Puppe an den Ausgang der Gespinströhre (5,6). Die Falter (1,2,7) sind in der Zeichnung sehr variabel.

1

2

3

4

5

6

7

Familie Tortricidae (Wickler)

Cnephasia stephensiana

(DOUBLEDAY, [1841])

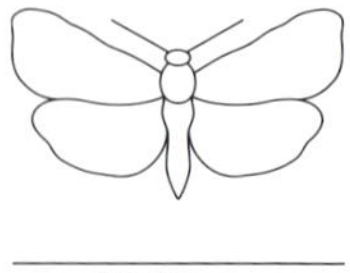

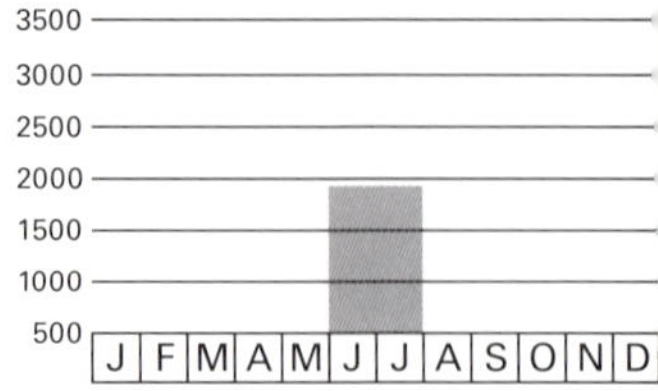

Verbreitung: In ganz Europa verbreitet und häufig.
Lebensraum: In den unterschiedlichsten Lebensräumen verbreitet. Steigt in den Bergen bis mindestens 1900 m.
Biologie: Die Raupe lebt in einem Blattgehäuse (3,4) an verschiedenen Pflanzen, so an: Großem Fettkraut *(Sedum telephium)*, Klebrigem Salbei *(Salvia glutinosa)*, Felsenmispel *(Amelanchier ovalis)*, Berg-Anemone *(Pulsatilla montana)* (2), Wollköpfiger Kratzdistel *(Cirsium eriophorum)* (1), wo sie auch überwintert. Die Verpuppung erfolgt im Frühling je nach Wirtspflanze im Blattgehäuse oder aber in der Bodenstreu (5, 6).

1

2

3

4

5

6

7

8

9

Cnephasia alticolana

(HERRICH-SCHÄFFER, [1851])

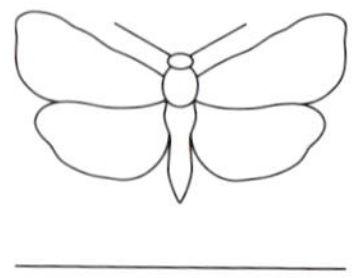

19–23 mm

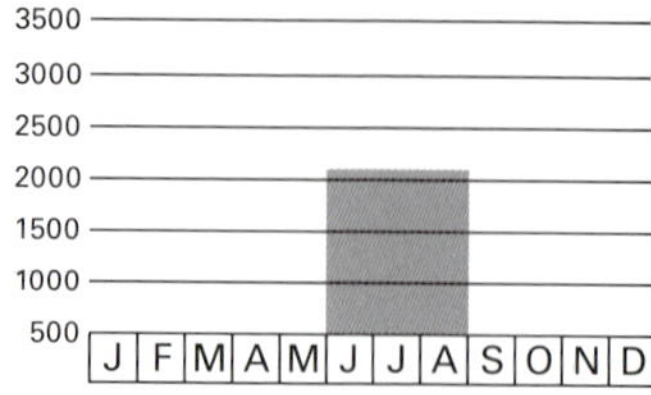

Verbreitung: In weiten Teilen Europas verbreitet. **Lebensraum:** Die Art lebt besonders gerne in der subalpinen Stufe, wo sie manchmal örtlich massenhaft auftritt, und sie steigt bis mindestens 2200 m. **Biologie:** Die Jungraupe geht nach dem Schlupf aus dem Ei in eine Diapause, die bis zum nächsten Frühjahr dauert (BALMER, 1982), Danach lebt sie in versponnenen Trieben und Blättern zahlloser niederer Pflanzen, zum Beispiel an Weißlichem Habichtskraut *(Hieracium intybaceum)*, an Gewöhnlicher Goldrute *(Solidago virgaurea)* oder an Gämswurz-Greiskraut *(Senecio doronicum)* (2–6). Die Verpuppung erfolgt im Gespinstschlauch der Raupe meist in einer Blattrolle oder zwischen zusammengesponnenen Blättern (7,8). Die Falter sind sehr variabel (1, 9, 10).

1

2

3

4

5

6

7

8

9

10

Familie Tortricidae (Wickler)

Cnephasia asseclana

([DENIS & SCHIFFERMÜLLER], 1775)

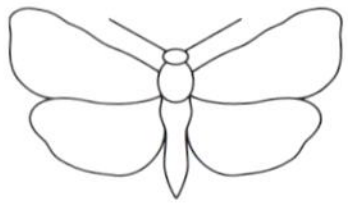

12–19 mm

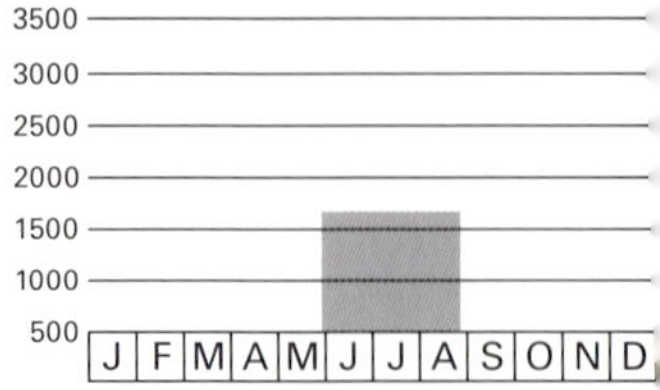

Verbreitung: In Europa weit verbreitet und nicht selten.

Lebensraum: Die Art kommt in einer Vielzahl Lebensräumen vor; in den Bergen steigt sie bis mindestens 1700 m.

Biologie: Die Raupe ist außerordentlich polyphag; sie wurde unter anderem gefunden an: Rossminze *(Mentha longifolia)*, Schafgarbe *(Achillea millefolium)*, Gemeinem Beifuß *(Artemisia vulgaris)*, Wicke (*Vicia* sp.), Tamariske *(Myricaria germanica)*, Aufrechtem Ziest *(Stachys recta)*, Ochsenzunge *(Anchusa officinalis)*, Schnabelfrüchtigem Bergflachs *(Thesium rostratum)*. Sie lebt in den Knospen oder zwischen zusammengezogenen Blättern (1–3,5). Die Verpuppung erfolgt anfangs Sommer (4). Die Falter sind recht variabel gezeichnet (6–8).

1

2

3

4

5

6

7

8

Familie Tortricidae (Wickler)

Cnephasia sedana

(CONSTANT, 1884)

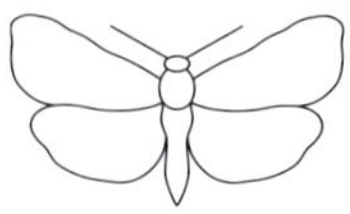

18–24 mm

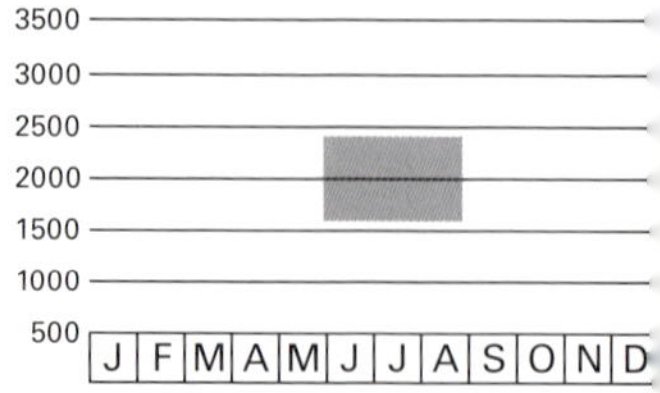

Verbreitung: In den Alpenländern außer Deutschland, in Spanien und Rumänien nachgewiesen. Verbreitet, aber nicht häufig und immer lokal vorkommend.

Lebensraum: Bevorzugt auf mesophilen bis trockenen alpinen Wiesen und Felsfluren, von etwa 1600 m bis mindestens 2400 m.

Biologie: Die Jungraupe spinnt nach dem Schlupf einen Kokon, in dem sie eine mehrmonatige Diapause bis zum nächsten Frühling verbringt (BALMER, 1982). Wie schon CONSTANT in der Urbeschreibung anmerkt, ist die Raupe sehr polyphag. Er nennt *Sedum*, *Adenostyles*, *Euphorbia* etc. als Raupennährpflanzen. BALMER (1982) listet weitere niedere Pflanzen auf. Gesichert ist auch Sonnenröschen *(Helianthemum nummularium)* (2), Dunkle Akelei *(Aquilegia atrata)* und Berg-Baldrian *(Valeriana montana)* (1), wo die Raupe in den Blüten gefunden werden kann (3,4). Dort lebt sie in einer Gespinströhre und verpuppt sich in der Bodenstreu. Die Falter sind sehr variabel gezeichnet (6–8), was zur ungerechtfertigten Benennung von verschiedenen zusätzlichen Taxa geführt hat.

3

4

5

6

7

8

Familie Tortricidae (Wickler)

Sparganothis pilleriana

([DENIS & SCHIFFERMÜLLER], 1775)

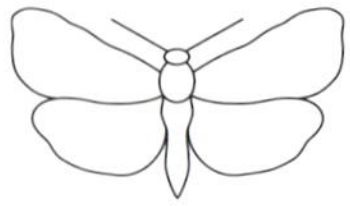

16–20 mm

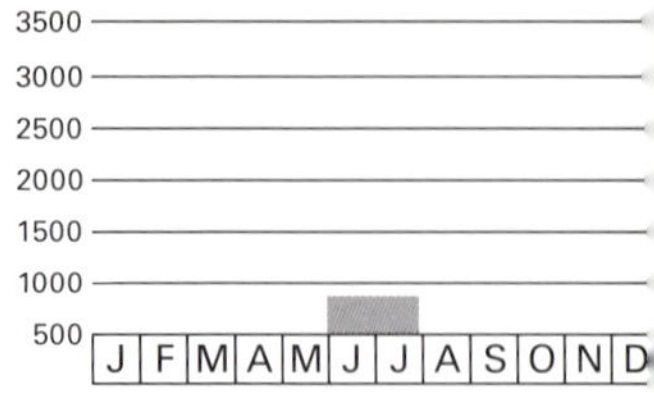

Verbreitung: In fast ganz Europa verbreitet, aber doch nur eher lokal, weiten Gebieten auch fehlend.
Lebensraum: Klimatisch begünstigte, trockene Biotope in den Tallagen.
Biologie: Die Raupe (2–4) lebt an einer Vielzahl Pflanzen, zum Beispiel an Pestwurz *(Petasites hybridus)* (2), Silberwurz *(Dryas octopetala)*, Erika *(Erica carnea)*, Buchsblättriger Kreuzblume *(Polygala chamaebuxus)*, Apfel (*Malus* sp.), Brombeere (*Bromus* sp.), aber auch an Färberginster *(Genista tinctoria)*. Die Art kann in Weingütern und Obstpflanzungen schädlich werden (RAZOWSKI, 2002). Die Jungraupen überwintern in einem Gespinst. Die erwachsene Raupe verpuppt sich zu Sommerbeginn am Boden (6).

1

2

3

4

5

6

7

8

Familie Tortricidae (Wickler)

Philedone gerningana

([DENIS & SCHIFFERMÜLLER], 1775)

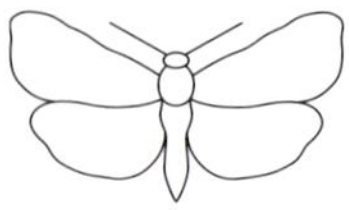

13–20 mm

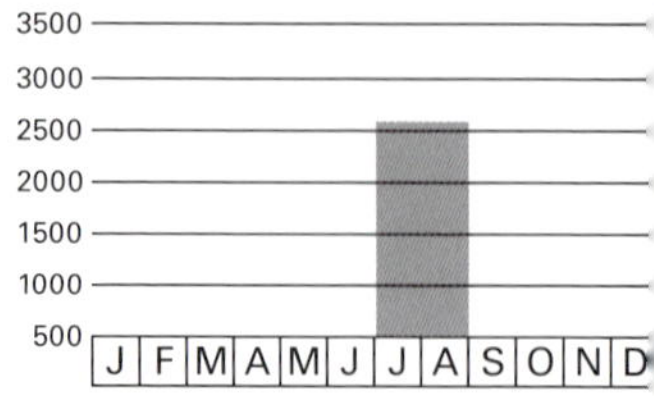

Verbreitung: In Nord- und Mitteleuropa sowie den Alpen verbreitet.
Lebensraum: Alpine, trockene Weiden bis mindestens 2600 m, verbreitet, aber doch lokal.
Biologie: In der alpinen Stufe ist die Berg-Nelkenwurz *(Geum montanum)* (1) die bevorzugte Raupennährpflanze; in den außeralpinen Tieflagen sind zahlreiche weitere krautige Pflanzen verbürgt (SCHÜTZE, 1931). Die Jungraupe fertigt eine feine Gespinströhre auf der Blattunterseite an, aus der heraus sie die Blattepidermis im Fensterfraß befrisst (2). Später lebt sie in einem Gespinströhrensystem zwischen den dürren grundständigen Blättern (3, 4, 6). Sie überwintert halb erwachsen. Nach der Schneeschmelze frisst die Raupe weiter und verpuppt sich zu Sommerbeginn in einem rudimentären Kokon unter den grundständigen Blättern (5). Die weiblichen Falter (7,9) sind kurzflügeliger als die männlichen (8).

1

2

Familie Tortricidae (Wickler)

Philedonides lunana

(THUNBERG, 1784)

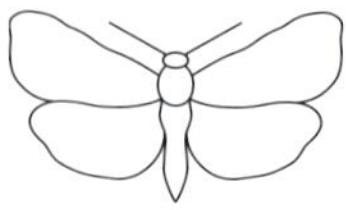

11–14 mm

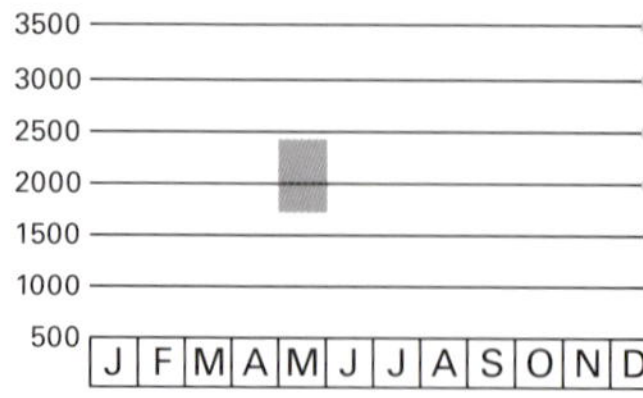

Verbreitung: In Nord- und Mitteleuropa verbreitet, fehlt aber im Süden. In allen Alpenländern außer Frankreich.
Lebensraum: Alpwiesen und Weiden, bevorzugt wenig über der Waldgrenze, bis 2400 m.
Biologie: Die Raupe (3,4) ist polyphag, sie wurde in den Alpen zum Beispiel gefunden an: Silberdistel *(Carlina acaulis)*, Gämswurz *(Senecio doronicum)* und in den Blüten von Wald-Wittwenblume *(Knautia dipsacifolia)* (1). Sie lebt in einer Gespinströhre, wo sie sich im Herbst auch verpuppt (5). Die Falter (2, 6–8) schlüpfen im zeitigen Frühling kurz nach der Schneeschmelze und fliegen tagsüber.

1

2

3

4

5

6

7

8

Familie Tortricidae (Wickler)

Choristoneura diversana

(HÜBNER, [1817])

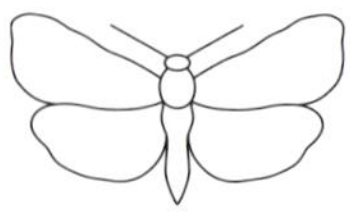

15–21 mm

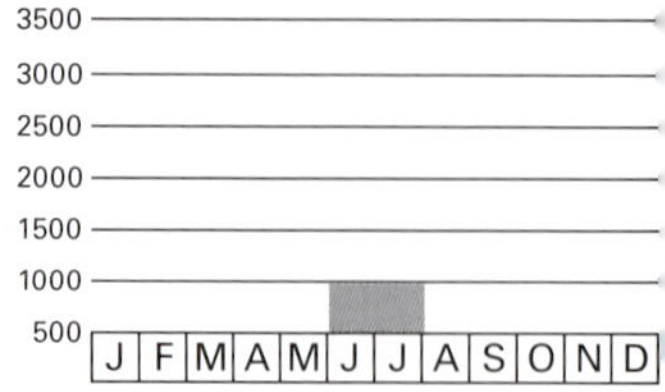

Verbreitung: Außer auf der Iberischen Halbinsel und ganz im Süden fast überall in Europa verbreitet, aber doch nur lokal vorkommend und vielen Gegenden auch fehlend.

Lebensraum: Waldränder, Strauchgesellschaften, Hecken; in den Bergen nur bis etwa 1000 m steigend.

Biologie: Wie schon SCHÜTZE (1931) aufzählt, lebt die Raupe polyphag an verschiedensten Laubhölzern und Sträuchern, hier gezeigt an Sanddorn *(Hippophaë rhamnoides)*. Sie spinnt eine Blattröhre, in der sie überwintert und ihre ganze weitere Entwicklung durchläuft (1–3). Auch die Verpuppung findet dort statt (4).

1

2

3

4

5

6

7

Familie Tortricidae (Wickler)

Argyrotaenia ljungiana

(THUNBERG, 1797)

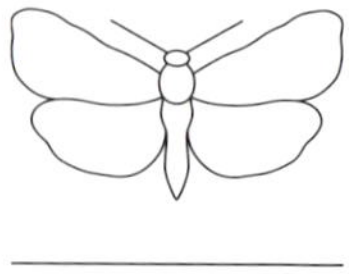

12–18 mm

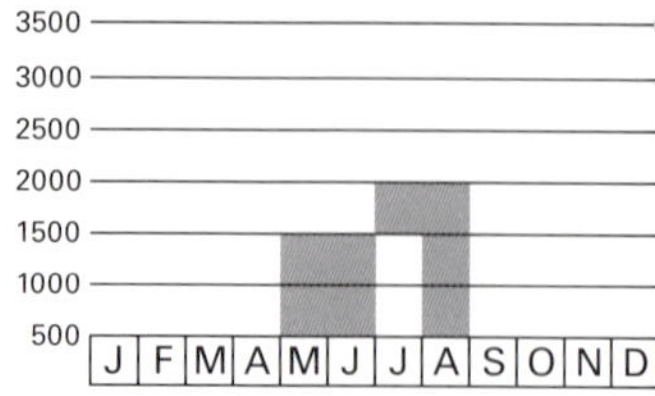

Verbreitung: Paläarktische Art, in weiten Teilen Europas verbreitet.
Lebensraum: In den Alpen in einer Vielzahl von Lebensräumen, von den warmen Tallagen bis hinauf in Waldgrenzenbiotope (Alnenion viridis) um 2000 m.
Biologie: Die Raupen sind in ihrer Nahrungswahl nicht anspruchsvoll. Sie fressen beispielsweise Schwalbenwurz-Enzian *(Gentiana asclepiadea)* (2,8), Feld-Beifuß *(Artemisia campestris)* (1), Heidelbeere *(Vaccinium myrtillus)*, Grünerle *(Alnus viridis)* und viele weitere Pflanzen (RAZOWSKI, 2002). Die Verpuppung erfolgt in einem ziemlich dichten Kokon in der Bodenstreu (3,4). Es überwintert die Puppe; in tiefen Lagen werden zwei Generationen ausgebildet. Die Falter sind in der Zeichnung recht variabel (5–7).

1

2

3

4

5

7

6

8

Familie Tortricidae (Wickler)

Lozotaenia forsterana

(FABRICIUS, 1781)

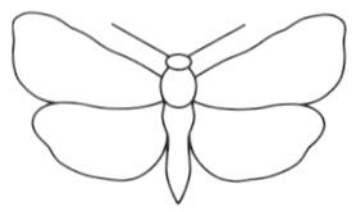

23–28 mm

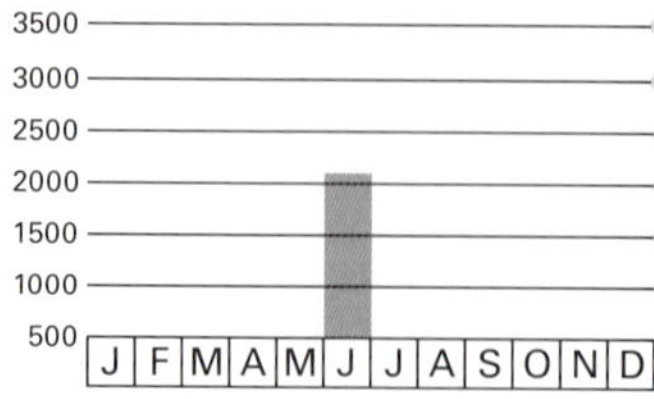

Verbreitung: Mit wenigen Ausnahmen in allen Ländern Europas verbreitet. Paläarktische Art.
Lebensraum: In den Alpen vor allem im lichten, subalpinen Wald und in der tief gelegenen alpinen Zwergstrauchheide.
Biologie: Hauptsächlich Raupennährpflanzen sind Heidelbeere *(Vaccinium myrtillus)* und Preiselbeere *(Vaccinium vitis-idaea)*, aber auch Veilchen (*Viola* sp.), Silberwurz *(Dryas octopetala)* und Lärche *(Larix decidua)*. Die Jungraupe spinnt die Heidelbeerblätter zusammen und befrisst ihre Oberfläche von innen. Die Überwinterung erfolgt auch in dieser Wohnung (2–4). Zur Verpuppung verlässt die Raupe im Frühling ihren Fraßplatz und fertigt in der Nähe einen feinen Kokon an (6). Die Falter (1,5,7,8) sind recht variabel gezeichnet.

1

2

3

4

5

6

7

8

Familie Tortricidae (Wickler)

Aphelia viburnana

([DENIS & SCHIFFERMÜLLER], 1775)

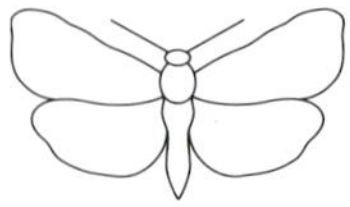

18–24 mm

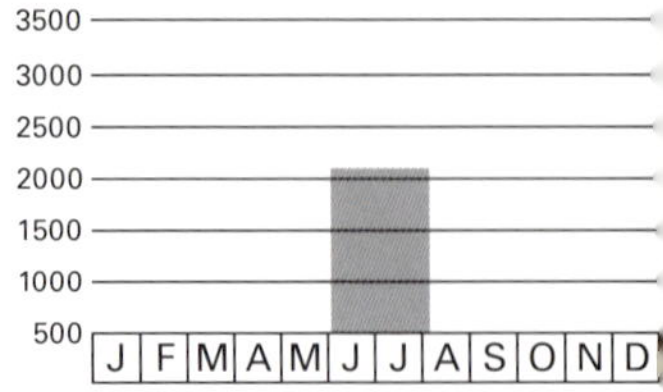

Verbreitung: In Europa weit verbreitet und häufig, auch in allen Alpenländern.

Lebensraum: Die Art bewohnt ein breites Spektrum von Lebensräumen; meist offene Wiesen und Weiden, Waldränder, Bachufer. In den Alpen steigt sie bis mindestens 2100 m.

Biologie: Die Raupe (4,5,7) ist äußerst polyphag; sie wird an den verschiedensten alpinen Kräutern fressend gefunden, zum Beispiel an Laserkraut *(Laserpitium halleri)*, Sonnenröschen (*Helianthemum* sp.), Berg-Spitzkiel *(Oxytropis jacquinii)* (1), Fingerkraut (*Potentilla* sp.), Alpen-Johannisbeere *(Ribes alpinum)*, Bergscharte *(Stemmacantha rhapontica)*, Eberreisblättrigem Greiskraut *(Senecio abrotanifolius)* und vielen anderen mehr. Sie lebt in einer Wohnung aus zusammengesponnenen Blättern. Die Verpuppung findet am Grund der Nährpflanze zwischen verwelkten Blättern statt (6). Die Weibchen (2,8) können ganz anders gezeichnet sein als die Männchen (9).

1

2

3

4

5

6

7

8

9

Familie Tortricidae (Wickler)

Clepsis rogana

(GUENÉE, 1845)

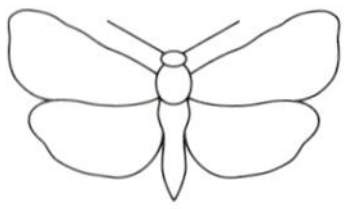

17–22 mm

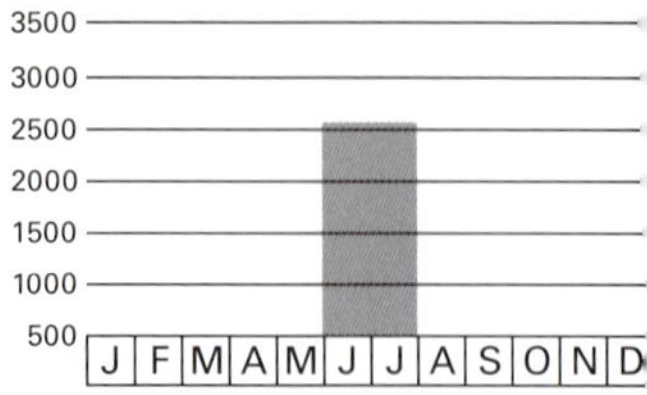

Verbreitung: In allen Alpenländern verbreitete Gebirgsart.
Lebensraum: Subalpine und alpine Wiesen und Weiden, wenig anspruchsvoll, bis 2700 m.
Biologie: Die Raupen sind sehr polyphag; sie wurden gefunden an: Mehlprimelblüten *(Primula farinosa)*, hier gezeigt (1, 2); an Grossköpfiger Gämswurz *(Doronicum grandiflorum)*, Pelzanemone *(Pulsatilla vernalis)*, Sonnenröschen (*Helianthemum* sp.), Spitzwegerich *(Plantago lanceolata)*, Berg-Nelkenwurz *(Geum montanum)*, Alpen-Bergflachs *(Thesium alpinum)*, Arnika *(Arnica montana)*. In der Literatur werden auch Heidelbeere *(Vaccinium myrtillus)*, Weißer Germer *(Veratrum album)* und Hainsimse (*Luzula* sp.) genannt (RAZOWSKI, 2002). Die Raupe (3, 4) überwintert; die Puppe liegt in einem Gespinst am Boden (5). Die Falter sind sehr variabel gezeichnet (6–9).

1

2

3

4

5

6

7

8

9

Familie Tortricidae (Wickler)

Clepsis rurinana

(LINNAEUS, 1758)

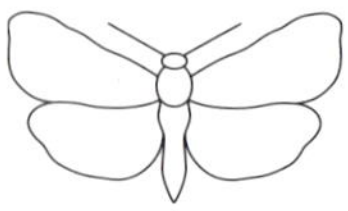

15–20 mm

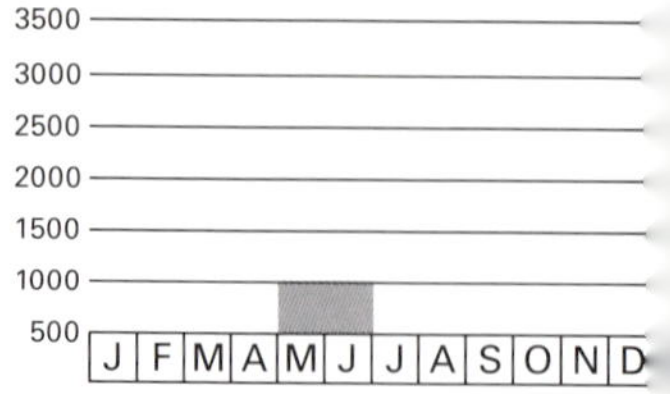

Verbreitung: Paläarktische Art, in Europa weit verbreitet.
Lebensraum: In den unterschiedlichsten Lebensräumen, jedoch wohl kaum über der montanen Stufe vorkommend.
Biologie: Als Raupennährpflanzen wurde Hirschwurz *(Peucedanum cervariae)* (1), Brennnessel *(Urtica dioica)*, bemerkenswerterweise auch Tollkirsche *(Atropa belladonna)* (2) festgestellt, laut Literatur aber auch Eiche (*Quercus* sp.), Ahorn (*Acer sp.*) und viele weitere (RAZOWSKI, 2002). Die Raupe lebt im Frühling in einer Blattröhre (2–5). Zur Verpuppung begibt sie sich auf den Boden und fertigt in der Streu einen rudimentären Kokon an (6).

3

4

5

6

7

8

Familie Tortricidae (Wickler)

Endothenia oblongana

(HAWORTH, [1811])

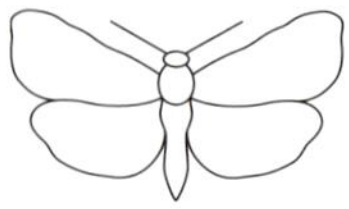

15–19 mm

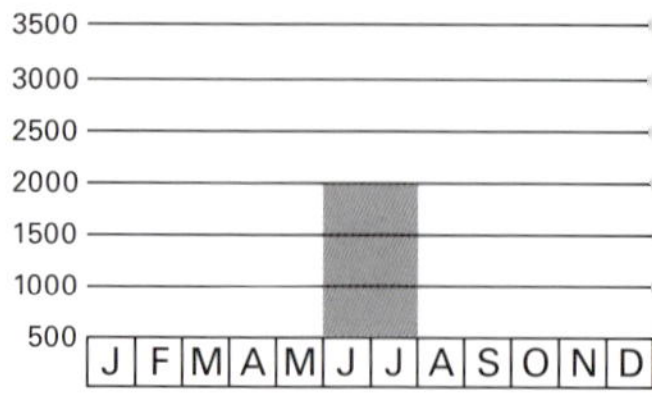

Verbreitung: In Europa weit verbreitet.
Lebensraum: Subalpine Hochstaudenfluren, Gebüschränder, eher auf feuchten Böden; bis mindestens 2000 m festgestellt.
Biologie: Als Raupennährpflanze wurde hier die Wald-Witwenblume *(Knautia dipsacifolia)* nachgewiesen (1). Laut Literatur lebt sie aber auch in den Samenköpfen und Wurzeln anderer Pflanzen wie Disteln (*Cirsium* sp.), Flockenblume *(Centaurea nigra)*, Karde (*Dipsacus* sp.), Wegerich (*Plantago* sp.), Ziest (*Stachys sp.*) (RAZOWSKI, 2003). An der Wald-Wittwenblume lebt die Raupe im Stängel (3–5). Dort überwintert sie im wurzelnahen Bereich. Die Verpuppung erfolgt im Frühling im Stängel in einer feinen Seidenröhre (6,8), die an ein vorbereitetes Schlupfloch mündet. Im Herbst erkennt man die befallenen Pflanzen an ihren verdorrten Trieben (2).

4

5

6

7

8

9

10

Familie Tortricidae (Wickler)

Aterpia anderreggana

GUENÉE, 1845

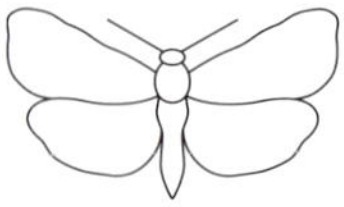

11–15 mm

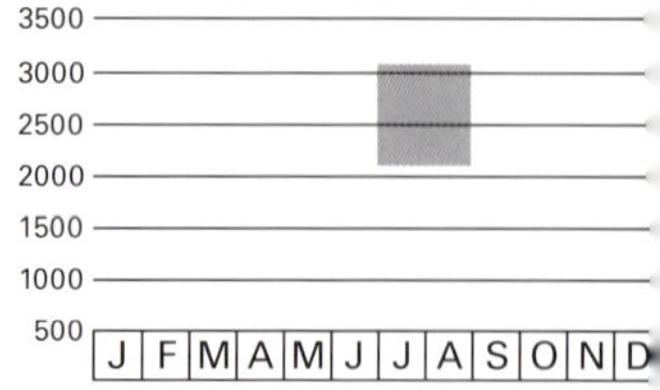

Verbreitung: In den mitteleuropäischen Gebirgen. Für Deutschland nur eine alte Angabe aus Bayern.
Lebensraum: Alpine und hochalpine Silikat-Schuttflächen mit spärlicher Vegetation (Androsacion alpinae), aber auch auf alpinen Kalkschieferfluren (Drabion hoppeanae) von 2200 m bis über 3100 m.
Biologie: Sicher nachgewiesene Raupennährpflanzen sind der Alpenmannsschild *(Androsace alpina)* (1) und die Alpenmargerite *(Leucanthemopsis alpina)*. Angaben über Silberwurz *(Dryas octopetala)* (RAZOWSKI, 2003) passen nicht zur Verbreitung des Falters und sind wohl irrig. Die Raupenentwicklung im Hochgebirge erfolgt in den Polstern der Raupennährpflanze (2–4), oft an mikroklimatisch begünstigten Orten, zum Beispiel unter flachen Steinen. Auch die Verpuppung erfolgt dort nach der Überwinterung (5). Die ziemlich variabel gezeichneten Falter (6–8) fliegen am Tag.

1

2

3

4

5

6

7

8

Familie Tortricidae (Wickler)

Apotomis sauciana

(FRÖLICH, 1828)

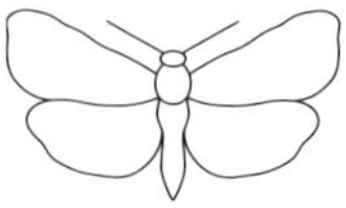

18–21 mm

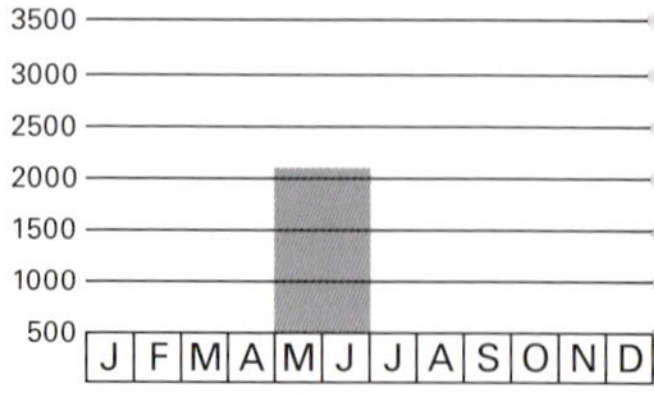

Verbreitung: In ganz Europa außer der Iberischen Halbinsel und ganz im Süden verbreitet und lokal häufig.
Lebensraum: Lichte Wälder und Heiden mit Heidelbeere. In den Alpen bevorzugt in der subalpinen Stufe und in der alpinen Zwergstrauchheide (Rhododendro-Vaccinion), bis mindestens 2100 m.

Biologie: Die Raupe lebt an Heidelbeere *(Vaccinium myrtillus)*. Sie verspinnt einige Blätter zu einer Wohnung, aus der heraus sie die Nachbarblätter befrisst (1, 3–5). Sie verpuppt sich noch im Herbst in einem recht dicht versponnenen Blattgehäuse (6).

1

2

3

4

5

7

6

8

Familie Tortricidae (Wickler)

Hedya nubiferana

(HAWORTH, [1811])

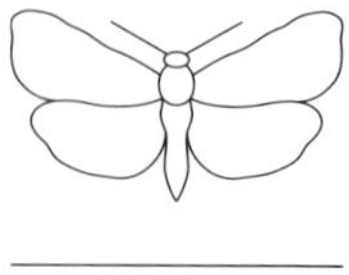

18–21mm

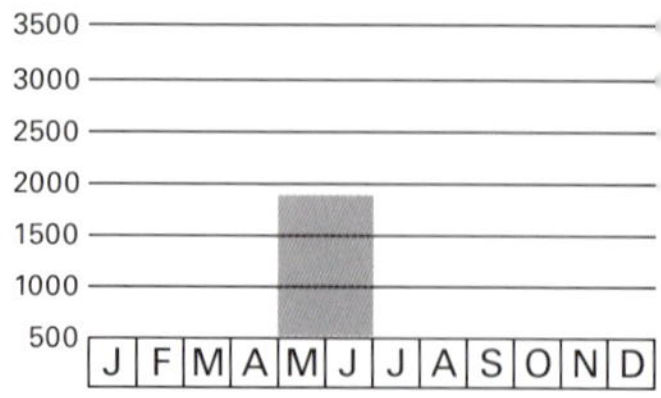

Verbreitung: In fast ganz Europa weit verbreitet und gebietsweise häufig.
Lebensraum: Obstgärten, Waldränder, Hecken; aber auch im lückigen Bergwald. Im Gebirge steigt die Art bis mindestens 1800 m.
Biologie: Die Raupe lebt an verschiedenen Rosengewächsen (Rosaceae), so an Apfel (*Malus* sp.) (1–3), Birne (*Pyrus* sp.), Weißdorn *(Crataegus monogyna)*, in der subalpinen Stufe auch an Kahler Steinmispel *(Cotoneaster integerrimus)* (4). Sie überwintert halberwachsen und frisst im Frühling in den jungen Trieben, wo sie zwischen zusammengesponnenen Blättern lebt und dort auch ihre Puppenwiege aus einem feinen Seidengespinst anfertigt (5). Vor dem Schlupf windet sich die Puppe etwas aus ihrem Gespinst heraus (6).

1

2

3

4

5

6

7

8

9

Familie Tortricidae (Wickler)

Celypha rurestrana

(DUPONCHEL, [1843])

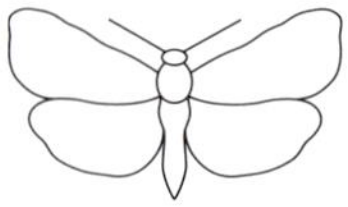

13–17 mm

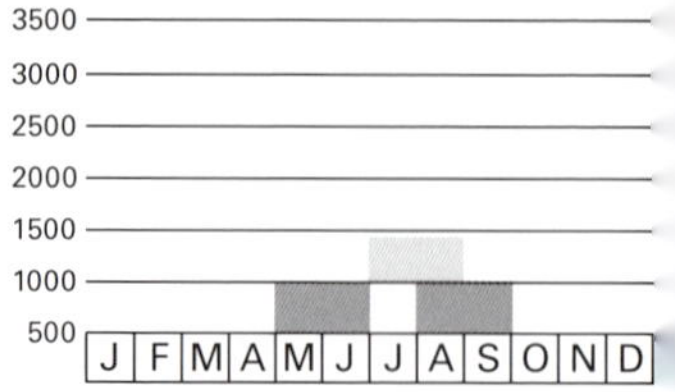

Verbreitung: In fast ganz Europas verbreitet, aber lokal und vielen Gebieten auch fehlend.

Lebensraum: Warme, steinige Biotope, Wegränder, Kiesgruben, Böschungen, mindestens bis zur Waldgrenze.

Biologie: Die flachen Eier (3) werden an die Pflanzenbasis abgelegt. Raupennährpflanze ist Gemeines Habichtskraut *(Hieracium lachenalii)* (1). Die Raupe lebt in einem Gespinströhrensystem am Übergang zwischen Stamm und Wurzel und befrisst die Blattbasis und die Wurzelhülle (4,5,8). Dort fertigt sie im Frühling einen recht dichten Seidenkokon an, worin sie sich verpuppt (6,7). Befallene Pflanzen welken oder sterben ab. In tiefen Lagen werden zwei Generationen ausgebildet, in höheren nur eine.

1

2

3
4
5
6
7
8
9
10
11

Familie Tortricidae (Wickler)

Celypha cespitana

(HÜBNER [1817])

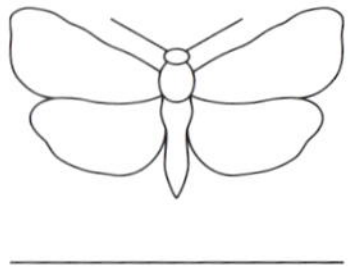

14–17 mm

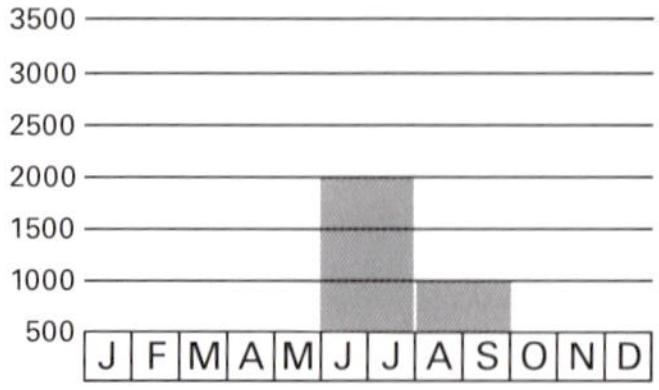

Verbreitung: In fast ganz Europa verbreitet und nicht selten.
Lebensraum: In der subalpinen und alpinen Zwergstrauchheide (Rhododenro-Vaccinion) verbreitet, bis mindestens 2000 m ansteigend.
Biologie: Die Raupe (1–3) lebt in einer Gespinströhre in der obersten Erdschicht, in der Bodenstreu oder in den basalen Teilen von Pflanzenpolstern. Als Nährpflanzen wurde Gestreifter Seidelbast *(Daphne striata)*, Silberwurz *(Dryas octopetala)* und Alpen-Bergflachs *(Thesium alpinum)* beobachtet, in der Zucht wird auch Spitz-Wegerich *(Plantago lanceolata)* angenommen. Sie verpuppt sich in einem dünnen Seidenkokon in der Bodenstreu zu Sommerbeginn (4,6). In günstigen Jahren wird im Spätsommer mindestens in den tiefen Lagen eine zweite Generation ausgebildet.

1

2

3

4

5

6

7

8

Familie Tortricidae (Wickler)

Celypha lacunana

([DENIS & SCHIFFERMÜLLER], 1775)

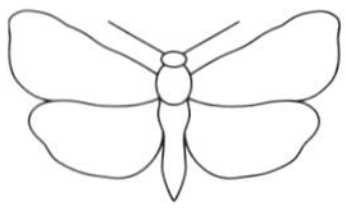

15–18 mm

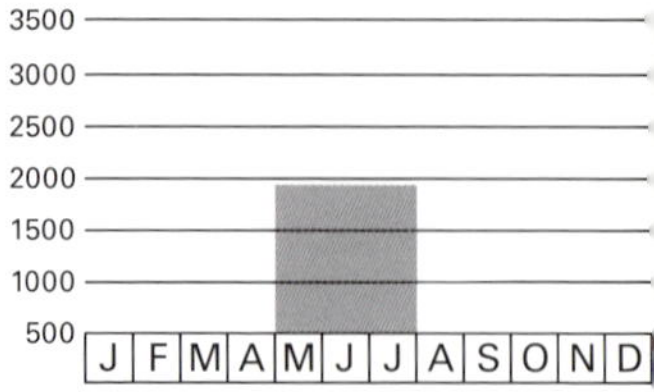

Verbreitung: In ganz Europa verbreitet und oft häufig.
Lebensraum: Wiesen und Waldränder; Feuchtwiesen, Waldlichtungen, auch Bergwiesen bis mindestens 1900 m.
Biologie: Die Raupe ist sehr polyphag; sie lebt zum Beispiel an Gemeinem Gilbweiderich *(Lysimachia vulgaris)* (1), zuerst im Pflanzenschoß, später im Stängel. Im Gebirge findet man die Raupe oft in einer Gespinströhre an Heidekraut lebend (*Calluna vulgaris* (3,4), an Himbeere (*Rubus* sp.), an Gutem Heinrich *(Chenopodium bonus-henricus)* oder in den Trieben von Alpen-Heckenkirsche *(Lonicera alpigena)*. Die Verpuppung erfolgt in der Raupenwohnung (4,6). Die Falter (2,7,8) können tagsüber aus der Vegetation aufgescheucht werden.

1

2

3

4

5

7

6

8

Familie Tortricidae (Wickler)

Phiaris scoriana

(GUENÉE, 1845)

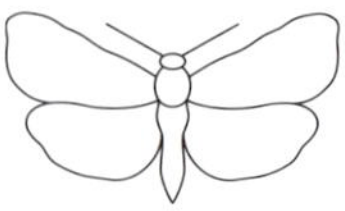

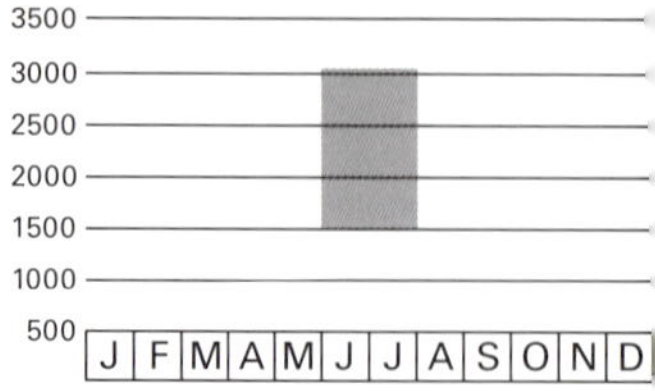

Verbreitung: Mitteleuropäische Gebirgsart; in allen Alpenländern nachgewiesen, in Deutschland nur in Bayern.

Lebensraum: Trockene, magere, subalpine und alpine Weiden, im Hochgebirge auch auf vegetationsarmen Schotterfluren, von etwa 1500 m bis 3100 m.

Biologie: Die Eier werden in kleinen Gruppen abgelegt (1,2). Die Raupen leben in den Hochlagen der Alpen polyphag an alpinen Polsterpflanzen, beispielsweise an Gegenblättrigem Steinbrech *(Saxifraga oppositifolia)* und auch an Labkraut (*Galium* sp.). Die Jungraupe fertigt eine feine Seidenröhre zwischen den Blättern ihrer Nährpflanze an, aus der heraus sie dann die Blätter befrisst (3,5). Vor der letzten Häutung stellt die Raupe die Nahrungsaufnahme ein und spinnt einen feinen Überwinterungskokon. Im Frühsommer verpuppt sie sich im Pflanzenpolster (6).

1

2

3

4

5

6

7

8

Familie Tortricidae (Wickler)

Argyroploce arbutella

(LINNAEUS, 1758)

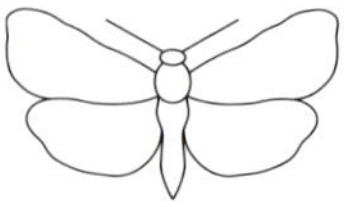

11–15 mm

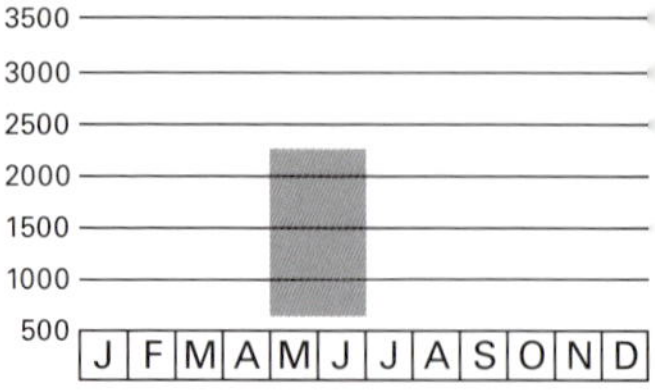

Verbreitung: In fast ganz Europa verbreitet, aber mit der Raupennährpflanze lokal.
Lebensraum: In den Alpen beinahe überall, wo die Immergrüne Bärentraube vorkommt. Hauptverbreitung in der subalpinen Zwergstrauchheide (Juniperion nanae), vereinzelt sogar bis in alpine Lagen über 2300 m; auch im Erika-Föhrenwald auf Kalk in tiefen Lagen (Erico-Pinion sylvestris).

Biologie: Raupennährpflanze ist die Immergrüne Bärentraube *(Arctostaphylos uva-ursi)* (1), laut Literatur sind es aber auch *Vaccinium*-Arten (RAZOWSKI, 2003), was für die Alpen fraglich scheint. Die Jungraupe überwintert im dicht zusammengesponnenen Blattgehäuse am Triebende (2–5). Dort findet auch die Verpuppung statt (6,7). In günstigen Biotopen sind die Falter sehr häufig.

1

2

3
4
5
6
7
8
9
10
11
12

Familie Tortricidae (Zünsler)

Argyroploce externa

(EVERSMANN, 1844)

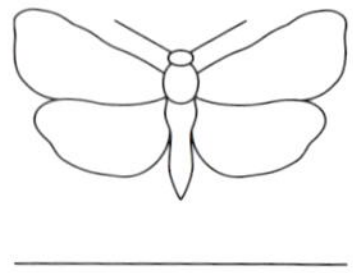

12–14 mm

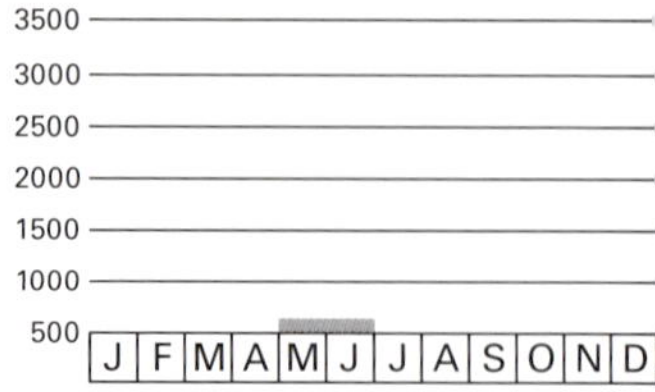

Verbreitung: In Europa verbreitet, aber immer sehr lokal und selten, weiten Gebieten fehlend. In der Schweiz bisher nur in Graubünden bekannt geworden.

Lebensraum: Lichte Föhrenwälder auf Kalk mit den Raupennährpflanzen; in den Bergen bis mindestens 700 m.

Biologie: Die Raupe (3,4) lebt im Spätsommer bis in den Frühling in charakteristisch zusammengesponnenen Blättern von Rundblättrigem Wintergrün *(Pyrola rotundifolia)* (1,2) und Birngrün *(Orthilia secunda)*. Sie befrisst die oberseitige Blattepidermis von innen her. Die Verpuppung erfolgt auch in diesem Blattgehäuse in einem feinen Gespinst (5,6).

1

2

3
4
5
6
7
8

Familie Tortricidae (Zünsler)

Argyroploce roseomaculana

(HERRICH-SCHÄFFER, [1851])

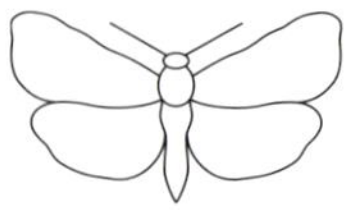

13–17 mm

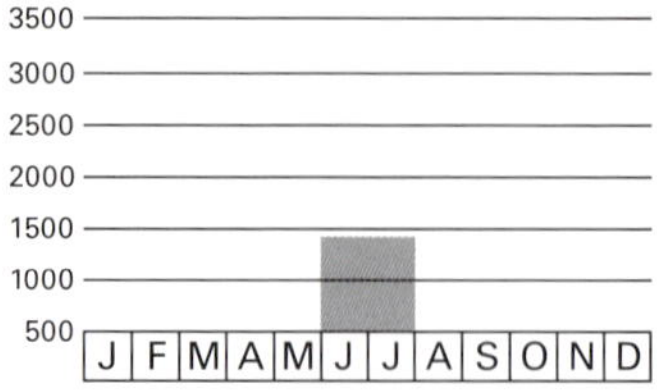

Verbreitung: In Nord- und Mitteleuropa sehr lokal verbreitete und seltene Art; aktuell in Deutschland nur aus Baden-Württemberg, in Österreich aus Tirol und Niederösterreich, in der Schweiz nur aus Graubünden gemeldet, dort steigt die Art bis 1400 m.
Lebensraum: Im lichten Erica-Föhrenwald (Erico-Pinion sylvestris), auf Kalkalluvionen.

Biologie: Die Jungraupe lebt zuerst unter einem umgeschlagenen Blattrand, später in einem nach oben zusammengefalteten und versponnenen Blatt von Rundblättrigem Wintergrün *(Pyrola rotundifolia)* (3–6). Sie befrisst dieses Blattgehäuse von innen im Fensterfraß und deponiert ihren Kot in einem Häufchen. Im Winter fallen die bewohnten Blätter von der Pflanze ab und liegen im Frühling nach der Schneeschmelze lose auf der Bodenstreu (2).

1

2

3

4

5

6

7

8

9

Familie Tortricidae (Wickler)

Stictea mygindiana

([DENIS & SCHIFFERMÜLLER], 1775)

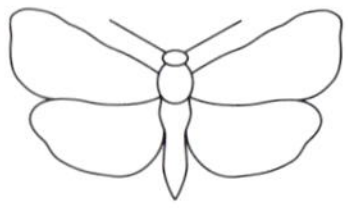

17–21 mm

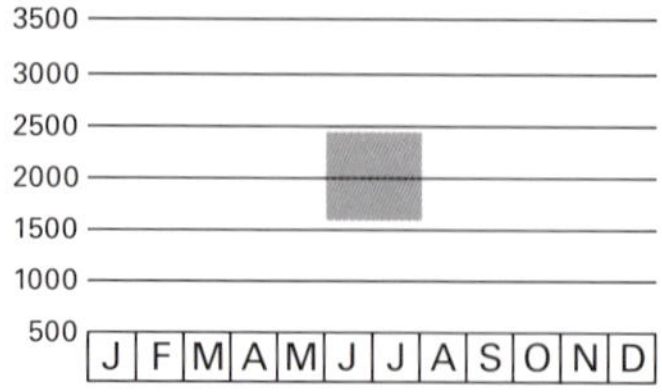

Verbreitung: In den gebirgigen Gegenden Europas verbreitet und nicht selten.
Lebensraum: Subalpine (alpine) mesophile Zwergstrauchheiden (Rhododendro-Vaccinion), aber auch in trockener, subalpiner Zwergstrauchheide (Juniperion nanae).

Biologie: Raupennährpflanze ist hauptsächlich die Preiselbeere *(Vaccinium vitis-idaea)*, laut Literatur auch die Rauschbeere *(Vaccinium uliginosum)* und die Bärentraube *(Arctostaphylos uva-ursi)* (RAZOWSKI, 2003). Die Raupe spinnt einige Blätter zusammen und lebt in dieser Wohnung (1–4), wo sie überwintert und sich im Frühling auch verpuppt (5,6). Die Falter (7–9) sind lokal häufig.

3
4
5
6
7
8
9

Familie Tortricidae (Wickler)

Eriopsela quadrana

(HÜBNER [1813])

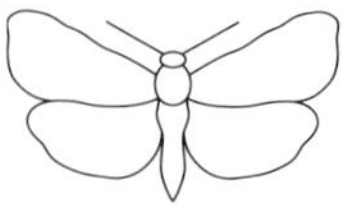

14–18 mm

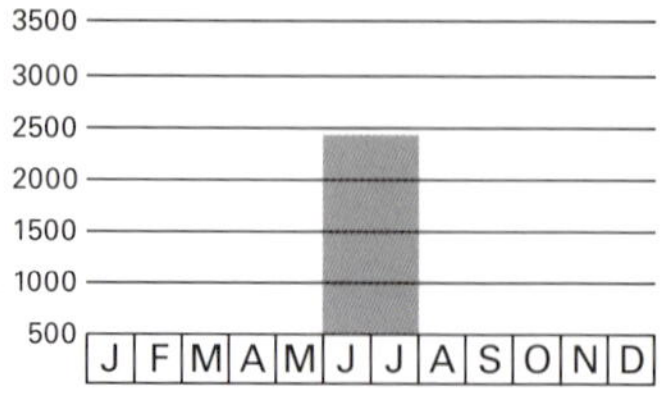

Verbreitung: In Mittel- und Nordeuropa weit verbreitet. In allen Alpenländern recht häufig.
Lebensraum: In den Alpen hauptsächlich in den subalpinen und alpinen Lagen bis gegen 2400 m.
Biologie: Das Ei (1) wird einzeln auf die Nährpflanze abgelegt. Die Jungraupe lebt im Trieb oder in den Blütenköpfen von Goldrute *(Solidago virgaurea)*, wo sie sich von den Samen ernährt (2–4). Später werden auch die Blätter aus einer Blattrolle heraus befressen (5). In der Literatur wird auch Abbisskraut *(Succisa pratensis)* als Raupennährpflanze erwähnt (RAZOWSKI, 2003). Die erwachsene Raupe überwintert; die Verpuppung erfolgt im Frühjahr in einem dichten Gespinst zwischen zusammengesponnenen Blättern der Umgebung (6). In den höheren Lagen der Alpen wird nur eine Jahresgeneration ausgebildet.

1

2

3

4

5

6

8

7

9

Familie Tortricidae (Wickler)

Rhopobota ustomaculana

(CURTIS, 1831)

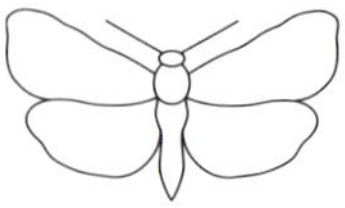

12–14 mm

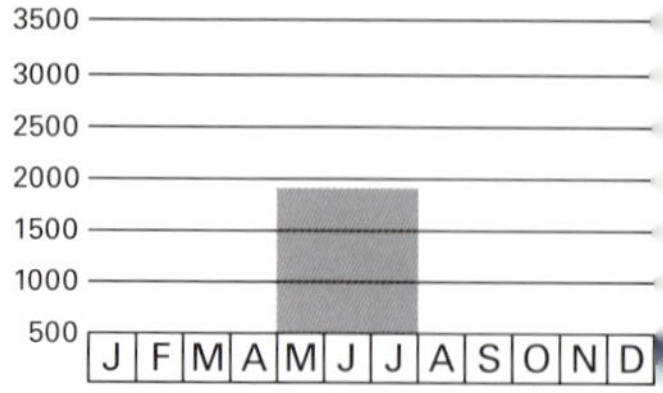

Verbreitung: In Nord- und Mitteleuropa verbreitet, aber doch eher lokal und nicht häufig.
Lebensraum: In den Alpen vor allem im subalpinen lichten Fichtenwald (Vaccinio-Piceion) mit reichlich Unterwuchs; auch an der Waldgrenze in der Zwergstrauchheide.
Biologie: Raupennährpflanze ist die Preiselbeere *(Vaccinium vitis-idaea)* (1), laut Literatur auch die Heidelbeere *(Vaccinium myrtillus)* (RAZOWSKI, 2003). Die Raupe lebt nach dem Schlupf aus dem Ei zuerst in einer kurzen Gangmine, dann spinnt sie ein benachbartes Blatt auf ihr Blatt und lebt dann zwischen diesen zusammengesponnenen Blättern, wobei sie diese in charakteristischem Skelettfraß verzehrt, was zu verräterischen, oberseits braungefleckten Blättern führt (2,3,5). Sie überwintert in diesem Blattgehäuse und verpuppt sich im Frühling darin (6). Die Puppe schiebt sich vor dem Schlupf des Falters etwas aus der Behausung (4).

1

2

3

4

5

6

7

8

Familie Tortricidae (Wickler)

Spilonota laricana

(HEINEMANN, 1863)

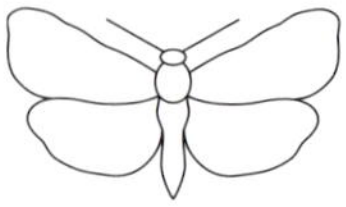

13–17 mm

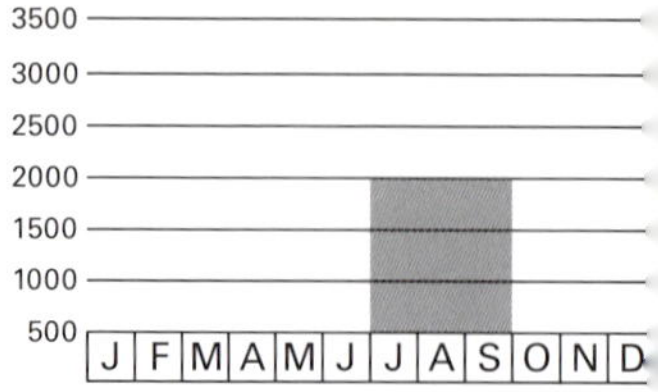

Verbreitung: In Europa mit der Raupennährpflanze weit verbreitet und häufig.
Lebensraum: Lärchenwälder, auch in angepflanzten Beständen im Tiefland. Im Gebirge bis mindestens 2000 m.

Biologie: Das Ei überwintert; die Jungraupe lebt zuerst in einem feinen Gespinst an der Basis der Nadelknospe von Lärche *(Larix decidua)*, wo sie die sprießenden Nadeln frisst (1,2). Dann lebt sie in einem Nadelbüschel, das sie zusammenspinnt (6,7). Auch die Verpuppung erfolgt in dieser Behausung (4). Die Falter (3,5) sind sehr variabel gezeichnet.

1

2

3

4

5

6

7

Familie Tortricidae (Wickler)

Epinotia nemorivaga

(TENGSTRÖM, 1848)

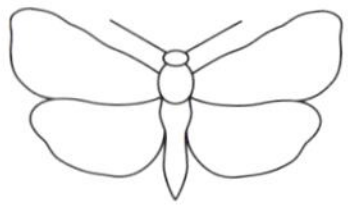

11–13 mm

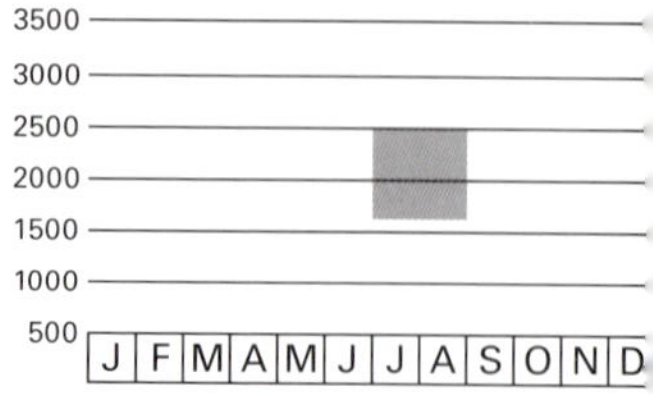

Verbreitung: Boreoalpine Art, in allen Alpenländern, aber ziemlich lokal; in Deutschland früher nur im Norden, heute möglicherweise auch dort ausgestorben. **Lebensraum:** Montane bis alpine Weiden, trockene subalpine Zwergstrauchheiden (Juniperion nanae); steinige Böschungen mit der Raupennährpflanze, bis gegen 2500 m.
Biologie: Raupennährpflanze ist die Immergrüne Bärentraube *(Arctostaphylos uva-ursi)*. Die Raupe miniert in einem Blatt, überwintert darin und frisst im Frühling weiter (1–3). Dann schneidet sie von innen ein Loch in die seitliche Blattwand, zieht ein benachbartes Blatt heran und fixiert es an ihre Erstwohnung. Daraufhin frisst sie einen Durchgang ins zweite Blatt, das sie nach und nach vollständig ausfrisst (4–6). In dieser Blatthülle verpuppt sie sich (8).

1

2

3

4

5

6

7

8

9

Familie Tortricidae (Wickler)

Epinotia cruciana

(LINNAEUS, [1760])

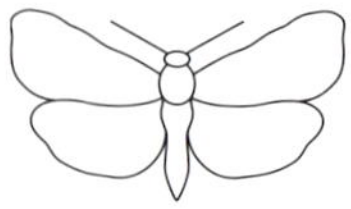

11–13 mm

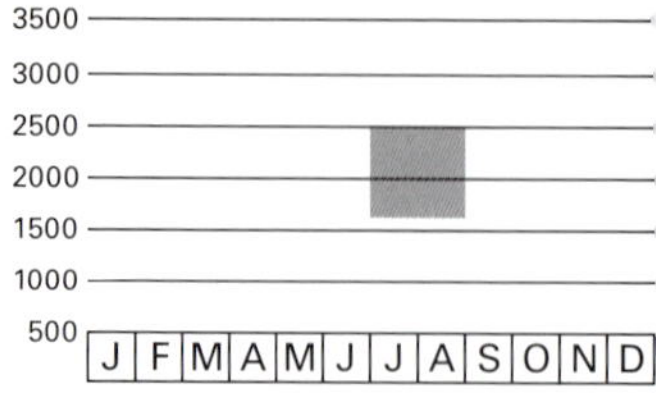

Verbreitung: In beinahe ganz Europa weit verbreitet, auch in allen Alpenländern.
Lebensraum: Subalpine und alpine Waldränder und Gebüsche, fast überall, wo niedrige Weidenarten gedeihen. In den Alpen ist die Art charakteristisch für Weidenbestände über der Waldgrenze (Salicenion waldsteinianae).
Biologie: Die Jungraupe lebt zuerst in den Kätzchen verschiedener niederer Weidenarten, zum Beispiel Kurzzähnige Weide *(Salix breviserrata)*, Seidenhaarige Weide *(S. glaucosericea)*, wo sie sich manchmal durch wenig Kot, der aus einem kleinen Loch ausgeworfen wird, verrät (2,3). Bevor die verblühten Kätzchen abfallen, verlässt die Raupe diese und spinnt nun die jungen Blätter eines Triebes zu einer Wohnung zusammen (4,5). Die Verpuppung erfolgt entweder in dieser Blattrolle oder aber in der Bodenstreu (6).

3

4

5

6

7

8

9

Familie Tortricidae (Wickler)

Epinotia mercuriana

(FRÖLICH, [1830])

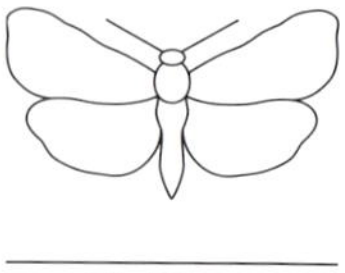

12–16 mm

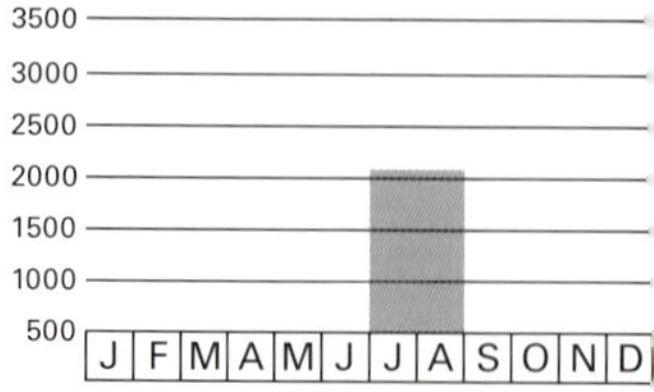

Verbreitung: Über beinahe ganz Europa bis Island verbreitet, fehlt aber dem Balkan und der Iberischen Halbinsel.
Lebensraum: In den Alpen ist *E. mercuriana* eine Charakterart der Schuttfluren mit Silberwurz *(Dryas octopetala)*; man findet sie aber auch auf alpinen Weiden und Felsen.
Biologie: Raupennährpflanze ist meist Silberwurz *(Dryas octopetala)*. Die Jungraupe lebt in der Blüte, die sie durch Verspinnen der Kelchblätter am Öffnen hindert (1–3). Auch in zusammengesponnenen Trieben von Stumpfblättriger Weide *(Salix retusa)*, und in Blüten von Kreuzblume *(Polygala alpestris)*(4) wurde die Raupe gefunden; laut Literatur frisst sie auch an Heidelbeere *(Vaccinium myrtillus)* und Heidekraut *(Calluna vulgaris)* (RAZOWSKI, 2003). Die Puppe liegt in einem leichten Gespinst am Boden. (5,6) Die Falter (7–9) sind in geeigneten Biotopen oftmals sehr zahlreich anzutreffen.

1

2

3
4
5
6
7
8
9

Familie Tortricidae (Wickler)

Epinotia thapsiana

(ZELLER, 1847)

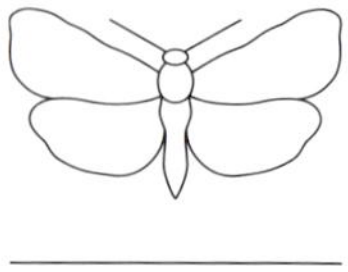

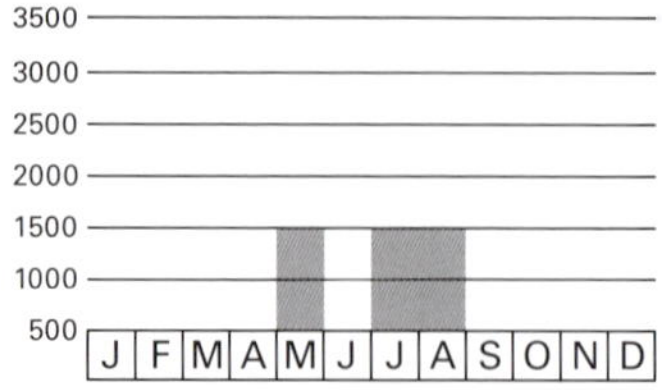

Verbreitung: In Mittel- und Südeuropa verbreitete, wärmeliebende Art. In Deutschland nur in Bayern, dort fraglich bodenständig. In den Alpen nur lokal und nicht häufig.

Lebensraum: Warme, magere Wiesen, Felsensteppen, inneralpine xeromontane Biotope bis etwa 1500 m.

Biologie: Die Jungraupen leben gesellig in den versponnenen Samenständen von Berg-Laserkraut *(Laserpitium siler)*, (1–5) gemäß Literatur auch an anderen Doldenblütlern (Apiaceae) (RAZOWSKI, 2003). Erwachsen begeben sie sich auf den Boden, wo sie sich in einem feinen Kokon verpuppen; gelegentlich erfolgt die Verpuppung auch noch im Raupengespinst (6). Es werden zwei Generationen pro Jahr gebildet, das Überwinterungsstadium ist unklar.

1

2

Familie Tortricidae (Wickler)

Epinotia crenana

(HÜBNER [1817])

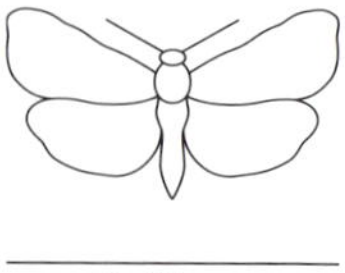

13–15 mm

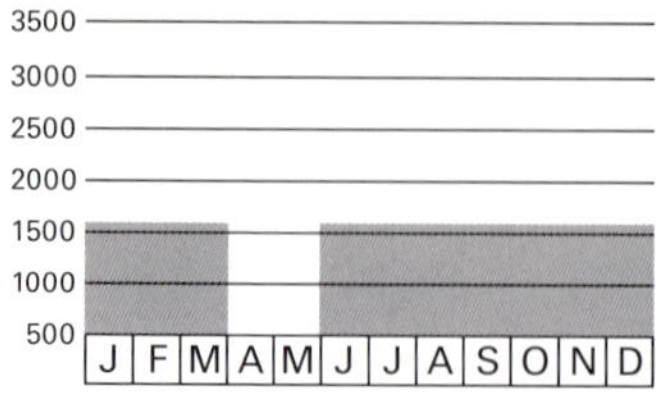

Verbreitung: In Europa verbreitet, aber sehr lokal und selten. In Deutschland nur ältere Funde in Bayern und Baden-Württemberg, in der Schweiz nur aus dem Wallis und aus Graubünden belegt.
Lebensraum: Montane Auenwälder, Ränder von Flachmooren. In den Bergen sind Vorkommen bis mindestens 1600 m bekannt.
Biologie: Die Jungraupe lebt in einer röhrenförmig zusammengesponnenen Blattbehausung an den Endtrieben von Sal-Weide *(Salix caprea)*. Später erweitert sie ihre Wohnung durch anspinnen benachbarter Blätter (1–5). Die Verpuppung findet in einem zarten Gespinst in der Bodenstreu statt (6). Laut Literatur werden auch andere Weidenarten wie Grau-Weide *(Salix cinerea)* und Ohr-Weide *(Salix aurita)* als Nährpflanzen genannt (STERLING, PARSONS & LEWINGTON, 2012). Die Imago (7–9) überwintert, weswegen Tiere auch im Frühling gefunden werden können.

3

4

5

7

8

9

Familie Tortricidae (Wickler)

Epinotia tetraquetrana

(HAWORTH, [1811])

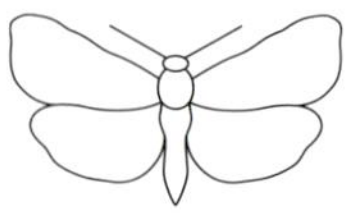

13–17 mm

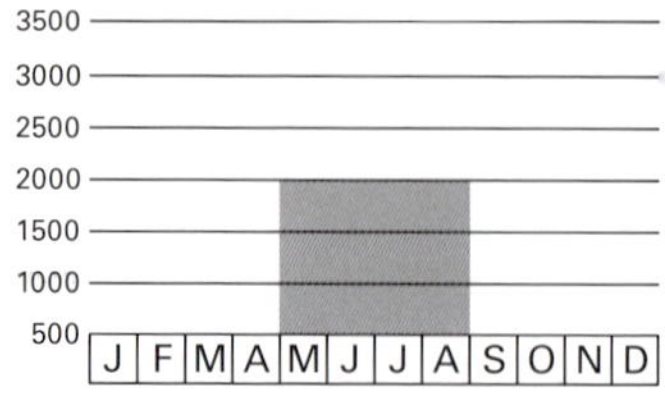

Verbreitung: In beinahe ganz Europa verbreitet und häufig.
Lebensraum: In den Alpen ist die Art charakteristisch für den subalpinen Grünerlengürtel, wo sie im Frühsommer oft außerordentlich zahlreich auftritt.

Biologie: Die Raupe lebt bevorzugt an Grünerle *(Alnus viridis)* (3,4), aber auch an Birke *(Betula pendula)* (1). Als Jungraupe lebt sie in den Zweigspitzen, später in einem unterseitigen Blattumschlag. Die Raupe spinnt im Herbst einen recht dichten Seidenkokon, worin sie als Puppe überwintert (5,6).

3

4

5

6

7

8

Familie Tortricidae (Wickler)

Epinotia tedella

(CLERCK, 1759)

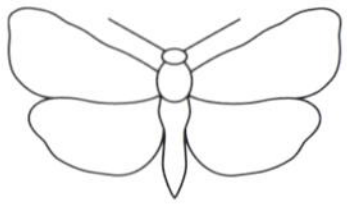

17–24 mm

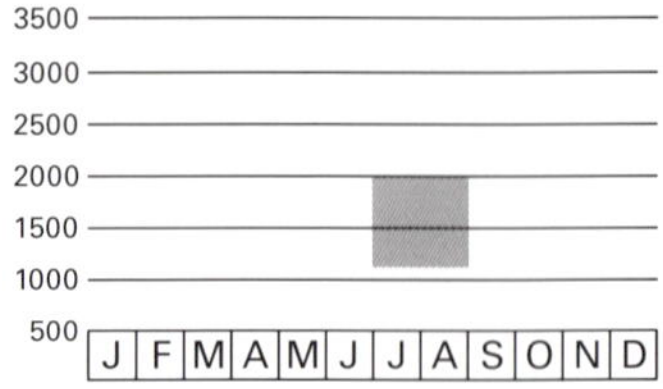

Verbreitung: In Nord- und Zentraleuropa verbreitet.
Lebensraum: Montane und subalpine Fichtenwälder (Vaccinio-Piceion), dort oft in hoher Populationsdichte.
Biologie: Die Jungraupe miniert eine einzelne Nadel der Fichte *(Picea abies)* am Zweigende. Sobald diese leergefressen ist, wechselt sie zur nächsten Nadel, die sie an der Basis anbohrt (2). Die befallenen Nadeln werden mit einem feinen Gespinst zusammengehalten und fallen als verdorrte Zweigenden auf (1). Erwachsen verlässt die Raupe die Nadel (5) und spinnt in der Nähe oder am Boden einen feinen Seidenkokon (6,7), in dem sie überwintert. Die Verpuppung erfolgt dort im Frühling (9).

1

2

3

4

5

6

7

8

9

10

Familie Tortricidae (Wickler)

Zeiraphera griseana

(HÜBNER, [1799]) Lärchenwickler

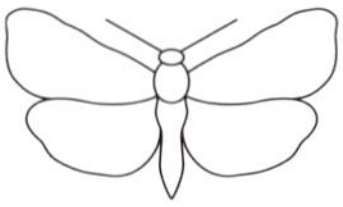

17–24 mm

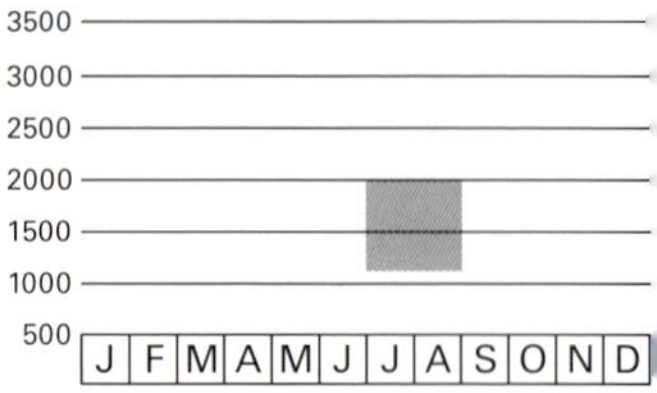

Verbreitung: Diese paläarktische Art ist in Europa verbreitet, hat aber ihren Verbreitungsschwerpunkt in den Alpen, wo sie vor allem in den subalpinen Lärchenwäldern in Zyklen von etwa neun Jahren eine Massenvermehrung durchläuft und dadurch ganze Waldpartien auffällig verfärbt (1,2).
Lebensraum: Hauptsächlich inneralpine Lärchenwälder von etwa 1300–2000 m.
Biologie: Überwinterungsstadium ist das Ei. Die Raupe frisst bevorzugt Lärche *(Larix decidua)* (3–5), kann aber auch an Arve *(Pinus cembra)* und Fichte *(Picea abies)* schädlich werden. Die Jungraupe spinnt aus den Nadeln eine Röhre, aus der heraus sie die benachbarten Nadeln frisst (3); oft ist sie parasitiert (4). Erwachsen fällt sie zu Boden (6), wo sie sich in einem lockeren Gespinst verpuppt (7). Bei einer Massenvermehrung werden unzählige Falter mit den Winden verfrachtet, wobei sie in Anzahl selbst noch in 4500 m Höhe auf Gletschern liegend gefunden werden können.

1

2

3

4

5

6

7

8

9

Familie Tortricidae (Wickler)

Eucosma monstratana

(REBEL, 1907)

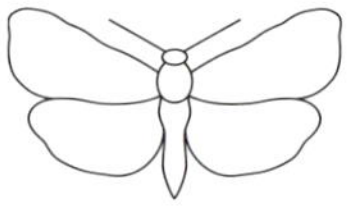

21–26 mm

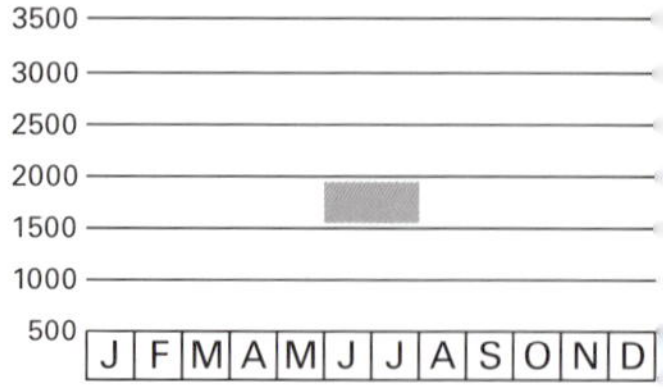

Verbreitung: Aus allen Alpenländern außer Deutschland gemeldet, jedoch sehr lokal vorkommend.
Lebensraum: Montan-subalpine Hochgrasfluren (Calamagrostion); steinige, aber tiefgründige Hänge, lichte Wälder.
Biologie: Raupennährpflanze ist die Alpen-Bergscharte *(Stemmacantha rhapontica)*. Das Weibchen legt seine Eier an die Unterseite des Blütenbodens (1). Von dort bohrt sich die Jungraupe in den Blütenkopf und frisst die Samen (2,5). Erwachsen fällt sie auf den Boden, wo sie sich in der Erde einen dichten, pergamentartigen Kokon spinnt (3–6). Die Verpuppung darin erfolgt erst im Frühling (7). Die Falter (8,9) sind tagaktiv.

3

5

4

6

8

7

9

Familie Tortricidae (Wickler)

Eucosma culmana

(MÜLLER-RUTZ, 1932)

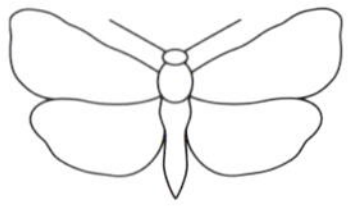

16–19 mm

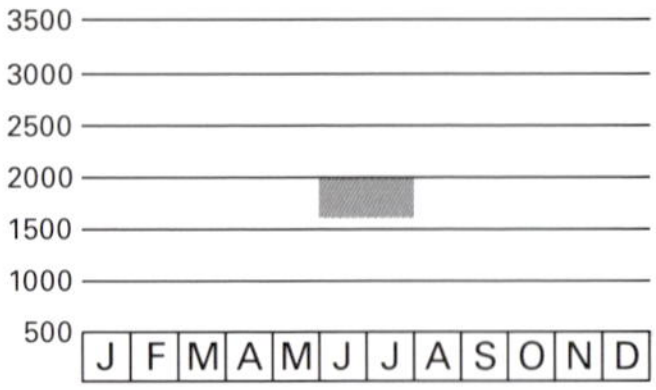

Verbreitung: Ungenügend bekannte Art. Sichere Vorkommen bisher nur vom Typenfundort in Graubünden sowie an weiteren Lokalitäten in Graubünden. Offenbar sehr lokale Art, aber wohl doch weiter in den Alpen verbreitet.

Lebensraum: Im Bereich der Waldgrenze auf mageren Sauerböden (Nardion) auf trockenem Grund in sonnigen Lagen. Die bekannten Lebensräume liegen um 1800–2000 m.

Biologie: Raupennährpflanze ist das Einblütige Ferkelkraut *(Hypochaeris uniflora)*. Die Raupe lebt gesellig im verblühten Blütenkopf, wo sie sich von den Samen ernährt (3–5). Kotauswurf verrät gelegentlich den Befall (2). Erwachsen verlässt sie die Blüte und fertigt im Boden einen dichten, zähen Kokon an, der an seiner Außenseite mit Umgebungsmaterial belegt ist (8). Darin überwintert sie und verpuppt sich erst im Frühsommer (9).

4

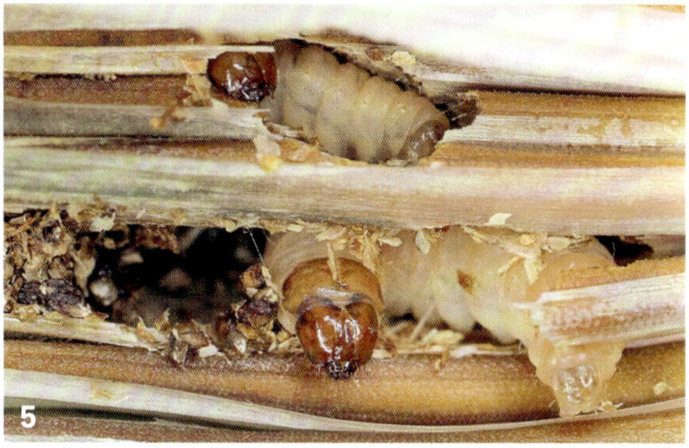
5

6

7

8

9

Familie Tortricidae (Wickler)

Eucosma aspidiscana

(HÜBNER, [1817])

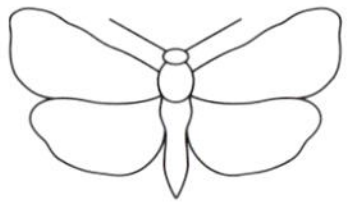

14–19 mm

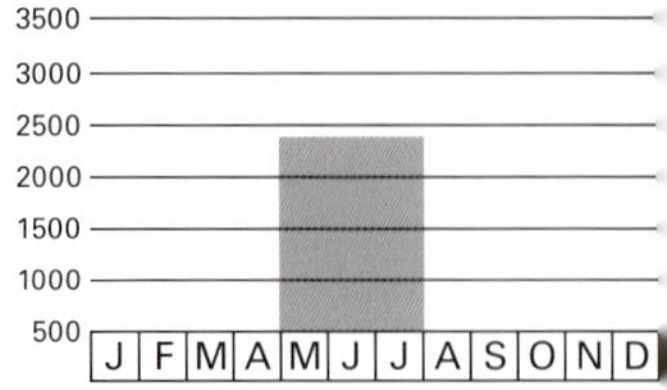

Verbreitung: In beinahe ganz Europa verbreitet und nicht selten.
Lebensraum: In den Alpen ist *E. aspidiscana* vor allem in der subalpinen Zwergstrauchheide zu Hause; man findet sie aber auch auf Magerwiesen in der Talsohle und vom montanen Waldrandbereich an bis hinauf in die hochalpinen Rasengesellschaften bis mindestens 2400 m.

Biologie: Die Raupe lebt zuerst in den Blattachseln der Stängelblätter oder in den Blüten von Goldrute (Solidago virgaurea) (1,3). Sie verspinnt die Blüten zu einer Behausung und frisst sich von dort in den Stängel (4,5). Erwachsen (7,8) überwintert sie darin und verpuppt sich im Frühling in der Bodenstreu. Die Falter (6,9) sind auch tagaktiv.

1

2

3

4

5

6

7

8

9

Familie Tortricidae (Wickler)

Gypsonoma nitidulana

(LIENIG & ZELLER, 1846)

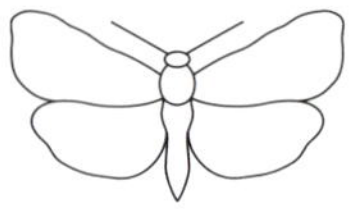

15–21 mm

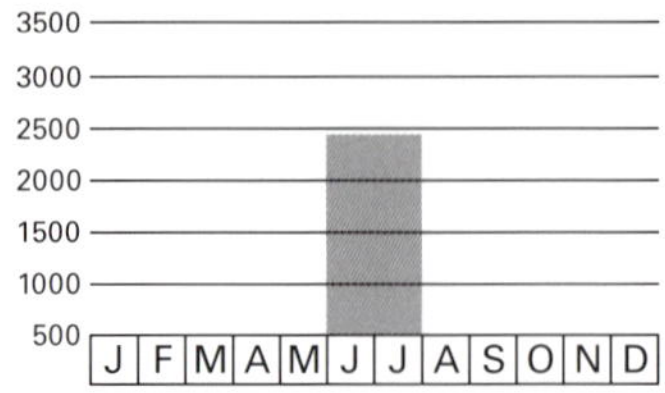

Verbreitung: In Nord- und Mitteleuropa recht weit verbreitet, fehlt im Süden.
Lebensraum: In den Alpen ist *G.nitidulana* eine Charakterart der mesophilen Zwergstrauchheide (Rhododendro-Vaccinion) an oder über der Waldgrenze, wo die Raupennährpflanze reichlich gedeiht.
Biologie: In den Alpen lebt die Raupe an Moorbeere *(Vaccinium uliginosum)* (1) und Heidelbeere *(Vaccinium myrtillus)*, im Tiefland auch an Espe *(Populus tremula)*, laut Literatur an weiteren niedrigen Pflanzen (RAZOWSKI, 1999). Die Raupen spinnen die Endtriebe der Pflanze zu einem Blattgehäuse zusammen, wo sie von innen her die Blätter im Fensterfraß verzehren (3, 4). Zur Überwinterung begeben sie sich in die Bodenstreu und fertigen einen lockeren, mit dürren Blättern belegten Kokon an (5). Die Verpuppung findet darin erst im Frühling statt (6). Die Falter (2, 7, 8) können tagsüber leicht aus der Zwergstrauchheide aufgescheucht werden.

1

2

3

4

5

6

7

8

Familie Tortricidae (Wickler)

Epiblema scutulana

([DENIS & SCHIFFERMÜLLER], 1775)

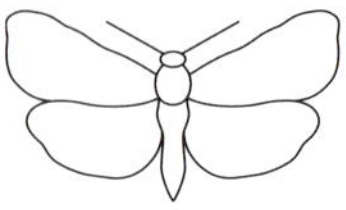

14–24 mm

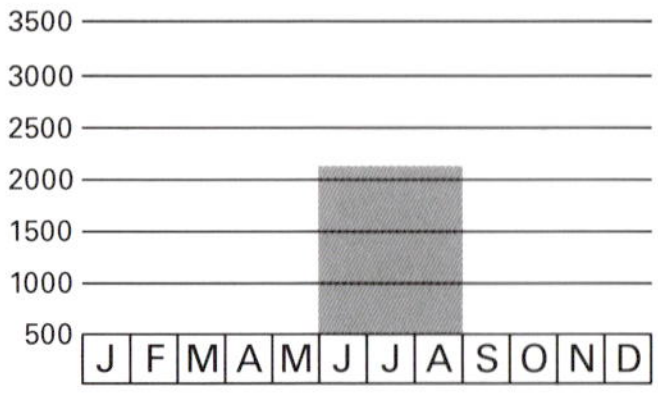

Verbreitung: Paläarktische Art, in Europa weit verbreitet.

Lebensraum: Es werden unterschiedliche Lebensräume besiedelt, die meist jedoch offen und eher trocken sind. In den Alpen steigt die Art bis weit in die alpine Stufe an.

Biologie: Raupennährpflanze: Silber-Distel *(Carlina acaulis)* (1) und andere Distel-Arten (*Cirsium* sp.). Die Eier verfärben sich nach einigen Tagen auffällig (2–4). Die Raupen minieren entweder zuerst in den Blättern oder sie bohren sich direkt in den Trieb. Dort entwickeln sie sich bis nach der Überwinterung (5–8). Die Verpuppung erfolgt im Frühling im Stängel (10).

1

2

3

4

5

6

7

8

10

9

11

Familie Tortricidae (Wickler)

Epiblema cirsiana

(ZELLER, 1843)

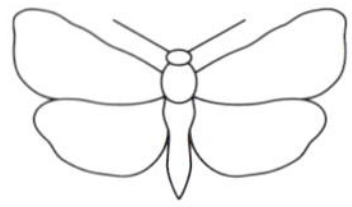

13–19 mm

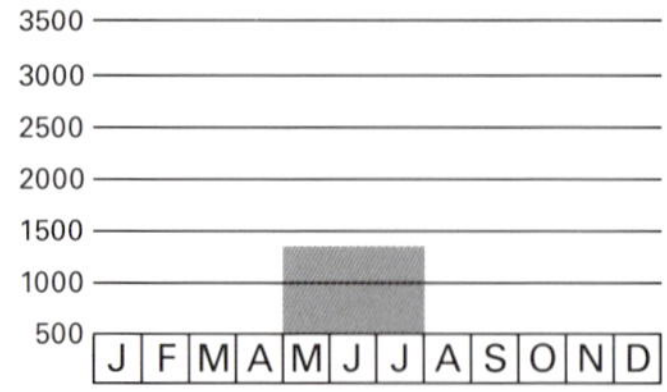

Verbreitung: Wegen der Verwechslungsmöglichkeit mit sehr ähnlichen Arten ist die Verbreitung in Europa ungenügend bekannt. Sicher kommt sie in Nord- und Mitteleuropa vor; sie ist aus Deutschland, Österreich und der Schweiz gemeldet.
Lebensraum: Mesophile Krautsäume (Aegopodion + Alliarion), auch feuchte, eher schattige Wald- und Straßenränder (Petasition officinalis) Schuttdeponien, Bachufer, Feuchtwiesen. In den Bergen bis mindestens 1300 m.
Biologie: Die Raupe lebt im Stängelmark von Kletten-Distel *(Carduus personata)* (1), auch von Sumpf-Kratzdistel *(Cirsium palustre)*. Sie überwintert erwachsen im Stängel (3,4) und verpuppt sich im Frühling (5). Der Falterschlupf erfolgt seitlich aus einem vorbereiteten Schlupfloch (7).

1

2

3

4

5

6

7

8

Familie Tortricidae (Wickler)

Epiblema foenella

(LINNAEUS, 1758)

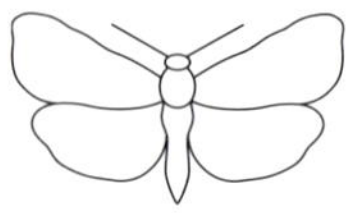

16–23 mm

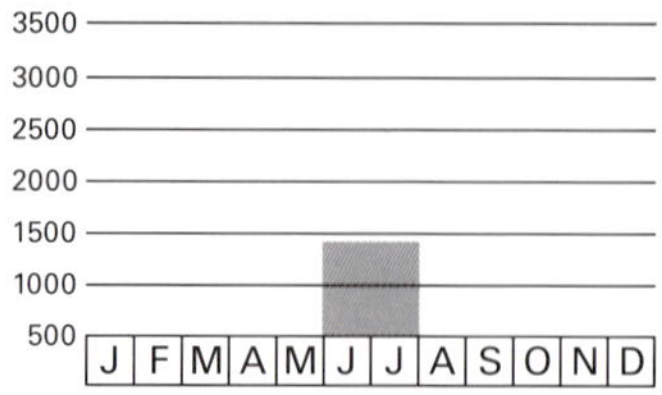

Verbreitung: In beinahe ganz Europa weit verbreitet.

Lebensraum: Wegränder, Straßenböschungen, wärmebegünstigte Ruderalflächen (Onopordion); offene, vegetationsarme und trockene Standorte; nur bis in die montane Stufe.

Biologie: Raupennährpflanze ist der Gemeine Beifuß *(Artemisia vulgaris)*, genannt wird auch die Färberkamille *(Anthemis tinctoria)* (www. lepiforum.de). Die Raupe lebt im Stängel und im oberen Wurzelteil (1, 2). Befallene Pflanzen wachsen im Frühling nur kümmerlich oder welken. Die Verpuppung findet nach der Überwinterung in einer wenig ausgekleideten Kammer im Stängel statt; ein Schlupfloch wird vorbereitet und mit Genagsel versponnen (3–6). Die Falter sind standorttreu (7, 8).

1

2

3

4

5

6

7

8

Familie Tortricidae (Wickler)

Pseudococcyx mughiana

(ZELLER, 1868)

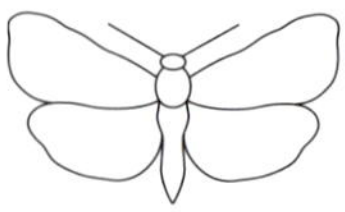

14–21 mm

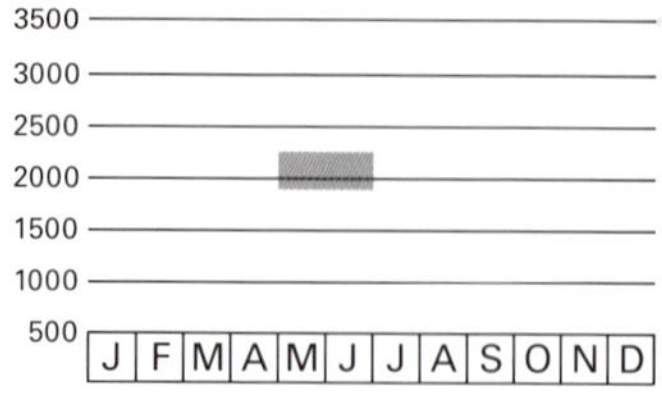

Verbreitung: In den Alpen und Karpaten, auch in Spanien. Vielleicht handelt es sich bei diesem Taxon nur um eine Höhenform von *P. turionella* (LINNAEUS, 1758), wie es ursprünglich beschrieben wurde.
Lebensraum: Subalpine Legföhrenbestände von 1900 m bis etwa 2300 m.
Biologie: Raupennährpflanze ist die Legföhre *(Pinus mugo)*. Die Raupen leben in einer Seidenkammer in den Föhrentrieben, deren oberste Teile dadurch absterben, was sich in einem Kranz roter Nadeln am Zweigende manifestiert (1,2). Die Raupe benötigt zwei Jahre, um erwachsen zu werden. Dann verpuppt sie sich im Zweigende, wobei die Puppe mit dem Kopf nach unten liegt. Ein seitlich vorbereitetes Schlupfloch ermöglicht dem Falter, den Trieb am unteren Ende zu verlassen (4,5).

1

2

Familie Tortricidae (Wickler)

Retinia resinella

(LINNAEUS, 1758)

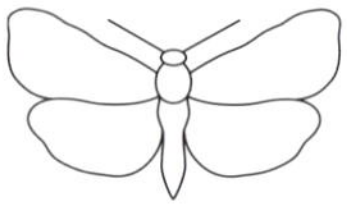

12–20 mm

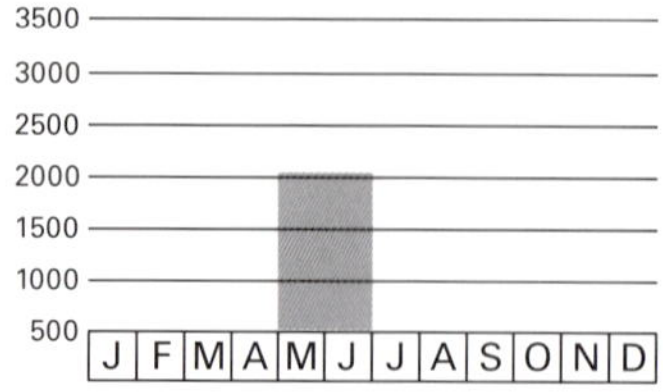

Verbreitung: Beinahe in ganz Europa verbreitet und gelegentlich häufig.
Lebensraum: Föhrenwälder, von der Ebene bis ins Gebirge, mindestens bis 2100 m.
Biologie: Raupennährpflanzen sind die Wald-Föhre *(Pinus sylvestris)* und die Berg-Föhre *(Pinus mugo)*, hier gezeigt. Die Jungraupe bohrt sich in die Basis eines Triebes. Hierdurch wird später eine Harzgalle erzeugt, worin die Raupe in einem mit Gespinst ausgekleideten Gang lebt (1,2,4,5). Sie überwintert im Gebirge zweimal. Die Puppe schiebt sich beim Schlupf aus der vorbereiteten Gallöffnung (6,7). Trotz des Harzmantels sind die Raupen oft parasitiert (3).

4

5

6

7

8

9

Familie Tortricidae (Wickler)

Rhyacionia buoliana

([DENIS & SCHIFFERMÜLLER], 1775)

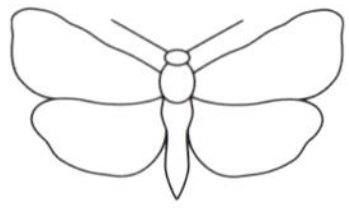

15–23 mm

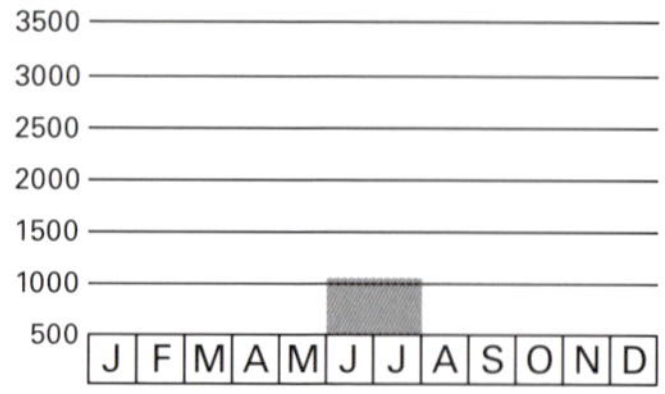

Verbreitung: In ganz Europa verbreitet.
Lebensraum: Standorte mit Föhren. Die Falter befallen bevorzugt jüngere Bäumchen, die in offenen, heißen und trockenen Lagen wachsen, zum Beispiel am Rand von Kiesgruben, an Straßenböschungen, in Rutschungen und Geröllhalden. In den Alpen wurde die Art bis mindestens 1100 m festgestellt, steigt aber wohl auch höher.

Biologie: Raupennährpflanze ist die Föhre *(Pinus sylvestris)*. Die Raupe lebt im Frühling im neuen Trieb, der dadurch verkrüppelt, oft stark verharzt oder mit der Zeit ganz abstirbt (2). Auch die Puppenwiege wird in diesem Trieb angelegt (5); der Falter schlüpft, nachdem sich die Puppe etwas aus der Knospe herausbewegt hat (7).

1

2

3

4

5

7

6

8

Familie Tortricidae (Wickler)

Rhyacionia duplana

(HÜBNER, [1813])

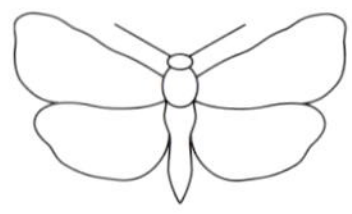

14–17 mm

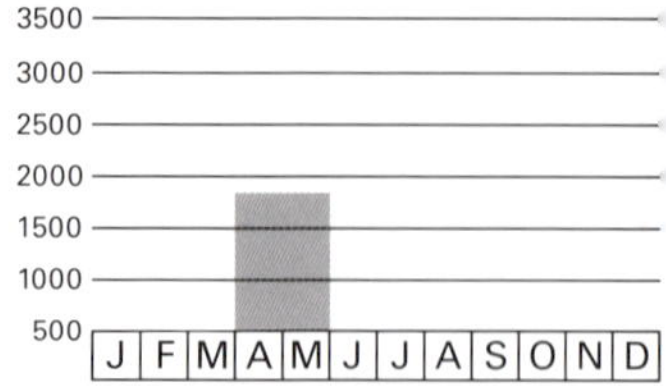

Verbreitung: In weiten Teilen Europas verbreitet, aber nur lokal häufiger.
Lebensraum: Föhrenwälder mit jüngeren Bäumen; trockene, steinige Habitate, in den Bergen bis gegen 1800 m.
Biologie: Nach der Schneeschmelze schlüpfen die Falter aus den überwinterten Puppen (1,3–5). Die Weibchen legen ihre Eier an die jungen Föhrenknospen *(Pinus sylvestris)*. Die Raupe bohrt sich in die Knospe und frisst diese von der Spitze gegen die Basis hin aus (2,6). Zur Verpuppung verlässt die Raupe die ausgefressene Knospe und fertigt zwischen den Nadeln oder am Boden einen feinen, länglichen Seidenkokon an (7), in dem sie sich bereits anfangs Sommer verpuppt (8).

3

4

5

6

7

8

Familie Tortricidae (Wickler)

Enarmonia formosana

(SCOPOLI, 1763)

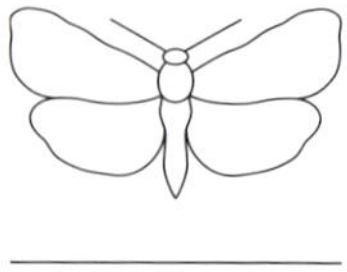

15–17 mm

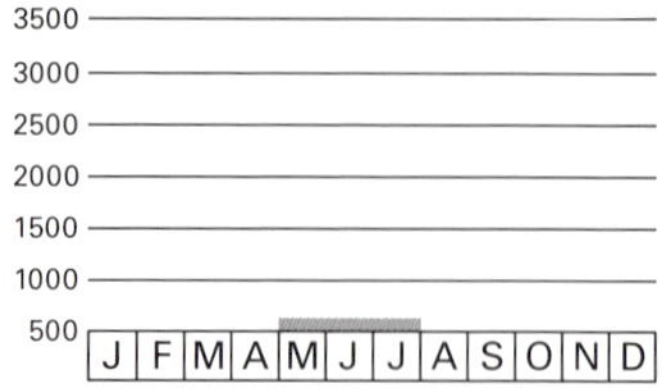

Verbreitung: In fast ganz Europa verbreitet und nicht selten.
Lebensraum: Obstgärten, Parkanlagen, Waldränder. In den Bergen nur bis in die kolline Stufe aufsteigend.
Biologie: Die Raupe lebt unter der Rinde verschiedener Obstbäume, so Apfel *(Malus domestica)*, Zwetschge *(Prunus domestica)*, Birne *(Pyrus communis)*, aber auch an anderen Rosengewächsen (Rosaceae) (3,4). Sie verrät sich durch Kotauswurf (1). Die Überwinterung erfolgt als fast erwachsene Raupe; die Verpuppung findet im Fraßgang statt (5). Die Puppe schiebt sich vor dem Schlüpfen des Falters (6–8) etwas aus der Rinde heraus (2).

1

2

3

4

5

7

6

8

Familie Tortricidae (Wickler)

Ancylis unguicella

(LINNAEUS, 1758)

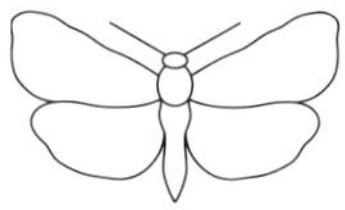

14–18 mm

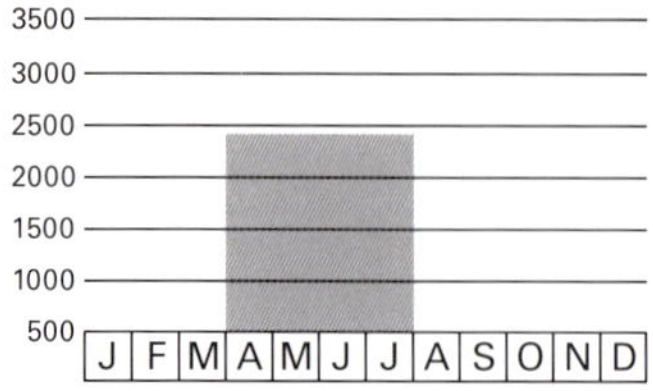

Verbreitung: In weiten Teilen Europas verbreitet und lokal häufig.
Lebensraum: Lichte Föhrenwälder mit Erika als Bodenbedeckung (Erico-Pinion sylvestris), auch im subalpinen Fichtenwald; lokal in der alpinen Stufe bis gegen 2400 m.
Biologie: Die Falter schlüpfen zeitig im Frühling. Die Weibchen legen ihre Eier einzeln an die Raupennährpflanze Erika *(Erica carnea)* (1, 2). Über der Waldgrenze ist Besenheide *(Calluna vulgaris)* die Nährpflanze. Die Jungraupe fertigt eine feine Gespinströhre an, in die sie sich bei Störung blitzschnell zurückzieht (3,4). Die erwachsene Raupe lebt in einem System von Gespinströhren im Pflanzenpolster (6). Im Herbst fertigt sie einen recht dichten Kokon an, der außen mit Pflanzenteilen und Kot belegt ist. Darin verpuppt sie sich und überwintert (5). Einzelne Falter schlüpfen aber als partielle zweite Generation noch im Herbst. Die Männchen (7) sind etwas größer als die Weibchen (8,9).

1

2

4

5

6

7

8

9

Familie Tortricidae (Wickler)

Ancylis geminana

(DONOVAN, 1806)

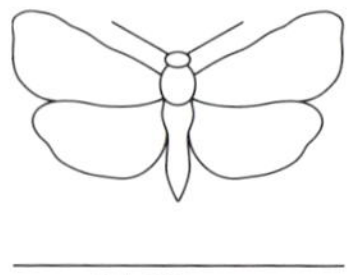

15–20 mm

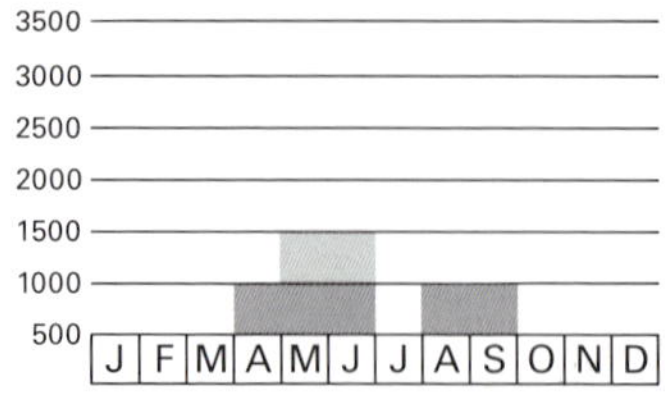

Verbreitung: In ganz Europa verbreitet.
Lebensraum: Bachufer, Auen, auf staunassen Böden. In höheren Lagen am Rand von Hangmooren und in Quellfluren. Höhenverbreitung bis mindestens 1900 m.

Biologie: Die Raupe lebt in einem unterseitigen Blattumschlag von Grauweide *(Salix cinerea)* und Ohrweide *(Salix aurita)* (1,2,4). Erwachsen verlässt sie das Blatt und spinnt in der Laubstreu einen Kokon, in dem sie überwintert. Die Verpuppung findet im Frühling statt (3). In tieferen Lagen werden jährlich zwei Generationen ausgebildet.

1

2

3

4

6

5

7

Familie Tortricidae (Wickler)

Ancylis myrtillana

(TREITSCHKE, 1830)

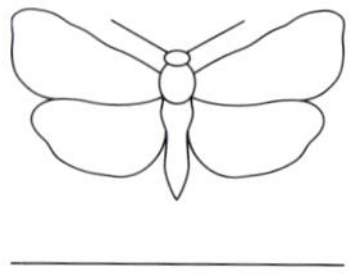

12–16 mm

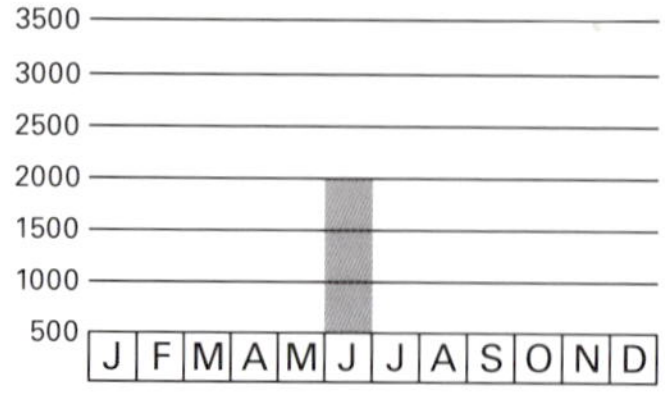

Verbreitung: In fast ganz Europa verbreitet und nicht selten.

Lebensraum: Lokal in Hochmooren bereits in der montanen Stufe vorkommend; die Hauptverbreitung liegt aber mit den Raupennährpflanzen in der mesophilen subalpinen und alpinen Zwergstrauchheide (Rhododendro-Vaccinion), bis mindestens 2000 m, wohl auch noch darüber.

Biologie: Raupennährpflanzen sind die Rauschbeere *(Vaccinium uliginosum)* und die Heidelbeere *(Vaccinium myrtillus)*. Die Raupe lebt in einer Blatttüte, deren Oberfläche sie von innen befrisst (1–3). Sie wechselt das Blatt mehrfach, bevor sie im Spätherbst zwei Blätter zu einem Gehäuse zusammenspinnt. Darin überwintert sie (4) und verpuppt sich im Frühling (6). Die Puppe schiebt sich vor dem Schlupf etwas aus dem Kokon (7).

1

2

3

4

5

6

7

8

Familie Tortricidae (Wickler)

Ancylis apicella

([DENIS & SCHIFFERMÜLLER], 1775)

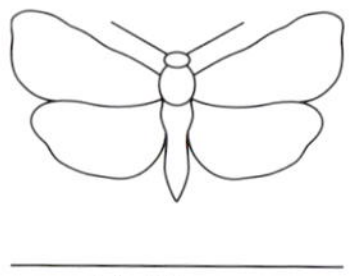

14–18 mm

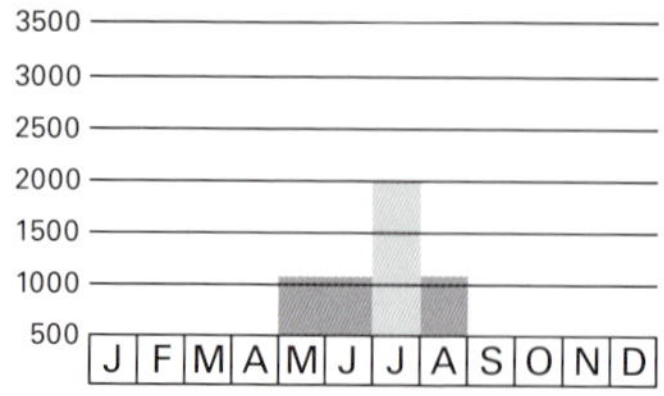

Verbreitung: In fast ganz Europa verbreitet und nicht selten. In den Alpen aber vielen Regionen auch fehlend.
Lebensraum: Eher feuchte Waldränder der tieferen Lagen, in der subalpinen und alpinen Stufe an Felsen und einzeln stehenden Felsköpfen bis mindestens 2000 m.
Biologie: Raupennährpflanzen sind Kreuzdorn-Arten (*Rhamnus* sp.), in den Bergen bevorzugt Zwerg-Kreuzdorn *(Rhamnus pumila)* (1). In der Literatur werden aber auch andere Sträucher wie Liguster und Hartriegel genannt (VORBRODT & MÜLLER-RUTZ, 1914). Die Raupe spinnt die Ränder eines oder mehrerer Blätter gegen oben zu einer röhrenförmigen Behausung zusammen, in der sie ihr ganzes Leben verbringt und aus der heraus sie benachbarte Blätter befrisst (2,3). Sie überwintert erwachsen (5). Im Frühling verpuppt sie sich im herabgefallenen Blatt in der Bodenstreu in einem ziemlich dichten, feinfädigen Kokon (6). In den Tieflagen werden zwei Jahresgenerationen ausgebildet, in den höheren Lagen nur eine.

1

2

3

4

5

6

7

8

Familie Tortricidae (Wickler)

Grapholita pallifrontana

(LIENIG & ZELLER, 1846)

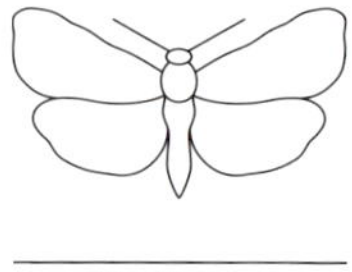

10–13 mm

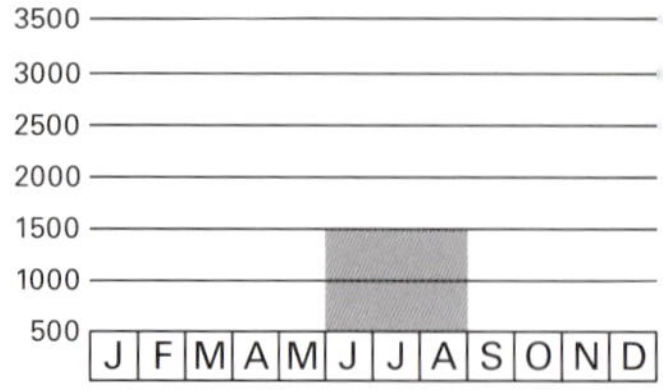

Verbreitung: In ganz Europa, außer im Süden, weit verbreitet, aber immer lokal und nicht häufig.
Lebensraum: Waldsäume, lichte Waldpartien, Böschungen von Waldwegen. In den Bergen bis mindestens 1500 m.
Biologie: Die Raupe lebt in den Samenschoten von Süßem Tragant *(Astragalus glycyphyllos)*, wo sie sich von den Samen ernährt (1–5). Zur Verpuppung verlässt sie die Schote (6), oder sie fertigt ihre Puppenwiege innerhalb der Schote an (7). Die Raupe überwintert und verpuppt sich im Frühling. Gelegentlich kommt es im Herbst zu einer partiellen zweiten Generation; es ist unklar, ob und wie sich diese Tiere fortpflanzen, da die Samenschoten zu dieser Zeit bereits vertrocknet sind.

1

2

3

4

5

6

7

8

9

Familie Tortricidae (Wickler)

Grapholita aureolana

(TENGSTRÖM, 1848)

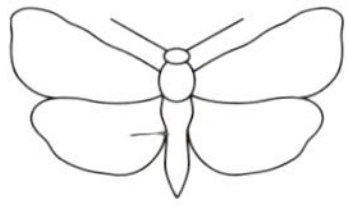

11–14 mm

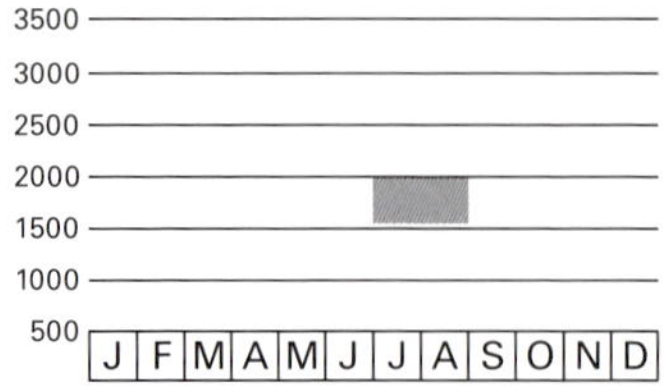

Verbreitung: Paläarktische Art, die in Europa in Skandinavien und sehr lokal auch in den Alpenländern außer Deutschland vorkommt.
Lebensraum: Trockene, subalpine-alpine Kalkrasen bis mindestens 2000 m.
Biologie: Die Eier werden einzeln unter die Kelchblattspitzen der Blüten von Alpen-Spitzkiel *(Oxytropis campestris)* abgelegt (1, 2), laut Literatur soll die Raupe auch an Gletscherlinse *(Astragalus frigidus)* leben (HANNEMANN, 1961). Die Jungraupe bohrt sich in die Samenschote und frisst dort die unreifen Samen (3,4), ebenso frisst sie die häufig in der gleichen Schote lebende Raupe des Bläulings *Cupido minimus* (5)! Die erwachsene Raupe verlässt die Schote und spinnt in der Bodenvegetation einen feinen Kokon, in dem sie überwintert (8). Die Falter sind tagaktiv und lokal sehr zahlreich; sie besuchen Blüten (6).

4

5

6

7

8

9

10

11

Familie Tortricidae (Wickler)

Grapholita nebritana

(TREITSCHKE, 1830)

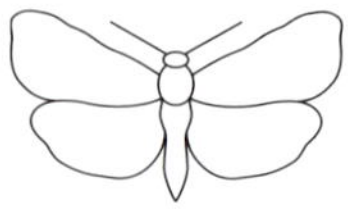

13–17 mm

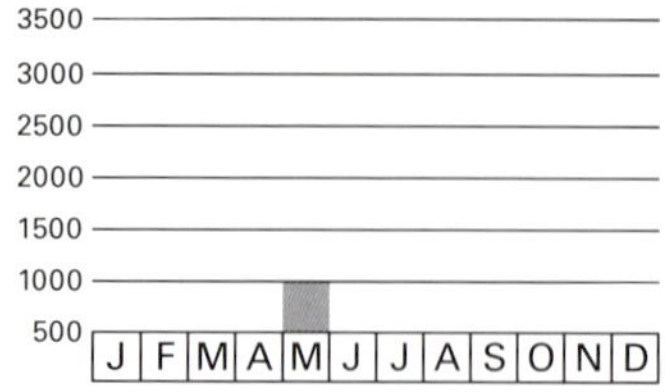

Verbreitung: Paläarktische Art, in Europa zwar verbreitet, aber weiten Landstrichen ganz fehlend. In Deutschland sehr selten, in der Schweiz nur punktuell vorkommend.
Lebensraum: Trockenwarme, sonnige Gebüschformationen auf Kalk (Berberidion); in den Alpentälern nur inselartig vorhanden, bis etwa 1000 m.
Biologie: Die Raupe lebt an Blasenstrauch *(Colutea arborescens)* (1, 4), in der Regel in den Schoten. An Standorten, wo aus klimatischen Gründen nur wenige Blüten beziehungsweise Schoten ausgebildet werden, kann man die Raupe aber auch an den Zweigenden finden, wo sie sich aus mehreren Blättern eine Wohnung zusammenspinnt (5). Erwachsen verlässt die Raupe den Blasenstrauch und fertigt in der Bodenstreu einen recht dichten Kokon an, worin sie sich noch im Herbst verpuppt (6,7). Der Falter schlüpft im Frühling zur Zeit der Blüte des Blasenstrauchs.

3

4

5

6

7

8

9

Familie Tortricidae (Wickler)

Grapholita funebrana

(TREITSCHKE, 1835)

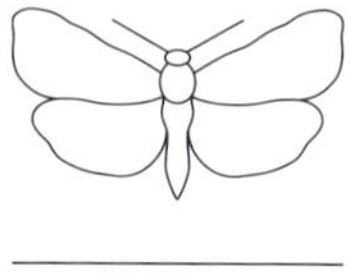

14–16 mm

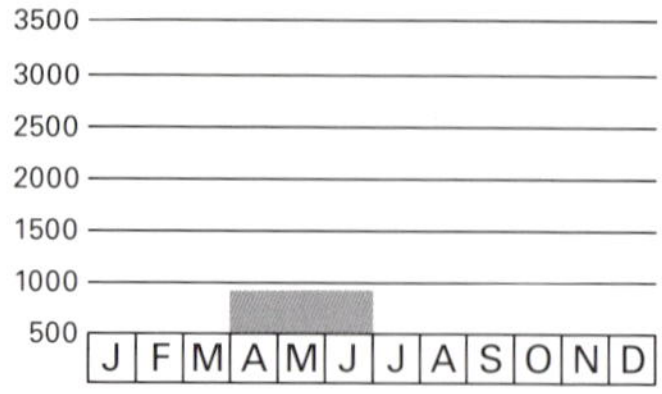

Verbreitung: In ganz Europa verbreitet.
Lebensraum: Alte Kulturlandschaften mit Obstgärten, Waldränder und Obstkulturen, nur in Tallagen.
Biologie: Die hauptsächliche Raupennährpflanze ist die Zwetschge *(Prunus domestica)* (1), gelegentlich sollen auch andere, wilde *Prunus*-Arten befallen werden (RAZOWSKI, 2003). Die Jungraupe bohrt sich in die Frucht, in der sie einen Gang frisst, der mit Kot gefüllt wird (2–4, 6). Erwachsen verlässt die Raupe die Frucht und spinnt am Boden im Moos oder unter Laub einen dichten Kokon, worin sie überwintert (7). Der Falter (8, 9) schlüpft im Frühsommer

4

5

6

8

7

9

Familie Tortricidae (Wickler)

Cydia cytisanthana

BURMANN & PRÖSE, 1988

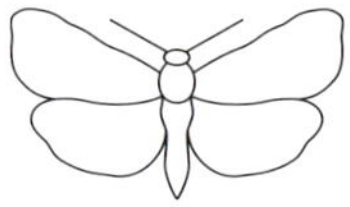

12–16 mm

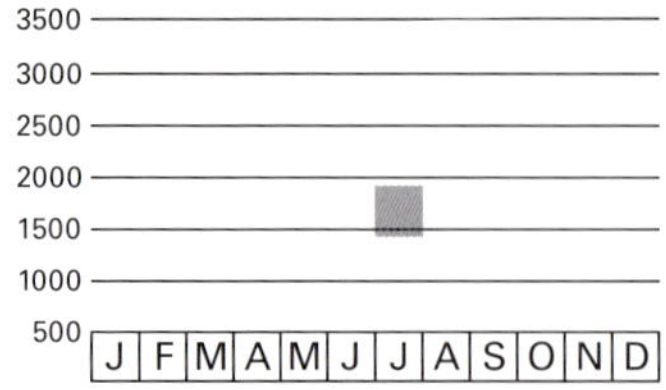

Verbreitung: Nur in der Gardaseeregion, in Südtirol (Italien) und an einer Stelle in Graubünden (Schweiz), sehr lokal.
Lebensraum: Warme, sehr trockene Standorte mit Kolonien der Raupennährpflanze; im Gebirge von 1400 m bis 1800 m.

Biologie: Die Raupe lebt in den Schoten von Kugelginster *(Cytisus radiata)*, wo sie die Erbsen frisst (1–3). Im Herbst verlässt sie die Schote und spinnt in der Bodenstreu einen ziemlich dichten Kokon, in dem sie überwintert (5). Die Verpuppung erfolgt darin erst im Frühling. Die Falter sind an den eng begrenzten Fundorten sehr häufig (6–9).

3

4

5

6

7

8

9

Familie Tortricidae (Wickler)

Cydia vallesiaca

(SAUTER, 1968)

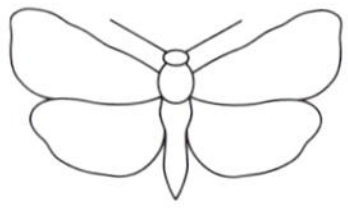

11–16 mm

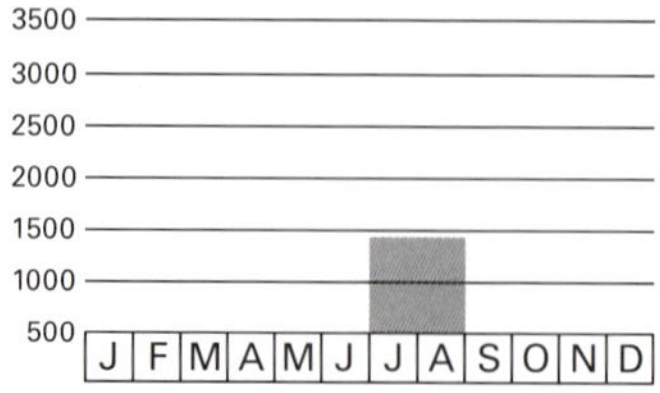

Verbreitung: Nur in der Schweiz, Italien, Frankreich und Spanien, sehr lokal und selten.
Lebensraum: Warmtrockene, sonnige Waldränder, lichte Föhrenwälder, bis mindestens 1400 m.
Biologie: Raupennährpflanze ist Rundblättrige Hauhechel *(Ononis rotundifolia)* (1). Die Raupe lebt aber nicht im Stamm (RAZOWSKI, 2003), sondern in den grünen Schoten (2), wo sie in die Erbsen eindringt und diese von innen her verzehrt (3–5). Erwachsen verlässt sie die Schote und fällt auf den Boden. Die Verpuppung findet dort unter dürren Blättern in einem feinen Gespinst statt (6).

1

2

3
4
5
6
7

Familie Tortricidae (Wickler)

Cydia strobilella

(LINNAEUS, 1758)

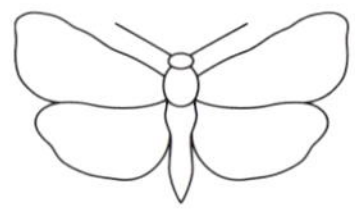

11–14 mm

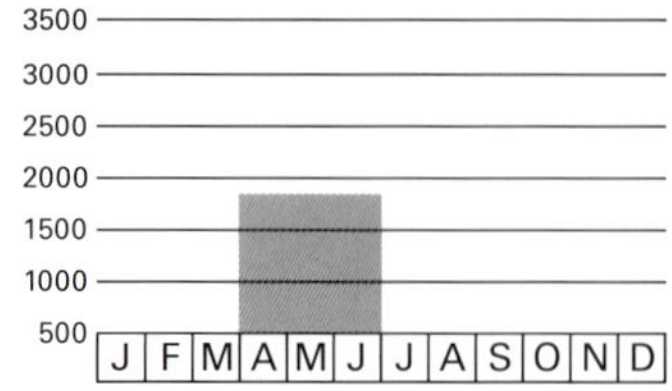

Verbreitung: In fast ganz Europa verbreitet und lokal häufig.
Lebensraum: Fichtenwälder, Mischwälder mit Fichten. In den Alpentälern bevorzugt im hochmontanen Fichtengürtel (Vaccinio-Piceion), bis mindestens 1800 m.
Biologie: Die Raupe lebt gelegentlich gesellig in den Zapfen von Fichte *(Picea abies)* (1,3,4), wo sie sich von den Samen ernährt und sich manchmal durch feinen Kotauswurf verrät. Laut Literatur soll sie auch in den Zapfen von Weißtanne *(Abies alba)* und sogar Föhre *(Pinus sylvestris)* leben (RAZOWSKI, 2003). Sie überwintert erwachsen und verpuppt sich im zeitigen Frühling auch im Zapfen selber (5,6). In geeigneten Biotopen sind die Falter (2,7,8) oft nachmittags in großer Zahl schwärmend anzutreffe

1

2

3

4

5

6

7

8

Familie Tortricidae (Wickler)

Cydia pactolana

(ZELLER, 1840)

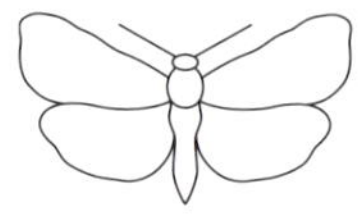
13–15 mm

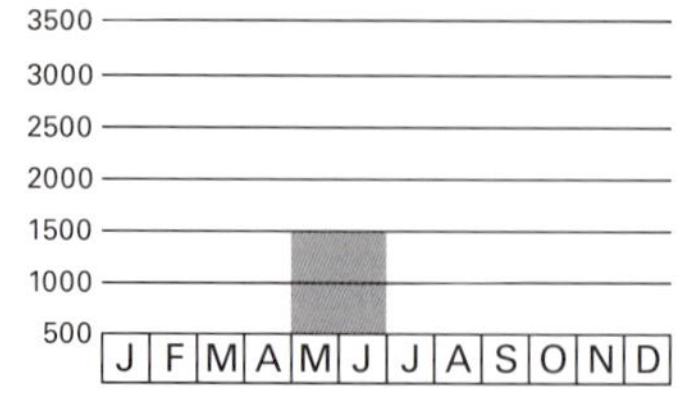

Verbreitung: In ganz Europa weit verbreitet.
Lebensraum: Standorte mit jüngeren Fichten bis mindestens in die montane Stufe.
Biologie: Die Raupe lebt unter der Stammrinde von Fichten *(Picea abies)* im Bereich von Astverzweigungen. Befallen werden bevorzugt junge Tännchen, die in für sie wenig geeigneten Lebensräumen wachsen, so beispielsweise in Auenwäldern (hier gezeigt) oder auf übernässten Standorten. Kotauswurf verrät die Raupe (1,2). Die Verpuppung findet unter einer Schicht aus Kot und Harz statt (3); die Puppe schiebt sich vor dem Schlupf weit aus der fein ausgesponnenen Wiege (4).

1

2

3

4

5

6

7

8

9

Familie Tortricidae (Wickler)

Cydia grunertiana

(RATZEBURG, 1868)

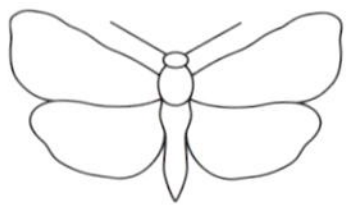

13–16 mm

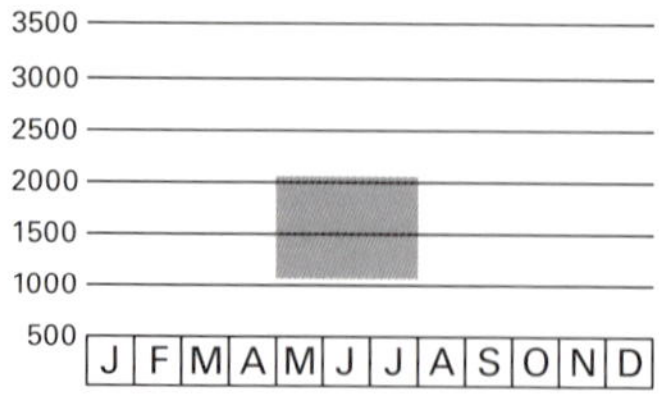

Verbreitung: In den Alpen in höheren Lagen verbreitet, allerdings offenbar lokal und nicht überall, wo Lärchen vorkommen. In Deutschland nur in Bayern, Baden-Württemberg und dann wieder im Nordosten, aus Italien erst eine frische Meldung aus Südtirol, aus Frankreich noch nicht gemeldet.

Lebensraum: Lärchenbestände in der montanen bis subalpinen Stufe, (Laricetum) ausnahmsweise auch im Tiefland, dorthin möglicherweise verschleppt.

Biologie: Raupennährpflanze ist Lärche *(Larix decidua)*. Die Raupe lebt unter der Rinde in einem kurzen, mit Seide ausgekleideten Gang (3,4). Einerseits sind Wundränder von Stammverletzungen, wie sie durch das Geweihschaben der Wildtiere oder durch Steinschlag verursacht werden, Eintrittspforten für die Raupe, andererseits kann sie aber auch am Rand von abgestorbenen Ästen unter die Rinde gelangen (1,2). Der Raupenbefall wird durch Kotauswurf sichtbar. Es werden nur jüngere, etwa 20–40 jährige Bäume befallen. Die Verpuppung erfolgt in einer mit Seide ausgesponnenen Kammer in der Rinde, wenig unter der Oberfläche (5,6). Die Entwicklung bis zum Falter ist zweijährig. Die Weibchen (8) sind größer.

1

2

3

4

5

6

7

8

Familie Tortricidae (Wickler)

Cydia millenniana

(ADAMCZEWSKI, 1967)

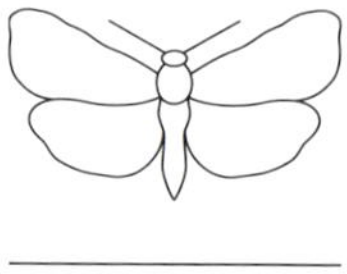

15–18 mm

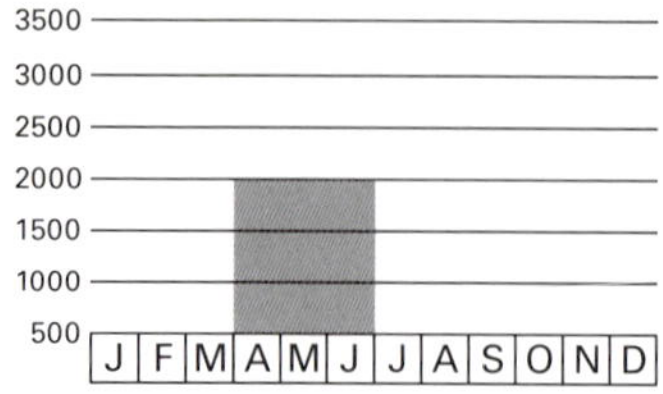

Verbreitung: In allen Alpenländern und weiten Teilen Europas vorkommend.
Lebensraum: In den Alpen lebt die Art in montanen und subalpinen Lärchenbeständen bis mindestens 2000 m.
Biologie: Raupennährpflanze ist Lärche *(Larix decidua)*, bevorzugt werden jüngere, etwa 25–35-jährige Bäume befallen, welche in lockeren Beständen wachsen oder am Waldrand stehen. Die Jungraupe lebt unter der Rinde in einer Verzweigung am Astende. Sie induziert dort eine Galle, worin sie in einer kurzen Seidenröhre lebt (4). Im ersten Jahr ist die Zweiganschwellung sehr diskret (1); nur etwas Kotauswurf verrät dann die Raupe. Im zweiten Jahr wird die Zweigverdickung deutlich sichtbar und ist mit viel Harz bedeckt (2,3). Nach der zweiten Überwinterung verpuppt sich die Raupe dicht unter der Galloberfläche (5,6,7). Die Puppe schiebt sich vor dem Schlupf des Falters weit aus der Galle heraus (8). Trotz des Schutzes durch eine dickflüssige Harzschicht wird auch diese Raupe oft von Schlupfwespen parasitiert.

4

5

6

7

8

9

10

Familie Tortricidae (Wickler)

Cydia splendana

(HÜBNER [1799])

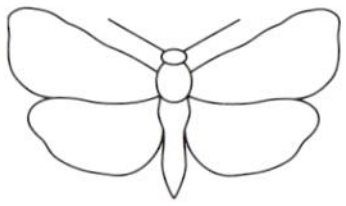

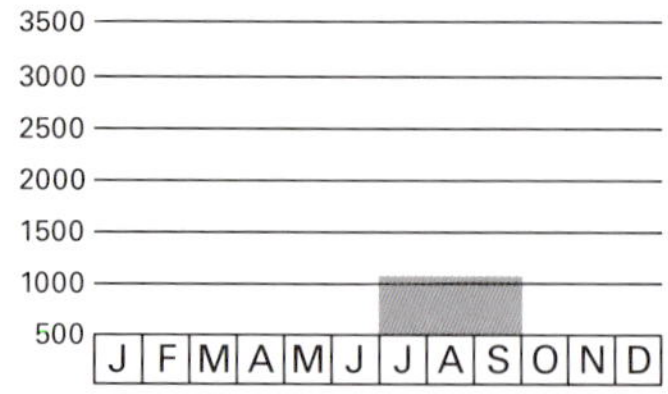

Verbreitung: In fast ganz Europa verbreitet und in tieferen Lagen häufig.
Lebensraum: Wärmebegünstigte Eichenwälder, Kastanienhaine (Castaneo-Quercetum); in den Bergen nur bis in die montane Stufe ansteigend.

Biologie: Die Raupe lebt in den Früchten von Edelkastanie *(Castanea sativa)* (1–4) oder Eiche (*Quercus* sp.). Im Herbst erwachsen, verlässt sie die inzwischen vom Baum gefallene Frucht und spinnt einen dichten, ovalen Kokon, in dem sie überwintert (5,6). Erst zu Sommerbeginn verpuppt sie sich darin. Die Falter sind in der Färbung ziemlich variabel (7–9).

1

2

3

4

5

6

7

8

9

Familie Tortricidae (Wickler)

Pammene aurana

(FABRICIUS, 1775)

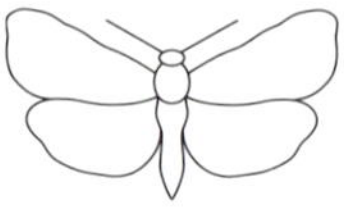

11–15 mm

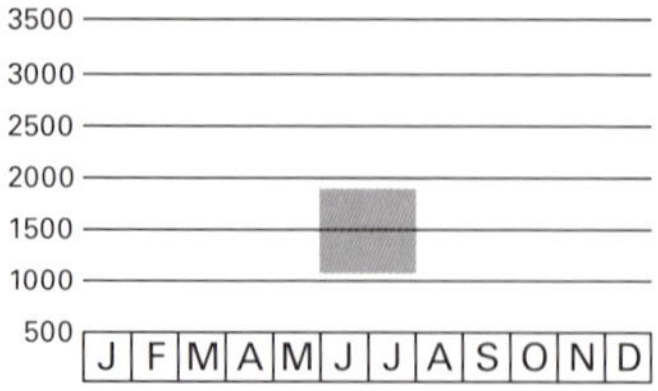

Verbreitung: In Europa weit verbreitet, aber eher lokal.

Lebensraum: In den Alpen bevorzugt die Art tiefgründige Weiden und Waldränder, Böschungen von Waldstraßen und Waldlichtungen in der montanen bis subalpinen Stufe. Sie fehlt hier den tiefen Tallagen und steigt nicht über die Waldgrenze.

Biologie: Die Raupe lebt in den Fruchtständen von Bärenklau *(Heracleum sphondylium)*, wo sie die Samen verzehrt. Sie wechselt von Samenkapsel zu Samenkapsel und spinnt dabei einige Samen locker zusammen, woran der Befall erkennbar wird (1–4). Erwachsen verlässt sie die Samenstände und fertigt in der Bodenstreu einen feinen Kokon an, worin sie überwintert; erst im Frühling erfolgt darin die Verpuppung (5,6). Die Falter sind tagaktiv.

1

2

3

4

5

6

7

8

9

Familie Tortricidae (Wickler)

Pammene regiana

(ZELLER, 1849)

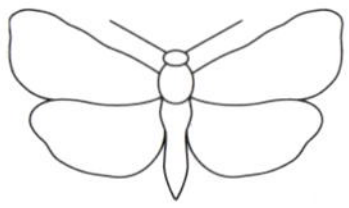

14–16 mm

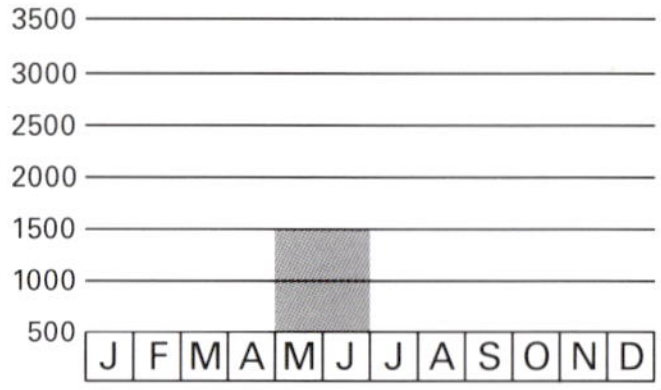

Verbreitung: In beinahe ganz Europa verbreitet.
Lebensraum: Bevorzugt an einzeln stehenden, alten Bergahornexemplaren in Parkanlagen, an Waldrändern oder entlang von Straßen. Im Gebirge steigt die Art bis mindestens 1500 m.
Biologie: Einzige Raupennährpflanze ist der Bergahorn *(Acer peseudoplatanus)*. Die Jungraupe lebt offenbar in den Früchten des Bergahorns (RAZOWSKI, 2003), wo sie jedoch schwierig zu finden ist. Im Herbst begibt sie sich zur Oberfläche des Stammes, wo sie unter lose aufliegenden Rindenschuppen ihren Kokon aus Genagsel und Kot anfertigt (2–4). Darin überwintert sie und verpuppt sich im Frühling (5,6). Obwohl man die Falter nur selten beobachtet, ist die Art anhand von leeren Kokons, die unter den Rindenschuppen noch Jahre überdauern, leicht nachzuweisen (2,7).

1

2

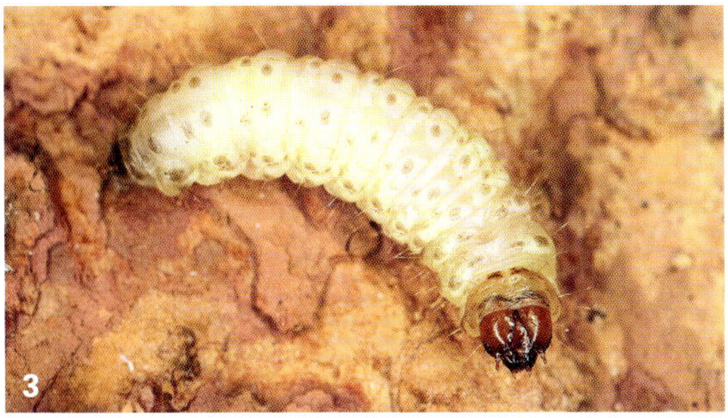
3

4

5

6

7

8

9

Familie Tortricidae (Wickler)

Dichrorampha rejectana

(DE LA HARPE, 1858)

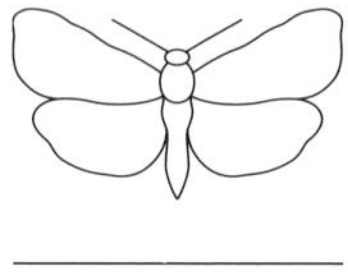

16–21 mm

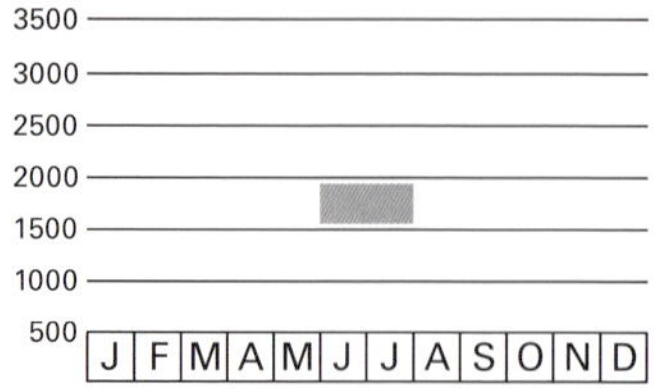

Verbreitung: Bis jetzt ist diese unzureichend bekannte Art nur in den Schweizer sowie den französischen Alpen festgestellt worden.
Lebensraum: Charakterart der subalpinen Hochstaudenfluren (Adenostylion), feucht-schattige Erlenbestände; von etwa 1600 m bis mindestens 1900 m.

Biologie: Raupennährpflanze ist die Großblättrige Schafgarbe *(Achillea macrophylla)*. Die Eier werden am Boden an die untersten Stängelteile abgelegt. Die Jungraupen bohren sich in die Wurzel, wo sie im Mark leben. Die Verpuppung erfolgt nach der zweiten Überwinterung auch im Markkanal in einer fein ausgesponnenen, gedeckelten Puppenwiege wenig unterhalb der Öffnung eines abgestorbenen Stängels.

4

5

6

8

7

9

Familie Tortricidae (Wickler)

Dichrorampha plumbana

(SCOPOLI, 1763)

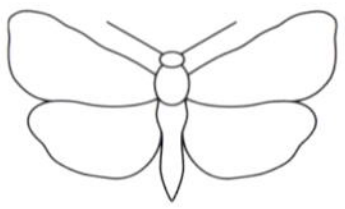

12–15 mm

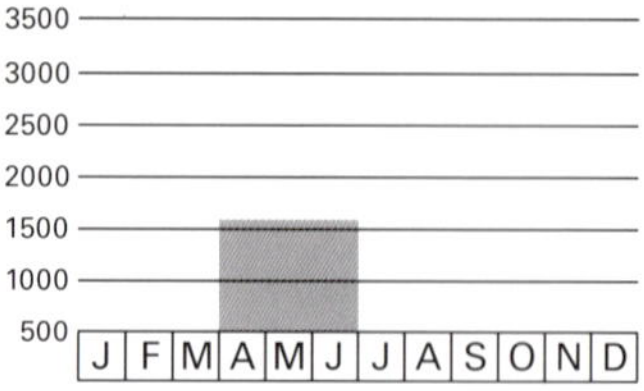

Verbreitung: In ganz Europa weit verbreitet und meist häufig.
Lebensraum: Blumenreiche Wiesen und Waldränder, Ruderalstellen. In den Bergen bis mindestens 1600 m.

Biologie: Die Raupe lebt im Wurzelstock und in den unterirdischen Stängelteilen von Schafgarbe *(Achillea millefolium)* (2,3), laut Literatur auch an anderen Asteraceen (RAZOWSKI, 2003). Dort überwintert sie; im Frühling verlässt sie die Pflanzenstängel und verpuppt sich wenig unter der Erdoberfläche in einem rudimentären Gespinst (4).

1

2

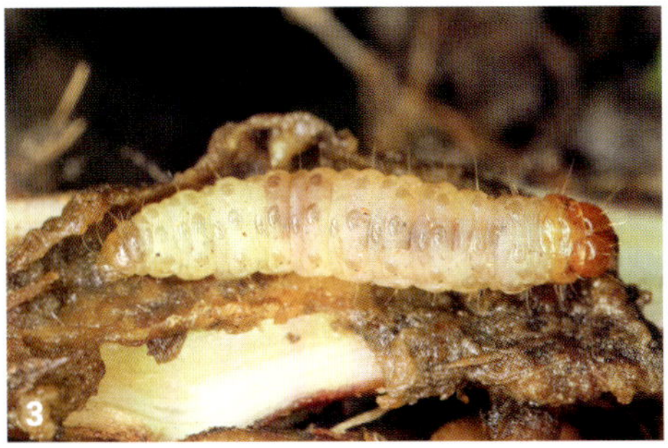

3

4

5

6

7

8

Familie Tortricidae (Wickler)

Dichrorampha bugnionana

(DUPONCHEL, [1843])

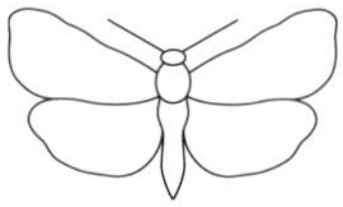

12–18 mm

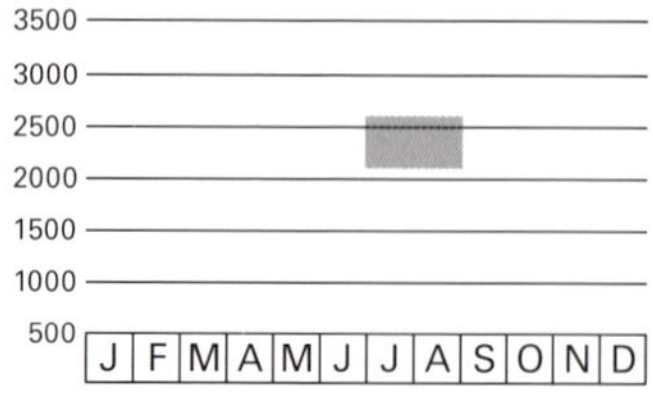

Verbreitung: Nur in den Alpenländern und Slowenien, sehr lokal.
Lebensraum: In den Alpen auf lückig bewachsenen, kargen alpinen Schuttfluren, von 2200 m bis 2700 m.
Biologie: Raupennährpflanzen sind die Alpen-Margerite *(Leucanthemopsis alpina)* auf Silikat und Hallers Margerite *(Leucanthemum halleri)* auf Kalk. Die Eier werden an die Unterseite der bodennahen Blätter abgelegt (Freilandbeobachtung) (1). Die Raupe bohrt sich in der Blattachsel in den Stängel. Etwas Kot wird ausgestoßen und sammelt sich in den Blattachseln (2,3). Die Raupe frisst den Stängel bis tief in den Wurzelbereich vollständig aus, was meist zum Tod des Triebes führt (7). Je nach klimatischen Verhältnissen überwintert die halberwachsene oder auch die erwachsene Raupe. Diese Abhängigkeit von der lokalen Witterung kann zu jährlich stark unterschiedlichen Flugzeiten führen. Die Verpuppung findet nach der Überwinterung am Boden in einem lockeren Gespinst statt, in das Umgebungsmaterial eingesponnen wird (8,9). Die kleineren Weibchen (5,6) sind kräftiger gezeichnet als die Männchen (4).

1

2

3

4

5

6

7

8

9

Familie Tortricidae (Wickler)

Dichrorampha harpeana

FREY, 1870

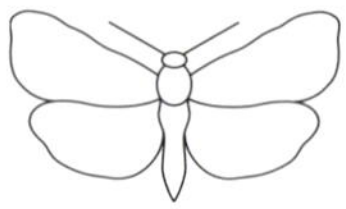

12–18 mm

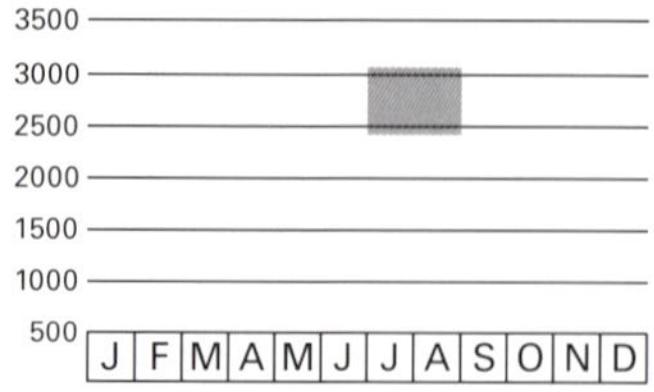

Verbreitung: In den Alpen Österreichs, Italiens, der Schweiz und Frankreichs; in den Pyrenäen in einer eigenen Unterart (*ssp. andorraensis* HUEMER, 1993).
Lebensraum: Sehr lokal und selten auf hochalpinen Rasen, in Schuttfluren und auf Moränen auf Silikat von 2400 m bis 3100 m.
Biologie: Raupennährpflanze ist die Alpenmargerite *(Leucanthemopsis alpina)* (1) sowie die Zwerg-Alpenmargerite *(Leucanthemopsis alpina ssp. minima)*. Das Ei (3–7) wird einzeln abgelegt. Die Jungraupe lebt anfangs in den Blattachseln (8), wo sie unter dem Schutz eines Gespinstes aus Kot und Genagsel den Stängel befrisst. Die erwachsene Raupe lebt am oder im Stängel (9). Sie überwintert und verpuppt sich im Frühsommer in einem recht dichten Gespinst (10). Die Weibchen (2, 11) sind etwas kurzflügeliger als die Männchen (12). Die Art ist tagaktiv.

1

2

3

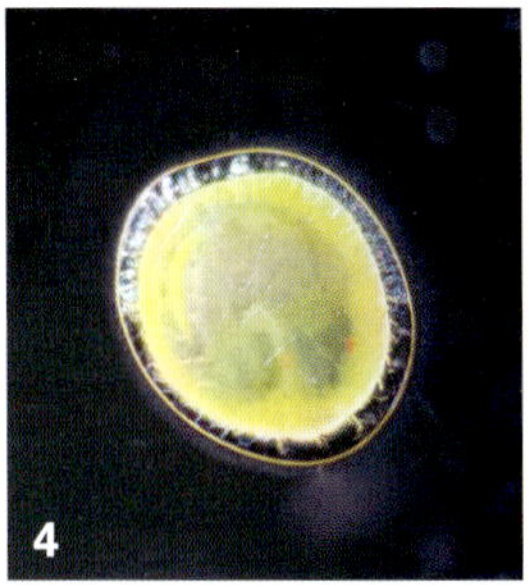
4

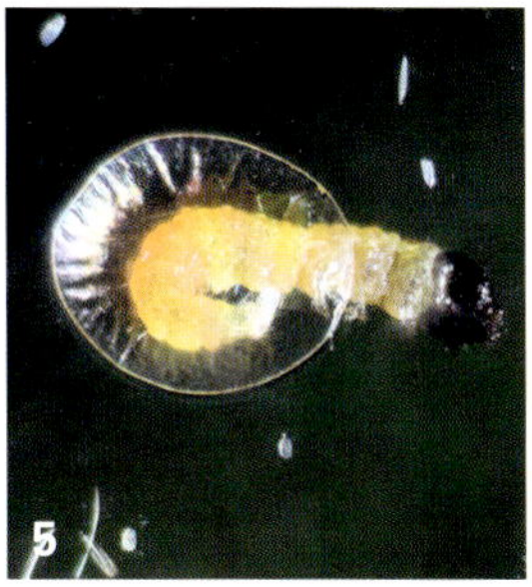
5

6

7

8

9

10

11

12

Familie Tortricidae (Wickler)

Dichrorampha chavanneana

(DE LA HARPE, 1858)

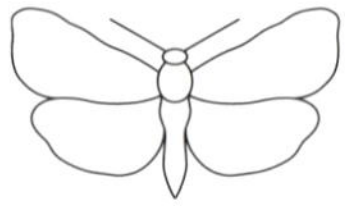

12–16 mm

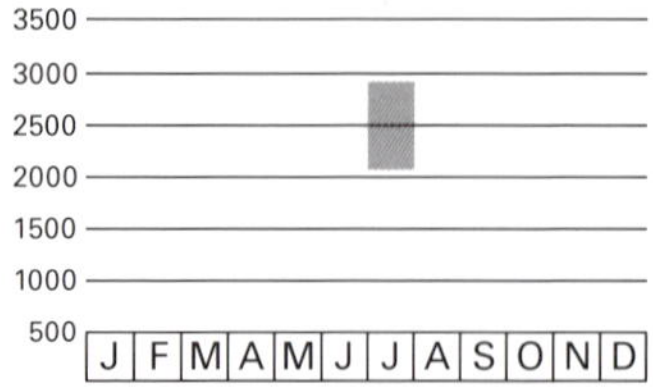

Verbreitung: In den Alpenländern außer Deutschland, äußerst lokal und selten. In Österreich nur in Nordtirol, in der Schweiz nur im Wallis und in Graubünden festgestellt.

Lebensraum: Alpine steinige, magere Wiesen, von etwa 2200 m bis mindestens 2800 m, meist auf Silikat.

Biologie: Raupennährpflanze ist die Alpen-Margerite *(Leucanthemopsis alpina)*. Das Weibchen legt seine Eier in die Vertiefungen der Blattbuchten (1); die Raupen bohren sich in den Stängel des Triebes, der durch den Befall mit der Zeit abstirbt (3–5). Die erwachsene Raupe (6,7) überwintert in einem Kokon am Boden und verpuppt sich darin im Frühling (8). Die Männchen (9,11) sind kontrastärmer gezeichnet als die kleineren Weibchen (2,10).

1

2

3
4
5
6
7
8
9
10
11

Familie Tortricidae (Wickler)

Dichrorampha ligulana

(HERRICH-SCHÄFER, [1851])

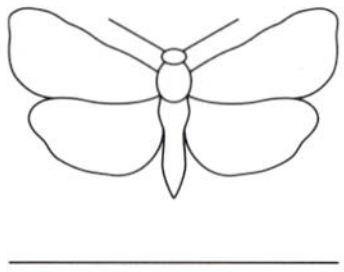

11–15 mm

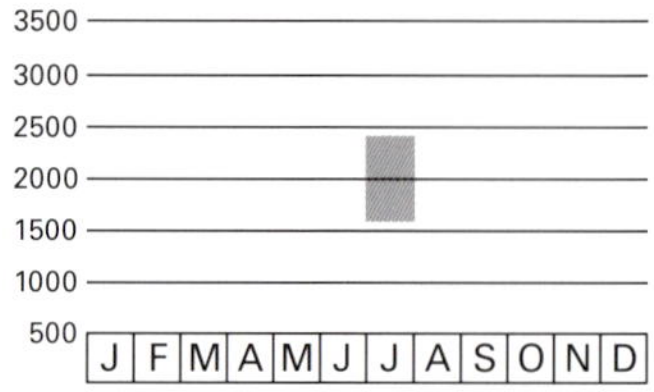

Verbreitung: In den Alpenländern außer Deutschland; in Ungarn und auf dem Balkan. Lokale Art, an den Fundstellen oft aber in großer Anzahl.

Lebensraum: Offene, sonnige, trockene Weiden und Geröllfluren, Wegränder und Ruderalstellen. Die Art bevorzugt in den Alpen die subalpine Stufe, wo sie schon ab 1600 m vorkommt; die meisten Fundorte liegen im Bereich der Waldgrenze, lokal kann *D. ligulana* aber auch bis 2400 m ansteigen.

Biologie: Die Eier werden einzeln oder in kleinen Gruppen an die Gewöhnliche Wiesen-Schafgarbe *(Achillea millefolium)* abgelegt (1,2), auch die Moschus-Schafgarbe *(Achillea erba-rotta ssp. moschata)* ist als Wirtspflanze belegt. Die Jungraupe frisst sich im Schutze einer Blattachsel in den Stängel (3). Später leben die Raupen in den oberen Teilen der Wurzel, wo sie im Mark Gänge bohren (4,5). Die Verpuppung findet nach der Überwinterung außerhalb der Wurzel im Boden statt. Die Falter (7–10) sind tagaktiv.

4

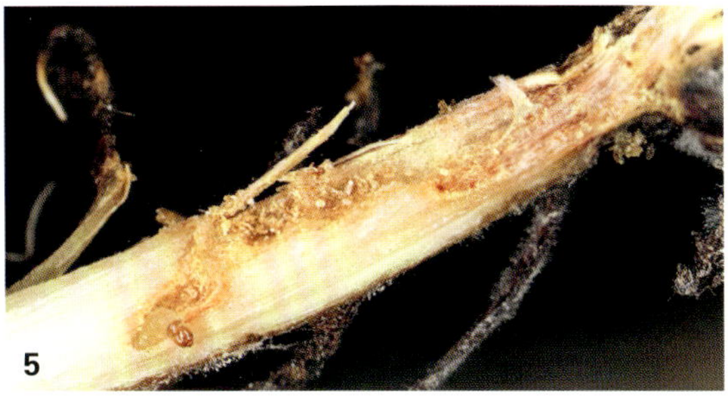
5

6

7

8

9

10

Familie Tortricidae (Wickler)

Dichrorampha thomanni

HUEMER, 1991

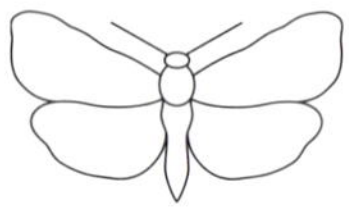

11–14 mm

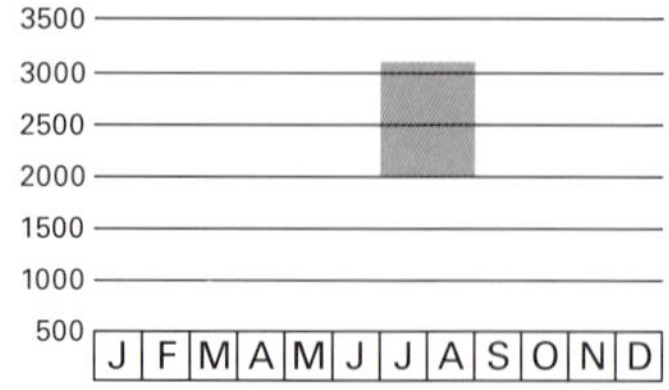

Verbreitung: Sehr lokal in den Hochalpen der Schweiz, Österreichs, Italiens und Frankreichs.
Lebensraum: Magere, lückige Rasen mit offenen Schuttflächen und Geröll; Bachränder, Rutschungen, Gletschermoränen. Von 2000 m bis gegen 3100 m.
Biologie: Raupennährpflanzen sind die Moschus-Schafgarbe *(Achillea erba-rotta ssp. moschata)*, und die Zwerg-Schafgarbe *(Achillea nana)*. Die Weibchen (11) legen in der Zucht ihre Eier in die Verzweigungsachseln der Fiederblätter (1,2). Die Jungraupe bohrt sich in der Blattachsel in den Stängel, wo ihre weitere Entwicklung verläuft (4,5). Kotauswurf verrät ihre Anwesenheit (3). Die erwachsene Raupe lebt in einer Seidenröhre im Wurzelbereich der Nährpflanze, von wo aus sie die grundständigen Blätter befrisst (6,7). Sie verpuppt sich im Frühling darin (8). Die Falter (9–11) fliegen in der Abenddämmerung lokal um die Raupennährpflanzen, sind aber auch sonst tagaktiv.

4

5

6

7

8

9

10

11

Familie Tortricidae (Wickler)

Dichrorampha forsteri

OBRAZTSOV, 1953

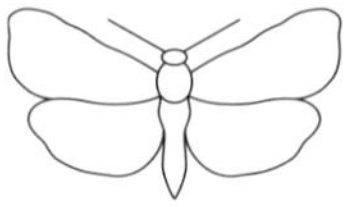

12–14 mm

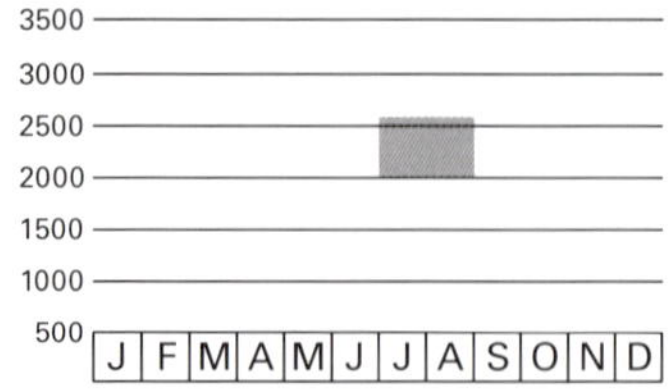

Verbreitung: In den Alpen Deutschlands (Allgäu), Italiens, Frankreichs und der Schweiz (Graubünden), extrem lokal, nur an wenigen Orten nachgewiesen. Noch nicht aus Österreich gemeldet.

Lebensraum: Ein Schweizer Fundort liegt um 2500 m auf einem kargen Berggrat aus Kalk (Thlaspion rotundifolii). Laut Literatur fliegt die Art von 2000 m bis 2650 m (RAZOWSKI, 2003).

Biologie: Raupennährpflanze ist die Hallers Margerite *(Leucanthemum halleri)* (1). Die Eier werden in kleinen Gruppen abgelegt (2, 3). Die Jungraupe bohrt sich in die Blattachsel und lebt vorerst unter der Stängelrinde; Kotausstoß verrät den Befall (4,5). Die erwachsene Raupe lebt im Stängelmark (6). Dort findet nach der Überwinterung im Frühsommer auch die Verpuppung statt (7). Die Falter (9–11) sind tagaktiv.

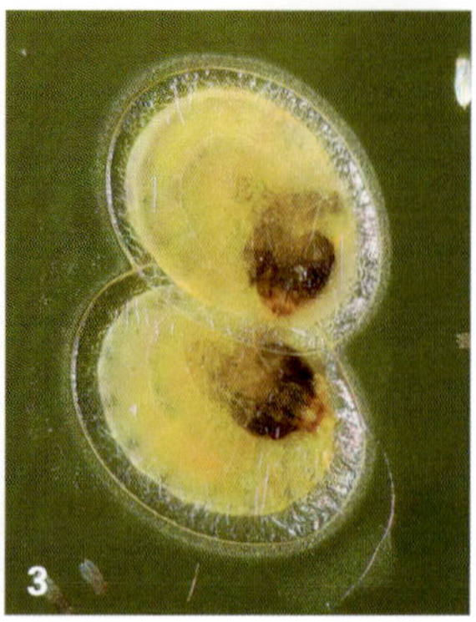

4

5

6

7

8

9

10

11

Familie Tortricidae (Wickler)

Dichrorampha vancouverana

MCDONNOUGH, 1935

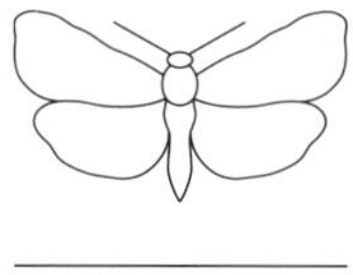

12–16 mm

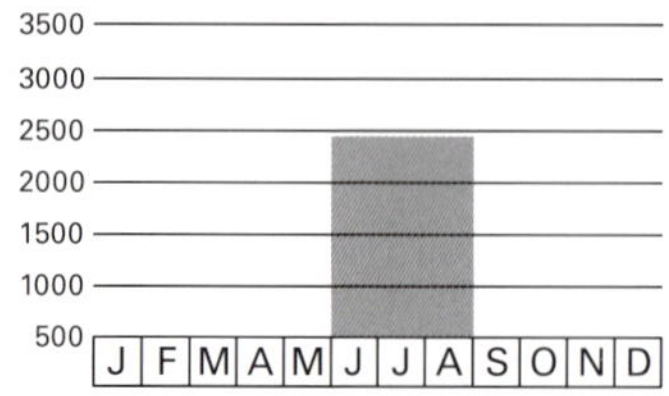

Verbreitung: In weiten Teilen Europas verbreitet und nicht selten.
Lebensraum: Trockene, sonnige Wegränder, Ruderalstellen, steinige Halden und Weiden. In den Bergen gehäuft in der subalpinen Stufe, aber auch bis 2400 m ansteigend.

Biologie: Die Raupe lebt im Wurzelstock von Schafgarbe *(Achillea millefolium)* (1). Sie frisst im Mark einen Gang (2,4,5), in dem sie sich nach der Überwinterung auch verpuppt (7). Ein vorgefertigtes Schlupfloch wird mit Genagsel verschlossen. Es wird nur eine Jahresgeneration ausgebildet; die Falter sind recht variabel gezeichnet (3,6,8–10).

1

2

3

4

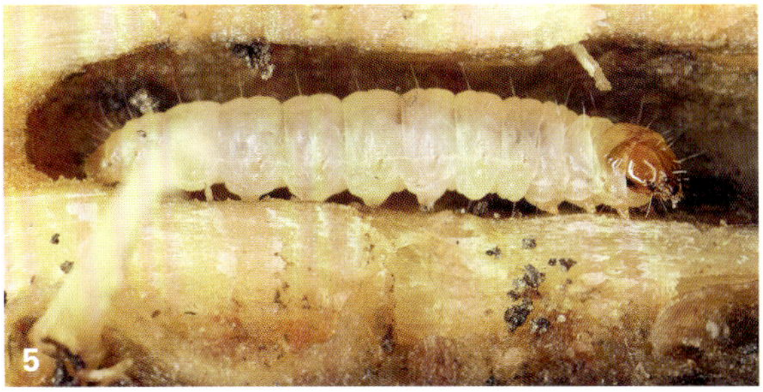
5

6

7

8

9

10

Familie Tortricidae (Wickler)

Dichrorampha alpinana

(TREITSCHKE, 1830)

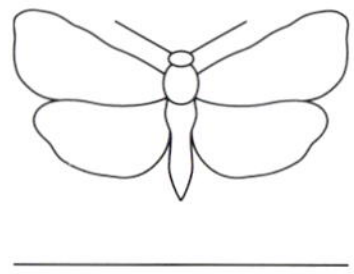

13–16 mm

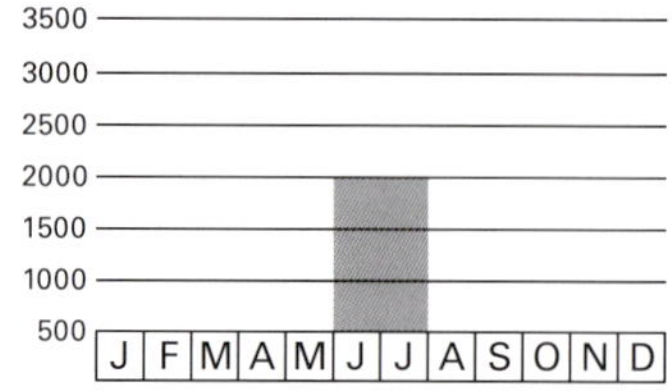

Verbreitung: In ganz Europa verbreitet, aber doch nur lokal häufiger.
Lebensraum: In den Alpen bevorzugt in der subalpinen Stufe im lückigen Bergwald auf mageren, trockenen Böschungen und Weiden, bis mindestens 2000 m.
Biologie: Das Weibchen legt seine Eier einzeln oder in kleinen Gruppen an die Unterseite der Blüten von Margerite *(Leucanthemum vulgare)* (1–3). Die Räupchen begeben sich nach dem Schlupf an die Pflanzenbasis und bohren sich in den Wurzelstock, wo sie in einem mit Seide ausgekleideten Gang leben (4,5). Sie überwintern halb erwachsen, fressen im Frühling noch etwas und verpuppen sich im Wurzelgang, nahe der Bodenoberfläche (7). Die Falter (6,8,9) sind gelegentlich tagaktiv.

1

2

3

4

5

6

7

8

9

Familie Tortricidae (Wickler)

Dichrorampha petiverella

(LINNAEUS, 1758)

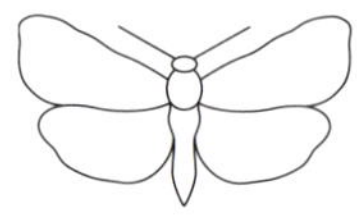

9–14 mm

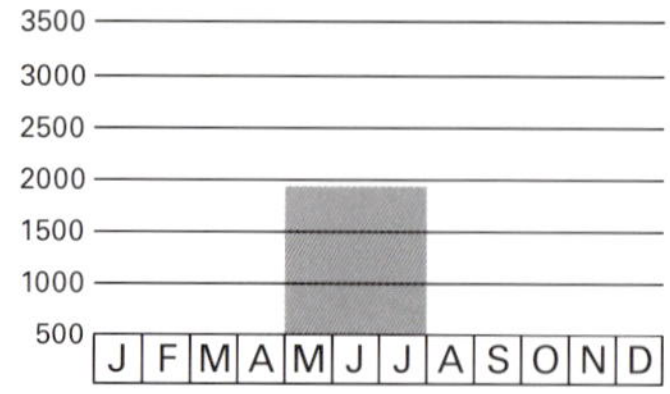

Verbreitung: In weiten Teilen Europas verbreitet und häufig.
Lebensraum: Wegränder, Ruderalstellen, Kiesgruben, eher trockene und warme Biotope. In den Bergen bis etwa 1900 m.
Biologie: Die Raupe lebt im Wurzelstock von Schafgarbe *(Achillea millefolium)* (1,3,4), oft gesellig und gelegentlich auch zusammen mit Raupen von *Dichrorampha plumbana* und *Dichrorampha vancouverana*. Sie frisst einen Gang im Mark, wo sie nach der Überwinterung auch ihre Puppenwiege ausspinnt (6). Dabei wird ein Schlupfloch wenig unter der Erdoberfläche vorgefertigt, das mit Kot und Genagsel verschlossen ist.

1

2

3

4

5

6

7

8

Familie Pyralidae (Zünsler)

Asartodes monspesulalis

(DUPONCHEL, [1834])

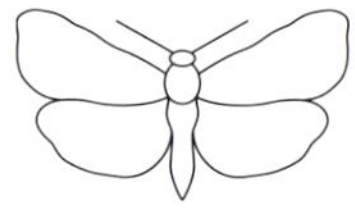

15–18 mm

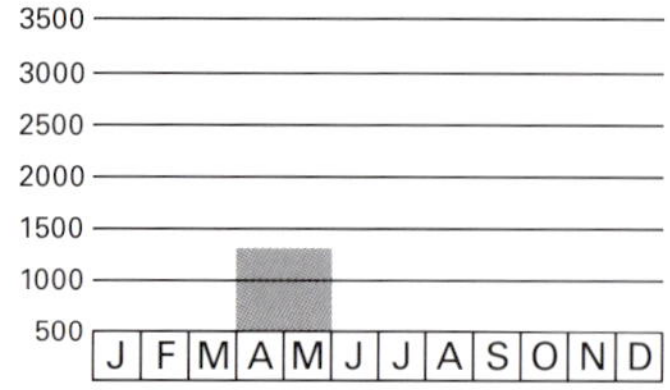

Verbreitung: Diese hauptsächlich südwesteuropäische Art (Portugal, Spanien, Südfrankreich) kommt in einigen isolierten Populationen auch im Wallis (Schweiz) sowie am italienischen Südostalpenrand vor (HUEMER et al., 2004).

Lebensraum: Im Wallis in heißtrockener Felsensteppe mit Sadebaum *(Juniperus sabina)* und Federgras (*Stipa pennata* aggr.), sehr lokal und selten, bis etwa 1300 m.

Biologie: Die Eiablage wurde im zeitigen Frühjahr an Thymian (*Thymus* sp.) beobachtet (SONDEREGGER, 2012) (1). Die Jungraupe fertigt in einer Blattachsel eine feine Seidenröhre an, aus deren hinterem Ende der Kot ausgestoßen wird (2,3). Später erweitert sie diese Röhre zu einem Gespinstgeflecht am Grunde ihrer Nährpflanze (4,5). Die Verpuppung erfolgt schon zu Sommerbeginn in einem dichten, ziemlich festen Kokon wenig unter der Erde (6). Die Puppe überwintert.

4
5
6
7
8
9
10

Familie Pyralidae (Zünsler)

Asarta aethiopella

(DUPONCHEL, [1837])

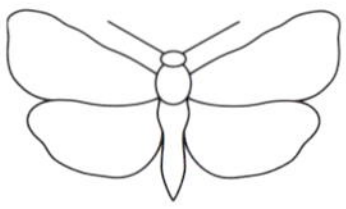

14–18 mm

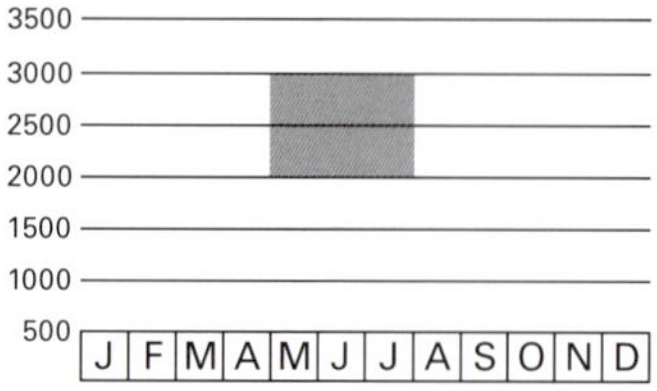

Verbreitung: In den gebirgigen Gegenden Europas verbreitet, aber nur lokal und nicht häufig. In Deutschland nur aus Bayern gemeldet.
Lebensraum: Karge, steinige alpine Weiden und vegetationsarme Schuttfluren, zwischen 2000 m und 3000 m.
Biologie: Die flachen Eier werden auf die Nährpflanze abgelegt (1–3). Als Raupennährpflanze wurde im Freiland Berg-Nelkenwurz *(Geum montanum)* beobachtet. In der Zucht fressen die Raupen Wegericharten (*Plantago* sp.), zuerst im Fensterfraß. Später leben sie unter den grundständigen Blättern in Gespinströhren, in die sie sich bei Störung schnell zurückziehen (4–7). Die erwachsene Raupe (6) fertigt im Herbst einen feinen Seidenkokon in der Bodenstreu an, worin sie sich noch vor Wintereinbruch verpuppt (8). Die Falter schlüpfen zeitig im Frühling, meist schon kurz nach der Schneeschmelze (9–12); sie fliegen tagsüber und werden gelegentlich beim Saugen an Blüten beobachtet. Der Fund von halberwachsenen Raupen im Frühling ist Hinweis auf eine mögliche zweijährige Entwicklung in hohen Lagen.

1

2

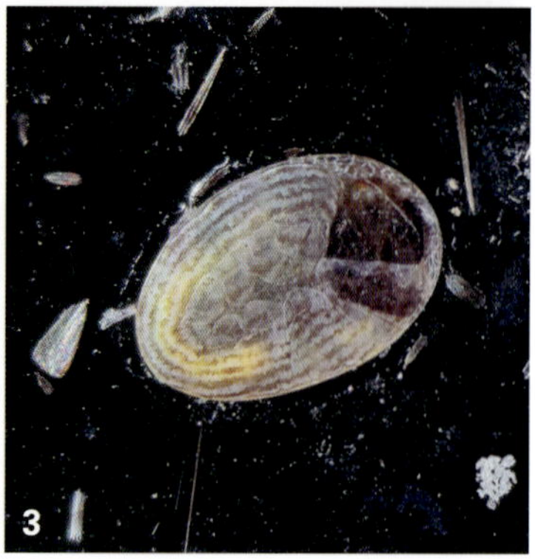
3

4

5

6

7

8

9

11

10

12

Familie Pyralidae (Zünsler)

Asarta alpicolella

(ZELLER, 1839)

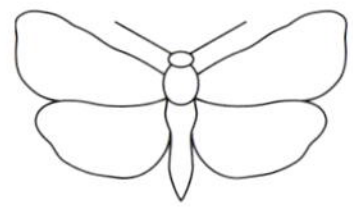

15–20 mm

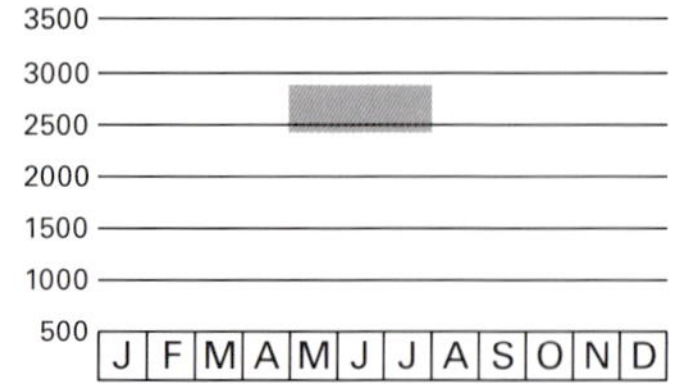

Verbreitung: Äußerst lokal und selten, nur an wenigen Stellen in den Hochalpen der Schweiz und Frankreichs.
Lebensraum: Kalkschuttfächer und vegetationsarme Schuttfluren im Hochgebirge (Drabion hoppeanae), auch auf vegetationsarmen Gletschervorfeldern meist zwischen 2400 m und 2800 m; ausnahmsweise auch schon unter 2000 m.
Biologie: Im Freiland wurden Raupen an Hoppes Felsenblümchen *(Draba hoppeana)* (Schweiz) sowie an Allionis-Glockenblume *(Campanula alpestris)* (Frankreich) gefunden. Die Eier (1, 2) werden einzeln oder in kleinen Gruppen an die Raupennährpflanze abgelegt. In der Zucht frisst die Raupe Wegerich-Arten (*Plantago* sp.) (5,6,8). Sie fertigt am Grund der Nährpflanze eine lange, beidseits offene Seidenröhre an, an deren hinterem Ende sie im Bodenschutt den Kot deponiert. Die Verpuppung erfolgt im Herbst am Boden in einem ziemlich dichten Seidenkokon, der außen mit Umgebungsmaterial belegt ist (7). Die Falter (3,4,9–11) fliegen tagsüber im Frühling nach der Schneeschmelze. Die Weibchen (11) sind flugträge.

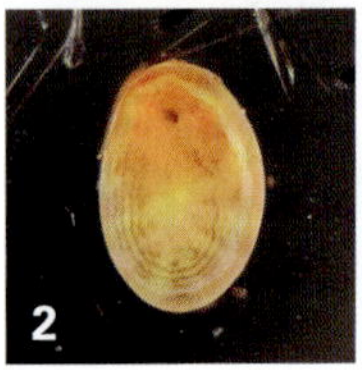

5

6

7

8

9

10

11

Familie Pyralidae (Zünsler)

Laodamia faecella

(ZELLER, 1839)

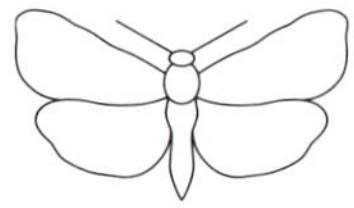

22–28 mm

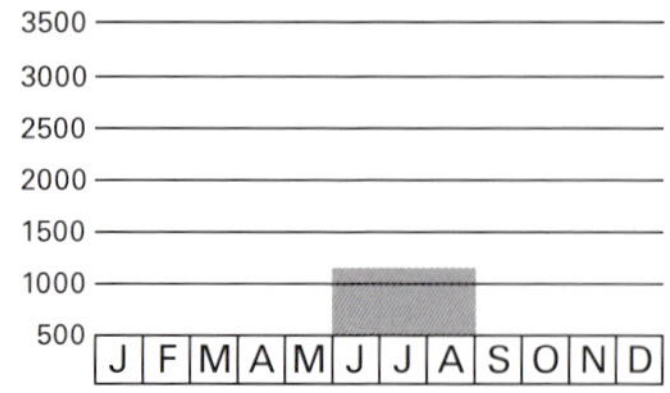

Verbreitung: In Mittel- und Nordeuropa weit verbreitete Art, aber doch eher lokal und nicht häufig.
Lebensraum: Waldränder, Ruderalstellen, Flussuferzonen, sandige Biotope. In den Bergen bis mindestens 1300 m festgestellt.
Biologie: Die Raupe wurde an Deutscher Tamariske *(Myricaria germanica)* gefunden, wo sie in den Blütenständen eingesponnen lebt und sich von den Samen und Samenhüllen ernährt, ähnlich wie die Raupe von *Merulempista cingillella* (1,3,4). Dort überwintert sie halberwachsen und verpuppt sich im Frühling in der Bodenstreu in einem recht dichten, zähen Kokon (5,6). Sicher werden aber auch andere Pflanzen von dieser Art belegt, denn sie ist viel weiter verbreitet als die Tamariske!

3
4
5
6
7
8

Familie Pyralidae (Zünsler)

Pempelia palumbella

([DENIS & SCHIFFERMÜLLER], 1775)

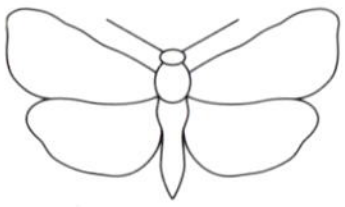

25–32 mm

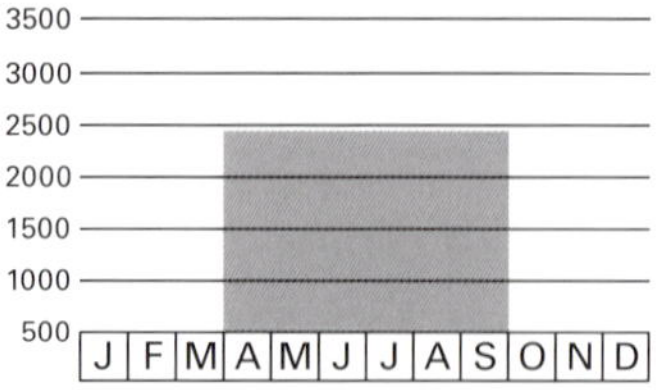

Verbreitung: In beinahe ganz Europa verbreitet und nicht selten.
Lebensraum: Warme, trockene, steinige Wiesen, Heideflächen, Böschungen. In den Bergen ausnahmsweise bis gegen 2400 m bodenständig.
Biologie: Die Raupe (3,5) lebt in Pflanzenpolstern am Rande von flachen Steinen in Seidenröhren, die tief in die Bodenschicht hineinreichen. Sie ist polyphag mit Vorliebe für Alpen-Sonnenröschen *(Helianthemum alpestre)* und Thymian (*Thymus* sp.), laut SCHÜTZE (1931) auch an Heidekraut *(Calluna)*. Nach der Überwinterung fertigt die erwachsene Raupe unter Steinen oder im Pflanzenpolster einen recht dichten und sehr zähen Seidenkokon an, der außen mit dürren Pflanzenteilen belegt wird und am vorderen Ende eine Reusenstruktur aufweist (4,7). Die Funddaten lassen eine zweite Generation im Herbst vermuten, mindestens in tiefen Lagen.

1

2

4

5

6

7

8

9

Familie Pyralidae (Zünsler)

Phycita roborella

([DENIS & SCHIFFERMÜLLER], 1775)

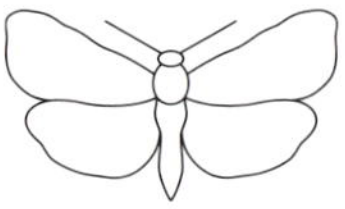

23–27 mm

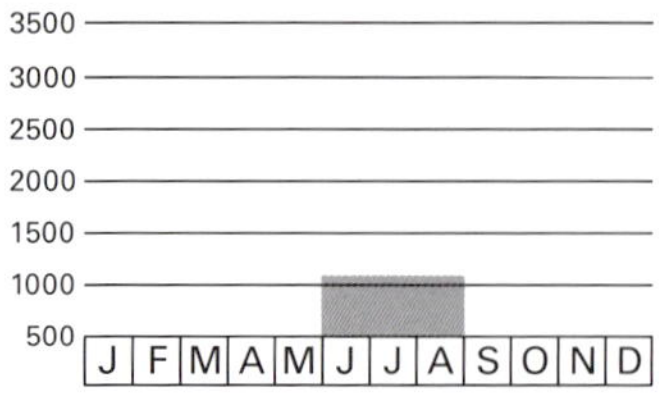

Verbreitung: In ganz Europa verbreitet und in den Eichenwäldern nicht selten.

Lebensraum: Warmtrockene Waldränder mit Eichenbüschen; in den Bergen daher sicher nicht über 1100 m ansteigend.

Biologie: Die Jungraupe überwintert an den Ästen ihrer Nährpflanze, der Eiche (*Quercus* sp.), gerne hält sie sich dabei in alten Astgallen auf (1–3). Nach dem Laubaustrieb im Frühling verspinnt sie die Blätter eines Triebes und lebt darin (4,5). Die Verpuppung erfolgt in einem dünnen Gespinst am Boden (6).

1

2

3

Familie Pyralidae (Zünsler)

Merulempista cingillella

(ZELLER, 1846)

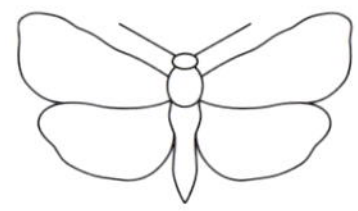

16–21 mm

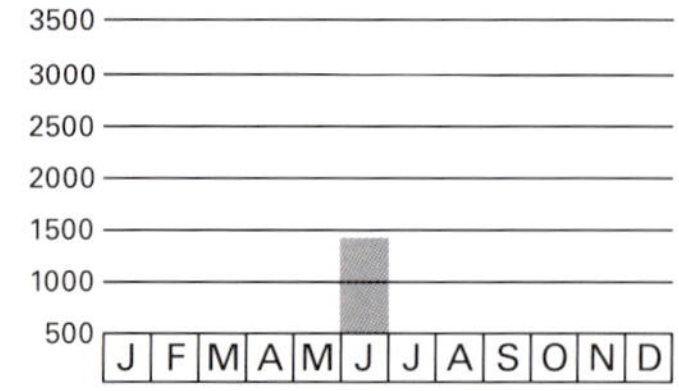

Verbreitung: In Europa hauptsächlich in den Mittelmeerländern vorkommend; in den Alpen extrem lokal und vom Aussterben bedroht. In Deutschland verschwunden, in Österreich nur noch an einem Fundort nachgewiesen, in der Schweiz auf wenige Populationen beschränkt.

Lebensraum: Gemäß den Ansprüchen der Raupennährpflanze, der Deutschen Tamariske *(Myricaria germanica)*: unverbaute Flussläufe mit Kiesbänken und periodischer Überflutung; Gebirgsweidenauen (Salicion elaeagni).

Biologie: Die Eier werden an die Blüten abgelegt (1), die Raupe lebt zuerst in den Blüten, wo sie in den Fruchtknoten eindringt (3). Später verspinnt sie die Samenstände zu einer Röhre, von wo aus sie die Samen verzehrt (4,5). Erwachsen fertigt sie wenn möglich im Inneren eines dürren Ästchens einen dichten, zähen Kokon an, in dem sie überwintert und sich im Frühling verpuppt (6–8). Die Falter saugen gerne an den Tamariskenblüten (9).

1

2

3

4

5

6

7

8

9

Familie Pyralidae (Zünsler)

Dioryctria abietella

([DENIS & SCHIFFERMÜLLER], 1775)

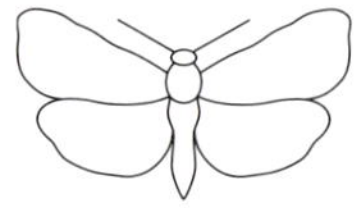

23–33 mm

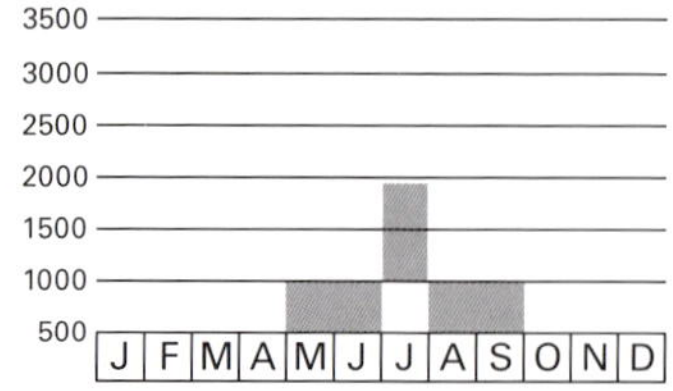

Verbreitung: In ganz Europa weit verbreitet und häufig.

Lebensraum: Fichtenwälder und andere Nadelwäldern, Mischwälder mit Fichten. In den Alpen bis in den subalpinen Fichtengürtel verbreitet.

Biologie: Die Raupe lebt in den Zapfen von Fichte *(Picea abies)*, aber auch in den Zapfen anderer Nadelhölzer. Sie bohrt sich dort lange Gänge und stößt den Kot aus dem Zapfen heraus (1–4). Die Verpuppung erfolgt nach der Überwinterung entweder unter der Oberfläche einer Zapfenschuppe oder aber in der Bodenstreu (5,8). Verharzte Fichtenzapfen, manchmal mit Kotkrümeln, werden offenbar von den Eichhörnchen heruntergeworfen und man findet sie oft unter großen Fichten. In Tallagen werden zwei Generationen ausgebildet.

1

2

3

4

5

6

7

8

9

Familie Pyralidae (Zünsler)

Khorassania compositella

(TREITSCHKE, 1835)

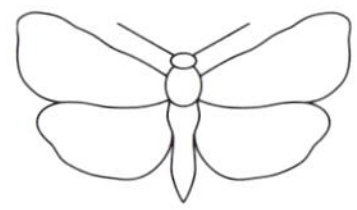

17–22 mm

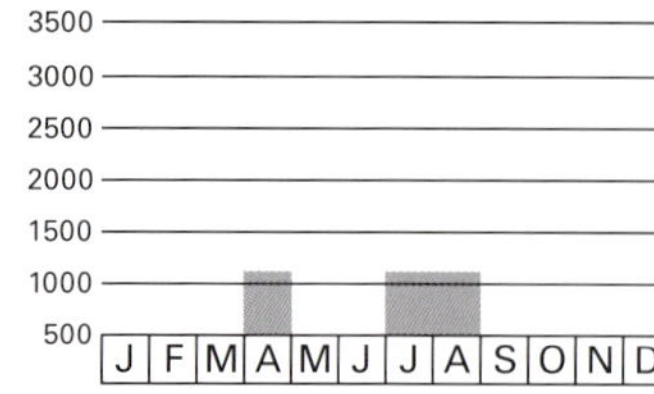

Verbreitung: In Mittel- und Südeuropa verbreitet, aber ziemlich lokal. In den Alpen nur in den wärmsten inneralpinen Trockengebieten.

Lebensraum: Sehr warme und trockene Weiden, Steppenbiotope und Straßenböschungen. In den Bergen bis 1200 m.

Biologie: Die Eiablage erfolgt im zeitigen Frühjahr in kleinen Gruppen (1). Raupennährpflanze ist das Sonnenröschen *(Helianthemum nummularium)*. Die gesellig lebenden Jungraupen spinnen feine Gespinströhren unter den Basisblättern ihrer Nährpflanze (2). Später fertigt die Raupe eine lange Gespinströhre an, die außen mit Umgebungsmaterial belegt ist (3–5). Die Verpuppung erfolgt an der Erde in einem recht dichten Gespinst (6). Die Art bildet zwei Generationen aus.

1

2

3

4

5

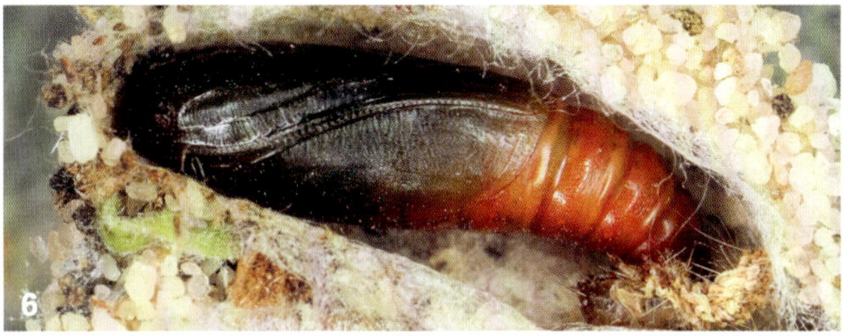
6

7

8

Familie Pyralidae (Zünsler)

Cremnophila sedakovella

(EVERSMANN, 1851)

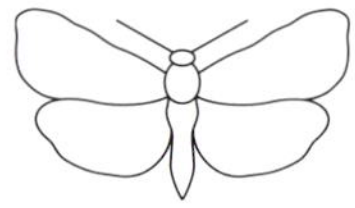

23–32 mm

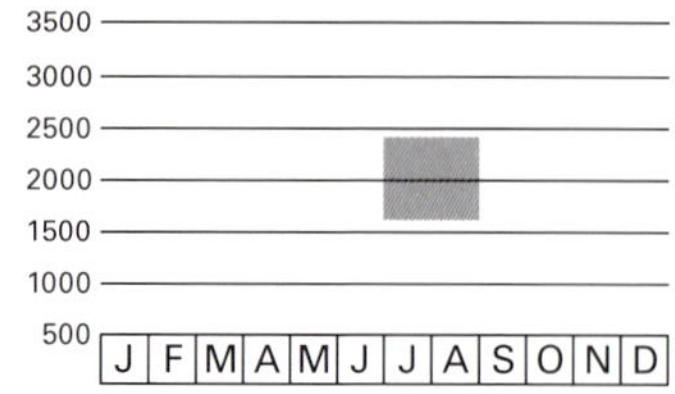

Verbreitung: Nur in den Hochalpen von Österreich, Italien und der Schweiz sowie in Spanien.
Lebensraum: Sehr lokal auf trockenen und warmen alpinen Rasen und Schuttfluren, bevorzugt auf Kalk, von etwa 1800 m bis 2400 m.
Biologie: Die Raupe ist in einer ziemlich dichten Gespinströhre in zusammengesponnenen Blättern und Blüten von Südlichem Tragant *(Astragalus australis)* (Graubünden) (1–5) sowie von Tiroler Tragant *(Astragalus leontinus)* (Wallis) gefunden worden, lebt vermutlich aber auch an anderen *Astragalus*-Arten. Sie überwintert halb erwachsen und verpuppt sich im Frühsommer in einem kompakten Gespinst in der Bodenstreu (6,7). Die frisch geschlüpften Weibchen locken die Männchen an (9).

1

2

3

4

5

6

7

8

9

10

Familie Pyralidae (Zünsler)

Moitrelia obductella

(ZELLER, 1839)

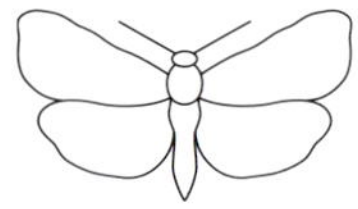

22–24 mm

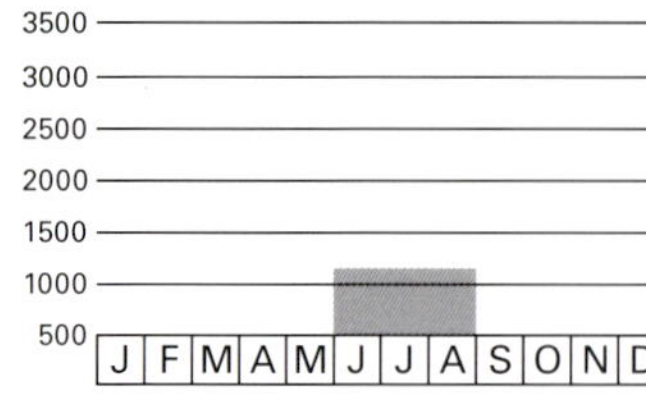

Verbreitung: In fast ganz Europa, außer Skandinavien, verbreitet.
Lebensraum: Warme, magere Wiesen und Straßenböschungen; Schuttplätze und Ruderalstellen. In den Bergen bis mindestens 1200 m.
Biologie: Die Jungraupe lebt im Frühling in den Knospen von Dost *(Origanum vulgare)* (1,2). Sie verspinnt einige Blätter zu einer Wohnung, aus der heraus sie die umliegenden Blätter befrisst (3,4). Der bewohnte Trieb welkt gelegentlich oder stirbt sogar ab, wodurch die Anwesenheit der Art deutlich wird. Erwachsen begibt sich die Raupe auf den Boden und verpuppt sich in der Bodenstreu (5).

3

4

5

6

7

Familie Pyralidae (Zünsler)

Pempeliella ornatella

([DENIS & SCHIFFERMÜLLER], 1775)

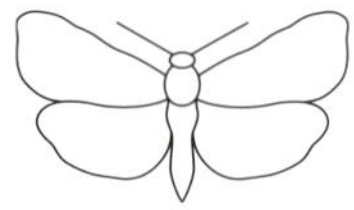

20–27 mm

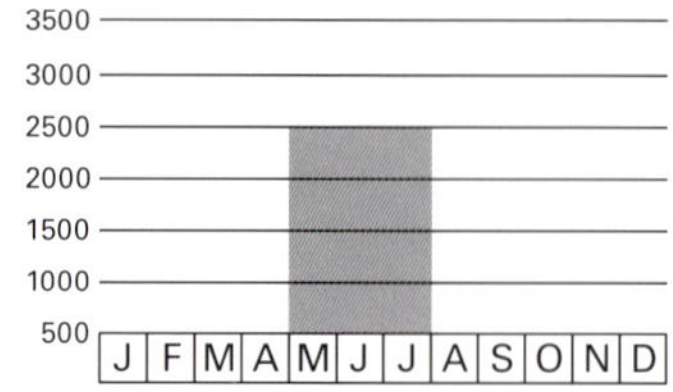

Verbreitung: In ganz Europa weit verbreitet und nicht selten.
Lebensraum: Warme, sonnige, oft steinige Stellen mit Vorkommen der Raupennährpflanze; Wegränder, Felsensteppen und Ruderalflächen. In den Bergen auch am Rand von Geröllfeldern oder in Felsbändern mit spärlicher Vegetation. Bis etwa 2500 m ansteigend; am häufigsten aber in der unteren alpinen Stufe.

Biologie: Raupennährpflanze ist Thymian *(Thymus serpyllum)*. Die Raupe lebt im Thymianpolster oder unmittelbar daneben in einer zähen Gespinströhre, die außen mit Kot völlig bedeckt ist und die tief in die obere Bodenschicht führen kann (1–3). In diese zieht sie sich bei Störung schnell zurück. Auch die Verpuppung erfolgt in dieser Röhre (4); die Falter fliegen mitunter am Tage und besuchen Blüten (5–7).

3

4

5

6

7

Familie Pyralidae (Zünsler)

Acrobasis consociella

(HÜBNER, [1813])

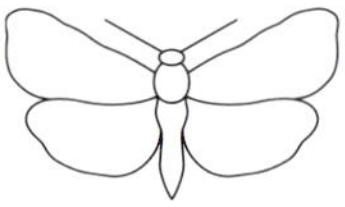

17–20 mm

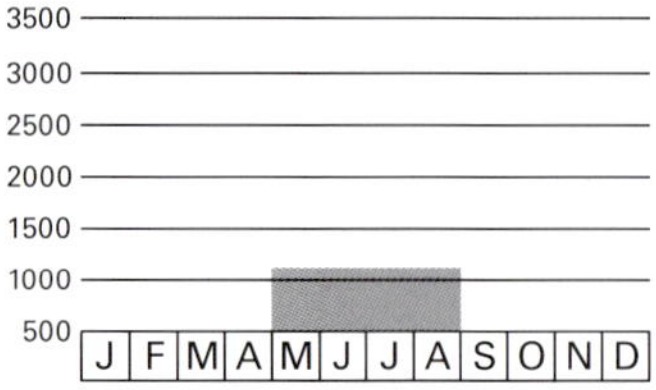

Verbreitung: In ganz Europa verbreitet und lokal häufig.
Lebensraum: Saumstrukturen in Eichenwäldern; in den Bergen daher nur bis gegen 1200 m.
Biologie: Die Raupen leben im Frühling in einem gemeinschaftlichen Gespinst bevorzugt an jungen Krüppeleichen (*Quercus* sp.) (1). Dort fertigt jede Raupe eine enge Gespinströhre an, die am Anfang mit Kot belegt wird. Von da aus werden die Eichenblätter gefressen, zuerst im Fensterfraß (2–4). Die Verpuppung erfolgt in der Bodenstreu in einer recht dichten Gespinstkapsel, die außen mit Kotballen belegt ist (6).

3

4

5

6

7

8

Familie Pyralidae (Zünsler)

Assara terebrella

(ZINCKEN, 1818)

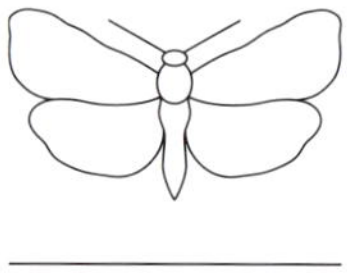

17–23 mm

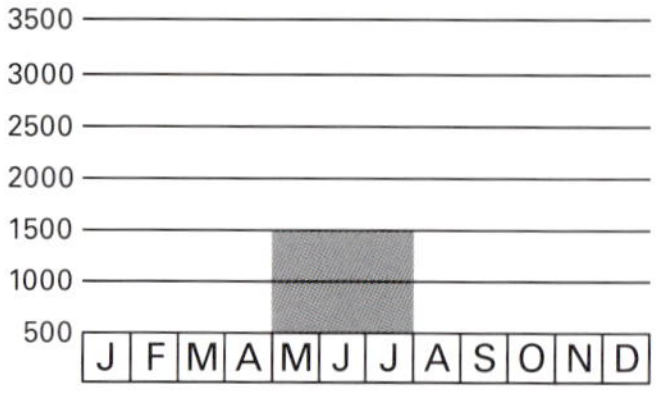

Verbreitung: In ganz Europa verbreitet, aber immer eher einzeln und nicht häufig.
Lebensraum: Misch- und Fichtenwälder, im Gebirge bis mindestens 1500 m.
Biologie: Die Raupe lebt in Tannenzapfen von Fichte *(Picea abies)* (1) und Weißtanne *(Abies alba)* (2), wo sie sich von den Samen ernährt (3–5). Die befallenen Zapfen erkennt man an Harzfluss und Kotauswurf. Die Jungraupe überwintert. Die Verpuppung erfolgt im Tannenzapfen in einer ausgenagten und wenig ausgesponnenen Höhle (6).

1

2

3

4

5

6

7

8

Familie Pyralidae (Zünsler)

Phycitodes saxicola

(VAUGHAN, 1870)

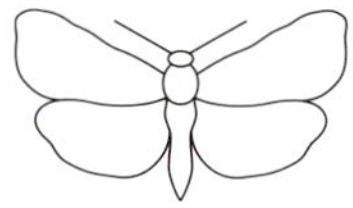

17–21 mm

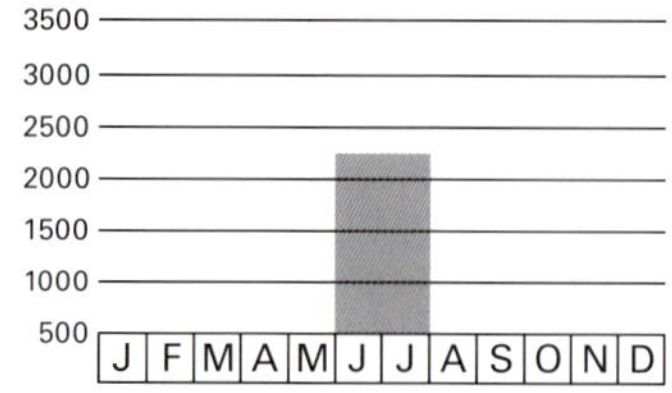

Verbreitung: In weiten Teilen von Nord- und Westeuropa verbreitet, aber doch lokal und nicht häufig.
Lebensraum: Magere, trockene Saumstrukturen, Straßenböschungen. In den Bergen bis 2300 m beobachtet.
Biologie: Die Eier werden in die Blüten von Margerite *(Leucanthemum vulgare)* abgelegt. Die Jungraupe lebt zuerst von den sich entwickelnden Samen (4,5), frisst dann später auch den Blütenboden und begibt sich in den oberen Stängelteil (6,7). Im Herbst erwachsen, verlässt sie die Blüte und spinnt in der Bodenstreu einen Überwinterungskokon. Diesen verlässt sie im Frühling, um ohne weitere Nahrungsaufnahme einen feinen Verpuppungskokon anzufertigen (8). Gelegentlich kann es im Spätsommer zu einer partiellen zweiten Generation kommen.

4

5

6

7

9

8

10

Familie Crambidae (Zünsler)

Eudonia vallesialis

(DUPONCHEL, 1833)

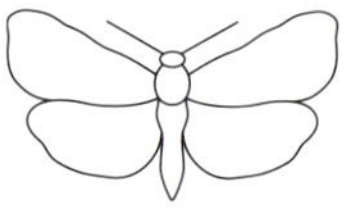

18–27 mm

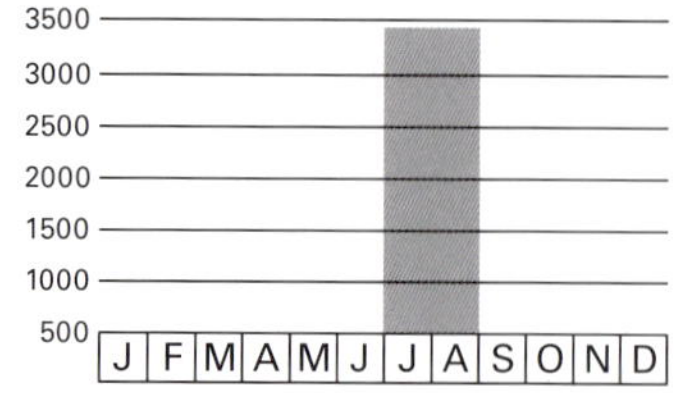

Verbreitung: Europäische Gebirgsart, fehlt in Skandinavien und auf den Britischen Inseln.
Lebensraum: Felsige, vegetationsarme Stellen im Hochgebirge; Felsbänder, Geröllhalden, steinige, exponierte Berggrate, die im Frühjahr schnell ausapern. Höhenverbreitung: 2000 m bis 3400 m.
Biologie: Die Raupen sind polyphag (2). Sie ernähren sich von alpinen Polsterpflanzen, aber auch von Flechten und Algen an Felsen, denn die Raupen werden auch an Stellen gefunden, wo keine höheren Pflanzen wachsen. Die erwachsene Raupe fertigt im Herbst unter Steinen ein Verpuppungsgespinst an, das außen mit Steinchen, Pflanzenteilen und auch mit alten Puppenhüllen belegt ist (1,3,4). Die Verpuppung erfolgt erst nach der Überwinterung im Frühjahr (6). Die Falter können am Tag aus Felsritzen und schattigen Felspartien aufgescheucht werden. Sie saugen gelegentlich tagsüber an den Blüten von Polsternelken (*Silene acaulis* und *exscapa*).

1

2

3

4

5

6

7

8

9

Familie Crambidae (Zünsler)

Catoptria luctiferella

(HÜBNER, [1813])

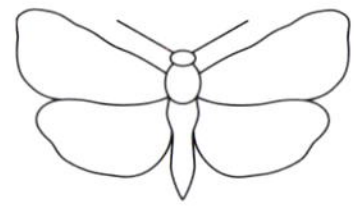

21–28 mm

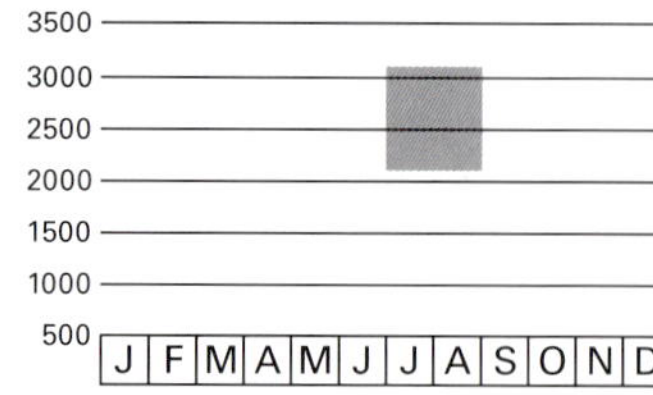

Verbreitung: Gebirgsart der Alpenländer, auch in Rumänien und Bulgarien.

Lebensraum: Lokal, aber verbreitet, auf mageren, kurzgrasigen alpinen Wiesen, Geröllfluren und Graten, sowohl auf Kalk als auch auf Silikat, von 2200 m bis 3100 m.

Biologie: Die Eier werden einzeln abgelegt (2). Die Raupen leben polyphag an Moosen und Gräsern; sie spinnen Gespinstgänge in den Moospolstern und überwintern darin zweimal in einem ziemlich dichten Kokon (3–5). Die Verpuppung erfolgt nach einer zweijährigen Entwicklung in einem leichten Gespinst zu Sommerbeginn (7,8). Die Falter (6,9,10) variieren stark im Weißanteil der Flügelfärbung, was zur Aufstellung von mehrerern Unterarten und Formen geführt hat.

1

2

3

4

5

6

7

8

9

10

Familie Crambidae (Zünsler)

Catoptria radiella

(HÜBNER, [1813])

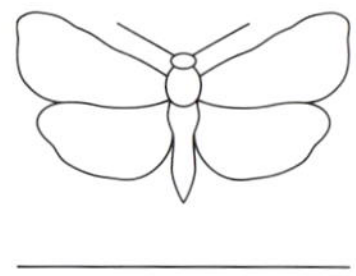

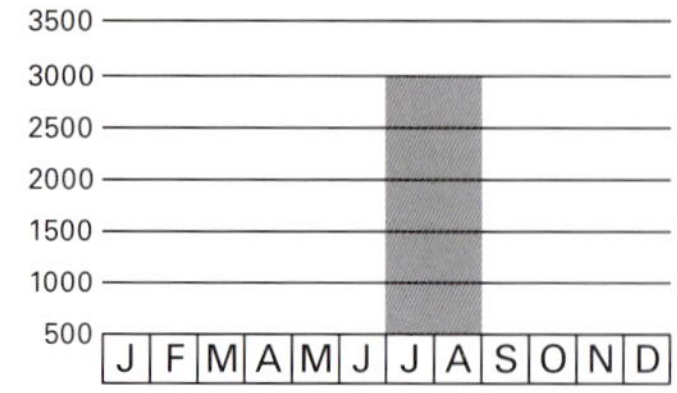

Verbreitung: Die Hauptverbreitung liegt in den Alpen, vereinzelt ist sie auch in den Karpaten gefunden worden (Hohe Tatra, Rumänien und Bulgarien).
Lebensraum: Die Art ist wenig anspruchsvoll, bevorzugt eher mesophile bis trockene montane und alpine Wiesen und Weiden. Sie steigt bis gegen 3000 m.
Biologie: Die Eier werden frei ins Gras fallen gelassen (1). Die Raupe lebt in der Grasnarbe bevorzugt an Moosen und Gräsern, wo sie eine längere Seidenröhre verfertigt, an deren hinterem Ende sie den Kot deponiert (2–4). Die vordere Öffnung liegt nahe bei der Nährpflanze. Die Entwicklung in den höheren Lagen ist mindestens zweijährig. Die Verpuppung erfolgt in der Seidenröhre oder in einem feinen Seidengespinst am Boden (5). Die Falter fliegen oft am Tage (6–8).

1

2

3

4

5

7

6

8

Familie Crambidae (Zünsler)

Catoptria furcatellus

(ZETTERSTEDT, 1839)

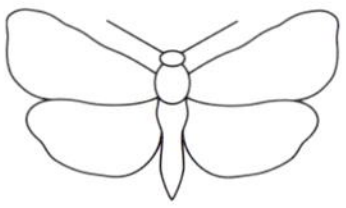

19–24 mm

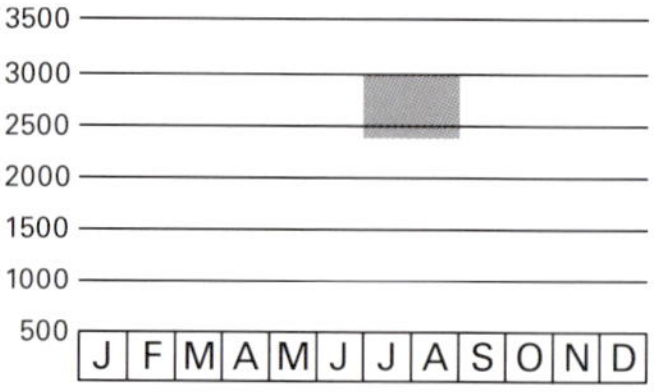

Verbreitung: Boreo-alpine Art; in den Hochalpen der Schweiz, Österreichs, Italiens und Frankreichs.
Lebensraum: Alpine, trockene, grasige Weiden, sowohl auf Kalk als auch auf Silikat; bis gegen 3000 m ansteigend.
Biologie: Die Eier werden einzeln abgelegt (1). Die Raupen leben in der Grasnarbe, wo sie lange Seidenröhren spinnen, in denen sie sich hin- und herbewegen (2–5). Sie ernähren sich von Moosen und Gräsern, laut Literatur von Schaf-Schwingel *(Festuca ovina)* und Arten der Gattung *Lycopodium* (SLAMKA, 2008) Zur Überwinterung spinnen sie einen feinen Kokon. Die Entwicklung ist in den Hochlagen sicher zweijährig. Die Verpuppung erfolgt im Frühsommer des zweiten Jahres in einem feinen Gespinst.

3

4

5

6

7

8

Familie Crambidae (Zünsler)

Catoptria petrificella

(HÜBNER, 1796)

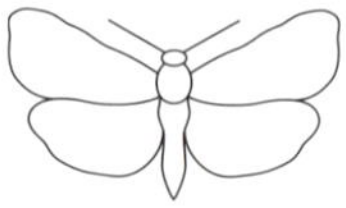

23–28 mm

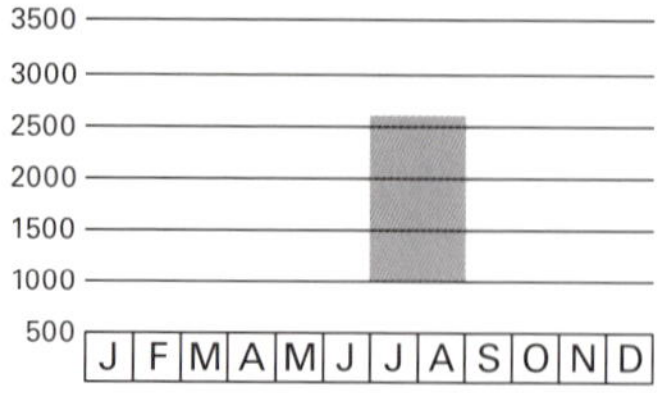

Verbreitung: Nur in den gebirgigen Gegenden Europas verbreitet; in Deutschland nur in Bayern.
Lebensraum: Montane und subalpine lichte Wälder, dann vor allem in der Zwergstrauchheide und auf alpinen Wiesen und Weiden, bis mindestens 2700 m festgestellt, recht häufig.

Biologie: Die runden Eier werden nicht angeheftet, sondern fallen gelassen (1). Die Raupe lebt in der Grasnarbe in einer Seidenröhre, aus der heraus sie Moose und Gräser befrisst (2–4). Sie verpuppt sich nach der Überwinterung in dieser Röhre oder in der Umgebung in einer feinen Seidenwiege (5). Die Falter sind sehr variabel gezeichnet und auch tagaktiv. Sie besuchen Blüten (6–8).

1

2

3

4

5

6

7

8

Familie Crambidae (Zünsler)

Thisanotia chrysonuchella

SCOPOLI, 1763

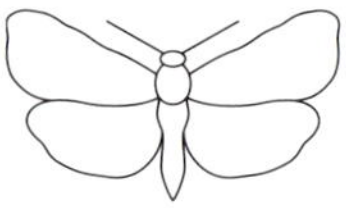

23–28 mm

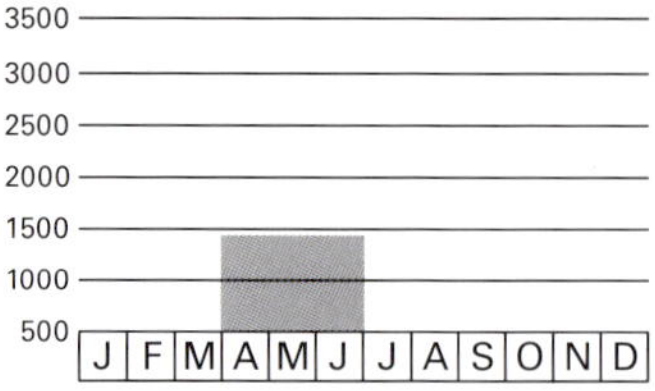

Verbreitung: In fast ganz Europa weit verbreitet, aber lokal.

Lebensraum: Warme Steppenbiotope, sonnige Magerwiesen, bevorzugt auf Kalk. In den Bergen steigt die Art bis mindestens 1400 m.

Biologie: Die Eier werden einzeln fallengelassen (1). Die Raupen leben an Moosen und Gräsern, die sie aus einer recht dichten Seidenröhre heraus befressen (2–4,6,7). Die Verpuppung findet erst nach der Überwinterung der erwachsenen Raupe statt, die Falter fliegen im Frühling (5,8).

1

2

3

4

5

6

7

8

Familie Crambidae (Zünsler)

Cataclysta lemnata

(LINNAEUS, 1758)

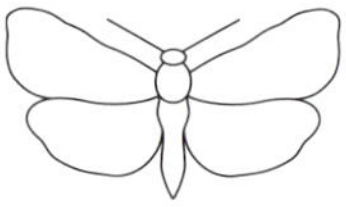

23–28 mm

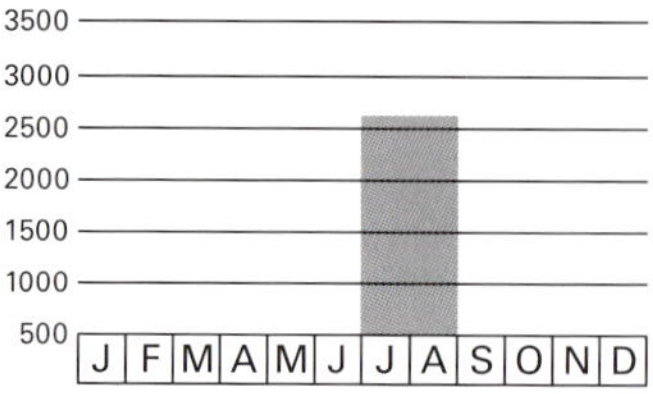

Verbreitung: In beinahe ganz Europa verbreitet
Lebensraum: In den tiefen Lagen der Alpentäler lokal in stehenden Gewässern, Tümpeln und Teichen (Lemnion).
Biologie: Die winzige Jungraupe befrisst die Blattoberfläche der Kleinen Wasserlinse *(Lemna minor)* (1, 2), ernährt sich aber auch von anderen Wasserpflanzen. Später spinnt sie die Wasserlinsenblätter zu einer röhrenförmigen Behausung zusammen, in der sich stets Luft befindet. Damit bewegt sie sich wenig unter der Wasseroberfläche, wobei ihr Körper hinter dem Kopf immer von einem Luftschlauch umgeben ist (4,7). Zur Überwinterung begibt sich die fast erwachsene Raupe in ein hohles Schilfrohrstück, dessen Öffnung sie mit einem Deckel verspinnt (5). Im Frühling fertigt sie darin einen dichten Seidenkokon am, in dem sie sich verpuppt (6).

3

4

5

6

7

8

9

10

Familie Crambidae (Zünsler)

Metaxmeste phrygialis

(HÜBNER, 1796)

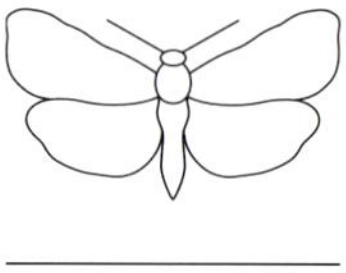
17–22 mm

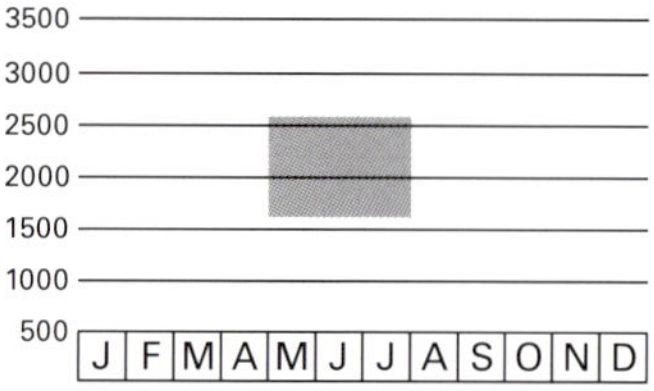

Verbreitung: Boreo-alpine Art, in den Alpen von 1800 m bis 2600 m sehr weit verbreitet und stellenweise überaus zahlreich; wohl die häufigste alpine Kleinschmetterlingsart.
Lebensraum: Alpine Wiesen mit Steinen durchsetzt, Schutthalden mit spärlichem Pflanzenwuchs, wenig anspruchsvoll.
Biologie: Als Raupennährpflanze dienen verschiedene niedrige Pflanzen, die Art ist sehr polyphag. Die Raupen leben in Gespinströhren in Gras- und Moospolstern (2); sie fertigen an der Unterseite von flachen Steinen einen soliden Seidenkokon an, der gegen außen mit dürren Blättern und Grashalmen belegt ist. Günstig gelegene Steine werden im Herbst oft von mehreren Raupen aufgesucht; dort finden sich manchmal auch zahlreiche leere Puppen aus früheren Jahren (3). Die Raupen überwintern im Kokon (5,6) und verpuppen sich nach der Schneeschmelze (7). Die Falter sind ziemlich variabel gezeichnet (1,4,8–10).

1

2

3

4

5

8

6

7

9

10

Familie Crambidae (Zünsler)

Metaxmeste schrankiana

(HOCHENWARTH, 1785)

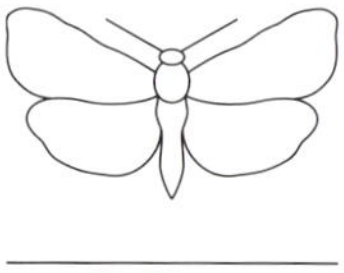

18–21 mm

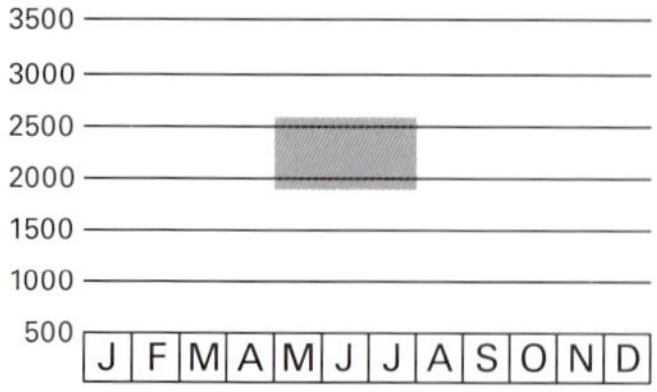

Verbreitung: Boreo-alpine Art, die in den Alpen und Karpaten weit verbreitet ist.
Lebensraum: Bevorzugt in der subalpinen Stufe im Bereich der Waldgrenze; auch im Alpenrosengürtel und in alpinen Rasenbiotopen und Schuttfluren von etwa 1800 m bis mindestens 2700 m bodenständig.
Biologie: Die Eier werden in kleinen Gruppen abgelegt (1). Raupennährpflanzen sind Moorbeere *(Vaccinium uliginosum)*, Heidelbeere *(Vaccinium myrtillus)*; in der alpinen Stufe sind die dominanten Nährpflanze aber Berg-Nelkenwurz *(Geum montanum)* und Silberwurz *(Dryas octopetala)*. Die gestreifte Jungraupe fertigt am Boden zwischen den grundständigen, dürren Blättern eine feine Seidenröhre an, die sie erweitert und von wo aus sie die Nährpflanzen befrisst (2–5). Die Verpuppung erfolgt in einem mit dürrem Material belegten Überwinterungskokon im Frühling am Boden (7,8). Die tagaktiven Falter (6,9,10) saugen gerne an feuchten Erdstellen, oft gemeinsam mit *M. phrygialis*.

1

2

3

4

5

6

7

8

9

10

Familie Crambidae (Zünsler)

Orenaia alpestralis

(FABRICIUS, 1787)

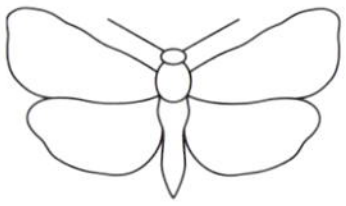

15–20 mm

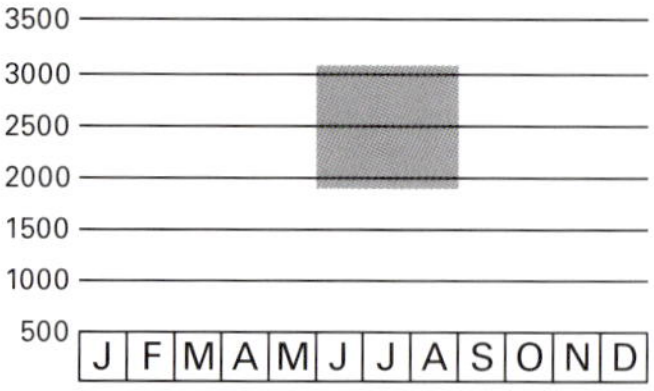

Verbreitung: Europäische Gebirgsart, in Deutschland nur in Bayern.
Lebensraum: Alpwiesen und Weiden mit Steinblöcken, Geröllhalden und Schuttfluren, von 1900 m bis 3100 m.
Biologie: Als Raupennährpflanze nachgewiesen ist die Alpen-Gänsekresse *(Arabis alpina)* (1), laut Literatur soll die Raupe auch an Sophienkraut *(Descurainia sophia)* leben (SLAMKA, 1997). Die Jungraupe lebt in einem feinen Gespinst in den Blattachseln von Gänsekresse, wo sie auch überwintert (3). Im Frühling befrisst sie die Triebe im Schutze eines Gespinstes. Die erwachsene Raupe versteckt sich am Grunde der Pflanze unter Blättern und frisst nachts (5). Dort findet auch die Verpuppung statt (6). Die Falter (2, 4, 7, 8) fliegen am Tag; sie besuchen gerne Blüten (4).

3

4

5

7

6

8

Familie Crambidae (Zünsler)

Orenaia andereggialis

(HERRICH-SCHÄFFER, [1855])

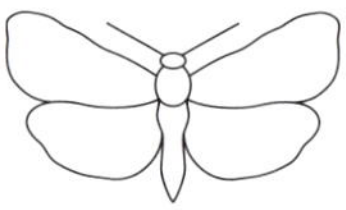

15–18 mm

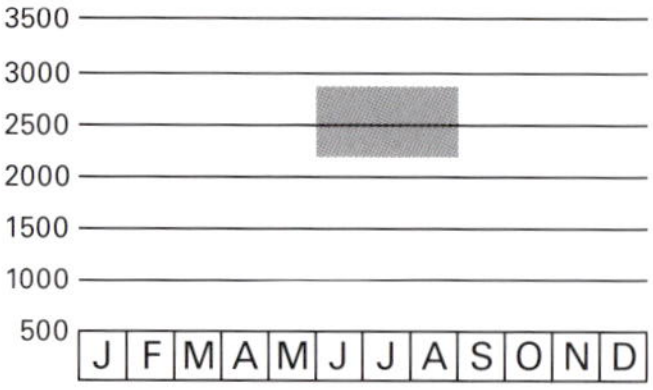

Verbreitung: Nur in den Alpenländern außer Deutschland, sehr lokal und selten.
Lebensraum: Steinige, trockene alpine Rasen und Geröllfelder, von 2300 m bis 2800 m.
Biologie: Die flachen Eier werden in Häufchen abgelegt. In der Zucht nehmen die Raupen alpine Kreuzblütler (Brassicaceae) an. Sie fressen nur nachts und verstecken sich tagsüber unter den grundständigen Blättern der Nährpflanze (3–5,7). Im Herbst stellen sie unabhängig von der Witterung vor der letzten Häutung das Fressen ein und überwintern in diesem Entwicklungsstadium (kryoobligat). Die Verpuppung findet in einem lockeren Gespinst wenig unter der Bodenbedeckung statt (8). Die am Tage sehr flink fliegenden Falter setzen sich gerne auf Steinblöcke (6,9); sie wurden saugend an Grauem Greiskraut *(Senecio incanus)* (1) beobachtet. Von der sehr ähnlichen Art *Orenaia alpestralis*, mit der sie zusammen vorkommen kann, ist sie anhand der Zeichnung der Hinterflügelunterseite zu unterscheiden (2).

1

2

3

4

5

6

7

8

9

Familie Crambidae (Zünsler)

Orenaia helveticalis

(HERRICH-SCHÄFFER, [1855])

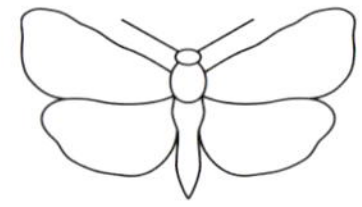

18–21 mm

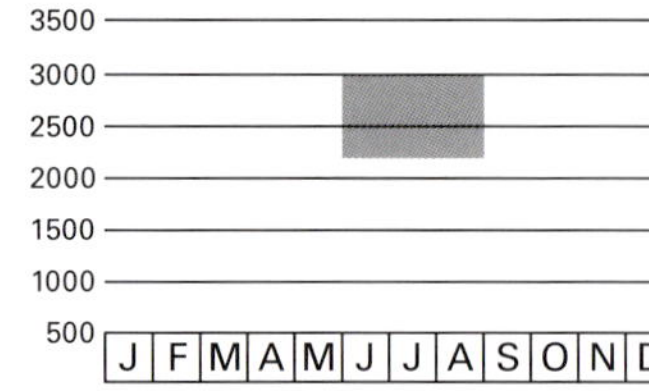

Verbreitung: In den Alpenländern und Slowenien, auch in den Pyrenäen, ziemlich lokal und selten.
Lebensraum: Vegetationsarme Kalkschuttfächer, manchmal aber auch auf Silikatgestein, von etwa 2300 m bis 3000 m nachgewiesen.
Biologie: Die sehr flachen Eier (3,4) werden in kleinen Häufchen abgelegt. In der Zucht fressen die Raupen Vertreter der Familie Brassicaceae, so beispielsweise Alpen-Gänsekresse *(Arabis alpina)* (1). Die Raupen verstecken sich tagsüber in feinen Seidengespinsten unter den grundständigen Blättern und fressen vornehmlich nachts (5–8). Sie entwickeln sich im Herbst bis ins Erwachsenenstadium, falls die Witterung das erlaubt, und verpuppen sich im Frühling nach der Schneeschmelze in einem Gespinst unter dürren Pflanzenteilen (9). Die Falter (10–12) unterscheiden sich von ähnlichen Hochgebirgszünslern leicht durch ihre Flügelunterseiten (2).

1

2

3

4

5

6

7

8

9

10

11

12

Familie Crambidae (Zünsler)

Orenaia lugubralis

(LEDERER, 1857)

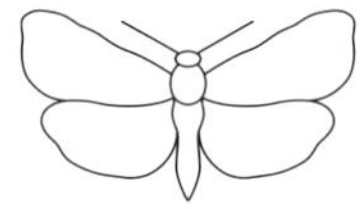

20–25 mm

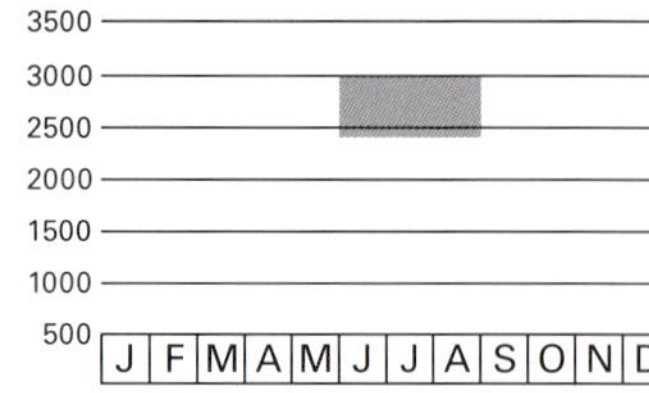

Verbreitung: Alpine Art, vor allem in den Hochalpen und in Slowenien. In Deutschland nur aus Bayern gemeldet.
Lebensraum: Steinige Berggrate und Schuttflächen im Hochgebirge, von 2400 m bis 3000 m, bevorzugt auf Kalk.
Biologie: Die Raupe frisst polyphag an verschiedenen niedrigen Pflanzen, so an Alpen-Gänsekresse *(Arabis alpina)* (1) und an Polsternelke *(Silene acaulis)*. Sie lebt gerne unter Steinen. Die Verpuppung erfolgt im Frühling nach der zweiten Überwinterung an der Unterseite von flachen Steinen in einem lockeren Gespinst, in das kleine Blättchen und Steinchen eingewoben werden (4,5,7). Die Raupen werden auch noch in Lagen um 2800 m oft parasitiert (4)! Die Falter fliegen an den eng begrenzten Fundstellen manchmal in großer Zahl (6–9).

1

2

3

4

5

6

7

8

9

Familie Crambidae (Zünsler)

Catharia simplonialis

(HEYDENREICH, 1851)

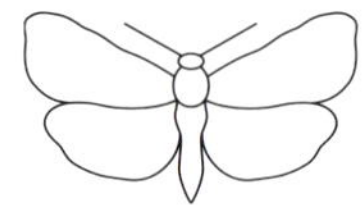

17–22 mm

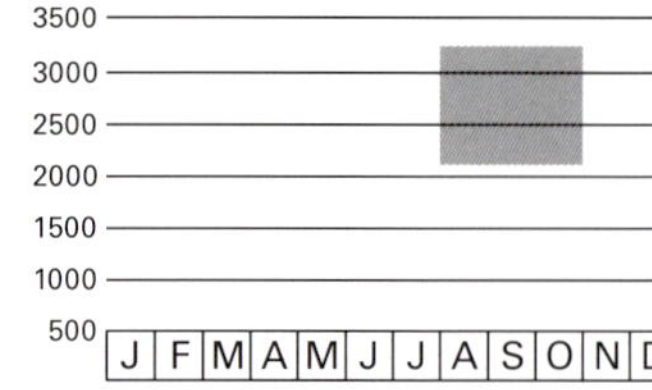

Verbreitung: Nur in den Hochalpen Österreichs, der Schweiz, Italiens und Frankreichs. Tiere aus den Pyrenäen sollen zu einer eigenen Art gehören *(C. pyrenaealis* DUPONCHEL*)*.

Lebensraum: Alpine Rasen und lückig bewachsene Geröllfluren sowohl auf Kalk als auch auf Silikat; auch auf vegetationsarmen Blockhalden von 2200 bis 3300 m bodenständig.

Biologie: Laut SLAMKA (2006) ist die Raupennährpflanze Alpen-Leimkraut *(Silene alpestris)*, das aber nur in den Ostalpen vorkommt. In den Schweizer Alpen wurde die Raupe (2–5) auf Gegenblättrigem Steinbrech *(Saxifraga oppositifolia)*, in Polstern von Langstieligem Hornkraut *(Cerastium pedunculatum)*, auf Blattlosem Steinbrech *(Saxifraga aphylla)* und auf Kalk-Polsternelke *(Silene acaulis)* fressend gefunden. Sie verpuppt sich in einem feinen Gespinst im Pflanzenpolster oder unter Steinen (7, 8). Der Falter (6, 9, 10) ist ein Spätflieger, der oft erst Ende August erscheint und bis Ende Oktober gefunden wird. Das Ei (1) oder die Jungraupe (2) überwintert.

4

5

6

7

8

9

11

Familie Crambidae (Zünsler)

Pyrausta ostrinalis

(HÜBNER, 1796)

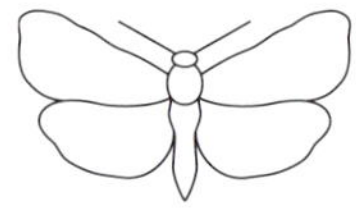

14–17 mm

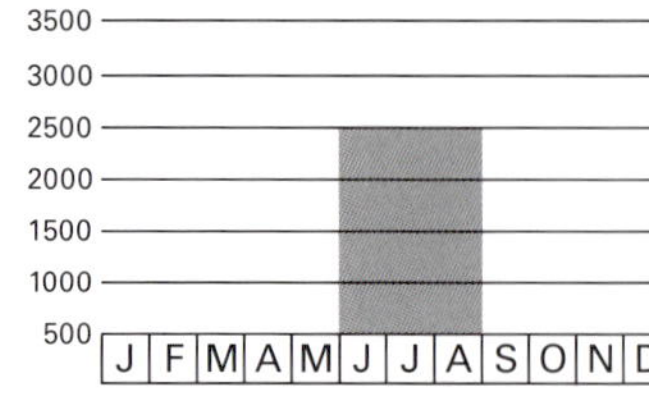

Verbreitung: In ganz Europa weit verbreitet und ziemlich häufig.
Lebensraum: Trockene, oft steinige Hänge und Wiesen, alpine Rasen bis 2500 m.
Biologie: In der montanen und alpinen Stufe sind der Alpen-Thymian *(Thymus alpigenus)* und der Voralpen-Thymian *(Thymus alpestris)* (1) Raupennährpflanzen, laut Literatur aber auch andere Lamiaceen (SLAMKA, 2013). Die Raupe (3) lebt in einer feinen Seidenröhre an der Basis der Thymianpolster. Sie fertigt im Herbst unter flachen Steinen einen festen Kokon an, in dessen Außenseite Kotballen, Blättchen und Grashalme eingearbeitet werden (2,7). Die Verpuppung darin erfolgt im Frühling (8). Die Falter (4,5,6) sind tagaktiv.

1

2

3

4

5

6

7

8

Familie Crambidae (Zünsler)

Pyrausta cingulata

(LINNAEUS, 1758)

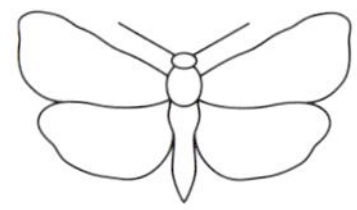

14–18 mm

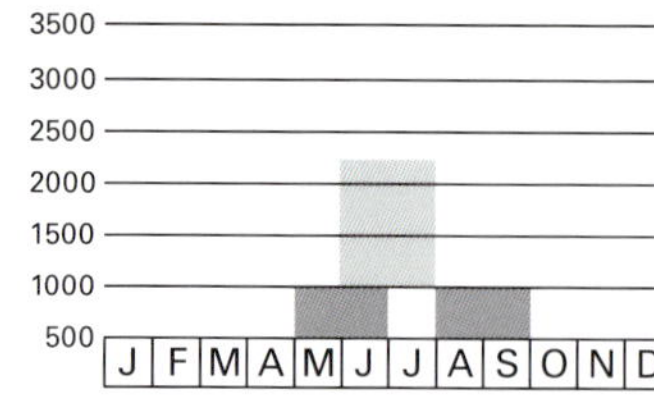

Verbreitung: Überall in Europa verbreitet und meist häufig.
Lebensraum: Trockenrasen, sonnige Magerwiesen mit Steinen. In den Alpen vom Talboden bis um 2300 m.
Biologie: Raupennährpflanzen sind Thymian-Arten (*Thymus* sp.), laut Literatur aber auch Salbei (*Salvia* sp.) (SLAMKA, 2013). Die Eier werden einzeln an die Blätter abgelegt (1,2). Die Jungraupe lebt in einem feinen Gespinst in den Blattachseln (4,5). Erwachsen (7,8), fertigt sie am Boden unter Steinen einen dichten Kokon an, in dessen Außenseite sie trockene Gräser und Pflanzenteile einspinnt (6). Die Verpuppung erfolgt darin erst im Frühling (9,10). Im Sommer entwickelt sich mindestens in den tieferen Lagen eine zweite Generation.

1

2

3

4

5

6

7

8

9

10

11

12

Familie Crambidae (Zünsler)

Pyrausta aerealis

(HÜBNER, 1793)

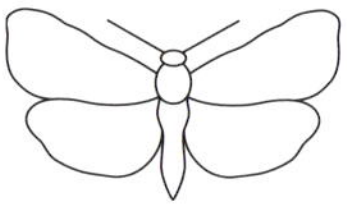

17–29 mm

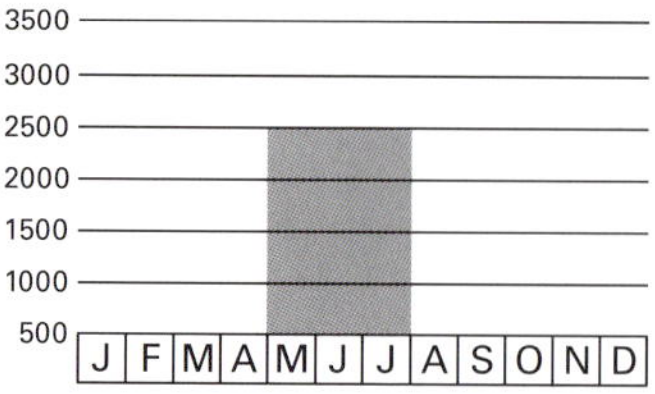

Verbreitung: In weiten Teilen Europas, fehlt aber unter anderen in Großbritannien, Portugal und den Benelux-Staaten.
Lebensraum: Von der Ebene bis in die alpine Stufe verbreitet und lokal häufig, bevorzugt auf trockenen, steinigen Wiesen und Weiden, bis gegen 2500 m.
Biologie: In der alpinen Stufe lebt die Raupe (3) an Thymian (*Thymus* sp.), laut Literatur auch an Ruhrkraut (*Gnaphalium* sp.), Strohblume (*Helichrysum* sp.), Wermut (*Artemisia* sp.) und Braunwurz (*Scrophularia* sp.) (SLAMKA, 2013). Die erwachsene Raupe überwintert unter Steinen und fertigt im Frühling, manchmal auch schon im Herbst, einen dichten Kokon an (6). Die Verpuppung erfolgt immer erst im Frühling (4). Die Falter sind tagaktiv und besuchen gerne Blüten (5).

3

4

6

7

8

9

10

Familie Crambidae (Zünsler)

Anania funebris

(STRÖM, 1768)

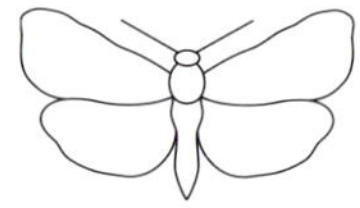

19–23 mm

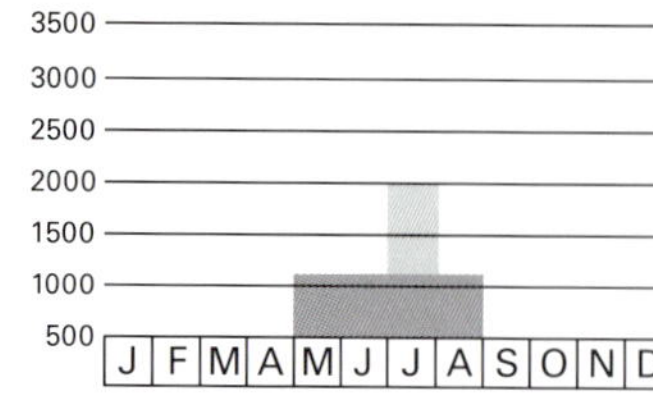

Verbreitung: In fast allen Ländern Europas verbreitet, meist aber in gebirgigen Gegenden; in Skandinavien häufiger.

Lebensraum: In den Alpen bevorzugt in der subalpinen Stufe in eher feuchten, tiefgründigen und vegetationsreichen Biotopen wie Hochstaudenfluren, Bachufern oder Fettwiesen, aber auch in der Zwergstrauchheide; bis mindestens 2000 m steigend.

Biologie: Die flachen Eier werden in kleinen Gruppen abgelegt. Die hauptsächliche Raupennährpflanze in den Alpen ist zweifellos die Goldrute *(Solidago virgaurea)* (1, 2), laut Literatur wurden Raupen auch an Ginster *(Genista, Cytisus)* und Aster *(Aster amellus)* gefunden (SLAMKA, 2013). Die Raupen befressen die Blattunterseiten zuerst im Fensterfraß (3), später aus einem Seidengespinst heraus das ganze Blatt (4). Die Verpuppung findet nach der Überwinterung in der Bodenstreu in einem Seidenkokon statt (5, 6). Die tagaktive Art bildet in tiefen Lagen zwei Generationen aus, in der subalpinen/alpinen Stufe wohl nur eine.

4

5

6

7

8

9

10

11

12

Familie Crambidae (Zünsler)

Anania crocealis

(HÜBNER, 1796)

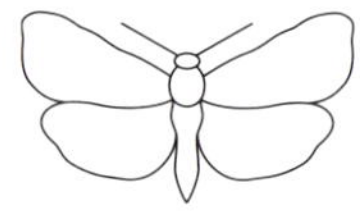

19–24 mm

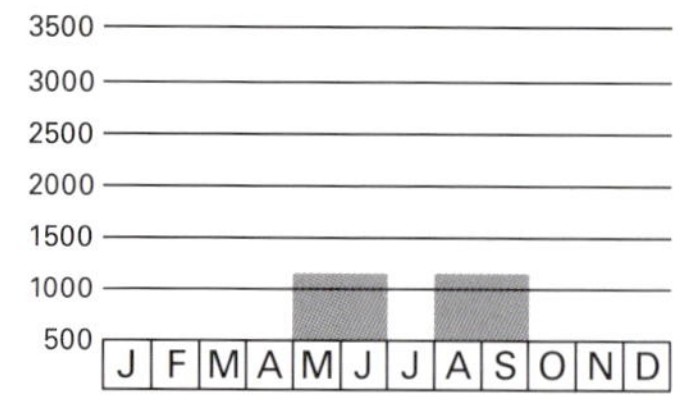

Verbreitung: In fast ganz Europa verbreitet und nicht selten.

Lebensraum: In den Alpen wird die Art meist in warmtrockenen Biotopen angetroffen, so auf Magerwiesen, in lichten Föhrenwäldern, an trockenen Wegrändern; in höheren Lagen an xeromontanen Stellen bis auf mindestens 1200 m.

Biologie: Raupennährpflanze ist zur Hauptsache das Ochsenauge *(Buphthalmum salicifolium)*(1), daneben wird die Raupe aber auch am Dürrwurz-Alant *(Inula conyza)*(2) gefunden. Sie lebt in einer Blattröhre (3,4,6) und verpuppt sich am Boden in der Laubstreu (5).

1

2

3

4

5

6

7

8

Familie Crambidae (Zünsler)

Anania hortulata

(LINNAEUS, 1758)

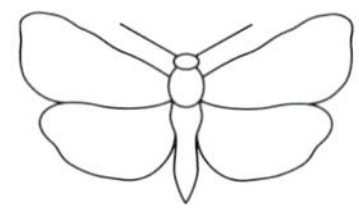

29–32 mm

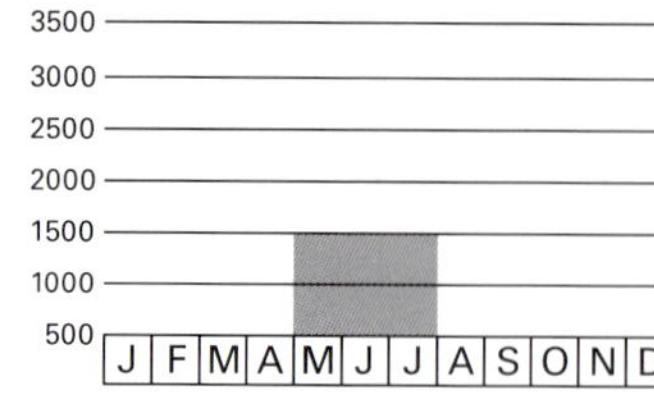

Verbreitung: In fast ganz Europa überall verbreitet und häufig.

Lebensraum: Auenwälder, schattig-feuchte Mischwälder, Flussufergebiete. In den Bergen bis etwa 1500 m.

Biologie: Die sehr flachen Eier werden dachziegelartig in kleinen Gruppen an die Raupennährpflanze abgelegt (1). Bevorzugt werden Brennnessel *(Urtica dioica)*, aber auch Acker-Winde *(Convolvulus arvensis)*, Minze *(Mentha aquatica)* und weitere niedere Pflanzen belegt. Die Jungraupen fressen gesellig im Fensterfraß (3), später leben sie einzeln in zusammengezogenen Blattgehäusen. Erwachsen (4,5) suchen sie Nischen unter loser Baumrinde oder in holen Ästchen auf. Sie spinnen dort einen dichten Kokon und überwintern darin (6). Im Frühling erfolgt die Verpuppung (7,8).

1

2

3

4

5

6

7

8

9

Familie Crambidae (Zünsler)

Udea murinalis

(FISCHER VON RÖSLERSTAMM, 1842)

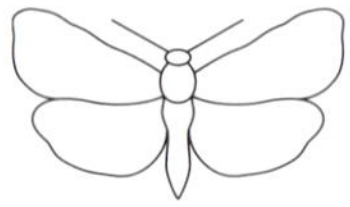

22–31 mm

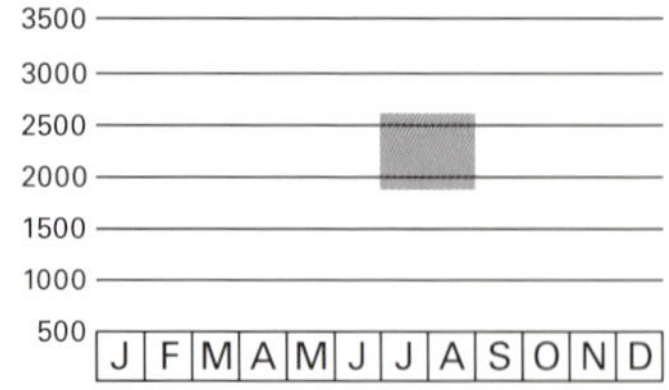

Verbreitung: Nur in den Alpenländern und Pyrenäen; in Deutschland nur in Bayern.

Lebensraum: Alpine Biotope mit Fels, Geröllhalden mit wenig Vegetation; auf Kalk. Von 1900 m bis etwa 2700 m.

Biologie: Die Eier werden in kleinen Gruppen abgelegt (1). Die Raupe (2–5) soll nur an Gelbem Bergveilchen *(Viola biflora)* leben; sie ist aber wohl polyphag, denn die Zucht gelingt verlustlos mit Löwenzahn (*Taraxacum* sp.). Die Raupen verpuppen sich in einem feinen Gespinst (6). Die Falter fliegen gelegentlich am Tag, wenn sie von Felsen aufgescheucht werden. Die Weibchen sind eifrige Blütenbesucher. In der Zucht lassen sich die Raupen ohne Kaltphase bis zum Falter durchzüchten, in der Natur dürfte die Raupe überwintern.

4

5

6

7

8

9

10

11

Familie Pyralidae (Zünsler)

Udea austriacalis

(HERRICH-SCHÄFFER, [1851])

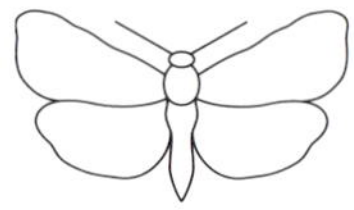

19–28 mm

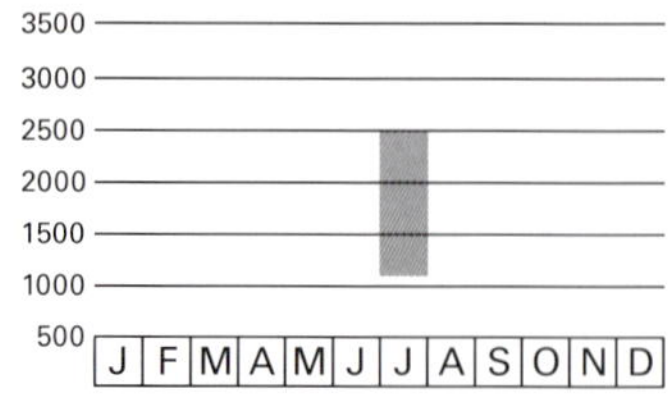

Verbreitung: Lokal und selten in allen Alpenländern außer Deutschland vorkommend, auch in Teilen der Karpaten und Griechenlands. In der Schweiz ausschließlich in den südöstlichen Alpen.

Lebensraum: Gebirgsart. Die Falter kommen in Höhenlagen von etwa 1200–2500 m vor, bevorzugen aber die alpine Stufe, wo sie auf eher fetten, blütenreichen Weiden fliegen.

Biologie: Die flachen Eier werden in Eispiegeln abgelegt (1). Die Jungraupen leben gesellig in feinen Gespinsten; sie sind sehr polyphag. (2–5) Die Zucht gelingt leicht mit Löwenzahn (*Taraxacum* sp.) und Wegerich (*Plantago* sp.). Zur Verpuppung spinnt die Raupe welke Blätter mit wenigen Fäden in der Bodenstreu zu einer rudimentären Behausung zusammen (6). In der Zucht kann im Spätsommer eine partielle zweite Generation beobachtet werden.

1

2

3

4

5

7

6

8

Familie Crambidae (Zünsler)

Udea alpinalis

([DENIS & SCHIFFERMÜLLER], 1775)

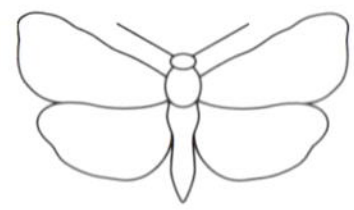

20–26 mm

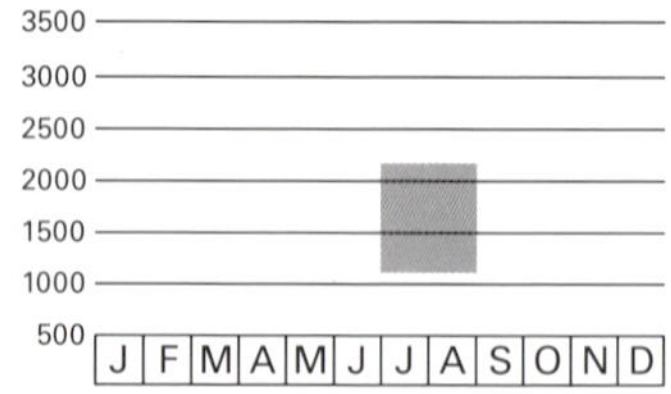

Verbreitung: In Mitteleuropa nur in den gebirgigen Gegenden weiter verbreitet; in den Alpen häufiger.
Lebensraum: Eher feuchte Alpwiesen und Weiden, an Bachläufen oder am Rand von Gebüschen, auf Waldlichtungen. Höhenverbreitung bis mindestens 2200 m.
Biologie: Die Raupe ist polyphag; sie wurde unter anderen an Schwalbenwurz-Enzian *(Gentiana asclepiadea)*, an Eisenhutblättrigem Hahnenfuß *(Ranunculus aconitifolius)* und Weißem Germer *(Veratrum album)* gefunden (4,5). Sie lebt in einer Blattröhre; die Verpuppung findet an oder unter der Nährpflanze in einem rudimentären Gespinst statt (6). Die tagaktiven Falter können tagsüber oft beim Blütenbesuch beobachtet werden (1–3,7–9).

1

2

3

4

5

6

7

8

9

Familie Crambidae (Zünsler)

Diasemia reticularis

(LINNAEUS, [1760])

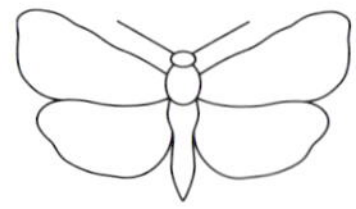

17–22 mm

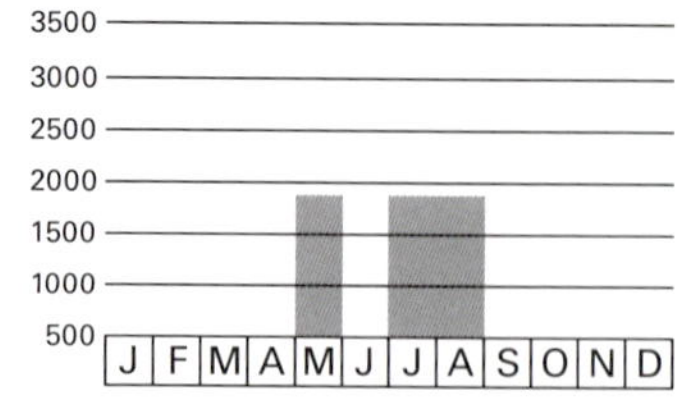

Verbreitung: In fast ganz Europa weit verbreitet, aber lokal und vielen Gebieten auch fehlend.
Lebensraum: Von der Talsohle bis hinauf zur Waldgrenze auf eher frischen bis feuchten Standorten.
Biologie: Die flachen Eier werden in der Zucht in kleinen Gruppen abgelegt (1). Die Jungraupen leben gesellig in einem Gespinst in der Bodenvegetation, von wo aus sie eine Vielzahl von Pflanzen befressen: Wegerich (*Plantago* sp.), Löwenzahn (*Taraxacum* sp.), Margerite (*Leucanthemum* sp.) (2,3). Später lebt die Raupe in einer längeren Seidenröhre in der tiefen Bodenstreu, von wo aus sie die bodennahen Blätter der Nährpflanzen frisst. Zur Überwinterung fertigt sie einen kugeligen, dichten Kokon an (4–6). Die Verpuppung erfolgt im Frühsommer in einem zähen, dichten Seidenkokon in der obersten Erdschicht (7). In günstigen Jahren kann es auch in höheren Lagen zu einer partiellen 2. Generation im Spätsommer kommen.

4

5

6

7

9

8

10

Glossar

arktoalpin: sowohl in der Arktis (Tundra) als auch in der alpinen Stufe von Gebirgen (zum Beispiel Alpen) vorkommend.
brachypter: kurzflügelig, stummelflügelig.
Barcode: DNA Basensequenz in einer exakt definierten Region eines Gens; kann meistens zur Charakterisierung einer Art verwendet werden.
boreoalpin: sowohl im nordischen Nadelwaldgürtel als auch in den montanen Regionen der Gebirge (zum Beispiel Alpen) vorkommend.
ektophag: außen an einer Pflanze (Blätter/Blüten) fressend.
endemisch: auf ein (meist kleinräumiges) Gebiet beschränkt.
Endemit: Art, die in ihrer Verbreitung (kleinräumig) beschränkt ist.
endophag: in einer Pflanze (Wurzel, Stängel, Samenkapsel) oder in einem Pilz fressend.
Faltenmine: Die in einer Platzmine lebende Raupe zieht die Minenränder durch Gespinstfäden zusammen, wodurch im Blatt eine Längsfalte entsteht.
Fensterfraß: Die Raupe frisst das Gewebe eines Blattes von der Oberfläche her in die Tiefe, lässt aber die Epidermis der gegenüberliegenden Blattoberfläche stehen, was wie ein verglastes Fenster im Blatt wirkt.
kryoobligat: Die Art braucht im Ei-, Raupen- oder Puppenstadium zwingend eine Kaltphase (Winter), um sich danach weiterentwickeln zu können.
kryotolerant: Die Art erlebt zwar natürlicherweise eine Kaltphase (Winter), entwickelt sich bei deren Ausbleiben (zum Beispiel im Labor) aber beständig weiter.
kryoambig: Ein Teil der Raupen/Puppen braucht zwingend eine Kaltphase (Winter), während ein anderer Teil sich auch ohne Kaltphase weiterentwickelt.
mesophil: in Bezug auf Temperatur und Feuchtigkeit im mittleren Bereich sich befindend.
monophag: nur eine Pflanzenart fressend.
Ökologie: Wechselbeziehung von Organismen mit ihrer Umwelt.
oligophag: nur wenige Pflanzenarten fressend.
olim: einst, früher.
parthenogenetisch: Fortpflanzung aus unbefruchteten Eiern; solche Arten bestehen meist nur aus Weibchen.
paläarktisch: eine geografische Zone bewohnend, die traditionell Europa, Nordafrika und große Teile Asiens umfasst.
polyphag: an vielen Pflanzenarten lebend (meist verschiedener Gattungen/Familien).
Ruderalstellen: vom Menschen stark gestörte und umgeformte Standorte, die meist vegetationsarm und von Pionierpflanzen besiedelt sind, so zum Beispiel verlassene Kiesgruben, Schuttplätze, Wegränder, Armeeübungsgelände.
sp.: steht für «spezies» = Art. Diese Abkürzung wird meist an den Gattungsnamen angehängt, wenn nicht klar ist, welche Art gemeint ist.
ssp.: steht für «subspezies» = Unterart.
Synonym: zweiter/zusätzlicher Name einer Art, der nicht mehr offiziell gültig ist.
thermophil: wärmeliebend
tutophag: aus einer geschützten Behausung heraus fressend (zum Beispiel Seidenröhre im Boden).
xerotherm: trockenwarm, das Klima betreffend.

Literatur

AESCHIMANN D., LAUBER K., MOSER D.M. & THEURILLAT J.-P. 2004: *Flora alpina*, Band I-III. Bern/Stuttgart/Wien, Haupt

ALDROVANDI U. 1602: *De animalibus insectis libri septem cum singulorum iconibus ad vivum expressis.* Bononiae, Bellagamba

AMSEL H.G, GREGOR F. & REISSER H. (Hrsg.) 1965: *Microlepidoptera Palaearctica.* Wien, Fromme

ARENBERGER E. 2002: *Pterophoridae,* 2. Teilband; *Deuterocopinae, Platyptilinae: Trichoptilini, Oxyptilini, Tetraschalini.* In: GAEDIKE R. (Hrsg.) *Microlepidoptera Palaearctica* Band XI. Keltern, Goecke & Evers

ARENBERGER E. 2005: *Pterophoridae,* 3. Teilband; *Platyptiliinae: Platyptiliini: Stenoptilia* In: GAEDIKE R. (Hrsg.) *Microlepidoptera Palaearctica* Band XI. Keltern, Goecke & Evers

BALDIZZONE G. 2019: *Lepidoptera Coleophoridae.* In: *Fauna d'Italia* vol LIII. Calderini

BALMER H. 1982: *Vergleichende Untersuchungen zur Biologie schweizerischer Cnephasiini (Lep., Tortricidae)* Mitteilungen der schweizerischen Entomologischen Gesellschaft 55 (3–4): 349–382

BENGTSSON B.A. 1997: *Scythrididae.* In: HUEMER P., KARSHOLT O. & LYNEBORG L. (edts.): *Microlepidoptera of Europe* vol 2. Stenstrup, Apollo

BENGTSSON A., PALMQUIST G. & JOHANSSON R. 2008: *Fjärilar: Käkmalar-säckspinnare. Lepidoptera: Micropterigidae-Psychidae.* In: *Nationalnyckeln till Sveriges Flora och Fauna.* Uppsala, ArtDatabanken

BOLT D., HUEMER P. & SCHMID J. 2018: *Agnoea langohri (Palm, 1990) – eine neue Kleinschmetterlingsart für die Schweiz (Lepidoptera; Lypusidae).* Kurzbeitrag. Entomo Helvetica 11:171–175

BOURRIT 1803. *Description des Cols ou passages des Alpes*; seconde partie. Genève, G.J. Manget

BRADLEY J.D., TREMEWAN W.G. & SMITH A. 1979: *British Tortricoid Moths. Tortricidae: Olethreutinae.* The Ray Society vol. 153, London

BUDASHKIN, Y.I. & GAEDIKE R. 2005: *Faunistics of the Epermeniidae from the former USSR (Epermeniidae).* Nota lepid. 28 (2): 123–138

DELARZE R., GONSETH Y. & GALLAND P. 1999: *Lebensräume der Schweiz. Ökologie-Gefährdung-Kennarten.* Thun, Ott

DENIS, M. & SCHIFFERMÜLLER, I. 1775: *Ankündung eines systematischen Werkes von den Schmetterlingen der Wienergegend herausgegeben von einigen Lehrern am k.k. Theresianum.* Wien, Augustin Bernardi

DE PRUNNER, L. 1798. *Lepidoptera Pedemontana illustrata a Leonardo de Prunner.* Augusta Taurinorum, Mathaeus Guaita

DE SAUSSURE H.B. 1796. *Voyages dans les Alpes, précédés d'un essai sur l'histoire naturelle des environs de Genève.* Tome quatrième. Neuchâtel, Louis Fauche-Borel

EBERT G. (Hrsg.) 1994: *Die Schmetterlinge Baden-Württembergs,* Band 3 Nachtfalter I. Stuttgart, Ulmer

ELLENBERG H. & LEUSCHNER C. 2010: *Vegetation Mitteleuropas mit den Alpen in ökonomischer, dynamischer und historischer Sicht.* 6.Aufl. Stuttgart, Ulmer

ELSNER G., HUEMER P. & TOKÁR Z. 1999 *Die Palpenmotten Mitteleuropas (Lepidoptera, Gelechiidae).* Bratislava, Slamka (Hrsg.).

EMMET A.M., WATKINSON I.A. & WILSON M.R. 1985: *Gracillariidae.* In: HEATH J. & EMMET A.M. : *The Moths and Butterflies of Great Britain and Ireland,* vol 2. Harley Books

FISCHER VON RÖSLERSTAMM J.E. 1834: *Abbildungen zur Berichtigung und Ergänzung der Schmetterlingskunde, besonders der Microlepidopterologie als Supplement zu Treitschke's und Hübner's europaeischen Schmetterlingen, mit erläuterndem Text.* Leipzig, Hinrich

FÜSSLIN J.C. 1775. *Verzeichniss der ihm bekannten Schweizerischen Inseckten.* Zürich und Winterthur, Heinrich Steiner und Compagnie

GAEDIKE R. 2015. *Tineidae I (Dryadaulinae, Hapsiferinae, Euplocaminae, Scardiinae, Nemapogoninae and Meessiinae)* In: NUSS M., KARSHOLT O. & HUEMER P. (eds.): *Microlepidoptera of Europe* vol 7. Leiden/Boston, Brill

GAEDIKE R., NUSS M., STEINER A. & TRUSCH R. (Hrsg.) 2017: *Verzeichnis der Schmetterlinge Deutschlands (Lepidoptera).* 2. überarbeitete Auflage. *Entomofauna Germanica 3.* – Entomologische Nachrichten und Berichte (Dresden) Beiheft 21, 1–362

GESSNER C. 1555: *Descriptio montis fracti sive montis pilati ut vulgo nominant iuxta Lucernam in Helvetia per Conradum Gesnerum.* Tiguri apud Gesneros

GIELIS C. 1996: *Pterophoridae.* In: In: HUEMER P., KARSHOLT O. & LYNEBORG L. (eds.): *Microlepidoptera of Europe* vol 1. Stenstrup, Apollo

GOEDART J. 1662: *Metamorphosis naturalis autore Ioanne Goedardo Medioburgensis.* Medioburghi, Jacob Fierens

GODART J.-B. & DUPONCHEL P.-A.-J. 1821–1842. *Histoire Naturelle des Lépidoptères ou Papillons de France.* Paris, Méquignon-Marvis

HANNEMANN H.-J. 1961: *Kleinschmetterlinge oder Microlepidoptera I. Die Wickler (s.str.) (Tortricidae).* In: DAHL F. (Hrsg.). *Die Tierwelt Deutschlands* 48. Teil. Jena, Gustav Fischer

HANNEMANN H.-J. 1995: *Kleinschmetterlinge oder Microlepidoptera V. Flachleibmotten (Depressariidae).* In: DAHL F. (Hrsg.). *Die Tierwelt Deutschlands* 69.Teil. Jena/Stuttgart, Gustav Fischer

HANNEMANN H.-J. 1997: *Kleinschmetterlinge oder Microlepidoptera IV. Oecophoridae, Chimabachidae, Carcinidae, Ethmiidae, Stathmopodidae.* In: DAHL F. (Hrsg.). *Die Tierwelt Deutschlands* 70. Teil Jena/Stuttgart, Gustav Fischer

HERRICH-SCHÄFFER G.A.W. 1843–56: *Systematische Bearbeitung der Schmetterlinge von Europa, als Text, Revision und Supplement zu J. Huebners Sammlung europäischer Schmetterlinge.* Regensburg, Manz

HÜBNER J. 1796–1841: *Sammlung europäischer Schmetterlinge.* Augsburg

HÜBNER J. 1806–1818: *Geschichte europäischer Schmetterlinge.* Augsburg

HUEMER P. & TARMANN G. 1992: *Westpaläarktische Gespinstmotten der Gattung Kessleria* NOVICKI: *Taxonomie, Ökologie, Verbreitung (Lepidoptera, Yponomeutidae)* Mitteilungen der Münchner Entomologischen Gesellschaft 8: 5–110

HUEMER P., KARSHOLT O. & LYNEBORG (eds.)1996 –: *Microlepidoptera of Europe*. Stenstrup, Apollo

HUEMER P. 1998: *Endemische Schmetterlinge der Alpen – ein Überblick (Lepidoptera)*. Stapfia 55: 229–256

HUEMER P. & KARSHOLT O. 1999: *Gelechiidae I (Gelechiinae: Teleiodini, Gelechiini)*. In: HUEMER P., KARSHOLT O. & LYNEBORG L. (eds.): *Microlepidoptera of Europe vol 3*. Stenstrup, Apollo

HUEMER P., MORANDINI C. & MORIN L. 2004: *New Records of Lepidoptera for the Italian Fauna (Lepidoptera). Nuove segnalazioni di lepidotteri per la fauna italiana (Lepidoptera)*. Gortania, Atti del Museo Friulano die Storia Naturale 26: 261–274 Udine

HUEMER P. & KARSHOLT O. 2010: *Gelechiidae II (Gelechiinae:Gnorimoschemini)*. In: HUEMER P., KARSHOLT O. & NUSS M. (eds.): *Microlepidoptera of Europe* vol 6. Stenstrup, Apollo

HUEMER P. 2013. *Die Schmetterlinge Österreichs (Lepidoptera). Systematische und faunistische Checkliste*. Studiohefte 12, Tiroler Landesmuseen, 304 pp.

HUEMER P. & HEBERT P.D.N. 2016: *DNA Barcode Bibliothek der Schmetterlinge Tirols und Südtirols (Italien, Österreich) – Impetus für integrative Artdifferenzierung im 21. Jahrhundert*. Gredleriana 5: 141–164

HUEMER P. & KARSHOLT O. 2018: *Revision of the genus Megacraspedus Zeller, 1839, a challenging taxonomic tightrope of species delimitation (Lepidoptera, Gelechiidae)*. ZooKeys 800:1–278

ITÄMIES J. & KYRKI J. 1983: *Biology and larva of Aproaerema karvoneni (Lepidoptera, Gelechiidae)*. Notulae Entomologicae 63:127–130

KENNEL J. V. 1921: *Die Palaearktischen Tortriciden. Eine monographische Darstellung*. In: KÜKENTHAL W. (Hrsg.) *Zoologica, Original-Abhandlungen aus dem Gesamtgebiete der Zoologie*. Heft 54 Stuttgart, Schweizerbart

KLIMESCH J.1950: *Bucculatrix clavenae spec. nov. (Lep., Bucculatrigidae)*. Zeitschrift der Wiener Entomologischen Gesellschaft 35: 138–142

KÖRNER C. 2003: *Alpine Plant Life. Functional Plant Ecology of High Mountain Ecosystems*. 2nd ed. Berlin/Heidelberg/New York, Springer.

KOSTER S. & SINEV S.Y. 2003: *Momphidae, Batrachedridae, Stathmopodidae, Agonoxenidae, Cosmopterigidae, Chrysopeleiidae*. In: HUEMER P., KARSHOLT O. & LYNEBORG L. (eds.): *Microlepidoptera of Europe* vol 5. Stenstrup, Apollo

KÜPPERS P.V. 2008: *Kleinschmetterlinge erkennen und bestimmen*. Nottuln, Fauna Verlag

LANGMAID J.R, PALMER S.M. & YOUNG M.R. 2018: *A Field Guide to the Smaller Moths of Great Britain and Ireland*, 3rd ed. Plymouth, Latimer Trend & Co.

LAŠTŮVKA A. & LAŠTŮVKA Z. 2006: *The European Phyllonorycter species feeding on the plants of the tribe Genisteae (Fabaceae), with descriptions of twelve new species (Lepidoptera: Gracillariidae)*. Acta universitatis agriculturae et silviculturae Mendelianae Brunensis 54 (5): 65–84

LAUBER K. & WAGNER G. 1996: *Flora Helvetica*. Bern/Stuttgart/Wien, Haupt

LINNAEUS C. 1758: *Systema naturae per regna tria naturae, secundum classes, ordines, genera, species, cum characteribus, differentiis, synonymis, locis*. Tomus 1; Editio Decima Reformata. Holmiae, Laurentius Salvius

MERTZ P. 2008: *Alpenpflanzen in ihren Lebensräumen. Ein Bestimmungsbuch*. Bern/Stuttgart/Wien, Haupt

MILLIÈRE P. 1871–75: *Catalogue raisonné des lépidoptères des Alpes maritimes*. Cannes, H. Vidal

MOUFFET T. 1634: *Insectorum sive Minimorum Animalium Theatrum olim ab Edoardo Wottono, Conrado Gesnero, Thomaque Pennio inchoatum*. Londini, Thomas Cotes

NIEUKERKEN E. J. VAN et al. 2011: *Order Lepidoptera Linnaeus, 1758*, in: ZHANG, Z.-Q. (ed.): *Animal biodiversity: An outline of higher-level classification and survey of taxonomic richness*. Zootaxa 3148: 212-221

OZENDA P. 1988: *Die Vegetation der Alpen im europäischen Gebirgsraum*. Stuttgart /New York, Fischer

OZENDA P. & BOREL J.-L. 2003: *The Alpine Vegetation of the Alps*. In: NAGY L., GRABHERR G., KÖRNER CH. & THOMPSON D.B.A. (eds.): *Alpine Biodiversity in Europe. Ecological Studies*, vol 167. Berlin Heidelberg, Springer

PARENTI U. 2000: A *Guide to the Microlepidoptera of Europe*. Torino, Museo Regionale di Scienze Naturali

PETERSEN G. 1969. *Beiträge zur Insekten-Fauna der DDR: Lepidoptera – Tineidae*. Beiträge zur Entomologie 19 (3/4): 311–388. Berlin, Deutsches Entomologisches Institut

PLINIUS S.C. 1990: *Naturalis historiae libri XXXVII, Liber XI*. Lateinisch-Deutsch. München und Zürich, Artemis

PODA N. 1761. *Insecta Musei Graecensis quae in ordines, genera et species juxta systema naturae Caroli Linnaei digessit*. Graecii, Typis Haeredum Wittmanstadii

PRO NATURA-SCHWEIZERISCHER BUND FÜR NATURSCHUTZ (Hrsg.) 1997/2000: *Tagfalter und ihre Lebensräume. Band 2 & 3*. Egg, Fotorotar

RAZOWSKI J. 2002: *Tortricidae (Lepidoptera) of Europe* Vol.1 *Tortricinae and Chlidanotinae*. Bratislava, Slamka

RAZOWSKI J. 2003: *Tortricidae (Lepidoptera) of Europe* Vol.2 *Olethreutinae*. Bratislava, Slamka

REINER J. & V. HOHENWARTH S. 1792. *Botanische Reisen nach einigen Oberkärntnerischen und benachbarten Alpen unternommen, und nebst einer ausführlichen Alpenflora und entomologischen Beiträgen als ein Handbuch für reisende Liebhaber herausgegeben*. Klagenfurt, Carl Friedrich Walliser

RENNWALD E. & RODELAND J. 2019: *Lepiforums-Europaliste. Version 6, 1. Januar 2019*. 682 Seiten. http://www.lepiforum.de

ROBINEAU R. (coord.) 2011: *Guide des papillons nocturnes de France*. Paris, Delachaux & Niestlé

RÜHL F. 1890: *Über die heurien Bergüner Conferenzen und die Insektenausbeute in den Bündner Hochalpen*. Societas Entomologica 5(12/13): 84–85; 90–91; 97–98; 122;147–148

SATTLER K. 1967: *Ethmiidae*. In: AMSEL H.G, GREGOR F. & REISSER H. (eds): *Microlepidoptera palaearctica*, vol.II. Wien, Fromme

SATTLER K. 1991: *A review of wing reduction in Lepidoptera*. Bulletin British Museum nat. Hist (Lep.) 60: 243–288

SCHMID J. 2018: *Remarkable discovery of the Atlanto-Mediterranean moth Scythris ventosella Chrétien, 1907 at high altitude in the Alps of Valais, Switzerland – a relict of the late-glacial steppe-belt fauna? (Lepidoptera, Scythrididae)*. Alpine Entomology 2(1): 45–49

SCHMITT T. 2008: *The genetic structure oft he mountain forest butterfly Erebia euryale unravels the late Pleistocene and postglacial history of the mountain coniferous forest biome in Europe*. Molecular Ecology 17(9): 2194–2207

SCHRANK F. V. P. 1785: Verzeichniss der beobachteten Insecten im Fürstenthume Berchtesgaden. In: FÜESSLY J. C. (Hrsg.)

Neues Magazin für die Liebhaber der Entomologie, zweyter Band. Zürich, Herausgeber

SCHÜTZE K.T. 1931: *Die Biologie der Kleinschmetterlinge unter besonderer Berücksichtigung ihrer Nährpflanzen und Erscheinungszeiten.* Frankfurt am Main, Internationaler Entomologischer Verein

SCOPOLI I.A. 1768. *Entomologia Carniolica exhibens Insecta Carnoliae indigena et distributa in ordines, genera, species, varietates methodo Linneana.* Vindobono, Typis Ioannis Thomae Trattner

SLAMKA F. 1997: *Die Zünslerartigen (Pyraloidea) Mitteleuropas. Bestimmen-Verbreitung-Flugstandort-Lebensweise der Raupen.* Bratislava, Slamka

SLAMKA F. 2006: *Pyraloidea (Lepidoptera) of Europe, Volume 1. Pyralinae, Galleriinae, Epipaschiinae, Cathariinae & Odontiinae. Identification-Distribution-Habitat-Biology.* Bratislava, Slamka

SLAMKA F. 2008: *Pyraloidea (Lepidoptera) of Europe, Volume 2. Crambinae & Schoenobiinae. Identification-Distribution-Habitat-Biology.* Bratislava, Slamka

SLAMKA F. 2013: *Pyraloidea (Lepidoptera) of Europe, Volume 3. Pyraustinae & Spilomelinae. Identification-Distribution-Habitat-Biology.* Bratislava, Slamka

SODOFFSKY C.H.G 1829: *Lepdiopterorum Micropterorum species tres novae.* Bulletin de la Société impériale des Naturalistes de Moscou 4:142

SONDEREGGER P. 2011: *Die Choreutidae der Schweiz (Lepidoptera).* Entomo Helvetica 4: 153–173

SONDEREGGER P. 2012: *Asartodes monspesulalis (Duponchel, 1834), Asarta aethiopella (Duponchel, 1837) und Asarta alpicolella (Zeller, 1839) (Lepidoptera: Pyralidae) aus der Schweiz.* Entomo Helvetica 5:35–45

STAINTON H.T. 1855–1862: *Die Naturgeschichte der Tineinen.* London, Roworth & Sons

STAINTON H.T. 1866: *My first visit to the Engadine.* Entomologist's Annual 1–18. London, John van Voorst

STEINBAUER M.J., GRYNTES J.-A., JURASINSKI G., KULONEN A., LENOIR J., PAULI H., RIXEN C., WINKLER M., BARDY-DURCHHALTER M., BARNI E., BJÖRKMAN A.D., BREINER F.T., BURG S., CZORTEK P., DAWES M.A., DELIMAT A., DULLINGER S., ERSCHBAMER B., FELDE V.A., FERNANDEZ-ARBERAS O., FOSSHEIM K.F., GOMEZ-GARCIA D., GEORGES D., GRINDRUD E.T., HAIDER S., HAUGUM S.V., HENRIKSEN H., HERREROS M.J., JAROSZEWICZ B., JAROSZYNSKA F., KANKA R., KAPFER J., KLANDERUD K., KÜHN I., LAMPRECHT A., MATTEODO M., MORRA DI CELLA U., NORMAND S., ODLAND A., OLSEN S.L., PALACIO S., PETEY M., PISCOVA V., SEDLAKOVA B., STEINBAUER K., STÖCKLI V., SVENNING J.-C., TEPPA G., THEURILLAT J.-P., VITTOZ P., WOODIN S.J., ZIMMERMANN N.E. & WIPF S. 2018: *Accelerated increase in plant species richness on mountain summits is linked to warming.* Nature 556: 231–234

STERLING P., PARSONS M. & LEWINGTON R. 2012: *Field Guide to the Micromoths of Great Britain and Ireland.* British Wildlife Publishing

SWISSLEPTEAM 2010: *Die Schmetterlinge (Lepidoptera) der Schweiz. Eine kommentierte, systematisch-faunistische Liste.* Fauna Helvetica. 25 Neuchâtel, CSCF & SEG

THOMANN H. 1947: *Exapate duratella Heyd. (Lep. Tortr.). Ein spätfliegender Wickler der Graubündner- und Walliser-Alpen.* Mitteilungen der schweizerischen Entomologischen Gesellschaft 20(5):475–483.

TOKÁR Z., LVOVSKY A. & HUEMER P. 2005: *Die Oecophoridae s.l. (Lepidoptera) Mitteleuropas. Bestimmung-Verbreitung-Habitat, Bionomie.* Bratislava, Slamka

TRAUGOTT-OLSEN E. & SCHMIDT NIELSEN E. 1977: *The Elachistidae (Lepidoptera) of Fennoscandia and Denmark.* In: *Fauna Entomologica Scandinavica,* vol. 6. Klampenborg, Scandinavian Science Press

TREITSCHKE F. 1829–34: *Die Schmetterlinge von Europa (Fortsetzung des Ochsenheimer'schen Werkes).*
Teil 7 (1829): *Pyralidae;* Teil 8 (1830): *Tortricidae;* Teil 9 (1832/1833): *Tineidae, Pterophoridae;* Teil 10 (1834). Leipzig, Ernst Fleischer

VORBRODT K. & MÜLLER-RUTZ J. 1914: *Die Schmetterlinge der Schweiz.* Band II. Bern, Wyss

WALLACE A.R. 1890: *The Malay Archipelago.* Reprint 10th edition. Singapore, Periplus, 2016

WEBER P. 1945: *Die Schmetterlinge der Schweiz. 7. Nachtrag. Mikrolepidopteren.* Mitteilungen der schweizerischen Entomologischen Gesellschaft 19(9):326–407

WEHRLI E. in SEITZ A. 1954: *Die Gross-Schmetterlinge der Erde. Supplement zu Band 4.* Kernen, Stuttgart

WHITEBREAD, S. 2006: *Sphaleroptera alpicolana (Frölich, 1830) (Lepidoptera: Tortricidae, Cnephasiini): a species complex.* Veröffentlichungen des Tiroler Landesmuseums Ferdinandeum 86: 75–82.

WIPF S., STÖCKLI V., HERZ K. & RIXEN C. 2013: *The oldest monitoring site of the Alps revisited: accelerated increase in plant species richness on Piz Linard summit since 1835.* Plant Ecology and Diversity, 6(3): 447–455.

www.bladmineerders.nl: Plant Parasites of Europe

www.lepiforum.de 2019: *LEPIFORUM.e.V. [Hrsg.] (2019)* [siehe auch: RENNWALD E. & RODELAND J. 2019*]*

ZELLER P.C. 1868: *Lepidopterologische Ergebnisse einer Reise in Oberkärnthen.* Stettiner entomologische Zeitung 29:121–149

ZELLER P.C. 1872: *Bemerkungen über einige Graubündner Lepidoptern.* Stettiner entomologische Zeitung 33:27–63; 97–120

ZELLER P.C. 1877: *Beiträge zur Lepidopteren-Fauna der Ober-Albula in Graubünden.* Stettiner entomologische Zeitung 38: 265–22; 427–476

Register